T0213328

Die Logik der Forschung in der Wissenschaft der Logistik

Wolf-Rüdiger Bretzke

Die Logik der Forschung in der Wissenschaft der Logistik

Eine vergleichende Analyse auf wissenschaftstheoretischer Basis

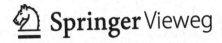 Springer Vieweg

Wolf-Rüdiger Bretzke
Krefeld, Nordrhein-Westfalen
Deutschland

ISBN 978-3-662-53266-9   ISBN 978-3-662-53267-6 (eBook)
DOI 10.1007/978-3-662-53267-6

Die Deutsche Nationalbibliothek verzeichnet diese Publikation in der Deutschen Nationalbibliografie; detaillierte bibliografische Daten sind im Internet über http://dnb.d-nb.de abrufbar.

Springer Vieweg

Gedruckt auf säurefreiem und chlorfrei gebleichtem Papier

Springer Vieweg ist Teil von Springer Nature
Die eingetragene Gesellschaft ist Springer-Verlag GmbH Berlin Heidelberg
Die Anschrift der Gesellschaft ist: Heidelberger Platz 3, 14197 Berlin, Germany

Vorwort

Grundsätzlich ist eine gelegentliche, kritische Überprüfung der methodologischen Grundlagen und der erkenntnistheoretischen Voraussetzungen des eigenen Forschungsansatzes für jede Art der wissenschaftlichen Tätigkeit hilfreich. Auf dem Gebiet der Wissenschaft von der Logistik gibt es jedoch noch einen weiteren, aktuellen Grund dafür, sich den entsprechenden Grundfragen zuzuwenden. Hier arbeiten Wissenschaftler unter dem Dach eines gemeinsamen Oberbegriffes (Logistik) innerhalb von drei unterschiedlichen Forschungsansätzen weitgehend berührungs- und kommunikationslos nebeneinander her, wobei die jeweiligen Forschungsmethoden ebenso erheblich voneinander abweichen wie die Potenziale und die Resultate ihrer Forschung.

Es mag nahe liegen, hierin einen fruchtbaren Methodenpluralismus zu erblicken. Das würde aber einen Wettbewerb um Ideen und einen fruchtbaren Gedankenaustausch zwischen den Forschungsansätzen bedingen. Beides findet hier jedoch nicht statt, obwohl alle drei den Begriff der Logistik zur Bezeichnung des Gegenstandes ihrer Forschung verwenden. Schon das muss nachdenklich stimmen. Hinzu kommt dabei noch, dass zwei dieser Forschungsprogrammatiken unter Berufung auf ihre jeweiligen Methoden der Erkenntnisgewinnung einen exklusiven Anspruch auf Wissenschaftlichkeit erheben und dass dieser Anspruch seinen Niederschlag darin findet, dass es für beide sogenannte „A-Journals" gibt, in denen diese Wissenschaftler publizieren können, die Anhänger des dritten Forschungsansatzes aber nicht. Auch dieser mehr oder weniger versteckte Selektionsmechanismus muss einer kritischen Überprüfung unterzogen werden.

Ein wichtiger Hintergrund dieser Diskriminierung sind die nicht durchgedachte, strikte Orientierung dieser Forschungsansätze am Vorbild der Naturwissenschaften (genauer müsste man sagen: an dem, was diese Forscher dafür halten) und das damit verbundene Verkennen der Besonderheiten der Erkenntnisobjekte der Wirtschaftswissenschaften im Allgemeinen und der Logistik im Besonderen. Dieses fundamentale Missverständnis wird schon zu Beginn dieser Arbeit klar herausgearbeitet. Ziel dieser Arbeit ist es drüber hinaus auch, herauszuarbeiten, warum die angesprochene Diskriminierung sachlich nicht begründbar ist und warum der Zwang für junge Nachwuchswissenschaftler, in einem der angesprochenen Publikationsmedien zu veröffentlichen, zu einer massiven Fehlallokation von Forschungsressourcen führen kann (und wohl auch schon führt) - einer Fehlsteuerung, die auch die Praxis als Rezipient und Mit-Financier der Forschung nicht ungerührt lassen kann. Hinzuzufügen ist dem noch, dass die Mehrzahl der Wissenschaftler, die die vergleichsweise junge Disziplin der betriebswirtschaftlichen Logistik mit ihren Publikationen zu dem gemacht haben, was sie heute ist, mit ihren Arbeiten in diesen Fachzeitschriften vermutlich nie angenommen worden wären.

Dahinter verbirgt sich auch ein Konflikt zwischen strikter, rigoroser Methodologie und praktischer Relevanz. In dieser Arbeit werden die verglichenen Forschungsansätze deshalb nicht nur an innerwissenschaftlichen Maßstäben gemessen (also etwa daran, was begründet als Erkenntnisfortschritt gelten kann), sondern immer auch an den Fragen, ob und inwieweit sie dabei helfen können, reale, lebenspraktische Problemstellungen besser zu lösen und inwieweit sie den Problemverschiebungen Rechnung tragen können, die aus der zunehmenden Komplexität und Dynamik des Wirtschaftsgeschehens resultieren. Die Anwendung dieses Maßstabes führt zu teilweise sehr ernüchternden Ergebnissen.

Man kann wissenschaftliche Programmatiken nicht miteinander vergleichen mit Hilfe der Begriffe, derer sich die jeweilige Forschung in ihrem wissenschaftlichen Alltag selbst bedient. Schließlich ist „der Wissenschaftler, der über sein eigenes Verfahren nachdenkt und theoretisiert,…nicht immer ein verlässlicher Führer" (so der Nobelpreisträger Friedrich von Hayek (1959, S. 14)). Der Wechsel in eine geeignete Meta-Sprache, in der dann beispielsweise der (selbst erklärungsbedürftige) Begriff der empirischen „Wahrheit" eine Rolle spielt, führt in die Bereiche der Methodologie und der Wissenschaftstheorie. Die Wissenschaftstheorie hat als Meta-Wissenschaft zwar ihre eigene, von Auseinandersetzungen geprägte Tradition hat, sie kann aber gleichwohl geeignete Denkmuster zur Verfügung stellen, die die Ziele dieser Arbeit gut unterstützen. Wohl wissend, dass manchem Leser an dieser Stelle das notwendige Hintergrundwissen fehlt, habe mich bemüht, das Arbeiten mit den von dort entnommenen Denkfiguren und Begriffen so einfach wie möglich zu machen.

Weil allen drei hier verglichenen Forschungsansätzen die Herausforderung gemeinsam ist, mit einer überbordenden Komplexität fertig zu werden, und zwar einer Komplexität, die es in großen Teilen so in den Naturwissenschaften nicht gibt, stelle ich meinen Ausführungen eine ausführliche Analyse dessen voran, was Komplexität im Einzelnen bedeutet, wie sie entsteht, wie und wo sie sich zeigt, was sie bewirkt und wie man sie gegebenenfalls eindämmen kann. Auch eine solche, in diesem Falle an die Systemtheorie angelehnte, systematische Analyse ist in der Literatur zur Logistik in der hier vorgenommenen Breite und Tiefe noch überfällig.

Beim Schreiben dieses Buches hat sich meine persönliche Biografie als sehr nützlich erwiesen. Mein Lebenslauf umfasst eine langjährige Tätigkeit in der Geschäftsführung eines mittelständischen Unternehmens und im Vorstand eines großen Logistikkonzerns. Ergänzend dazu habe ich einige Jahre lang einen ordentlichen Lehrstuhl für Betriebswirtschaftslehre und Logistik an einer deutschen Universität bekleidet. Und schließlich kann ich heute auf eine 25 jährige Tätigkeit in der Beratung von international tätigen Unternehmen zurück blicken. Das hat mich in die Lage versetzt, sowohl aus einer theoretischen Perspektive heraus auf die Praxis zu schauen als auch umgekehrt die Wissenschaft aus einer Managementsicht heraus zu betrachten. Ich bin zuversichtlich, dass die Leser dieses Buches die so entstandene, wechselseitige Befruchtung von Theorie und Praxis bei ihrer Lektüre spüren werden.

Ziel dieses Buches ist es, ein Nachdenken (idealerweise eine Diskussion) über ein grundlegendes Problem in der Wissenschaft von der Logistik anzuregen (gelegentlich auch zu provozieren) – ein Problem, über das niemand spricht, obwohl es für die Fortentwicklung dieser Disziplin von grundlegender Bedeutung ist. Dieser Disziplin mangelt es an einer kritischen Reflexion der Erfolgsvoraussetzungen und Grenzen des eigenen Forschens, und das gilt im Grundsatz für alle drei hier beleuchteten Forschungsansätze. Dementsprechend kann eine solche Reflexion auch große Chancen erschließen. Das ist meine Absicht.

Beim Titel dieser Arbeit habe ich eine Anleihe bei dem bahnbrechenden, in diesem Buch häufig zitierten Werk des wohl einflussreichsten Wissenschaftstheoretikers und -philosophen des vergangenen Jahrhunderts, Sir Karl Raimund Popper, genommen. Diejenigen, die hierin eine Anmaßung sehen, bitte ich um Nachsicht und weise schon vorsorglich darauf hin, dass ich den Thesen Poppers nicht in jedem Falle folge (auch das muss natürlich, wie jede in dieser Arbeit vorgetragene Kritik an Forschungsprogrammatiken, sorgfältig begründet werden).

Krefeld   Wolf-Rüdiger Bretzke
im 15. Juni 2016

Inhaltsverzeichnis

Abbildungsverzeichnis

Voraussetzungen und Schwierigkeiten einer vergleichenden Bewertung unterschiedlicher Forschungsansätze

Wenn man Wissenschaftler fragt, was denn das „wissenschaftliche" Arbeiten von dem Problemlösungsverhalten von Praktikern unterscheidet, würden die meisten wohl relativ spontan antworten, der Unterschied läge grundsätzlich darin, dass die Wissenschaft für „das Allgemeine" (oder Verallgemeinerbare) zuständig ist. Genauer gesagt: die Wissenschaft muss hinter der Individualität je spezifischer Situationen zeitstabile Muster mit einer hinreichenden Uniformität entdecken. Würde ihr eine solche Identifikation von „Common Characteristics" nicht gelingen, so müsste „auch nach einer noch so großen Zahl erfolgreicher Problemlösungen jedes weitere Problem wieder neu, „ungewohnt" und verwirrend erscheinen" (Bretzke 1980, S. 204). Allerdings führt die Einsicht, dass keine Theorie die Bedingungen ihrer Geltung erschöpfend in sich aufnehmen kann, zu einem Spannungsfeld zwischen Vereinfachung und Wahrheit, das uns während der ganzen, folgenden Analyse begleiten wird.

Neben der Erfüllung der Forderung, ein allgemeingültiges Wissen bereitzustellen, sollte sich Wissenschaft von der Praxis vor allem in der Methodik der Vorgehensweise bei der Lösung von Problemen unterscheiden. „Herausragendes Merkmal für die Rechtfertigung von Wissen ist in den Wissenschaften der Einsatz von Methoden" (Brühl 2015, S. 100). Damit steht man schon mit einem Bein in einem wissenschaftstheoretischen Diskurs in Gestalt der Frage, welchen Methoden man denn begründet das Attribut der „Wissenschaftlichkeit" zuweisen darf und warum anderen Vorgehensweisen diese Eigenschaft zu verweigern ist. Die folgenden Ausführungen werden unter Anderem zeigen, dass es an dieser Stelle zu einem Konflikt zwischen methodischem Rigorismus und praktischer Relevanz kommen kann.

Die Notwendigkeit einer wissenschaftstheoretischen Reflexion der betriebswirtschaftlichen Logistikforschung folgt schon daraus, dass die wissenschaftliche Landschaft hier durch *drei konkurrierende Forschungsansätze* geprägt ist und dabei anhaltend kein einheitliches Wissenschaftsverständnis zeigt. Das wird sich auch solange nicht ändern, wie

© Springer-Verlag Berlin Heidelberg 2016
W. Bretzke, *Die Logik der Forschung in der Wissenschaft der Logistik*,
DOI 10.1007/978-3-662-53267-6_1

mit der Arbeit von Forschern, aus unterschiedlichen Weltbildern heraus und durch unterschiedliche Erkenntnisziele geleitet, unterschiedliche Methoden genutzt und unterschiedliche Standards verfolgt bzw. gesetzt werden. Weil es hier in der Forschungspraxis weder zu einer Ideenkonkurrenz noch zu Kooperationen kommt, kann man diese Situation nicht mit einem fruchtbaren Methodenpluralismus rechtfertigen. Das würde einen Gedankenaustausch zwischen den jeweils beteiligten Wissenschaftlern voraussetzen, und der findet trotz vermeintlich identischem Forschungsobjekt (Logistik) nicht statt. Das ist hochgradig unbefriedigend, und es bedarf deshalb einer grundlegenden Klärung.

„There is little explicit discussion of research approaches to be found in the logistics literature" (Kovacs und Spens 2005, S. 135). Eine solche Diskussion würde voraussetzen, dass die Forscher einzelner „Denkschulen" in der Lage sind, eine ausreichende Distanz zu ihrer eigenen Arbeit zu gewinnen, wofür sie sich aber einer anderen Begrifflichkeit und anderer Denkmuster bedienen müssten. Einen solchen Ebenen-Wechsel ermöglicht die Wissenschaftstheorie, die zwar in sich selbst noch keine homogene Metawissenschaft darstellt, gleichwohl aber Begrifflichkeiten und Denkfiguren bereitstellt, mit deren Hilfe die Frage nach der Fruchtbarkeit alternativer, objektwissenschaftlicher Forschungsansätze sinnvoll diskutiert werden kann. Gelegentlich bezeichne ich im Folgenden die hier untersuchten und verglichenen Programmatiken aus Vereinfachungsgründen und der Klarheit halber mit den Abkürzungen F1, F2 und F3.

„Jede Theorie verdankt ihre Entstehung der Fähigkeit des menschlichen Geistes, aus der Lebensfülle der Erscheinungen in das klare und einfache Gebiet gewisser formaler Relationen zwischen denselben überzuwechseln" (Schumpeter 1908, S. 141). Deshalb konstituiert Wissenschaft immer eine zweite Welt, deren Beziehung zur wirklichen Wirklichkeit erheblich komplexer ist, als sich das wissenschaftliche Laien und auch manche Wissenschaftler zumeist vorstellen. Luhmann (1968, S. 220) spricht anschaulich von einer „Zwangsehe von Brauchbarkeit und Abstraktion". Das aus dem Spannungsfeld zwischen realer Vielfalt und theoretischem Abstraktionszwang resultierende, im Folgenden noch detaillierter analysierte Komplexitätsmerkmal der *Kontingenz* von realen Erscheinungen und Hypothesen zu deren Erklärung erschwert dabei sowohl

1. alle Versuche, *über die Identifikation zeitstabiler, situationsübergreifend gültiger Kausalitäten und/oder Korrelationen zu gehaltvolleren erfahrungswissenschaftlichen Theorien aufzusteigen* (F1), die ich im Folgenden unter der Überschrift „Empirismus" subsummiere (wobei das Attribut „empiristisch" signalisieren soll, dass hier nicht jede Art empirischer Forschung gemeint ist), als auch
2. die Bemühungen um eine beweisbar bestmögliche Lösung realer Entscheidungsprobleme mit Hilfe von *mathematischen Optimierungs-Modellen und Algorithmen* (F2), die im Folgenden auch unter dem Begriff „Operations-Research-Ansatz" subsummiert werden, sowie
3. den Ansatz des auf logischen Analysen von Funktionszusammenhängen, prototypisch gebildeten Bedingungskonstellationen und (im Anwendungsfall) situativ gegebenen Fakten

aufbauenden *Entwurfes von werkzeugartigen Konzepten und Modellen* (logistischen „Bauplänen") für erfolgversprechende logistische Prozess- und Netzwerkarchitekturen (F3), für die hier beispielhaft nur das Just-in-Time Konzept, das Cross-Docking-Modell und das Internet der Dinge angeführt werden sollen.

Das sind die drei Ansätze, um die es im Folgenden geht.

Diese Frage nach der Fruchtbarkeit dieser drei Programmatiken gewinnt insofern zunehmend eine forschungs*politische* Dimension, als die „Besiedelungsdichte" der Wissenschaftslandschaft in der betriebswirtschaftlichen Logistik mit diesen Denkschulen sehr ungleichmäßig ist und ausgerechnet die beiden erstgenannten, in Deutschland noch nicht so stark verbreiteten Gruppen in der Vergangenheit Fachzeitschriften okkupiert und als sogenannte „A-Journals" positioniert haben, die ihrem jeweiligen Forschungsansatz exklusiv verpflichtet sind. Dass diese beiden Forschungsprogramme, die sich in methodologischer Hinsicht untereinander grundlegend unterscheiden, weitgehend frei von jeder wissenschaftstheoretischen Grundlagendiskussion jeweils für sich das Attribut der „Wissenschaftlichkeit" reklamieren, zählt zu den Absonderlichkeiten des Status Quo in dieser Disziplin. Um das als problematisch einstufen zu können, muss man den folgenden Text gelesen haben oder selbst schon auf entsprechende Gedanken gekommen sein.

Im Vorgriff auf die folgenden Überlegungen sei aber schon festgestellt, dass die beleuchteten drei Forschungsprogramme sich sowohl im Hinblick auf ihre *wissenschaftliche Fruchtbarkeit* als auch hinsichtlich ihrer *praktischen Relevanz* erheblich voneinander unterscheiden. Dabei meine ich mit dem ersten Kriterium die Fähigkeit einer Forschungsprogrammatik, aussagekräftige und prüfbare allgemeine Theorien über wesentliche Zusammenhänge im Bereich ihrer Erkenntnisobjekte zu entwickeln und diese damit zu erklären. Praktische Relevanz ist demgegenüber gleichzusetzen mit der Fähigkeit, Führungskräften in der Wirtschaft Aussagensysteme und Instrumente an die Hand zu geben, die diese in die Lage versetzen, ihren Aufgaben besser gerecht zu werden. (Das anspruchsvolle Wort „Optimierung" nehme ich an dieser Stelle bewusst nicht in den Mund, und ich werde in Kap. 3 ausführlich begründen, warum ich es in der ganzen Arbeit meide).

Der etwas unscharfe Begriff der *Praxis* verweist auf die Welt der entscheidenden und handelnden Manager in der Wirtschaft. Denkt man ihn zu Ende, so tritt ein erster, großer Unterschied zwischen den Naturwissenschaften und den Wirtschafts- und Sozialwissenschaften zu Tage. Wenn man der Wissenschaft als einer andersartigen Systemwelt den Praxisbegriff entgegensetzt, schafft man damit ein aufeinander bezogenes Begriffspaar, für das es in den Naturwissenschaft keine klare Entsprechung gibt. Später (in Abb. 1.5) wird dieser Unterschied als Zwischenebene beschrieben. Ameisen und Elefanten haben zwar ihre je eigene Praxis, sie treffen dabei aber keine bewussten Entscheidungen. Man kann sie nicht befragen, um mehr über ihre Welt und ihre Sicht der Dinge in Erfahrung zu bringen. Außerdem unterliegen sie in ihrem Verhalten einem Wiederholungszwang, während die auf der angesprochenen Zwischenebene tätigen Manager im Grundsatz über die Möglichkeit verfügen, sich frei zu entscheiden, dabei neue Wege einzuschlagen und so auch eine neue Realität zu schaffen.

In einer idealtypischen Betrachtung taucht die Praxis gelegentlich als Nutzer von Theorien auf. Hier könnte man als Beispiel die Ingenieurwissenschaften nennen, jedenfalls insoweit, wie sie sich bei ihren Konstruktionen physikalischer Theorien bedienen. Aber anders als im Forschungsansatz (F1) hier ist nicht das Entscheidungsverhalten von Ingenieuren das Thema der Forschung. Und wenn man von den Naturwissenschaften verlangt, dass ihre Ergebnisse „praxistauglich" sein mögen, ist damit, anders in der Betriebswirtschaftslehre, meist gemeint, dass sie sich innerhalb der *Forschungs*praxis bewähren sollten – insbesondere, indem sie etwa Erklärungsmuster dafür bereitstellen, wie sich die Artenvielfalt entwickelt hat oder wie das Weltall entstanden ist. Aber auch dann lässt sich Wissenschaft letztlich nur rechtfertigen, wenn sie repräsentativ auch für die anderen betrieben wird, die sie selbst nicht betreiben.

In der Betriebswirtschaftslehre ist das Verhältnis zwischen Theorie und Praxis spannungsreich und seit ihrer Begründung durch Eugen Schmalenbach zu Beginn des vorigen Jahrhunderts Gegenstand unzähliger, zum Teil kontroverser Debatten gewesen. Dabei wurde meist einseitig nach der Bedeutung und Relevanz der Theorie für die Praxis gefragt. Im Folgenden geht es aber vordringlich auch um die umgekehrte Frage der Bedeutung der Praxis für die Wissenschaft. Diese Frage taucht schon am Anfang der Forschung auf und zeigt sich hier bei Wahl der Themenstellungen und Problemsituationen, die eine Wissenschaft von der Praxis und für die Praxis behandeln soll. Am Ende der Forschung stellt sich zumindest für eine anwendungsorientierte Wissenschaft dann die Frage, ob die Praxis bei der Bewährung von Forschungsergebnissen als Letztinstanz zu gelten hat. Bei Empiristen stellt sich „zwischendurch" noch die Frage, inwieweit es zulässig ist, die Antworten von Managern auf Fragebögen zu „der" Realität zu erklären. Jedenfalls handelt es sich dann, wie später noch ausführlich erörtert wird, offensichtlich um eine menschlich geschaffene und durch Betroffene interpretierte Realität, die nicht vergleichbar ist mit der Wirklichkeit, der sich Naturwissenschaftler zuwenden – was ebenfalls die Frage aufwirft, ob in beiden Fällen mit identischen Methoden gearbeitet werden kann und gegebenenfalls gearbeitet werden sollte.

Die Frage, welches Wissen eine Wissenschaft hervorbringen kann, hängt entscheidend davon ab, welche Fragen sie sich stellt. Implizit wird dadurch zugleich der Horizont abgesteckt, in dem dann noch gedacht wird (bzw. werden darf). Deshalb ist es wichtig, schon vorab darauf hinzuweisen, dass sich die drei gerade aufgeführten Forschungsansätze nicht nur auf der Ebene der angestrebten und dann tatsächlich erreichten *Ergebnisse*, sondern schon vorher auf der Ebene der möglichen und der tatsächlich gestellten *Fragen* unterscheiden. Dabei zeichnet sich der dritte Ansatz durch den weitesten, am wenigsten durch methodologische Vorentscheidungen eingeschränkten Fragehorizont aus, während umgekehrt der Empirismus in seinem Erkenntnispotenzial so beschränkt erscheint wegen der Fragen, die er nicht stellt bzw. die er sich aus methodischen Gründen zu stellen untersagt. Naturgemäß berührt das auch die Praxistauglichkeit der verglichenen Forschungsansätze. Diese zeigt sich wiederum ganz wesentlich daran, wie diese mit disruptiven Veränderungen in der Realität wie dem Phänomen der „Innovation" umgehen (bzw. ob sie überhaupt in der Lage sind, dieses Thema angemessen zu erfassen und hierzu gegebenenfalls *konstruktive* eigene, „theoretische" Beiträge zu liefern).

Man könnte die Wissenschaft von der Logistik mit diesen, hier zunächst nur angedeuteten Unterschieden sich selbst überlassen, wenn damit nicht die Gefahr erheblicher Fehlallokationen von Forschungsressourcen verbunden wäre und wenn diese Fehlentwicklungen nicht Nachwuchswissenschaftler über die erwähnte Steuerung der Forschung durch „A-Journals" zu unfruchtbaren Umwegen in ihrer Karriereplanung verleiten könnten. Gerade das ist aber nach der (im Folgenden zu begründenden) Einschätzung des Verfassers der Fall.

Vorab sei dabei schon festgehalten, dass diese Fehlentwicklungen zu einem erheblichen Teil darauf zurückzuführen sind, dass in dem ersten, hier diskutierten und mit dem Begriff „Empirismus" belegten Forschungsansatz und bis zu einem gewissen Grad auch im zweiten Konzept der mathematischen Optimierungsforschung versucht wird, in den Wirtschaftswissenschaften einem an die Naturwissenschaften angelehnten Erkenntnisideal zu folgen und dabei das zu übernehmen, was man dort als Forschungsmethode zu erkennen glaubt. Das mag insofern verständlich erscheinen, als insbesondere die Physik mit ihren Erfolgen im Bewusstsein vieler Menschen zur exemplarischen Wissenschaft überhaupt aufgestiegen ist, einer Wissenschaft, die obendrein auf dem Umweg über die Technik unsere Lebensverhältnisse in einzigartiger Weise verändert und verbessert hat. Man möchte mit dieser Orientierung an dem inzwischen seit Jahrhunderten beobachtbaren Erkenntnisoptimismus der Naturwissenschaften teilhaben, indem man die dort beobachteten (besser: vermuteten) Methoden nachahmt.

Dabei wird jedoch gelegentlich übersehen, dass

1. die Erkenntnisgewinnung in den Naturwissenschaft keineswegs einer einheitlichen, strikten Methodik folgt wie etwa der Induktion (Darwin ist bei der Entdeckung der Evolution anders vorgegangen als Einstein, der die Entwicklung der Relativitätstheorie mit Gedankenexperimenten gestartet hat, aber bei beiden war die Theorie zunächst mehr und etwas anderes als das Resultat einer passiv-rezeptiven Wirklichkeitserfassung, nämlich Interpretation und Spekulation),

2. die Vorstellung, die Naturwissenschaften seien infolge der von ihnen genutzten Methoden in der Lage, exakte, widerspruchsfreie Resultate zu liefern, nur von einer profunden Unkenntnis dieser Wissenschaft zeugt (erinnert sei hier an den „Welle-Teilchen-Dualismus" in der Quantenphysik, nach dem den Objekten dieser Theorie gleichermaßen die Merkmale von klassischen Wellen wie von klassischen Teilchen zugeschrieben werden können. Es ist überdies bezeichnend und mit Blick auf den auf Beobachtung und Erfragung setzenden Empirismus interessant, dass man sich von diesem Dualismus keine anschauliche Vorstellung machen kann),

3. es zwischen den Naturwissenschaften und den Sozialwissenschaften, zu denen die Wirtschaftswissenschaften zählen, gravierende Unterschiede *auf der Ebene der Erkenntnisobjekte* gibt, denen auf der Ebene der Forschungsmethoden entsprochen werden muss. Von der Natur kann man sich vielleicht noch (mindestens in einer kurzfristigen Betrachtung) vorstellen, dass sie fertig ist. Die Welt der Wirtschaft ist das nie, und deshalb kann auch eine Wissenschaft von der Wirtschaft nie fertig werden. Sie muss umgekehrt in Bewegung bleiben wie ihr Erkenntnisobjekt. Die in der Literatur

immer wieder aufscheinende, gelegentlich sogar als Forderung artikulierte Sehnsucht nach „geschlossenen" Theorien mag psychologisch nachvollziehbar sein. Erkenntnistheoretisch rechtfertigen lässt sie sich nicht.

Naturgemäß sind die Unterschiede zwischen Natur- und Sozialwissenschaften nicht ganz leicht herauszuarbeiten, wenn Empiristen von einer Vorstellung der Vorgehensweise von Naturwissenschaftlern ausgehen, die so nur in ihrer Fantasie besteht. (Die Unterschiede auf der Ebene der jeweiligen Erkenntnisobjekte kann man gleichwohl klar feststellen). Diese Unterschiede, die sich nicht in der Präferenz für mathematische und statistische Methoden erschöpfen, sind als Erstes herauszuarbeiten. Schon Galileo hatte bemerkt, das „Buch der Natur sei in mathematischer Sprache verfasst" (Carrier (2006, S. 136)). Vom Buch der Gesellschaft und vom Buch der Wirtschaft lässt sich das nicht so sagen. Jedenfalls fällt es schwer, sich vorzustellen, das System unserer Wirtschaft würde wie ein Newton'sches Variablenmodell nach festen, unverrückbaren Gesetzmäßigkeiten funktionieren. Wie sollte man in einer solchen Welt das Phänomen der schöpferischen Zerstörung unterbringen, das seit Schumpeter als Innovation die permanente Veränderung unserer Welt in Gang hält? Enthält dieses Phänomen nicht vielmehr schon eine Art „Falsifikation" der Grundannahmen des Empirismus (F1), der mit seinen Hypothesen fest an vorgefundenen bzw. erhobenen Sachverhalten haftet, um seinem Ziel der Identifikation zeit-und raumübergreifend gültiger Kausalgesetze näher zu kommen?

Und selbst wenn es dem Empirismus oder dem Operations-Research-Ansatz möglich wäre, das Phänomen der Innovation in ihren Forschungsansatz einzuhegen, ohne ihm chronisch hinterher zu laufen (was nicht nur hier bestritten wird), würde ein entsprechendes Modell an unerfüllbaren Datenbedarfen scheitern. Gerade auch in der Logistik, um die es hier geht, gibt es eine Vielzahl von sehr komplexen Sachverhalten, die sich einer mathematischen Erfassung ebenso entziehen wie einer Erklärung durch kausal gedachte Gesetzeshypothesen, was ihre wissenschaftliche Behandlung nicht ausschließen sollte. Beispielhaft erwähnt seien hier nur Eingriffe in die Aufbau- und Ablauforganisation von Unternehmen, also etwa die Integration der Logistik als Querschnittsfunktion in eine ursprünglich funktional aufgestellte Organisation von Unternehmen oder das Konzept des „Lean Management". Offensichtlich unterscheiden sich die hier betrachteten Forschungsansätze auch in der Frage, wie weit sie das ganze Spektrum logistischer Fragestellungen und Problemtatbestände erfassen können.

Tatsächlich liegt das hier angesprochene Problem noch tiefer. Die Wirtschaftswissenschaften im Allgemeinen und die Logistik im Besonderen beziehen sich auf das Handeln von Menschen, und es ist auch nach jahrelanger Hirnforschung immer noch eine kühne Behauptung zu unterstellen, dass Menschen an sich und Manager speziell in ihren Handlungen einfachen, naturgegebenen Kausalitäten unterliegen, ohne sich dessen je bewusst zu werden. Insoweit, wie sie das nicht (also frei) sind, kommt mit menschlichen Entscheidungen und Handlungen eine Komponente ins Spiel, für die es in der Natur und damit in den Naturwissenschaften kein Vorbild gibt. Hier werden andauernd Weichen neu gestellt.

Markovic (1978, S. 483) schildert in einem grundlegenden Beitrag mit dem Titel „Sozialer Determinismus und Freiheit" den Menschen als ein „Wesen mit Bewusstsein…, das imstande ist, zwischen verschiedenen Handlungsmöglichkeiten zu wählen, und das imstande ist, sich auf ganz außergewöhnliche, unvorhersagbare Weise zu verhalten, die Beschränkungen seines Charakters und seiner Gewohnheiten zu überwinden, Traditionen aufzugeben oder sich gegen sozialen Zwang aufzulehnen." Die Korrelationen zwischen dem Verhalten von befragten Managern, die der Empirismus mit seiner Forschung ins Visier nimmt und dann auch gelegentlich findet, zeigen nicht, dass Menschen im Allgemeinen und Manager im Besonderen das nicht könnten (man denke hier nur an Robin Hood oder an Steve Jobs). Vielmehr drücken sie nur aus, dass deren Verhalten durch gesellschaftliche und unternehmensindividuelle Rollenerwartungen eingeschränkt wird, dass sie unter dem Druck des Wettbewerbs und der Erwartung von Kapitalmärkten untereinander ähnliche Zielsetzungen verfolgen und dass sie in der Folge dann teilweise gleichgerichtet handeln. (Auf das Determinismus-Problem gehe ich in Abschn. 2.2 noch näher ein).

Nicht nur nach Luhmann (1991) enthält jede Form von Wissenschaft und insbesondere jede Bildung von Theorien eine komplexitätsreduzierende Spekulation, bei der es nicht nur um eine passiv-rezeptive Wirklichkeitserfassung, sondern immer zugleich um die struktur*gebende* Reduktion einer Vielfalt geht, der wir im nächsten Kapitel auf die Spur zu kommen versuchen. Vor diesem Hintergrund ist es unerlässlich, vor der Frage, wie Komplexität auf den Forschungsprozess wirkt, zunächst einmal der Frage nachzugehen, was denn Komplexität im Kontext einer Erforschung der Logistik eigentlich bedeutet.

Im Kontext einer Wissenschaft, die vom Management von Unternehmen handelt, stellt sich die Frage gleichermaßen auf der beobachteten Managementebene. Schließlich äußert sich Komplexität meist zuallererst auf dieser Ebene, der Ebene der Erkenntnisobjekte dieser Wissenschaft. Allerdings befassen sich Manager nicht mit den besonderen Problemen, die Forscher haben, um im Prozess der Bildung und Verwerfung von Theorien mit Komplexität umzugehen. Das bedeutet nicht, dass nicht auch Manager immer wieder dadurch lernen, dass sie – wenn auch nicht immer bewusst – Hypothesen über das Weltgeschehen um sie herum bilden, testen und gegebenenfalls verwerfen (im Gegenteil: dass sie das immer wieder tun, macht sie zu einer Realität sui generis, deren Erforschung, wie später noch ausführlich zu zeigen sein wird, spezifische Fragen methodischer Art aufwirft).

1.1 Komplexität und Kontingenz: Methodologische Besonderheiten der Wirtschafts- und Sozialwissenschaften

Vor dem Hintergrund der überwältigenden Fortschritte, die die Naturwissenschaften nach Forschern wir Keppler, Newton, Darwin und Einstein verzeichnen konnten, sind Wissenschaftshistoriker wie Kuhn (1962) und Wissenschaftstheoretiker wie Popper (1969) wie selbstverständlich davon ausgegangen, dass es für „Wissenschaften" aller Art unabhängig vom jeweiligen Gegenstand der Forschung nur *eine* „vernünftige" Methode des Forschens geben kann. Damit war für sie zugleich klar, dass die von ihnen wahrgenommene Rückständigkeit der Sozialwissenschaften gegenüber den Naturwissenschaften nur Ausdruck eines ungenügenden *Reifegrades* der Wissenschaften von der Gesellschaft sein konnte.

Die mit dieser Einschätzung übersehenen Unterschiede auf der Ebene der Erkenntnisobjekte zeigen sich zuallererst darin, dass die in Kap. 2 beispielhaft untersuchten Hypothesen über Kausalitäten und Korrelationen ausnahmslos Zusammenhänge betreffen, die sich nicht naturwüchsig entwickelt haben, sondern die von Managern, wenn auch nicht in jedem Fall planvoll *erdacht*, so doch immer aus einem spezifischen Kontext *gemacht* worden sind. Menschen im Allgemeinen und Manager im Besonderen leben in einer weitgehend selbstgeschaffenen Umwelt – wie beispielsweise der Globalisierung, die aus einem scheinbar urheberlosen Prozess hervorgegangen ist und auf die sie nicht nur einwirken, sondern die als neuer Entscheidungskontext immer wieder auf sie zurückwirkt (später werde ich für dieses Phänomen die Begriffe der „Eigendynamik" und der „Pfadabhängigkeit" benutzen).

Für diese Form von Komplexität gibt es in den Naturwissenschaften, in deren Welt niemand bewusst handelt, kein Vorbild. Deshalb macht dort eine Frage keinen Sinn, die man bei den von Empiristen getesteten Hypothesen immer stellen kann, nämlich die Frage, wie und warum ein mit Korrelationsmaßen belegter, als Kausalität interpretierbarer Zusammenhang so zustande gekommen ist. (Bedauerlicherweise wird diese Frage allerdings von den Empiristen nur selten gestellt, weil sie innerhalb ihrer eigenen Methodik nicht beantwortet werden kann). Tatsächlich umfasst die Komplexität ökonomischer Zusammenhänge, der sich Forscher und Manager in ihrem jeweiligen Alltag ausgesetzt sehen, aber noch eine ganze Reihe weiterer Aspekte bzw. Komponenten, von denen manche sich nicht dem Auge eines Beobachters unmittelbar zeigen. Nachspüren kann man ihnen trotzdem. Und man muss es auch, denn wenn dem Phänomen der Komplexität in Theorie und Praxis eine grundlegende Bedeutung zukommt, kann man es in der Gedankenführung nicht wie ein verlorenes Puzzle-Stück unanalysiert nebenher laufen lassen.

Nebenbei sei angemerkt, dass das Phänomen einer unüberschaubaren Komplexität im gesamt-gesellschaftlichen Raum immer wieder den Boden bereitet für jede Art von Vereinfachern, unter ihnen jede Art von Ideologen und Verschwörungstheoretikern, die mit ihren simplen Losungen ein tief sitzendes menschliches Bedürfnis nach Befreiung von zu viel Komplexität befriedigen. Daraus kann man auch eine für dieses Buch bedeutsame Schlussfolgerung ziehen. Wenn sich Komplexität nie restlos aufheben, wegerklären oder wegmanagen lässt, dann kommt es darauf an, kluge, vernünftige Formen der Komplexitätsreduktion von unklugen, insbesondere übertriebenen Formen der Vereinfachung zu unterscheiden. Diese Frage steckt im Kern der nun folgenden Analysen. Sie ist alles andere als einfach zu beantworten. Kapitulieren muss man vor ihr aber nicht.

1.1.1 Ursachen, Erscheinungsformen und Folgen der Komplexität

Einige Vorbemerkungen

Die inflationäre Verwendung des Komplexitätsbegriffes geht einher mit einer bemerkenswerten Unklarheit seiner Bedeutung. Ein Eintrag des Wortes „Complexity" bei Google am 22. Januar 2016 erbrachte 107.000.000 Suchergebnisse. Dieser Begriff macht seinem Namen alle Ehre. Es scheint zu seiner Natur zu gehören, dass man ihn nicht mit einer klar umrissenen Definition kritikfest eingrenzen kann und deshalb praktisch immer damit überfordert ist, das Ausmaß von Komplexität in einem Unternehmen umfassend und genau festzustellen, danach (z. B. in einer Art Controlling-Regelkreis) beherrschbar zu machen oder auch nur die Kosten der Komplexität präzise zu messen. Diese Schwierigkeiten werden vor allem durch die beiden folgenden Tatbestände verursacht:

1. den Tatbestand, dass eine Reihe der im Folgenden beschriebenen Komplexitätsmerkmale einander wechselseitig auslösen oder bedingen, was die Gesamt-Komplexität noch einmal steigert. Komplexität steht nicht nur zwischen ihren Treibern und Auswirkungen, sondern kann beides selbst sein,
2. den Tatbestand, dass die Fähigkeit eines Unternehmens, seine eigene, selbst-gemachte Komplexität zu erkennen, stark davon abhängt, wie es organisatorisch aufgestellt ist.

Innerhalb von Unternehmen sind die Ursachen der Komplexität oft in anderen Funktionsbereichen zu verorten als deren Folgen, so dass man ihr nur durch ein ressortübergreifendes Denken auf die Spur kommt, zu dem Mitarbeiter aus ihren „funktionalen Silos" heraus in der Regel nicht fähig bzw. legitimiert sind. Wenn im Marketingbereich die Variantenvielfalt auf die Spitze getrieben wird, nimmt in der Logistik die Vorhersehbarkeit der Bedarfe ab und das Unternehmen muss entweder seine Sicherheitsbestände erhöhen und/ oder von seinen Lieferanten immer kürzere Lieferzeiten verlangen. Wenn beides nicht mehr reicht, kommt es schließlich zu einer Verschlechterung der Termintreue. Und wenn dort häufig Absatzpromotionen durchgeführt werden, kommt es in der Logistik zu künstlichen Bedarfsspitzen, die einer gleichmäßigen Auslastung von Lager- und Transportkapazitäten ebenso im Wege stehen wie dem Erreichen einer hohen Vorhersagegenauigkeit. Marketingmanager sehen diese von ihnen erzeugte Komplexität in der Regel nicht oder halten sie für nebensächlich, während Logistiker oft nur versuchen, das Beste daraus zu machen und im Übrigen mit den Konsequenzen zu leben. Das Unternehmen als Ganzes hat dann keine klare Sicht auf die eigene Komplexität.

Wie diese kurzen Beispiele zeigen, ist die Logistik in der Praxis oft eher ein Opfer als ein Erzeuger von Komplexität und verfügt nur über eingeschränkte Möglichkeiten, sie aus ihrer spezifischen Perspektive in ihren Ursachen umfassend zu erkennen und ihr dann entsprechend ganzheitlich entgegen zu wirken. Die Einflussfaktoren liegen häufig woanders. Gleichwohl hat sie aber vielfach kreative Wege aufgezeigt, mit Komplexität fertig zu werden. Als Beispiel sei hier nur das später ausführlicher behandelten Postponement-Konzept genannt, das mit einer verzögerten End-Konfiguration von Produkten als intelligente logistische Antwort auf die im Marketing vorangetriebene Variantenvielfalt verstanden werden kann. Bezeichnend ist aber, dass dieses Konzept nur die Folgen der Komplexität lindert und nicht bis zu ihren Ursachen vordringt.

Unter Vorwegnahme der gleich vorgestellten und diskutierten Merkmale, Eigenschaften und Auswirkungen von Komplexität kann hier schon festgestellt werden, dass *organisatorische* Komplexität überdies immer mit der Gefahr verbunden ist, dass Systeme den nicht bedachten Nebenwirkungen ihres eigenen Handelns zum Opfer fallen (zumindest aber den Weg zu einer vernünftigen Ausbalancierung von Bereichszielen nicht finden). Gerade am Beispiel der Organisation von Unternehmen lässt sich gut vertiefend veranschaulichen, wie ambivalent Maßnahmen und Mittel zur Komplexitätsreduktion sein können.

Jede Organisation reduziert durch Arbeitsteilung Komplexität, weil nun nicht mehr jeder alles können und machen muss. Genau das ist eine ihrer zentralen Funktionen. Gleichzeitig schafft jede Organisation damit aber auch Voraussetzungen für eine Komplexitäts*steigerung*, insbesondere, in dem sie Spezialisierungen ermöglicht und unterstützt. Diese Steigerung zeigt sich vornehmlich darin, das jede Spezialisierung zu einer Auffächerung von Handlungsmöglichkeiten führt (z. B. von Marketinginstrumenten oder Einkaufsstrategien). Der zu zahlende Preis für jede Form von Arbeitsteilung sind zwangsläufig intensivere Abstimmungsprobleme, die man nie ganz aus der Welt bekommt. Die Schnittstellen in einer Organisation haben damit die beim ersten Blick paradox erscheinende Funktion von „enabling limits". Darauf, dass im Bereich der Organisation die Einschränkung der Komplexität oft „Voraussetzung ist für Steigerung von Komplexität", hat schon Luhmann (2006, S. 100) ausdrücklich hingewiesen. Man findet hierfür auch Beispiele in der Politik, etwa wenn in der EU nationale Handlungsspielräume eingeschränkt werden, um auf supranationaler Ebene neue, vorher nicht erreichbare Handlungsspielräume zu schaffen.

Schnittstellen sind im Übrigen wie Stehaufmännchen: Man kann alte Schnittstellen nur beseitigen, indem man gleichzeitig neue schafft oder zumindest vertieft. Eine schnittstellenlose Organisation ohne abgekapselte Interdependenzen ist deshalb kein betriebswirtschaftliches Ideal, in dem es nichts mehr zu koordinieren gibt, sondern ein Widerspruch in sich: sie würde nicht infolge der Verhinderung von Interdependenzunterbrechungen die denkbar besten Entscheidungen ermöglichen, sondern das Entscheiden selbst vollständig unmöglich machen (abgesehen davon, dass sie die über Arbeitsteilung gesuchten Spezialisierungsvorteile vernichten würde). Die Festlegung einer bestimmten Organisationsstruktur erscheint vor diesem Hintergrund häufig als die Wahl des kleineren Übels, und nicht wenige Manager denken immer wieder darüber nach, ob sie ihre Truppen wirklich gut aufgestellt haben, ohne dabei je zu rundum befriedigenden Lösungen zu kommen. Es gibt keine Organisation ohne dysfunktionale Wirkungen, und darin liegt ein Kern an nicht ausrottbarer Komplexität.

Die Organisation eines Unternehmens kann als Sonderfall einer auf Dauer ausgerichteten, strukturgebenden Gestaltungsmaßnahme betrachtet werden. Kennzeichnend für derartige Maßnahmen ist, dass sie Komplexität reduzieren, ohne dass das immer ausdrücklich als Ziel formuliert wird. Vielmehr läuft Komplexitätsreduktion oft als Interpretationsschema für Handlungen und durch Handlungen geschaffene institutionelle Arrangements gewissermaßen „schleichend" mit. Ein anschauliches und mit Blick auf die USA aktuelles Beispiel aus dem öffentlichen Sektor ist das Gewaltmonopol des Staates, das dort offensichtlich noch zu viel Komplexität übrig lässt – mit den bekannten Folgen. Letzteres gilt so gut wie immer auch für die Organigramme, mit denen in Unternehmen Verantwortung verteilt wird, auch wenn man dort häufig an Grenzen des Organisierbaren stößt. Man denke nur an das, was man „informale Organisation" nennt, also alle jenen Kommunikationswege, mit denen sich die Mitglieder einer Organisation jenseits aller Organigramme und „Dienst-wege" gleichsam inoffiziell, aber Komplexität aufbauend, das Leben erleichtern – oft ge-nug zum Wohle des Unternehmens, aber eben immer „out of control".

Wenn Komplexitätsreduktion bei der Bestimmung von Systemstrukturen auch meist nicht das eigentliche, bewusst verfolgte Ziel, so ist sie doch immer eine Bedingung, ohne die es nicht geht. Komplexitäts*management* kann dann als der Versuch verstanden werden, aus dieser Bedingung eine Gestaltungsdimension mit dem Charakter einer Zielvariablen zu machen. Grundlage hierfür ist die über das Thema Organisation weit hinausreichende Erkenntnis, dass viele Erscheinungsformen von Komplexität menschengemacht (hier: durch Handlungen von Managern erzeugt) sind. Mit dieser Einsicht bekommen wir den Schlüssel dafür in die Hand, sie auch wieder einzudämmen, wofür neben der Kern-Strategie der *Reduktion* auch die vorher aufsetzende Strategien des *Vermeidens* und die gleichsam parallel laufende, auf der Erzeugung von Transparenz basierende Strategie der *Beherrschung* bereitstehen. Man muss das Ganze nur durchschauen, und dabei soll die folgende Analyse helfen.

Das Beispiel Organisation hat klar gelegt, dass sich Komplexität in der Regel zuerst nicht innerhalb der theoretischen Forschung zeigt, sondern in der lebensweltlichen Praxis, von der sie auf die Forschung gleichsam überschwappt und dort dann forschungsspezifi-sche Erscheinungsformen annehmen kann (beispielsweise in der Gestalt von schwachen oder unsicheren Korrelationen zwischen gemessenen Variablen). Das Fehlen einer ab-schließenden Definition des Komplexitätsbegriffes hat in der Praxis zur Folge, dass Projek-te zur Wiedervereinfachung immer „mittendrin" anfangen und gelegentlich auch mittendrin aufhören müssen. Wegen der gerade beschriebenen, cross-funktionalen Wirkungen ver-schiedener Merkmale von Komplexität ist es hilfreich, sie mit funktionsübergreifend be-setzten Teams anzugehen, und man muss die Unterstützung von der Geschäftsleitung haben, die für das Gesamtgeschehen verantwortlich ist und die als Einzige legitimiert ist, ressortübergreifende Zielkonflikte auszubalancieren.

Alle beide, Wissenschaft und Praxis, brauchen für ihre Arbeit ein hinreichend differen-ziertes Vorverständnis von möglichen Erscheinungsformen und -orten der Komplexität, damit sie überhaupt wissen, wo sie suchen sollen. Darin liegt die Scheinwerferfunktion eines hinreichend komplexen Verständnisses von Komplexität, das dabei auch nach Art einer Checkliste funktionieren kann. Der Soziologe Niklas Luhmann (2008, S. 173) hat mit Blick auf die Wissenschaft feststellt „dass die Literatur, wenn sie überhaupt mit dem Begriff der Komplexität arbeitet, einen begrifflich nicht sehr durchgearbeiteten Terminus verwendet". Das ist als Grundlage für die folgende Analyse zu wenig.

Der folgende Versuch, mehr Licht in das Dunkel um den Komplexitätsbegriff zu brin-gen, umfasst insofern mehr als nur die Suche nach Sachverhalten, die sich unter diesen Begriff fassen lassen und die ihm damit eine klarere Gestalt geben. Darüber hinaus werde ich auch immer wieder aufzeigen, welche Folgen diese Sachverhalte für die Forschung in den Wirtschaftswissenschaften im Allgemeinen und für die Erforschung der Logistik im Besonderen haben. Dass die dabei zu durchlaufenden Gedankengänge oft selbst ziemlich komplex anmuten und dem ungeduldigen Leser einiges zumuten, liegt in der Natur der

Sache. Im Rahmen der Analyse bediene ich mich vielfach der Konzepte und Begrifflichkeiten der Systemtheorie, wie sie etwa in den wegweisenden Arbeiten des Soziologen Niklas Luhman auftauchen. Auch das mag einigen Lesern zunächst etwas fremdartig erscheinen. Aber man kann in keiner anderen Sprache das Phänomen der Komplexität in allen seinen Facetten so gut herausarbeiten und begreiflich machen wie in den Begrifflichkeiten dieser Theorie.

Das folgende Stück Arbeit ist im Spektrum der hier verglichenen Forschungsprogramme dem Forschungsansatz F3 zuzuordnen, d. h. hier wird inhaltlich argumentiert und nicht empirisch erhoben und getestet oder quantitativ modelliert. Eine weitere Vorbemerkung ist an dieser Stelle noch angebracht. Wie immer man den Begriff der Komplexität auch fasst: die Reduktion von Komplexität ist ein grundlegendes, lebenspraktisches Erfordernis – etwas, das wir alle, Wissenschaftler wie Praktiker, unentwegt tun und tun müssen, um uns in der überkomplexen Welt zurecht zu finden und im Leben so etwas wie Entscheidungs- und Handlungsfähigkeit zu erreichen und aufrecht zu erhalten. Komplexität und Komplexitätsreduktion sind damit etwas, das Wissenschaft und Praxis gemeinsam haben und das sie insoweit verbindet. Vielleicht mag der eine oder andere Leser erschrecken, wenn ihm gleich die vielfachen Erscheinungsformen und Treiber von Komplexität vorgestellt werden. Dabei muss man aber immer im Hinterkopf behalten, dass Wissenschaftler wie Praktiker wie wir alle darauf schon Antworten gefunden haben – nur nicht immer die klügsten.

Zum Begriff selbst

Mit dem Komplexitätsbegriff werden häufig objektiv feststellbare Systemeigenschaften adressiert, gelegentlich werden aber auch Intransparenzen bei dem Versuch ihrer Erfassung angesprochen, also Bewusstseinszustände wie eine wahrgenommene „Unübersichtlichkeit" oder eine „Unsicherheit" im Hinblick auf zukünftige System- und Umweltkonstellationen. Auch wenn solche Bewusstseinszustände zunächst einmal nur subjektiv sind und nur im Bewusstsein von handelnden Managern existieren, können sie reale („objektive") Folgen haben. Eine wohlbekannte Einsicht der Soziologie lautet: „If men define situations as real, they are real in their consequences" (W. I. Thomas, zit. nach Habermas (1973, S. 199)). Die eindrucksvollsten und zugleich anschaulichsten Beispiele für die realen Wirkungen von subjektiven Situations-Wahrnehmungen liefert die Börse. Schon vorab festzustellen bleibt: indem wir die Realität wahrnehmen, reduzieren wir zwar dauernd (und zwar meist unbewusst) Komplexität auf ein gedanklich handhabbares Maß, wir können sie so aber auch erzeugen.

Ähnlich grundlegend wie die Unterscheidung zwischen objektiver und subjektiver Komplexität ist die Trennung zwischen *interner* und *externer* Komplexität. Mit dieser Unterscheidung wird in der Regel (jedenfalls seit Aufkommen der Kybernetik) die Idee eines Komplexitätsgefälles zwischen einem System und seiner Umwelt verbunden: die Außenwelt erscheint fast schon vor jeder Beobachtung und Analyse als das erheblich komplexere „Etwas", und dieses Etwas ist alles, nur kein System. Diese Unterscheidung ist wichtig im Hinblick auf die Frage der Beherrschbarkeit von Komplexität, denn aus ihr folgt, dass das jeweilige System (etwa bei Planungsvorgängen) die Außenkomplexität nie voll-umfänglich berücksichtigen kann (also immer wieder, oft unbewusst, Komplexität ignorieren und damit Planungsrisiken eingehen muss). Wie gleich noch zu zeigen sein wird, stellen sich für die Wissenschaft auf ihrer eigenen Ebene ganz ähnliche Fragen, was insofern nicht überraschen kann, als sie diese bis zu einem bestimmten Grad spiegeln muss, um die zu erforschende Praxis verstehen oder erklären zu können.

Ergänzend hierzu ist noch zwischen internen und externen *Treibern* von Komplexität zu unterscheiden, eine Differenzierung, die auf die Entstehungsursachen einzelner Erscheinungsformen von Komplexität verweist. Dabei ist auf einen Zusammenhang zwischen externer und interner Komplexität hinzuweisen, der durch das Management von Unternehmen selbst hergestellt werden muss: Schon der Kybernetiker und Pionier der künstlichen Intelligenz W. R. Ashby (1952) hat mit seinem Begriff einer „requisite Variety" darauf hingewiesen, dass komplexe Systeme wie ganze Unternehmungen nur überleben können, wenn sie über ein (als Vielfalt von Handlungs- bzw. Antwortmöglichkeiten definiertes) Maß an innerer Komplexität verfügen, das mit der Komplexität ihres Umfeldes korrespondiert, ohne dieser jemals entsprechen zu können. Insofern, wie dieses Reservoir an möglichen Antworten auf unerwartete Ereignisse zwar das Vorhalten von Ressourcen bedingt, aber nicht exakt geplant werden kann, kann man auch sagen: externe Komplexität erfordert interne Redundanz, die mit den Schwierigkeiten ihrer Dimensionierung wiederum selbst als Erscheinungsform von Komplexität beschrieben werden kann. (Wohlgemerkt: Redundanz erfüllt hier eine Funktion und kann nicht mit Überflüssigkeit übersetzt werden). Die Antworten auf externe Komplexität sind dann neu zu realisierende Systemeigenschaften, nämlich Robustheit, Flexibilität und Wandelbarkeit.

Häufig wird versucht, den Begriff der Komplexität über seine Erscheinungsformen zu fassen (vgl. beispielhaft Meyer (2007, S. 23)). Vermutlich gibt es dazu auch keine Alternative. Das führt zwar nicht zu einer kompakten Definition, kann den Gegenstand aber oft gut ausleuchten und so zu seinem Verständnis beitragen. Ein solcher Weg wird im Folgenden beschritten. Ohne Anspruch auf Vollständigkeit unterscheide ich im Folgenden 14 besonders wichtige Dimensionen von Komplexität, von denen einige den grundlegenden, methodenrelevanten Unterschied zwischen Natur- und Sozialwissenschaften bzw. dem jeweiligen Gegenstand ihrer Forschung markieren. Da ich mir aufgrund der Wichtigkeit dieses Phänomens Zeit und Platz nehmen werde, diese Dimensionen von Komplexität im Einzelnen tiefer auszuleuchten und immer wieder beispielhaft zu veranschaulichen, schicke ich der Analyse eine zusammenfassende, stichwortartige Übersicht voraus, auf die man dann wie auf eine Landkarte immer wieder zurückgreifen kann um festzustellen, wo man gedanklich gerade ist (Abb. 1.1).

Im Einzelnen sind die hier unterschiedenen Merkmale der Komplexität die Folgenden:

1. Die *Anzahl der Elemente eines Systems* bzw. der sich gegenseitig beeinflussenden Subsysteme, Komponenten und Variablen eines Systems *auf der Objektebene* (der „Realität" nach Abb. 5). Grundsätzlich sind diese Elemente als die kleinsten, unterscheidbaren Teile eines Systems zu verstehen. Wie tief man dabei herunter geht, ist allerdings oft eine Frage der Betrachtungsperspektive und damit der Zweckmäßigkeit.

Abb. 1.1 Erscheinungsformen
der Komplexität

Dimensionen der Komplexität

1. Die Anzahl der Elemente eines Systems

2. Die Verschiedenartigkeit dieser Elemente

3. Die Anzahl der Beziehungen und Schnittstellen zwischen diesen Elementen

4. Die Verschiedenartigkeit dieser Relationen

5. Diversität

6. Varietät

7. Veränderungsdynamik

8. Eigendynamik

9. Zeitdruck

10. Zielkonflikte

11. Logische Interdependenzen zwischen Entscheidungen

12. Kontingenz

13. Unsicherheit

14. Die Unendlichkeit der Möglichkeitsräume

Je nach Betrachtungsperspektive und Eindringtiefe können dann auch die Elemente eines Systems selbst wieder komplexe Systeme sein, wie etwa die Kontenpunkte eines Paketdienstnetzes, die Filialen einer Handelskette oder, gewissermaßen noch eine Ebene tiefer, schon einzelne Produkte. Eine geringere Eindringtiefe ist als Form der Komplexitätsreduktion immer mit Risiken verbunden. Wenn man die Knoten eines Stückgutnetzes beispielsweise innerhalb der Bestimmung einer transportkostenminimalen Netzstruktur nicht weiter analysiert, hat man damit eine ziemlich mächtige Annahme eingeführt: das „Innenleben" dieser Knoten darf keinen Einfluss auf das Verhalten des übergeordneten Netzwerkes haben. Später werden wir sehen, dass das Einführen von bzw. das Arbeiten mit derartigen Annahmen eine der wichtigsten Formen der Komplexitätsreduktion darstellt, die besonders für den zweiten, hier betrachteten Forschungsansatz (F2), die mathematische Optimierungsforschung, charakteristisch ist.

2. Die *Verschiedenartigkeit der Elemente* eines Systems. Als einfaches Beispiel mag man sich hier ein Distributionssystem vorstellen, in dem einzelne Netzknoten in der lokalen Feinverteilung aus eigenen Niederlassungen bestehen und andere von Dienstleistern wie Logistikunternehmen oder Großhändlern bewirtschaftet werden. Im letzteren Fall

werden nicht nur der Lieferservice, sondern auch das Bestandmanagement, die Sortimentsgestaltung und die Preispolitik fremd vergeben. Der damit einhergehende Kontrollverlust signalisiert ein Mehr an Komplexität, das durch andere Vorteile wie etwa eine höhere Produktivität oder mehr Unternehmertum kompensiert werden muss.

3. Mit der Anzahl der Elemente eines Systems zusammenhängend, von dieser aber gedanklich klar zu trennen, ist die *Anzahl der Beziehungen und Schnittstellen* zwischen diesen Systemelementen. Hierzu ist schon einleitend anzumerken, dass wir es hier oft nicht nur mit einem Mengenproblem zu tun haben. In einem wegweisenden Beitrag des Nobelpreisträgers Herbert Simon aus dem Jahr 1962 über „The Architecture of Complexity" heißt es hierzu: „Roughly, by a complex system I mean one made of a large number of parts that interact in a non-simple way. In such systems, the whole is more than the parts" (Simon 2012, S. 337). Das bedeutet unter anderem, dass man die Eigenschaften des Systems nicht einfach aus den Eigenschaften und dem Verhalten seiner Komponenten ableiten kann und dass hochgradig eigenkomplexe Systeme Schwierigkeiten damit haben können, ihre eigene Entwicklung vollständig zu verstehen oder vorherzusagen,

Aber auch schon die schiere Anzahl von möglichen Beziehungen kann zu einem großen Problem werden. Luhmann (2008, S. 173) hat schon ausdrücklich hervorgehoben, dass „mit der Zahl der Elemente (eines Systems, d. V.) die möglichen Relationen zwischen ihnen überproportional, nämlich in geometrischer Progression zunehmen", was schließlich dazu führt, dass „jedes einzelne Element durch Verknüpfungsanforderungen überfordert" wird. Formal bedingt Komplexitätsreduktion mit Blick auf das Komplexitätsmerkmal 2 deshalb, dass die Anzahl der tatsächlichen Beziehungen zwischen den Elementen eines Systems deutlich unter der Anzahl der möglichen Beziehungen gehalten werden muss.

Letztlich ist das auch später noch mehrfach als Beispiel herangezogenen SCM-Konzept mit seinem Versuch, durch eine Zuliefererintegration externe Komplexität in interne Komplexität zu verwandeln und damit beherrschbar zu machen, an dieser Problematik gescheitert. Nach Anasz (1986, zit. bei Siebert (2010), S. 16) hatte selbst der für enge Kooperationen bekannte Automobilbauer Toyota zum Zeitpunkt der Publikation auf der ersten Stufe 168, auf der zweiten Stufe 4.700 und auf der dritten Stufe 31.600 Zulieferer. Jeder dieser Zulieferer hat seinerseits eine komplexe Stücklistenstruktur, die man analysieren müsste, um dort die kritischen Teile zu identifizieren, die innerhalb der Produktionsplanung von Toyota zu einem Engpass werden könnten. Solche Zahlen muss man sich vor Augen halten, wenn man mit dem Anspruch auf eine wertschöpfungsstufenübergreifende, ganzheitliche Optimierung konfrontiert wird.

Für eine kostenwirksame Reduktion der Beziehungskomplexität lassen sich verschiedene Beispiele ins Feld führen. Eines davon ist das „Merge-in-Tansit-Modell", bei dem Teile und Komponenten eines Produktes nicht mehr in der Fabrik des OEM (Original Equipment Manufacturer), sondern dezentral in einem kundennahen Terminal eines entsprechend qualifizierten Dienstleisters zusammengebaut werden. Hierdurch lässt sich ein ganzer Transportvorgang einsparen. Die Voraussetzungen sind anspruchsvoll, aber das Konzept hat seine Machbarkeit und Nützlichkeit schon unter Beweis gestellt.

Ein besonders anschauliches Beispiel für eine sinnvolle Reduktion einer systeminternen Schnittstellenkomplexität liefern Hub-Konzepte in der Transportwirtschaft. Wenn in einem Netzwerk für den Transport und die Distribution von Stückgutsendungen oder Paketen alle Netzknoten einzeln und direkt miteinander verknüpft werden, ergeben sich bei n Netzknoten insgesamt n*(n-1) Beziehungen. Führt man dagegen alle Transportströme über einen zentralen Knoten (ein „Hub"), so reduziert sich die Anzahl der Relationen auf 2*n. Bei n = 40 Netzknoten (Spediteure sprechen hier von „Zielstationen") beträgt das Ausmaß der Reduktion annähernd 95 Prozent (vgl. hierzu ausführlicher Bretzke (2015, S. 376 ff.)).

Auf der Seite der Transportkosten werden so hohe Bündelungseffekt erzeugt, denen auf der administrativen Seite eine drastische Vereinfachung der Aufgabe von Disponenten gegenüber steht. Da allerdings Direktverkehre dann, wenn man sie gut auslasten kann, nach wie vor günstiger sind, findet man in der Realität oft hybride Netzwerkarchitekturen, die ein besonderes Maß an Eigenkomplexität aufweisen, z. B. weil man hier oft tageweise in Abhängigkeit von den verfügbaren Kapazitäten und dem aktuellen Transportaufkommen entscheiden muss, welchen Weg einzelne Sendungen gehen sollen.

In der drastischen Reduktion der Anzahl von Beziehungen zwischen Transakteuren liegt auch eine der tragenden Säulen der Wertschöpfung des Handels, dem ja einige Experten nach dem Aufkommen von Internet und eCommerce prophezeit hatten, er würde durch die Erleichterung der direkten Kommunikation zwischen Herstellern und Endkunden von der Bildfläche verschwinden (vgl. insbesondere den frühen Beitrag von Malone et al. (1987)). Offensichtlich hat man dabei die Wertschöpfung durch Vereinfachung unterschätzt, die der Handel gegenüber Herstellern *und* Abnehmern schaffen kann. Hersteller, die ihre Warendistribution dem Handel überlassen, müssen sich danach administrativ und logistisch nicht mehr um jeden einzelnen Konsumenten kümmern, und die Konsumenten erhalten ihrerseits über eine einzige Schnittstelle Zugang zu einem weiten Feld von Produkten und Produzenten und können so ihre Transaktionskosten ebenfalls deutlich senken.

Dieses dritte Komplexitätsmerkmal stellt zunächst nur ab auf die *Anzahl* von Kontaktstellen und nicht auf die *Qualität* der Beziehungen und adressiert damit innerhalb der Organisationswissenschaft zum Beispiel die Kontrollspanne des Managements. So erreicht zum Beispiel das Konzept flacher Hierarchien, das primär darauf zielt, die Beweglichkeit einer Organisation und ihre Adaptivität zu steigern, diesen Effekt durch die Reduktion der Komplexität des eigenen Systems.

Als probatestes Mittel gegen das Komplexitätsmerkmal Schnittstellenvielfalt gelten gemeinhin *Standardisierung* und *Modularisierung*. Mit beiden ist als wichtiger Nebeneffekt die Erzeugung von Austauschbarkeit (nicht nur von Teilen und Komponenten, sondern auch von Lieferanten) verbunden. Im letzteren Fall hat das naturgemäß Auswirkungen auf die Qualität von Beziehungen, zum Beispiel wenn Kunden hierin preispolitische Bewegungsspielräume erkennen, diese zu Lasten ihrer Zulieferer ausnutzen und ihre Zulieferer unter einem permanenten Preisdruck halten (was unter Collaboration-Aspekten als Sünde erscheinen muss).

Umgekehrt wirkt ein Outsourcing prima facie oft zunächst komplexitätsverstärkend, weil damit der direkte, hierarchische Durchgriff auf die nunmehr fremdvergebenen Leistungen aufgegeben und durch komplizierte Dienstleistungsverträge ersetzt wird, in denen sehr viel mehr geregelt werden muss als zuvor in den Arbeitsverträgen mit eigenen Mitarbeitern. Man kann das aber auch so sehen, dass ein solcher Vorgang das Management von Komplexität entlastet, weil hier die Leistungskoordination an dem Markt abgetreten wird und sich das Unternehmen infolgedessen auf seine Kernkompetenzen konzentrieren kann. Der Markt ist kein System, und er kann deshalb nicht reflektieren, aber er ist gelegentlich sehr gut in der Absorption von Komplexität.

Das Beispiel einer Make-or-Buy-Entscheidung macht deutlich, wie schwer es sein kann, in einem Systemvergleich unterschiedliche Grade von Komplexität zu konstatieren. Manche Maßnahmen sind in dieser Hinsicht einfach ambivalent. Eine Einquellen-Versorgung („Single Sourcing") reduziert Komplexität, setzt aber gleichzeitig den Wettbewerb zeitweilig außer Kraft und kann so Abhängigkeiten schaffen. Dann schlägt das Merkmal der Beziehungs*anzahl* in das Merkmal der Beziehungs*qualität* um, was mich veranlasst hat, derartige Ambivalenzen, die häufig im Zusammenhang mit Zielkonflikten auftreten, zu einem eigenen Merkmal von Komplexität zu erheben (Merkmal 10). Im Übrigen sind Outsourcing-Entscheidungen stark abhängig davon, wie man die Beziehungen zu seinen neuen Partnern gestaltet, womit endgültig klar wird, dass man die Frage nach der Anzahl solcher Beziehungen von deren Qualität zwar im Rahmen einer abstrakten Kategorisierung, nicht aber in der lebensweltlichen Praxis des Managements voneinander trennen kann.

Eine um die Jahrtausendwende herum populäre Rede von „grenzenlosen Unternehmen" als Trend der Zukunft schien eine grundsätzliche Lösung für das Problem der Schnittstellenkomplexität in Aussicht zu stellen hat. Sie hat sich jedoch relativ schnell erledigt, weil ihre Protagonisten meinten, sich über den einfachen Sachverhalt hinwegdenken zu können, dass Systeme gleich welcher Art sich nur durch eine Abgrenzung von ihrer Umwelt konstituieren und so zu einer eigenen Identität finden können. Die Vorstellung von einem grenzenlosen System beinhaltet nicht nur aus logischer Sicht eine Contradictio in Adiecto. Mitunter konnte man bei ihren Protagonisten auch die Vorstellung von einer „heilen" Netzwerkwelt feststellen, die nicht von Machtasymmetrien (Komplexitätsmerkmal 4) und von Interessenkonflikten (Komplexitätsmerkmal 10) durchsetzt ist. Auch die verwandte Idee von „virtuellen Unternehmen", denen man damals wegen der ihnen zugeschriebenen, großen Flexibilität auf der Ebene der Wissenschaft fundamentale Wettbewerbsvorteile attestierte, können ja nur dann in einen Wettbewerb zueinander oder mit herkömmlichen Unternehmen treten, wenn sie mehr sind als mehr oder weniger diffuse, „flüssige" Netzwerke von ad hoc geschmiedeten und ebenso schnell auflösbaren Beziehungen zwischen „Wertschöpfungspartnern", bei denen der Grundsatz „One Face to the Customer" durch das Prinzip „No Face to the Customer" zu ersetzen wäre. (Vgl. hierzu insbes. die Arbeit von Blecker (1999)).

Die in diesem Zusammenhang entwickelte Vorstellung von einer „Produktionsdienstleistung per Mausklick" (so der provozierende Titel eines Beitrags von Reinhart et al. (2002)) basierte dann doch wohl auf einer Unterschätzung der Probleme, jeweils situationsbezogen und ad hoc virtuelle Lieferantennetzwerke zu generieren, die ein vorher nicht geübtes Zusammenspiel ohne klare „Governance Structure" perfekt orchestrieren können und denen man als Kunde das gleiche Vertrauen entgegenbringen kann wie etablierten, bewährten Zulieferern und deren ebenso bewährten, tief gestaffelten Lieferantennetzwerken. Es mag sein, dass in einigen Ausnahmenfällen, wo die Produktion nur einen Projektcharakter hat wie etwa in der Filmbranche und wo es nicht um Skaleneffekte geht, Netzwerke um einen Auftrag herum immer wieder neu geknüpft werden. Für den weitaus größten Teil der Industrie wirkt diese Idee surrealistisch. Man sollte Schnittstellen nicht einfach nur als Störquellen betrachten, an denen Prozesse unterbrochen werden und die die Bildung von Suboptima fördern. Im Verhältnis zur Außenwelt eines Unternehmen sind sie immer auch der Ort, an dem Vertrauen wachsen kann und an dem eine bessere Verzahnung von Prozessen provoziert wird, die dann auch gelingen kann. Und dadurch, dass sie hier eine Innenwelt schaffen, ermöglichen sie als „enabling limits" die oben erwähnte Steigerung von Komplexität auf der Basis einer Komplexitätsreduktion. Schnittstellen sind ihrem Wesen nach ambivalent (Komplexitätsmerkmal 10).

4. Die *Verschiedenartigkeit der Beziehungen* zwischen den Elementen eines Systems und seiner Umwelt. Auch hier können wir zu einer ersten Illustration das Beispiel eines Distributionssystems heranziehen. Die Relationen zwischen den Netzknoten werden in grafischen Darstellungen oft auch als „Kanten" bezeichnet. Hinter ihnen können z. B. sowohl Warenströme als auch Informationsflüsse stehen, wobei die ausgetauschten Informationen (z. B. über lokale Bestände und Bedarfe) oft benötigt werden, um die Warenströme zu steuern und zu überwachen. Mit Blick auf diese Warenströme können Knoten über den Einsatz unterschiedlicher Verkehrsträger wie Luftfracht oder Seefracht verbunden werden, die sich wiederum erheblich hinsichtlich ihrer Umweltverträglichkeit unterscheiden. Beide Verknüpfungsformen können noch weiter „nach unten" ausdifferenziert werden, etwa indem man bei Transportströmen zwischen Primärtransporten (vom Endbedarf entkoppelten Lagerergänzungstransporten) und Sekundärtransporten (lokalen Verteilerverkehren) unterscheidet, die ihrerseits durch Transport- bzw. Belieferungsfrequenzen unterschieden werden kön nen.

Fragen der Beziehungs*qualität* (hier beispielsweise das Thema „Vertrauen") können überlagernd ins Spiel kommen, etwa wenn die Führungsproblematik innerhalb hybrider, zwischen Markt und Hierarchie angesiedelter Netzstrukturen thematisiert wird. „Collaboration" als heterarchisches Führungskonzept ist mit seinen permanenten Abstimmungsbedarfen komplexer („wackeliger") als eine auf klaren Weisungsbefugnissen aufbauende, vertikal durchstrukturierte Hierarchie, die mit ihren unmissverständlichen Anweisungsbefugnissen und Unterstellungsregeln nicht die aufwendigen

Konsensfindungsprozesse braucht, über die das Collaboration-Konzept ein Mehr an Legitimierung und gegebenenfalls auch Motivation sucht. Vertrauen erweist sich hier als ein Mittel zum Schutz gegen die Gefahr eines opportunistischen Verhaltens einzelner Kooperationsteilnehmer, einer Gefahr, die juristisch nie ganz aus der Welt zu schaffen ist, weil kein Vertrag alle möglichen, zukünftigen Bedingungskonstellationen antizipierend regeln kann. Mit anderen Worten: Vertrauen ist eine Beziehungsart, die der Komplexitätsreduktion dient, indem sie innerhalb einer Gruppe von interagierenden Akteuren wie etwa den Mitgliedern einer Supply Chain die Transaktionskosten senkt.

Wenn man über Schnittstellen- und Beziehungskomplexität spricht, bezieht man sich dabei vielfach auch auf die Außenbeziehungen eines Systems, sprich: Die Beziehungen zu seiner wirtschaftlichen Umwelt (in der Regel: zu seinen Handelspartnern und Kunden). Adressiert ist damit namentlich die „Kompliziertheit", die sich als Folge organisatorischer Zersplitterungen und Fragmentierungen einstellt, etwa in Gestalt einer stark abgebauten Fertigungstiefe, mit der Komplexität in die Außenwelt eines Systems ausgelagert wird, dabei aber nicht verschwindet. Da sie damit keineswegs neutralisiert wird, streben Unternehmen immer wieder danach, ihr unmittelbares Umfeld durch Verträge mit Kunden und Lieferanten beherrschbar zu machen. Diese Erkenntnis haben Cyert und March (1963, S. 120) schon sehr früh in eine Hypothese gekleidet: „Our studies, however, lead us to the proposition that firms will devise and negotiate an environment so as to eliminate uncertainty. Rather than to treat the environment as exogenous and to be predicted, they seek ways to make it controllable". Ähnliche Gedanken haben später bei der Entwicklung des SCM-Konzeptes Pate gestanden.

Eine enge, vertragliche Einbindung von Marktpartnern ist also eine Beziehungsart, die hier auch als ein Versuch des „Wegverhandelns" von Außenkomplexität verstanden werden. Mit Blick auf das Komplexitätsmerkmal 4 tritt dann ein weiteres Kriterium zum Vorschein, mit dem man Verschiedenartigkeiten von Beziehungen beschreiben und gegeneinander abgrenzen kann, nämlich deren Enge (wobei Enge oft mit Dauer korrespondiert). Die weiteste Beziehung entsteht, wenn man die unternehmensübergreifende Koordination von Bedarfen und Kapazitäten dem Markt überlässt und damit zum Beispiel Lieferanten in einem Zustand der Austauschbarkeit hält. Das Kriterium der Enge von Beziehungen wird in der Literatur oft ausdifferenziert, indem man die Beziehungsarten vor dem Hintergrund von Grundgedanken der Transaktionskostentheorie auf einem Spektrum anordnet, das vom Markt bis zur vollständigen, hierarchischen Integration reicht (vgl. auch Sydow und Möllering (2015, S. 21 ff.)). Die Fremdvergabe logistischer Dienstleistungen liegt in diesem Spektrum dann irgendwo in der Mitte.

Auf besonders enge Beziehungen setzt das Konzept des Supply Chain Managements, das darauf zielt, durch exklusive Partnerschaften den Raum für eine holistische Optimierung ganzer Wertschöpfungsketten zu schaffen. Stellvertretend zitiere ich hier Sandberg (2007, S. 289): „SCM philosophy advocates...that the whole supply chain should be managed as one single entity". Das bedingt einen Managementzugriff auf Kapazitäten und Ressourcen, die nicht dem Unternehmen gehören, das sich das Management „seiner" Supply Chain auf die Fahne geschrieben hat, und hierin liegt auch schon das erste Problem dieses Konzeptes. Die meisten Unternehmen sind gleichzeitig Teil mehrerer, oft ganz unterschiedlicher Lieferketten. Sie tragen insoweit den Charakter von Kreuzungen, durch die Wege von ganz unterschiedlichen Vorprodukten zu sehr verschiedenen Endprodukten und damit Endkunden führen.

Am Beispiel des SCM-Konzeptes lässt sich exemplarisch weiter veranschaulichen, mit welcher Ambivalenz (Komplexitätsmerkmal 10) verschiedene institutionelle Arrangements oft verbunden sind. In diesem Kontext resultieren aus einer allzu engen Integration verschiedene, ungeplante Nebenwirkungen. Eine solche Nebenwirkung besteht darin, dass innerhalb fest verzahnter, auf Exklusivität basierender Supply Chains nach Ausschaltung des Wettbewerbs die Innovationsanreize schwinden. Eine andere Nebenwirkung besteht in Dominoeffekten, d. h. darin, dass sich die vormals autonomen Planungssysteme der miteinander verschweißten Unternehmen auf der neuen, zentralen Gesamtplanungsebene permanent gegenseitig mit lokal auftretenden Störungen infizieren, die im Urzustand der Desintegration lokal abgefedert bzw. vom Markt absorbiert werden konnten. Die Unternehmen werden dann Opfer von Abstimmungsmängeln, die an einer anderen Stelle auftreten und auch dort weder beabsichtigt waren noch erwartet wurden. Dieses Konzept schafft mit seiner „Overspecification" paradoxerweise die Komplexität, zu deren Vermeidung es gedacht war (vgl. hierzu ausführlicher die kritische Analyse des Supply Chain Management Konzeptes bei Bretzke (2015, S. 65 ff.)).

Auch schon vor dem Aufkommen der SCM-Philosophie wurde mit Blick auf die Komplexitätsmerkmale 1 bis 4 *Integration* vielfach als Mittel der Überwindung der dysfunktionalen Effekte einer Arbeitsteilung empfohlen. Dabei wurde der Begriff der Integration in der Logistik immer wieder wie eine Art ein Mantra behandelt, das teilweise gebetsmühlenartig wie ein Allheilmittel gegen alle Schwächen einer funktionalen Organisation verbal ins Feld geführt wurde. „The belief that integrated performance will produce superior results over loosely managed individual functions is the fundamental paradigm of logistics" (Bowersox und Closs 1996). Die Idee des Supply Chain Managements markiert hier gewissermaßen den Sonderfall einer Konzeptausweitung, mit dem die *unternehmensübergreifende* Integration in den Fokus gerückt wurde. Dabei wurde und wird noch oft übersehen, dass Integration ein höchst ambivalentes Organisationskonzept ist (Komplexitätsmerkmal 10), nicht zuletzt, weil es, wie Luhmann (2006, S. 99) hervorhebt, auf einer wechselseitigen Beschränkung von Freiheit basiert.

Aus der Systemtheorie wissen wir, dass enge Kopplungen die Störanfälligkeit von Prozessketten erhöhen. „Nicht das Sich-anpassen-Können, sondern das Sich-abkoppeln-Können erklärt die ungeheure Stabilität und Durchhaltefähigkeit des Lebens und aller darauf aufbauenden Systeme", sagt Luhmann (1991, S. 556) unter Berufung auf führende Evolutionsbiologen wie den Verfasser der „Principles of Biological Autonomy" Varela (1979). Und schließlich verhindert eine zu starke Integration den Ausbau eigener Komplexität bei den integrierten (Teil)Systemen und verhindert das Lernen aus Fehlern, die in der Regel an der Basis der zu Subsystemen gemachten Supply Chain Mitglieder auftreten und die innerhalb der aufgebauten Planungshierarchie nicht immer „nach oben" kommuniziert werden. Darauf hat schon Weick (1976) mit seiner Idee lose gekoppelter Systeme frühzeitig hingewiesen.

Kluge Unternehmen reagieren auf solche Einsichten, indem sie den Grad der Integration von Lieferanten fallweise bestimmen und dabei eine enge Bindung insbesondere zu solchen Zulieferern suchen, die durch spezifische Investitionen eine für beide Seiten fruchtbare Prozessverzahnung aufbauen. Sie nehmen dann oft auch einen Verlust an Wettbewerb in Kauf (Komplexitätsmerkmal Ambivalenz). Auch hier kann das Thema der Beherrschung von Komplexität eine große Rolle spielen. Beispielhaft zitiere ich hier einen bei Sydow und Möllering (2015, S. 167) zitierten Beschaffungsmanager eines Automobilherstellers: „Sollte der potenzielle Zulieferer nicht genauestens unseren Beschaffungsprozess kennen, d. h. Abteilungen, Zuständigkeiten, Abläufe, hat er im Grunde kaum Möglichkeiten, Lieferant unseres Unternehmens zu werden". Hier bewahrheitet sich die oben gemachte Anmerkung, dass ein Abbau von Komplexität (Integration, single Sourcing) oft die Voraussetzung für einen Aufbau von Komplexität ist.

5. *Diversität*: ein *breites Variantenspektrum* (Vielfalt auf der Ebene von Produkten, Komponenten, Verpackungsarten, technischen Normen, Auftragsarten, Prozesstypen, IT-Systemen, Kundensegmenten, Lieferanten, Lieferwegen u. dgl.). Diese Ausprägungsform von Komplexität, die manchem als erste einfällt wird, wenn von diesem Begriff die Rede ist, wird innerhalb von Unternehmen oft getrieben durch den ungebremsten Hang von Marketingabteilungen zu einer immer weitergehenden Individualisierung von Produkten und Dienstleistungen („companies view each customer as a market segment", so Chopra und Meindl (2007, S. 63)). Dann entstehen anschauliche Beispiele dafür, wie sich Komplexität in Prozessketten fortpflanzen kann: Diversität schürt Bedarfsunsicherheiten, erschwert damit frühe Festlegungen im Voraus und befeuert so letztendlich einen Wettbewerb um immer kürzere Lieferzeiten (s. Komplexitäts-Merkmal 9).

Eine Teile- und Komponentenvielfalt treibt Komplexität insbesondere dann, wenn die Varianten der Teile bei der Produktkombination beliebig kombiniert werden können und man infolgedessen auf der Ebene der möglichen Endprodukte alle Einzel-Varianten ausmultiplizieren muss. (Ein Zahlenbeispiel: Endres und Wehner (2010, S. 318) berichten über einen Kabelbaumhersteller, bei dem die Variantenzahl für ein bestimmtes Fahrzeugmodell bei 3,06 * 10 hoch 28 liegt). Das führt dazu, dass viele Varianten eines Automobiltyps in einem Jahr nur ein bis zweimal gefertigt werden. Es kann aber auch dazu führen, dass in einer Just-in-Time Umgebung die Übermittlung einer falschen Teilenummer „binnen kurzer Zeit eine gesamte Lieferbeziehung zum Erliegen bringen" kann (ebenda).

In dem oben zitierten Beitrag hat Simon unter der Überschrift „Near Decomposability" schon 1962 eine Antwort auf diese Form von Komplexität entwickelt, die heute noch aktuell ist und sich in Modularisierungsstrategien und in der oben schon angesprochenen Idee einer verzögerten Variantenbildung bzw. einer Kombination aus beiden niederschlägt. Mit dieser Idee wird dem Komplexitätsmerkmal der Diversität in einem Gestaltungskontext ein Zeitbezug hinzu gefügt. Die Kunst der Komplexitätsreduktion zeigt sich hier in der Vermeidung oder gar Eliminierung der Risiken einer zu frühen Festlegung im Voraus. Auf der letzten Bestandhaltungsebene liegt die Teilevielfalt erheblich unter der Vielfalt möglicher Endkonfigurationen, was gelegentlich auch Vorteile bringt, die man zunächst gar nicht im Blick hatte (beispielsweise reduzierte Abschreibungen auf obsolete Lagerbestände).

Auch bei der zunehmenden *bürokratischen Regelungsdichte* geht es wiederum um Vielfalt. Angesprochen sind hier die immer undurchsichtiger werdenden Regularien einer ausufernden Bürokratie, die unternehmerisches Handeln bindend einschränken und die die Herausbildung neuer Experten sui generis erfordern (in der Praxis sprechen wir hier oft von ganzen Abteilungen). Wenn man diese Erscheinungsform von externer Komplexität als eine Art „Untermenge" des Merkmals „Diversität" begreift, muss man darauf hinweisen, dass es sich hierbei um externe Komplexität handelt, die nicht dem Gestaltungswillen von Unternehmen unterworfen ist.

Als exemplarisch hierfür mögen die Regeln für die standardisierte Erstellung von Ökobilanzen gelten. So enthält etwa das Zertifikat der Adam Recycling GmbH aus Fürth eine dokumentierte Klassifikation von 222 Abfallarten, weiter differenziert nach den Operationen Sammeln, Befördern, Lagern und Behandeln (Beispiel entnommen aus Bretzke (2014, S. 135)). Ausmultipliziert ergeben sich hier 888 artenspezifische Teilprozesse, die jeweils auf ihrer Umweltverträglichkeit zu untersuchen sind. Nicht selten wird der Umweltschutz so zu einem Treiber von Komplexität.

6. Die *Vielfalt der Zustände*, die ein System im Wechselspiel zwischen eigenen Entscheidungen und einem sich ständig verändernden Umfeld annehmen kann. In einer längst untergegangenen Welt wie etwa innerhalb mittelalterlicher Ständegesellschaften konnten die Menschen noch mit der Vorstellung leben, dass sich ihre Lebensumstände permanent wiederholen. Die Zeit, in der wir heute leben, lässt sich durch kaum so gut charakterisieren wie durch die vollständige Umkehrung dieser Situation.

Dieses Komplexitätsmerkmal entpuppt sich bei näherem Hinsehen als eine der Eigenschaften von Komplexität, deren Beschreibung die größten Erfassungsprobleme aufwirft. Der in diesem Zusammenhang auch benutzte Begriff der *Varietät* wird häufig in der Linguistik und in der Biologie verwendet und ist nicht ganz leicht vom Begriff der Diversität abzugrenzen. Hier geschieht die Abgrenzung durch die gesonderte Bezugnahme auf die Muster, die ein System durch Außenimpulse induziert annehmen oder gezielt selbst realisieren kann. Luhmann (2008, S. 177) nennt das die „Temporalisierung von Komplexität" und fügt erläuternd hinzu: „Es gibt nacheinander verschiedene Komplexitäten".

Rein logisch betrachtet könnte man Varietät als eine Art Untermenge von Diversität betrachten. Aber damit verschwindet nicht nur der von Luhmann hervorgehobene Zeitbezug. Systeme sind eben etwas anderes als etwa Ersatzteile oder Kataloge (unter anderem, weil sie selbst den Komplexitätsmerkmalen 1 bis 4 unterliegen). In Projekten, die auf eine Reduktion von Komplexität zielen, geht es häufig um eine reduzierte

Diversität und um eine reduzierte Varietät zugleich, beispielsweise wenn versucht wird, durch eine Straffung von Sortimenten (Diversität) die Häufigkeit von Bestandslücken zu reduzieren, eines misslichen Systemzustands, dessen wiederholtes Auftreten oft auf die Kundenzufriedenheit durchschlägt.

Im Hinblick auf die weiteren Analysen ist es wichtig festzustellen, dass dieses Komplexitätsmerkmal mit dem Merkmal der Kontingenz (Nr. 12) korrespondiert. Mit diesem Problem haben auf der Ebene ganzer Unternehmen beispielsweise Finanzinvestoren und -analysten ständig zu tun, wenn sie mit den Quartalsergebnissen von Unternehmen konfrontiert werden, diese mit dem vergangenen und dem erwarteten Zustand des betrachteten Unternehmens vergleichen, zeitgebundene Verschiedenheiten feststellen, bei Abweichungen den Versuch einer Ursachenforschung unternehmen und dann in den Kontingenzen der Einflussfaktoren schnell an ihre Grenzen stoßen.

So anspruchsvoll Zustandsbeschreibungen auch sein mögen, sind sie doch bei jedem Programm oder Projekt zu Verbesserung der Performance eines Unternehmens unerlässlich. Der gegenwärtige Zustand ist hier als „Benchmark-Messlatte" immer der unerlässliche Bewertungsmaßstab für jede Art von Verbesserungsmaßnahme, die dann ihrerseits durch einen in Aussicht gestellten Soll-Zustand beschrieben werden müssen. Auch hier kommt es dann darauf an, etwa im Rahmen einer Schwachtellenanalyse durch eine Differenzierung „nach unten" zunächst einmal gedanklich mehr Komplexität aufzubauen bzw. zuzulassen. Das gilt natürlich auch und in besonderem Maße für Projekte, mit denen eine ausgeuferte Komplexität eingehegt werden soll. Dass Zustandsbeschreibungen bei solchen Projekten besonders schwierig sind, folgt schon aus der hier entwickelten und vorgestellten Auflistung von Erscheinungsformen der Komplexität.

Man hilft sich in der Praxis hier oft, indem man sich auf bestimmte Komplexitätsmerkmale wie die Breite eines Sortimentes, die Anzahl der Zulieferer oder die Anzahl der Transportrelationen in einem Stückgutnetz konzentriert und nicht immer die ganze, hier vorgelegte Checkliste abarbeitet. Schließlich sind nicht alle der hier aufgeführten Erscheinungsformen von Komplexität in allen Unternehmen immer kritisch (was man allerdings vor einer entsprechenden Analyse nie genau weiß). Vielmehr ist hier von *möglichen* Erscheinungsformen der Komplexität die Rede, deren Bedeutung durch den jeweiligen Analysekontext bestimmt wird. Wenn man dabei dann auf ein anderes Komplexitätsmerkmal stößt wie etwa die Unsicherheit hinsichtlich der zu erwartenden Wirkungen von Maßnahmen (Merkmal 13), geht man dieses gesondert an.

Wenn man von einer Vielfalt von Systemzuständen spricht, muss man den Zustandsbegriff genauer fassen, damit klar wird, was damit gesagt und umfasst sein soll. Man kommt dann sehr schnell zu der Einsicht, dass zum Zustand eines Menschen allgemein und vor allem auch zum Zustand von Entscheidungsträgern oder von ganzen Unternehmen in der Wirtschaft deren Zukunftserwartungen untrennbar dazu gehören. Dass ich mich heute schon auf meinen Urlaub freue, gehört zur Beschreibung meines heutigen Zustands, obwohl bis dahin noch einige Wochen verstreichen.

Ein besonders anschauliches Beispiel aus der Wirtschaft ist der im deutschen Insolvenzrecht verankerte Begriff der drohenden Zahlungsunfähigkeit, der dort ungeachtet aller Operationalisierungsprobleme als Zustandsbeschreibung gefasst ist. Die ergänzende Rede von einer überwiegenden Wahrscheinlichkeit für dieses Ereignis macht den Begriff nicht sehr viel schärfer, weil hier nur subjektive Wahrscheinlichkeiten gemeint seien können. Hier verbindet sich das Merkmal der Varietät unmittelbar mit dem Komplexitätsmerkmal 13 (Unsicherheit). Gegenwärtig sind immer verschiedene zukünftige Konstellationen denkbar, und es fehlt in der Regel das Wissen, das nötig wäre, um daraus Entwicklungsmöglichkeiten vorab auszuschließen. In der betriebswirtschaftlichen Entscheidungstheorie nannte man diesen Zustand früher „unvollständige Information", was implizierte, dass es auch Entscheidungen bei vollständiger Information gibt.

Der Zustand der drohenden Zahlungsunfähigkeit kann Wirtschaftsprüfern große Schwierigkeiten bereiten, weil diese in Bilanzen Vermögenspositionen und Passiva in der Regel auf der Prämisse der Fortführung des betrachteten Unternehmens bewerten und zu größeren Abwertungen gezwungen würden, wenn sie die Grundlage des „Going-Concern-Prinzips" zu verlassen hätten. Damit tun sie sich meist zu Recht schwer, weil gerade bei Unternehmen, die in Schwierigkeiten stecken, die entsprechenden Abwertungen zu einer sich selbst erfüllenden Prophezeiung führen können (Komplexitätsmerkmal 8). Man erinnere sich nur daran, dass ein deutscher Medienunternehmer von einem deutschen Gericht Recht bekommen hat mit seiner Behauptung, die schlechte öffentliche Nachrede eines namhaften Bankiers habe zum Untergang seines Unternehmens beigetragen.

Es gibt Finanzexperten, die behaupten, die Finanzkrise von 2008 wäre so nicht ausgebrochen, wenn man nicht das sogenannte „Fair-Value-Prinzip" im Rechnungswesen verankert hätte, das Unternehmen abweichend von den vorher geltenden, handelsrechtlichen Vorschriften dazu zwingt, seine Vermögenswerte immer mit jeweils aktuellen Marktpreis zu bewerten und damit seinen „wahren Zustand" zu offenbaren. Erfasst wird dabei aber nur vermittels einer sehr statischen Sicht auf die jeweils geltenden Umstände ein sehr flüssiger Zustand, der sich schnell ändern und dann dazu führen kann, dass die abgewerteten Vermögensgegenstände infolge geänderter Marktbedingungen wieder aufleben. Dann kann es aber schon zu spät sein, und der jeweils aktuelle Tageswert entpuppt sich nachträglich als ziemlich unfair. Die Zukunft konstituiert sich eben mit jeder Gegenwart neu.

Wenn gegenwärtige Zukunftserwartungen untrennbar Bestandteil gegenwartsbezogener Zustandsbeschreibungen sind, man also nicht sagen kann, wie es um ein System steht, ohne gleichzeitig zu sagen, was im bevorsteht bzw. was es zu erwarten hat oder tatsächlich erwartet, dann wird vollends klar, dass und warum das Komplexitätsmerkmal Varietät mit dem Begriff der *Unendlichkeit* verbunden ist bzw. gedanklich in diese hineinführt. Mit anderen Worten: schon die Vorstellung von einem Zustand als etwas Feststellbaren basiert auf einer gedanklichen Reduktion von Komplexität.

Vollständige Zustandsbeschreibungen sind vor diesem Hintergrund vollständig unmöglich. Komplexitätsreduktion besteht dann immer wieder auch darin, dass man bei der Beschreibung der Verfassung eines Systems wie einer Unternehmung mit stark aggregierten Größen wie etwa der Feststellung einer Kostensteigerung arbeitet, bei der nicht immer kommuniziert wird, welche Kostenarten sich im Einzelnen wie verändert haben (schon eine einzelne Kostenart wie die Personalkosten stellt ja eine Aggregation dar). Dadurch werden bestimmte Zustandsbeschreibungen mit sehr vielen tatsächlichen Zuständen vereinbar und man kann, etwa bei einem zunächst allgemein gehaltenen Kostensenkungsprogramm, die Detaillierung auf einen späteren Implementierungszeitpunkt verschieben.

Schließlich liegt auch noch der Gedanke nahe, zum jeweiligen Zustand eines Unternehmens zählten auch die Zustände seines marktlichen Umfeldes, und zwar nicht nur die aktuellen, sondern wiederum auch dessen erwartbare Verfasstheiten. Das käme etwa in der Aussage zum Ausdruck, man sehe sich einer steigenden Wettbewerbsintensität ausgesetzt oder man beobachte mit Sorge die Entwicklung der Verschuldung von Staaten und des Wechselkurses der chinesischen Währung. Damit wird zugleich verwiesen auf das gleich noch eingeführte Komplexitätsmerkmal der Kontingenz. Wenn man „Zustand" mit „Situation" gleichsetzt, kommt man um eine solche massive, vollends nicht mehr klar eingrenzbare Erweiterung, die interne und externe Komplexität verknüpft, nicht herum. Schließlich ist die Umwelt eines Unternehmens selbst kein System, sondern unter Einbeziehung zukunftsbezogener Erwartungen nicht viel mehr als ein offener Horizont. Es erübrigt sich wohl von selbst festzustellen, dass diese Erscheinungsform von Komplexität nicht weggemanaged werden kann. Vielmehr kann man nur fallweise festlegen werden, wie weit man bei ihrer Erfassung gehen sollte.

Spätestens bei diesem sechsten Komplexitätsmerkmal dürfte die Frage auftauchen, wie es überhaupt möglich ist, dass Menschen (hier insbesondere Manager und Wissenschaftler) sich in einer so beschriebenen Welt zurechtfinden, was sie ja de facto irgendwie jeden Tag tun. Aber Eingrenzungen von Komplexität vollzieht man ja zumindest in der Praxis immer fallweise, und über ein noch „gesundes" bzw. dem jeweiligen Analyse- oder Kommunikationszweck adäquates Maß an zugelassener Komplexität muss man dann nach pragmatischen Gesichtspunkten entscheiden, ohne jeweils zu wissen, was man da gerade im Einzelnen ausschließt bzw. übersieht. Praktiker können ihre eigenen Situationsmerkmale als jeweilige Probleminhaber in aller Regel besser überblicken und damit mehr Komplexität einfangen als weiter „entrückte" Wissenschaftler. Gleichwohl (oder gerade deshalb) werden diese in ihren Versuchen der Bildung allgemeingültiger Hypothesen und Theorien stärker behindert. Sie müssen zwangsläufig abstrahieren, ohne im Einzelnen immer zu wissen, von was. Auf die Folgen wird später noch ausführlich einzugehen sein.

Ein anschauliches und prominentes Beispiel hierfür aus der Volkswirtschaftslehre mag dennoch vorab andeuten, in welch schwierige Gewässer man da als Theoretiker geraten kann. Hierzu benutze ich den Begriff der „Pareto-Optimalität", der als ein innerhalb der klassischen, ökonomischen Gleichgewichtstheorie wichtiges Entscheidungskriterium unmittelbar an der Beschreibung von Systemzuständen ansetzt. Optimal sind nach diesem Kriterium solche Problemlösungen, bei denen der Zustand mindestens eines Betroffenen besser wird, ohne dass sich die Zustände anderer verschlechtern.

Dieses Kriterium, mit dem man in der klassischen Ökonomie unter der Hinnahme von Einschränkungen versucht hat, die Probleme einer kardinalen Nutzenmessung zu umschiffen, spielt heutzutage in der Umweltökonomie wieder eine zentrale Rolle (s. etwa das sehr instruktive Buch von Feess (2007) über „Umweltökonomie und Umweltpolitik", wo das Konzept der Pareto-Effizienz auf, S. 32 f. definiert und beschrieben wird). Dort tritt aber bezeichnenderweise eine große Ernüchterung ein bei dem Versuch, die Praktikabilität dieses Kriteriums zu bewerten. Feess (ebenda, S. 63) formuliert das Ergebnis seiner diesbezüglichen Überlegungen noch eher verhalten, wenn er feststellt, dass „der Informationsbedarf (hier über die Grenznutzenfunktionen von Schadstoffemissionen, d. Verf.) extrem hoch ist". Tatsächlich ist er nicht erfüllbar. Mit anderen Worten: die Wissenschaft sieht sich gezwungen, mit auf Zustandsbeschreibungen aufbauenden Denkmodellen zu arbeiten, deren Informationsbedarf sie komplexitätsbedingt nicht einlösen kann. Gelegentlich kostet sie das ihre praktische Relevanz. Jedenfalls hat die von Luhmann beschworene Zwangsehe von Brauchbarkeit und Abstraktion hier nicht funktioniert.

7. Eine hohe *Veränderungsdynamik* zentraler Parameter (z. B. in Gestalt sich verkürzender Produktlebenszyklen und/oder von durch Wettbewerber getriebenen Innovationen). Von ständig sich verkürzenden Produktlebenszyklen besonders betroffen ist die Ersatzteillogistik, die sich ohnehin schon den höchsten Anforderungen an kurze Lieferzeiten ausgesetzt sieht und die nun gefordert ist, in zunehmendem Maße auch Teile für ausgelaufene Modelle weiter zu bevorraten und damit ein immer breiteres Sortiment (Komplexitätsmerkmal 5) zu managen.

Mit diesem Merkmal hält die *Zeit* vollends Einzug in das betrachtete Phänomen der Komplexität, das nunmehr auch als ein *Geschehen* gedacht und verstanden werden muss. Auch dieses Komplexitätsmerkmal treibt seinerseits Komplexität, die sich z. B. darin äußert, dass immer mehr Lernkurven durchlaufen werden müssen, die Lernergebnisse zugleich immer schneller an Wert verlieren (Veränderungsdynamik ist Varietät im Zeitablauf) und sich nicht nur Manager mehr und mehr einem lebenslangen Lernen unterziehen müssen, auch um die Gefahr abzuwenden, den Innovationen von Wettbewerbern chronisch hinterherzulaufen. Naturgemäß produziert dieses Komplexitätsmerkmal nicht nur Gewinner, sondern in zunehmendem Maße auch Dilettanten, die dann zu einer leichten Beute jeder Art von Beratern werden.

Aber auch schon innerhalb einer kurzfristigen Handlungsperspektive führt die zunehmende Veränderungsdynamik immer häufiger in einen Zeitstress, weshalb ich diese Folgeerscheinung in den Rang eines gesonderten Komplexitätsmerkmals (Nr. 9) erhoben habe. Wir treiben auf eine Situation zu, in der der Zeitbedarf für

Systemanpassungen größer ist als die Taktrate der Veränderungen. Ein wichtiger Treiber dieses Komplexitätsmerkmals (und damit auch des Merkmals Nr. 9) ist die Globalisierung, die die Geschwindigkeit treibt, mit der Flüsse von Waren, Kapital, Informationen, Menschen und Ideen ihre Gestalt, ihren Gegenstand, ihren Ort und ihre Richtung ändern. Im Hinblick auf Versuche von Wissenschaftlern, bei ihren Theorie- oder Modellbildungsversuchen mit dieser Veränderungsdynamik Schritt zu halten, folgt hieraus, dass auch sie „lebendig" bleiben (sprich: ihre Denkansätze für Veränderungen offen halten) müssen.

8. *Eigendynamik*: Eigendynamik ist eine hervorhebenswerte Sonderform des vorgenannten Komplexitätsmerkmals, die wegen ihrer Besonderheit auch als eigenständiges Merkmal von Komplexität aufgefasst werden kann. Sie entsteht als Abweichungsverstärkung durch Rückkopplungen der Entwicklung von Variablen auf ihre weitere, eigene Entwicklung (etwa, wenn Aktienkurse steigen, weil sie am Vortag gestiegen sind – genauer: weil Investoren einen Zug wahrnehmen, auf den sie rechtzeitig selbst noch aufspringen wollen und der dadurch schneller wird). Ein wichtiger Sonderfall sind Rückwirkungen der Resultate eigenen Handelns auf die eigene Entscheidungssituation. Solche Rückwirkungen gibt es einzeln wie im Kollektiv. So müssen etwa die Unternehmen, die in China billige Arbeitskräfte gesucht haben, nunmehr zur Kenntnis nehmen, dass sie damit neue Konkurrenten auf den Weltmärkten herangezogen haben.

Rückkopplungen können positiv oder negativ (selbstabschwächend) sein, wobei das Wort „positiv" nur als Richtungsindikator und nicht als Wertung gemeint ist. Deflation kann eine positive Eigendynamik auslösen: sie bewirkt das Horten von Geld und verstärkt damit die Krise. An diesem Beispiel wird zugleich deutlich, welche Rolle Erwartungen bei eigendynamischen Vorgängen oft spielen. Das Horten erfolgt in der Erwartung weiter fallender Preise, die daraufhin und dadurch bewirkt tatsächlich weiter fallen.

Ein besonders anschauliches Beispiel für eine negative (= zur Selbstregulation eines System führende) Rückkopplung findet sich im Bereich der Mobilität: Wenn zu viele Unternehmen mit schlecht ausgelasteten Fahrzeugen die Verkehrsinfrastruktur in Anspruch nehmen, gehen von zunehmenden Staus irgendwann Impulse – hier in Gestalt von Transportkostensteigerungen und steigenden Transportzeitvarianzen – aus, über eine bessere Fahrzeugauslastung zu einer (Wieder-)Verflüssigung des Verkehrs beizutragen. Abb. 1.2 (entnommen aus Bretzke (2014, S. 83)) veranschaulicht die erste Phase dieser da noch positiven Eigendynamik. Hier sollen Produktivitätsverluste im Güterverkehr durch den Einsatz immer weiterer Fahrzeuge so kompensiert werden, dass trotz zunehmender Staus weiterhin die gleiche Transportleistung erbracht werden kann. Der Stau nährt den Stau, bis die positive in eine negative Eigendynamik umschlägt.

Das berühmteste Beispiel für schädliche positive Rückkopplungen in der Logistik ist der von Forrester (1958) in Simulationsmodellen offengelegte Bullwhipeffekt, bei dem aus einer Kombination von Intransparenz (verzögerte Weitergabe von Bedarfsinformationen in einer Lieferkette), suboptimalen Geschäftspraktiken und falschen

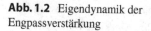 **Abb. 1.2** Eigendynamik der Engpassverstärkung

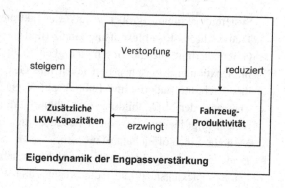

Verhaltensanreizen eine künstliche Aufschaukelung von Bedarfen resultiert. Dieser Effekt ist zugleich ein Beispiel dafür, wie das Komplexitätsmerkmal 13 (Unsicherheit) aus Fehlkonstruktionen in logistischen Prozessabläufen resultieren kann, wobei die Diagnose auch einen Hinweis auf die Therapie enthält: Komplexitätsreduktion durch eine verbesserte, unternehmensübergreifende Synchronisation.

Ein ähnliches Phänomen findet sich auf der volkswirtschaftlichen Ebenen bei dem dort so genannten „Schweinezyklus", bei dem Schiffsreeder mit ihren Investitionsentscheidungen sich und den Markt daran hindern, einen dauerhaft stabilen Gleichgewichtszustand zu erreichen. Statt eines stabilen Gleichgewichts ergibt sich beim rekursiven Investitionsverhalten von Reedern ein Kreislauf einander bedingender Fehlentscheidungen. Bei einem florierenden Geschäft werden zu viele neue Schiffe angeschafft, die in Summe zu Überkapazitäten führen, die dann auf Reede gelegt werden müssen, um den selbst ausgelösten Ratenverfall zu begrenzen – bis das Spiel von Neuem beginnt. Mit anderen Worten: Manager, die eigentlich für die Lösung von Problemen bezahlt werden, schaffen sich ihre Problem selbst. Das System (hier: die Branche) ist aus sich heraus nicht zu einer Homöostase fähig.

Bei einem echten Kausalkreis „wird jede Veränderung, die an irgendeiner Stelle vorgenommen wird, schließlich durch die Konsequenzen, die sie auslöst, selbst verändert werden" (Weick 1995, S. 113). Dann kann die Trennung von Ursachen und Wirkungen auf eine Weise willkürlich werden, die in den Naturwissenschaften in dieser Form nicht vorkommt. Weil in der Natur niemand entscheidet, gibt es dort weder sich selbst erfüllende noch sich selbst zerstörende Prophezeiungen (wohl aber Kreiskausalitäten wie etwa im Verhältnis zwischen den Populationen von Räubern und ihrer Beute).

9. *Zeitdruck*: Dieses Komplexitätsmerkmal ist gerade schon einmal kurz aufgetaucht. Es bezeichnet den Umstand, dass für die Erledigung von immer mehr Aufgaben immer weniger Zeit zur Verfügung steht (was auch daran abgelesen werden kann, dass die Rufe nach „Entschleunigung" zahlreicher und lauter werden). Zeitdruck ist in seiner Entstehung und Entwicklung immer wieder mit den Phänomenen der Veränderungsdynamik und der Eigendynamik verbunden. Auch hier hilft eine beispielhafte Betrachtung. Wie oben schon angedeutet, erschwert Komplexität in der Form von

Variantenvielfalt belastbare Bedarfsprognosen, macht damit kurze Reaktionszeiten zu einem Wettbewerbsparameter und zerstört so Handlungsspielräume, etwa für eine gleichmäßige Kapazitätsauslastung oder für die Nutzung umweltfreundlicherer, aber langsamerer Verkehrsträger. Je weniger ein Unternehmen seinen eigenen Planungen trauen kann, desto mehr wird es versuchen, alle Arten von Vorab-Festlegungen zu vermeiden und sich so lange wie möglich flexibel zu halten. Zeitdruck ist damit *zugleich ein Merkmal, ein Treiber und ein Ergebnis von Komplexität.* Als Treiber führt Zeitdruck zu einer immer weiter fortschreitenden *Kompression* von Zeitfenstern, die als Vorlaufzeiten, Durchlaufzeiten, Lieferzeiten, Rüstzeiten, Produktlebenszyklen oder Taktzeiten für die Durchführung von Aktivitäten zur Verfügung.

Die oft durch einen hohen Wettbewerbsdruck erfolgende Verkürzung von Produktlebenszyklen nimmt hier insofern eine Sonderstellung ein, als sie in ihrer Wirkung dem Komplexitätsmerkmal 5 (Diversität) entspricht. Sie erschwert belastbare Bedarfsprognosen, weil beim Absatz eines Produktes in immer kürzeren Abständen Anlauf- und Auslaufphasen mit unsicheren Bedarfen durchlaufen werden. Insoweit, wie Lieferzeitverkürzungen und ein Wettbewerb um Neuheiten als Wettbewerbsvorteile positioniert werden, erscheint ein Zurückdrehen oft kaum noch möglich. Ein entsprechendes Bemühen erscheint dann so, als ob in einem sich drehenden Kettenkarussell ein einzelner Fahrgast versuchen würde, die Geschwindigkeit seines Sitzes zu drosseln.

Insbesondere bei diesem Merkmal wird deutlich, dass Komplexität selbst einer Eigendynamik in Gestalt von sich selbst verstärkenden Rückkopplungen unterliegt und vielfach unbedachte Nebenwirkungen auslöst, wobei diese eben meist nicht wie ein Unwetter über die Entscheidungsträger der Wirtschaft plötzlich hereinbrechen, sondern unbedacht durch die Manager selbst ausgelöst werden. Gelegentlich passiert das auch bei hoch gelobten, als modern eingestuften logistischen Prozessmodellen wie etwa dem Lean Management. Durch die Eliminierung von Beständen, Puffern und Zeitreserven innerhalb von Unternehmen und zwischen Partnern in Wertschöpfungsketten, also durch rigide Kopplungen von Abläufen, sind wechselseitige Abhängigkeiten in ihren Auswirkungen oft noch wesentlich (und freiwillig!) verstärkt worden. Die Folgen sind vor allem eine erhöhte Störanfälligkeit von Lieferketten mit ausgeprägten Dominoeffekten und einer reduzierten Zeit zur Reaktion auf solche Störungen, ablesbar daran, dass das Segment der Kurier- und Expressfrachtdienste seit langem erheblich stärker wächst als der Rest der Transportbranche (über Expressfracht soll die Zeit wieder hereingeholt werden, die durch eigene und fremde Fehlplanungen verloren wurde, mit anderen Worten: Expressfracht ist ein sehr kostspieliges Substitut für die durch ein übertriebenes Lean Management eliminierten Zeitpuffer und Bestände).

Jenseits einer kritischen Grenze der „Verschlankung" agieren Systeme paradox, indem sie mehr Störungen provozieren und sich gleichzeitig der Zeit berauben, darauf noch gezielt und besonnen reagieren zu können. Der Anteil von Ad-hoc-Maßnahmen wie Sonderfahrten steigt, und es kommt zu einer Überbeschäftigung von Managern mit Ausnahmetatbeständen („Exception Management"). Unter starkem Zeitdruck

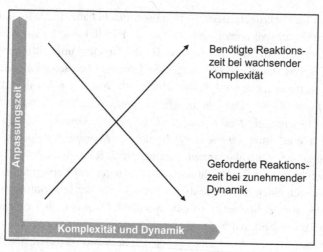

Abb. 1.3 Überfordernder Zeitdruck

operiert ein Management schließlich permanent an der Grenze der Überforderung. Es kommt zunehmend weniger darauf an, die Einhaltung von Plänen zu sichern, als vielmehr darauf, trotz deren Scheiterns die Sache noch irgendwie hinzukriegen. Schlankheit ist gesund, Magersucht ist das Gegenteil. Abb. 1.3 veranschaulicht diesen Konflikt.

Paradoxerweise steigt dabei mit abnehmender Planbarkeit der Bedarf an Planung, der jetzt aber kaum noch eingelöst werden kann, auch dadurch nicht, dass Planungsprozesse und -instrumente selbst immer komplexer und Planungshorizonte immer weiter verkürzt werden. Damit werden vorher nicht beachtete, oben schon genannte Systemeigenschaften wie Robustheit, Flexibilität und Wandlungsfähigkeit überlebenskritisch, und man erkennt, dass Komplexität die Kraft entfalten kann, ein ganzes Unternehmen fundamental zu verändern (eine ausführlichere Abgrenzung und Beschreibung der gerade genannten, als Antworten auf Komplexität verstehbaren Eigenschaften findet sich bei Bretzke (2015, S. 131 ff.))

10. *Ambivalenzen* in der Bewertung von Handlungsoptionen, die oft aus *konfliktären Zielen, unsicheren Zielrealisationserwartungen* oder aus einer Kombination aus beiden Sachverhalten folgen. Ausgeprägte Zielkonflikte ergeben sich beispielsweise oft zwischen Umweltschutz und Wirtschaftswachstum. Zielkonflikte sind das unvermeidliche Beiwerk nachhaltiger Eingriffe in die Struktur einer Organisation, jedenfalls insoweit, wie gravierende Veränderungen Gewinner und Verlierer produzieren. In der Ausbalancierung solcher Konflikte besteht die Kunst dessen, was man „Change Management" nennt. Die Logistik ist so etwas wie eine Paradedisziplin für Zielkonflikte. Als Beispiel hierfür mag der Konflikt zwischen einer maximalen Servicequalität und minimalen Kosten dienen. Hier zeigt sich die Natur von Zielkonflikten in der Gestalt von Austauschrelationen („trade offs"). Jedes Mehr in der Realisierung eines Zieles muss mit eingeschränkten Zielerreichungsgraden bei einem anderen Ziel

erkauft werden. Wenn sie auch selbst oft weniger eine Zielgröße ist als eine nicht intendierte Nebenwirkung, steht Komplexität selbst in Konflikt zu unternehmerischen Zielen, insbesondere zum Ziel maximaler Effizienz. Komplexität kostet Effizienz.

Der Umgang mit Zielkonflikten mag aus praktischer Sicht manchmal als noch komplexer erscheinen als auf der Ebene der Theorie. Jedenfalls kann man auf der Ebene der Theorie im Prinzip über die Schnittstellen einer Organisation hinwegdenken, die Manager oft in ihren „funktionalen Silos" schon daran hindern, derartige Konflikte überhaupt zu erkennen. Allerdings markieren Zielkonflikte zwischen Organisationseinheiten, wie in Kap. 2 noch zu zeigen sein wird, innerhalb des Forschungsansatzes (F2) auch eine Grenze für die Modellierbarkeit von Entscheidungsproblemen.

Entsprechendes gilt erst recht in den Fällen, in denen „benachbarte" Unternehmen innerhalb einer Wertschöpfungskette betroffen sind. Hier verschwinden Zielkonflikte häufiger ungelöst in den Schnittstellen zwischen verschiedenen „Prozesseignern". Das ist eine der Stellen, an denen das oben schon diskutierte Supply-Chain-Management-Konzept aufsetzt mit seiner Verheißung, unternehmensübergreifende Optima ermöglichen zu können. Um zu verstehen, warum das in der Praxis so schwierig ist und tatsächlich kaum je durchgehend funktioniert hat, mag man das folgende, einfache, aber vielsagende Beispiel betrachten.

Im Bereich der Hochseerederei konnte man in den vergangenen Jahren einen Trend zu immer größeren Schiffen beobachten. Mit ihrem Fassungsvermögen von bis zu 21.000 Zwanzig-Fuß-Containern sind diese Schiffe, zumindest bei Vollauslastung, auf ihrer jeweiligen Strecke (also ihrem Supply-Chain-Abschnitt) wirtschaftlich unschlagbar. Allerdings müssen andere dafür einen Preis zahlen. In den angelaufenen Häfen, von denen es immer weniger gibt, kommt es bei der Entladung wie bei der Weiterverladung zu temporären Belastungsspitzen und damit zu teilweise ganze erheblichen Mehrkosten bei den Betroffen, und zwar nicht nur im Bereich der Umschlagskapazitäten. Binnenschiffe müssen im Hafen Rotterdam oft mehrere Tage auf ihre Beladung warten, und da trifft es die Schwächsten in der Kette.

Würde man sie als Teil eines größeren Ganzen („der" Supply Chain) betrachten und behandeln, so müssten die Hochseereeder für ihre Partner Kompensationszahlungen für Wartezeiten leisten, um so das in Aussicht gestellte, unternehmensübergreifende Gesamtoptimum herzustellen. Dagegen würden sie sich aber vermutlich massiv wehren, weil das ihre Investitionsrendite belasten würde. De facto steht das aber gar nicht im Raum, weil es mangels integrierter Lieferketten niemanden gibt, der solche Zielkonflikte ganzheitlich betrachten (geschweige denn lösen) könnte. Vielmehr werden sie zur Lösung dem Markt und damit in diesem Fall dem Recht des Stärkeren überlassen. Von den „gain-sharing arrangements to reward everyone", die Protagonisten des SCM wie Anderson et al. (1997, S. 36) immer wieder gefordert haben, um ihre Vorstellung von „Win-Win-Situationen" aufrechterhalten zu können, war da jedenfalls ebenso wenig zu sehen wie von einem „erklärte(n) Verzicht auf die Realisation eigener Vorteil auf Kosten von Partnerunternehmen", der nach Siebert (2010, S. 12) ein konstitutives Merkmal von Unternehmensnetzwerken ist. (Man könnte auch sagen, dass dieser Konflikt gar nicht existiert, solange ihn kein Einzelner oder keine einzelne Organisation hat. Auch die Binnenschiffer im betrachteten Beispiel hatten keinen Konflikt, sondern nur ein – allerdings gravierendes – Problem).

Als Gegensatzbeziehungen zwischen „veruneindeutigten" Erwartungen lassen Zielkonflikte Entscheidungen ambivalent erscheinen. Hierin ist ihre Komplexität begründet, und man kann fragen, wie Menschen in der Realität damit umgehen. Innerhalb von Unternehmen besteht die „Lösung" gelegentlich in einem Verzicht auf die Operationalisierung von Zielen. Dann verliert der Konflikt seine Schärfe und die Mitglieder der Organisation können bis zu einem gewissen Grade ihre individuellen Ziele weiterverfolgen, obwohl sie sich „offiziell" auf ein gemeinsames Ziel verpflichtet haben. (Die Idee einer „Balanced Scorecard", mit der auch nicht-monetäre Ergebnisgrößen in den Zielfindungsprozess einbezogen werden sollen, basiert auf dem Gegenteil, was die hier gegebene Komplexität auf eine andere Weise unterstreicht). In modellgestützten Entscheidungsprozessen kann man für einzelne Zielerreichungsgrade Mindest-Niveaus festlegen, um auf Basis dieser Restriktionen dann eine besonders wichtiges Ziel unbeschränkt voranzutreiben (etwa, indem man ein gesamtkostenminimales Netzwerkdesign sucht, das bestimmte Lieferzeitanforderungen nicht unterschreitet). Die Gewichtung von Zielen ist hingegen aus nachvollziehbaren Gründen insbesondere dann schwierig, wenn es sich um Ziele unterschiedlicher Entscheidungsträger oder Organisationseinheiten handelt.

Zu Frage des Umgangs mit Zielkonflikten lassen sich aber auch immer wieder besonders anschauliche Beispiele in der Politik finden. In den Debatten um den Mindestlohn und über den Kündigungsschutz wird immer wieder versucht, Komplexität dadurch zu reduzieren, dass man nur eine „Seite der Medaille" hervorhebt und die andere für unerheblich erklärt. Daraus resultieren dann naturgemäß oft ziemlich unfruchtbare Streitigkeiten und eben gelegentlich auch nicht-intendierte Nebenwirkungen (im letzteren Falle etwa Barrieren, die Arbeitslosen den Zugang zu Arbeitsplätzen erschweren).

Gewissermaßen um das Maß voll zumachen, möchte ich zum Abschluss noch hervorheben, dass in Zielkonflikten auch eine Energie stecken kann, die produktiv genutzt werden kann, um einen notwendigen Wandel herbei zu führen oder zu beschleunigen. Zielkonflikte können hier das Ringen um neue Problemlösungen „befeuern". Der prominente deutsche Soziologe Ralf Darendorf ging sogar so weit zu behaupten, „die permanente Aufgabe, der Sinn und die Konsequenz sozialer Konflikte (liegt) darin, den Wandel globaler Gesellschaften und ihrer Teile aufrechtzuerhalten und zu befördern" (Darendorf 1974, S. 272). Das war sicher auch gegen die damals oft noch in Gleichgewichtsvorstellungen verliebte Volkswirtschaftslehre gedacht, zu der das bei Kelly (1994, S. 93) wiedergegebene, knappe Zitat des Biologen Tony Burgess passt: „Equilibrium is death". Auch innerhalb der betriebswirtschaftlichen Entscheidungstheorie ist diese mögliche, positive Wirkung von Zielkonflikten schon früh gesehen worden, so etwa von Kirsch (1971, S. 74): „Die interindividuellen Konflikte... des Systems beschleunigen in der Regel den Prozess der Wahrnehmung eines neuen

Entscheidungsproblems und damit das Ergreifen neuer Initiativen". Damit sind Zielkonflikte nicht nur ein Treiber von Komplexität, weil sie Ambivalenzen schaffen. Sie sind vielmehr auch in sich selbst ambivalent, weil sie sowohl schädlich als auch nützlich seine können.

11. Die sich als wechselseitige Bedingtheit zeigende, *logische Interdependenz vieler Entscheidungen*, die oft ein iteratives Vorgehen bedingt. Im Gegensatz zu den zuerst erstgenannten Merkmalen kann man diese Wechselbeziehungen nicht empirisch beobachten, sondern nur durch nachvollziehende Einsicht logisch erfassen. Ein sehr einfaches Beispiel liefern Chopra und Meindl (2007, S. 409): „How much is packed on a truck affects the routing, while the routing obviously affects what is packed on a truck". Ein Beispiel aus dem Netzwerkdesign ist die wechselseitige Abhängigkeit von Standortentscheidungen für Regionallager, der Festlegung der Grenzen von umgebenden Ausliefergebieten und der nur innerhalb solcher Grenzen möglichen Tourenplanung. In diesem Beispiel zeigt sich auch die wechselseitige Bestimmung von *Strukturen* und *Handlungen,* die zueinander in einem rekursiven Konstitutionsverhältnis stehen.

Innerhalb des OR-Ansatzes hat man dieses Problem schon früh gesehen und gefordert, „die Entscheidungsspielräume aller Teilbereiche müssen gleichzeitig als variabel angesehen werden, sollen nicht… wertvolle Freiheitsgrade für die günstige Gestaltung des Gesamtziels durch Vorwegdispositionen verloren gehen" (Hanssmann 1978, S. 10). Schon aus logischen und mathematischen Gründen kann man diese miteinander verbundenen Optimierungsprobleme nicht gleichzeitig lösen, weil man es da mit Gleichungen mit zu vielen Unbekannten zu tun hätte. Ein Mittel, die notwendige Komplexitätsreduktion halbwegs unschädlich zu machen, ist in solchen Fällen oft ein von Rückkopplungsschleifen durchsetztes, iteratives Vorgehen, also ein *Prozess* und kein statisches Mega-Modell.

Man hat in der betriebswirtschaftlichen Entscheidungstheorie auf deren Höhepunkt Anfang der 70er-Jahre des vergangenen Jahrhunderts vielfach gedacht, eine wirkliche Optimierung bedinge das Einfangen und Abbilden möglichst aller logischen Interdependenzen in einem dann selbst „optimalen" Entscheidungsmodell. Später ist man dann zu der ernüchternden Einsicht gelangt, dass das in einer Welt, in der irgendwie Alles mit Allem zusammenhängt, zu einer völligen Überforderung führt. Stillschweigend wurde dann akzeptiert, dass sogenannte „Partialmodelle" nicht Zeichen einer noch unterentwickelten Wissenschaft sind, sondern das Einzige, was Wissenschaftler tun können (allerdings mit unterschiedlichen Graden von „eingefangener Komplexität"). Auf dem in Kap. 3 noch tiefer ausgeleuchteten Feld der mathematischen Optimierungsforschung geht es deshalb nicht ohne eine teilweise Ignoranz von Komplexität (was dort oft unbewusst geschieht, z. B. durch des Setzen von Annahmen).

12. Die mit den Komplexitätsmerkmalen 6 und 7 eng zusammenhängende *Situationsgebundenheit* vieler Handlungsempfehlungen und Ursache-Wirkungsbeziehungen (bzw. entsprechender Kausalhypothesen), für die ich auch den gleich noch näher erläuterten Begriff der „*Kontingenz"* benutze. Kontingenz kann in Anlehnung an das

Merkmal der Vielfalt von Systemzuständen auch beschrieben werden als Varietät der möglichen externen Bedingungen, unter denen das Handeln von Managern stattfindet. Der Satz: „Erst infolge bestimmter individueller Gegebenheiten kann ein Vorgang… so ablaufen, wie er abläuft" (Seiffert 1971a, S. 152) klingt ziemlich banal. Er führt aber direkt in das Reich der Komplexität, wenn klar wird, dass es in einer hochdynamischen Wirtschaft immer weniger Gegebenheiten gibt, die nicht individuell sind, und zwar sachlich wie zeitlich.

Eine Konsequenz aus dem Komplexitätsmerkmal Kontingenz ist, dass im Falle von realitätsbezogenen Modellen oder Theorien „ es selten einsehbar (ist), wo das Problem liegt, wenn Diskrepanzen eintreten" (Simon 1978, S. 628). Anders formuliert: in einer zunehmend komplexer und dynamischer werdenden Welt gewinnt der *Kontext,* in dem Entscheidungen zu treffen sind, mangels Stabilität relativ immer mehr Gewicht, und es wird immer schwieriger, die antizipierten wie die tatsächlich später eintretenden Folgen von Managementmaßnahmen aus dem gesamten Wirkungsgefüge herauszufiltern und einzelnen Handlungen kausal zuzuordnen. „Theoretisch" ergibt sich hieraus eigentlich die Notwendigkeit, im Falle von Prognosen immer auch die Randbedingungen mit vorherzusagen, unter denen das zu prognostizierende Ereignis zukünftig stattfinden soll. Dass das aber nicht zur Lösung des Problems, sondern nur in einen unendlichen Regress führt, werde ich in Abschn. 2.3 noch genauer herausarbeiten.

Kontingenz muss auch als Abhängigkeit gesehen werden, im Sinne des englischen „contingent on". Sie kann dem Versuch des Entwerfens allgemeingültiger Gesetzeshypothesen den Boden entziehen, mindestens aber eine Flucht in abstrakte Höhen des Denkens und Vermutens erzwingen, auf denen inhaltlich nur noch so wenig behauptet wird, dass die jeweilige Hypothese mit einer großen Vielzahl möglicher Wirklichkeiten und Entwicklungen vereinbar bleibt und dann fast nichts mehr besagt. In der Sprache des später noch häufiger zitierten Wissenschaftstheoretikers Karl Popper könnte man auch sagen: um sich der Komplexität zu entziehen, formuliert man nur noch Hypothesen, bei denen die Klasse ihrer Falsifikationsmöglichkeiten sehr klein ist. Dann kann man noch für eine Weile arbeiten mit der Annahme „rebus sic stantibus" (so wie die Dinge jetzt stehen), weiß aber nicht, wie lange. Im jedem Falle ist der Preis der Wahrheit dann die Banalität. (Diese Annahme ist zu unterschieden von der häufiger benutzten, ebenfalls sehr mächtigen und zugleich vollkommen unspezifischen Ceteris-Paribus-Klausel, mit der behauptet wird, dass alles Übrige einschließlich des noch nicht Mitgedachten in Zukunft gleich bleiben wird. Man weiß hier im Grunde, dass diese Annahme nicht der Wahrheit entspricht und hofft trotzdem, dass die Wahrheit der auf ihrer Annahme aufgebauten Theorien davon nicht berührt wird).

Wie in Kap. 2 noch ausführlich zu zeigen sein wird, zählt die Flucht in die Banalität bei den Empiristen zu den gerne benutzten Methoden der Komplexitätsreduktion. Hier wird gleichsam versucht, gedanklich eine Flughöhe zu erreichen, bei der Details, die stören könnten, kaum noch erkennbar sind. Das beginnt oft schon bei der Wahl zentraler Begrifflichkeiten. Das wohl prominenteste Beispiel hierfür in den

Wirtschaftswissenschaften ist wohl der Utilitarismus mit seiner zentralen These, dass jeder Mensch ein Maximierer seines eigenen Nutzens sei. Das lässt sich nicht widerlegen, weil man unter Nutzen gerade das versteht, was Menschen zu Handlungen motiviert. Dann kann man auch jedes menschliche Verhalten so umdeuten, dass es als rational erscheint. Eine Theorie, die in der Weise allgemein ist, dass sie nichts mehr ausschließt, sagt nur eines: nämlich Nichts. Die Komplexität wurde schlichtweg wegdefiniert.

Über das bisher Gesagte hinaus erschwert Kontingenz sowohl die *Vergleichbarkeit* von Hypothesen und Modellen als auch das *Lernen* aus Erfahrung, und der Umgang mit ihr spielt deshalb bei der Beurteilung von Theorien (F1) wie bei der Beurteilung von Modellen und Werkzeugen (F2 und F3) eine besondere Rolle – vor allem dann, wenn sich die Bedingungen für deren Gültigkeit (Wahrheit oder Nützlichkeit) häufig ändern und wenn es unmöglich ist, dass eine Theorie oder ein Modell die Bedingungen der eigenen Geltung vollständig in sich enthalten kann.

Im Gegensatz zur Natur, in deren Gesetze außer Gott niemand eingreifen kann und wo deshalb die Stetigkeit der Verhältnisse als plausible Grundannahme jeglicher Forschung gelten kann, ist die Kontingenz, auf der Theorien und Modelle in den Wirtschaftswissenschaften aufsetzen, mehr und mehr „auf Wanderschaft". Außerdem gibt es – wenn man einmal von den laborähnlichen Situationen absieht, die sich empirisch forschende Spieltheoretiker selbst schaffen – in der freien Wirklichkeit keine vollständigen Beschreibungen von Bedingungskonstellationen. „In der Gesellschaft", sagt Markovic (1978, S. 485) in einem grundlegenden Beitrag über Sozialen Determinismus und Freiheit, „gibt es… viel mehr Ursachen als in den natürlichen Prozessen". Überspitzt könnte man sogar sagen, dass für strategische Entscheidungen von Unternehmen in einer globalen Welt der jeweilige Zustand der Globalisierung eine einzige, große Randbedingung ist. (Wohlgemerkt: Hier ist die Rede von in der Realität vorfindbaren Gegebenheiten und nicht von den Bedingungen, die Wissenschaftler ihren Theorien und Modellen aus freiem Entschluss gedanklich voranstellen, etwa um deren „Richtigkeit" gegen Widerlegungen zu schützen).

13. Die *Unsicherheit*, die sich – großenteils als Reultante vorher genannter Komplexitätsfaktoren – in der eingeschränkten Fähigkeit manifestiert, den möglichen zukünftigen Umwelt- und Systemzuständen alternativenabhängig belastbare Eintrittswahrscheinlichkeiten zuzuordnen oder auch nur den Kreis der denkbaren Umweltentwicklungen und Systemzustände überhaupt schlüssig abzugrenzen. Wie andere, hier unterschiedene Erscheinungsformen von Komplexität lässt sich auch dieses Merkmal komplexitätssteigernd „nach unten" ausdifferenzieren. Dann erscheinen beispielsweise volatile Bedarfsverläufe oder Lieferzeitvarianzen als spezielle Ausprägung von Unsicherheit auf dem Radarschirm der Analyse.

Ein aktueller Indikator für die wachsende Bedeutung dieses Komplexitätsmerkmals sind die „Karrieren" der Themen Eventmanagement und Risikomanagement in der Logistik. Der Begriff des Risikos wird hier in Anlehnung an den grundlegende, schon 1921 publizierten Beitrag von Frank Knight über „Risk, Uncertainty and Profit" als

„Untermenge" des Begriffes Unsicherheit gefasst (vgl. Knight 1971). Risiko ist dann definiert als eine Situation, die sich auf der Ergebnisebene durch die Beschreibbarkeit von Handlungsoptionen durch Wahrscheinlichkeitsverteilungen möglicher „Outputs" auszeichnet. Deshalb tritt dieser Begriff hier nicht als gesondertes Komplexitätsmerkmal auf. Wenn die zu erwartenden Resultate einer Entscheidung einer stabilen, genau erfassbaren Wahrscheinlichkeitsverteilung genügen, kann man als Manager nichts mehr falsch machen. Schließlich hat dieser alles berücksichtigt, was hätte passieren können.

Ob die Rede von einem Risiko dann überhaupt noch sinnvoll ist, ist eine andere Frage. Für „Events" gilt jedenfalls das genaue Gegenteil, jedenfalls fallen sie nicht unter den gerade definierten Risikobegriff. Schließlich kann das Supply Chain Event Management werden als verstanden komplementärer Ansatz zur Ad-hoc-Neutralisierung von internen oder externen Ereignissen, deren Auftreten in der Planung nicht vorgesehen war (s. auch Bretzke und Klett (2004)). Die Ursachen von Events sind vielfältiger Natur und müssen nicht unbedingt in Planungsfehlern bestehen. Soweit sie ihre Ursache dort finden, liegt das meist daran, dass die Komplexitätsmerkmale 5 bis 9 zunehmend die Grundlagen der Planbarkeit zerstören. Das Gewand, in dem sich Events meist zeigen, ist demgegenüber ziemlich einfach: sie treten regelmäßig als ungeplante Verzögerungen auf.

Es ist bemerkenswert und ernüchternd, in welchem Umfang die Literatur sich mit berechenbaren Risiken in Gestalt von stochastischen Prozessen beschäftigt, obwohl die Realität die Voraussetzungen solcher Modelle kaum noch erfüllt. Vielleicht liegt das auch daran, dass man nach Einführung der Prämisse, man habe es mit einem stochastischen Phänomen zu tun, sehr schön das ganze Spektrum der statistischen Methoden einsetzen kann. Die so handelnden Wissenschaftler reduzieren so allerdings nicht Komplexität durch *Vereinfachung*, sondern nehmen eine *Verzerrung* in Kauf. Tatsache ist schließlich, dass in einer dynamischen und komplexen Welt damit gerechnet werden muss, dass die Sachlage schon eine andere ist, wenn das vermeintlich exakt kalkulierte Risiko eintritt und dann eine andere Gestalt annimmt.

„Die Zukunft überfordert das Vergegenwärtigungspotenzial des Menschen" stellt Luhmann (2014, S. 14) mit Recht fest. Sie überfordert damit offensichtlich auch mehr und mehr alle Versuche, sich modellieren zu lassen. Wie oben schon hervorgehoben, sind jetzt Systemeigenschaften Agilität, Flexibilität und Wandelbarkeit gefordert. Es kommt zu einer Verlagerung von *Planung* (Festlegung im Voraus) auf *Organisation*. Ein Beispiel sind flache Hierarchien, die ein Unternehmen qua Komplexitätsreduktion befähigen, schneller auf veränderte Marktsituationen zu reagieren. Ein anderes ist das oben schon erwähnte Konzept lose gekoppelter Systeme, also quasi ein Gegenmodell zum Supply-Chain-Management-Konzept, das auf eine möglichst weitgehende Integration und damit auf rigide Kopplungen setzt.

Innerhalb der Planung selbst (etwa einer Produktionsplanung) setzt sich die Erkenntnis durch, dass das Management unerwarteter Ereignisse eben nicht zum Planungszeitpunkt selbst, sondern nur im Vollzug der Planung, also in deren Adaption, bewältigen lässt. Manch einer feiert hier schon euphorisch die Emergenz einer „Echtzeitökonomie", was angesichts der großen Maschinenparks, die in der Industrie immer noch herumstehen und auf Auslastung durch gebündelte und/oder antizipierte Aufträge warten, wohl in vielen Fällen bis auf weiteres nicht mehr ist als ein „frommes Denken" (man denke hier nur an die Produktionsanlagen in der chemischen Industrie).

Ergänzend ist dem noch hinzu zu fügen: Unsicherheit ist häufig von Menschen gemacht, ohne immer von ihnen erdacht worden zu sein. Dann hat ein Eventmanagement nicht nur auf externe Störungen zu reagieren, sondern häufiger auch auf selbst gemachte Probleme. Ein schon erwähntes Beispiel ist die zunehmende Zerstörung der Prognostizierbarkeit zukünftiger Bedarfe durch eine ausufernde Produktvielfalt und immer kürzer werden Produktlebenszyklen (Komplexitätsmerkmale 5 und 7). Mit dieser Einsicht, die innerhalb von Unternehmen ein cross-funktionales Denken voraussetzt, bekommt man immerhin einen Schlüssel in die Hand, um das erzeugte Komplexitätsproblem zumindest insoweit an der Wurzel anzugehen, wie es sich um ein selbst gemachtes Problem handelt.

Und schließlich ist noch festzuhalten, dass es auch Unsicherheiten bei der Bestimmung eines bereits gegebenen und im Prinzip beobachtbaren Sachverhaltes geben kann. Auch hier stoßen wir wieder auf das Phänomen der Komplexität. Beispielhaft verwiesen sei hier nur auf die Schwierigkeiten, die Schadstoffemissionen pro Leistungseinheit von wirtschaftlichen Aktivitäten zu messen und in einer standardisierten Weise in „Carbon Footprints" zu erfassen. In ihrem Buch über „Green Supply Chains" listen Emmett und Sood (2010, S. 188 ff.) sechzehn über das Internet verfügbare „Carbon Measurement Methodologies" auf und berichten, dass die Anwendung verschiedener Methoden auf die einfache Aufgabe, den „Carbon Footprint" für ein Glas Bier zu bestimmen, in einem Fall zu Abweichungen in der Größenordnung von 300 Prozent geführt hat. Auch im Falle der leistungsbezogenen Messung der Treibhausgasemissionen von Transporten stellt man sehr schnell fest, dass es hier eine große Vielzahl von Einflussfaktoren gibt, die es kaum möglich erscheinen lassen, mit einem wirtschaftlich vertretbaren Aufwand jede einzelne Konstellation (Transportentfernung, Sendungsgewicht, Fahrzeugauslastung, Fahrzeugtyp, Straßenverhältnisse, Staus,…) zu bewerten. Gleichwohl sind standardisierte Messverfahren in vielen Situationen unumgänglich, beispielsweise beim Handel mit Emissionszertifikaten oder bei der Erstellung von Ökobilanzen.

14. *Unendliche Möglichkeitsräume.* Ich füge dem bislang abgehandelten Spektrum, das den Begriff der Komplexität über dessen Erscheinungsformen und Treiber und damit über vorfindbare Sachverhalte illustriert, ohne ihn streng zu definieren, abschließend noch eine weitere, andersartige, für das Verständnis des Ablaufes von Entscheidungsprozessen aber besonders wichtige Dimension von Komplexität hinzu: den *im Prinzip immer unendlich großen, unausschöpflichen Möglichkeitsraum denkbarer Handlungsoptionen*, der nur durch das Setzen von Annahmen und Restriktionen, also eine *konstituierende*, selbst nicht irgendwelchen Regeln der „Optimierung" unterwerfbare

Ordnungsleistung, geschlossen und (ohne Kenntnis der dadurch ausgelösten Opportunitätskosten) in einen Zustand der Handlungsfähigkeit transformiert werden kann (vgl. grundlegend auch Luhmann (1968, S. 12), sowie darauf aufbauend Bretzke (1980)). Die Unendlichkeit resultiert hier auch daraus, dass es bei der Bestimmung von Handlungsoptionen oft nicht nur um ein *Finden*, sondern auch um ein *Erfinden* geht. Letzterem sind aber keine prinzipiellen Grenzen gesetzt.

Weil man sie nicht selber schaffen kann, kann man dieser letztgenannten Form von Komplexität nicht final reduzierend zu Leibe rücken. Sie gibt es praktisch immer, und sie verbindet wiederum das Phänomen der Komplexität mit der Vorstellung von Unendlichkeit. In Kap. 3 wird sie uns in der Gestalt der unendlich vielen Möglichkeiten begegnen, einem praktischen Problem die konkrete Form eines Optimierungsproblems zu geben. Die in diesem Zusammenhang in Abschn. 3.3 aufgegriffene, von Herbert Simon entwickelte Theorie einer „Bounded Rationality", derzufolge wirtschaftende Menschen als Satisfizierer Suchprozesse abbrechen, wenn sie eine befriedigende Lösung gefunden haben, lässt sich vor diesem Hintergrund auch als Ausdruck einer Strategie der Komplexitätsreduktion begreifen (s. auch Simon (1978)).

Der mit Komplexitätsmerkmal 14 angesprochene Möglichkeitsraum darf nicht mit der ressourcenbindenden „requisite Variety" nach Ashby (1952) verwechselt werden, die auf die Fähigkeit zur Absorption von Komplexität durch redundante, im „Normalfall" nicht gebrauchte Fähigkeiten und Kapazitäten zielt. Diese Kapazitäten sind immer begrenzt. Ihre Dimensionierung ist mehr eine Kunst als eine Wissenschaft, und bezeichnenderweise stellt sich auch in der Ausübung dieser Kunst wiederum das Problem prinzipiell nur schwer abgrenzbarer Möglichkeitsräume.

Man mag nach dieser Übersicht über verschiedene Erscheinungsformen der Komplexität den Eindruck haben, in einem Labyrinth gelandet zu sein. Tatsächlich jedoch ist es insofern noch deutlich schwieriger, als es hier nicht eine begrenzte Anzahl von Wegen gibt, von denen nur einer den Charakter eines Auswegs hat. In der Realität des Entscheidens ist der Raum möglicher Handlungen auch deshalb prinzipiell offen, weil es immer möglich ist, einzelne Barrieren, die bislang einschränkend gewirkt haben, auf den Prüfstand zu stellen und dort auf ihre Überwindbarkeit zu prüfen. Auch das sei durch ein praxisorientiertes Beispiel veranschaulicht.

Üblicherweise hatte man in der Produktionsplanung über einen langen Zeitraum hinweg Rüstzeiten und damit Rüstkosten als technologisch vorgegebene Restriktionen behandelt, die dann in entsprechenden Modellen für sehr hohe Produktionslosgrößen gesorgt haben. Innerhalb der Just-in-Time Philosophie sind die Rüstkosten dann selbst als gestaltbare Variable entdeckt und betrachtet worden, und sie sind damit in den Rang von Handlungsoptionen aufgerückt. Mit der Fähigkeit, kleine Losgrößen wirtschaftlich fertigen zu können, wird ein Unternehmen mit seiner Planung näher an das Marktgeschehen gerückt, die Planungsrisiken nehmen ab, die Lieferbereitschaft nimmt zu, und (das wurde oft verkürzend als der Haupteffekt ausgewiesen) die Lagerbestände werden kleiner. Allerdings muss man hier das Feld der Logistik verlassen und sich um die Konstruktion geeigneter Maschinen kümmern (also Komplexität erst einmal erweitern).

Noch anschaulicher ist vielleicht das Beispiel des Internetbuchhändlers Amazon, der – anstatt den konventionellen, zweistufigen Buchhandel weiter zu optimieren – mit dem Großhandel einfach eine bisherige Wertschöpfungsstufe integriert und damit für sich eliminiert hat. Revolutionäre Entwürfe bedingen so gut wie immer das Versetzen von Barrieren und damit ein komplexitätssteigerndes „Thinking out of the Box". Deshalb wird diese Fähigkeit auch eines der Anforderungskriterien sein, an denen insbesondere die in den Kap. 2 und 3 verglichenen Forschungsansätze zu messen sind.

1.1.2   Die Folgen der Kontingenz für die wissenschaftliche Forschung

Kontingenz und Pfadabhängigkeit

Das Rüstkosten-Beispiel ist verallgemeinerbar und bedeutet, dass es in der Praxis oft sehr viel weniger „Sachzwänge" gibt, als wir gelegentlich glauben. Alle Restriktionen, die Ausfluss vormaliger Entscheidungen sind, können *im Prinzip* jederzeit in Gestaltungsvariable zurücktransformiert werden. De facto stehen dem allerdings oft sogenannte „Pfadabhängigkeiten" entgegen, wie wir sie gegenwärtig etwa bei dem Ausstieg aus der Nutzung der Atomenergie erfahren und zugleich schaffen. Atomkraftwerke sind eine Art Inkarnation von Pfadabhängigkeit, die man allgemein als Gebundenheit gegenwärtiger durch vergangene Entscheidungen verstehen kann (vgl. zum Begriff der Pfadabhängigkeit ausführlicher Ortmann (2009, S. 77 ff.)). Man kommt nicht mehr oder nur noch mit einem hohen Aufwand an die Abzweigung zurück, an der man sich in der Vergangenheit für den eingeschlagenen Weg entschieden hat. Damit können Pfadabhängigkeiten die Kontingenz von Handlungssituationen und Entscheidungen begrenzen (jedenfalls dann, wenn man sie hinnimmt).

Auch bei der Weiterentwicklung logistischer Netzwerke begegnen wir oft Pfadabhängigkeiten, die sich dann in „Exit Costs" für das Verlassen obsolet gewordener Strukturen zeigen. Pfadabhängigkeiten hindern uns immer wieder daran, auf der grünen Wiese, die schon definitionsgemäß frei ist von früheren Festlegungen, neu anzufangen. Wir sind, wie Neurath schon 1932 mit einem treffenden Gleichnis formuliert hat, „wie Schiffer…, die ihr Schiff auf hoher See umbauen müssen, ohne es jemals in einem Dock zerlegen und aus besten Bauteilen neu erreichten zu können" (Neurath, zitiert bei Spinner (1974, S. 99)).

Gleichwohl kann die Einsicht in die Veränderbarkeit vermeintlicher Sachzwänge das Tor zu größeren Verbesserungspotenzialen öffnen. Nachdem wir festgestellt haben, dass wir mit der Kombination aus einer ausufernden Variantenvielfalt und immer kürzer werdenden Produktlebenszyklen massiv die Grundlagen der Vorhersehbarkeit von Bedarfen und der Planbarkeit logistischer Prozesse beeinträchtigt haben und dass der so notwendig gewordene Wechsel vom Push- zum Pull-Prinzip unter Umweltschutzaspekten schädliche Nebenwirkungen haben kann (hier zum Beispiel in der Gestalt von unnötig schlecht ausgelasteten Fahrzeugen und damit unnötig erhöhten „externen Kosten" im Transportsektor), können wir die Denkrichtung umdrehen, die Wiederherstellung von Planbarkeit von einer Resultanten in eine Zielgröße und die Variantenvielfalt von einer Randbedingung in eine

Gestaltungsvariable verwandeln. Auf diesem Wege kann Komplexitätsreduktion dann zum Umweltschutz beitragen. Die dem entgegenstehende Pfadabhängigkeit besteht darin, dass Variantenvielfalt von Marketingmanagern als Wettbewerbsvorteil ausgerufen worden ist und dass diese nicht so leicht von der Idee abzubringen sind, dass diese Form von Komplexität Kunden mehr nutzt als schadet. (Zu einer Begründung der gegenteiligen Position s. Bretzke (2014, S. 430 ff.)).

Die gerade beschriebene Umdrehung der Einflussrichtung wird uns gleich noch einmal unter der Überschrift „Causa Finalis" begegnen. Sie stellt ein weiteres Beispiel für Zusammenhänge dar, die es so in den Naturwissenschaften nicht gibt. Jedenfalls suchen die Empiristen, die sich an den Naturwissenschaften orientieren, konsequent nur nach linearen Kausalitäten, bei denen auch der Zeitpfeil nur in eine Richtung zeigt.

Kontingenz und Kausalität

Schon eingangs habe ich angedeutet, dass die Phänomene der Komplexität und der in ihr eingeschlossenen Kontingenz alle drei hier betrachteten Forschungsansätze fundamental betrifft (allerdings nicht im gleichen Ausmaß). Exemplarisch möchte ich mit Hilfe eines abstrakten Bildes die Konsequenzen veranschaulichen, die sich hieraus für eine empirische Forschung ergeben, die sich auf die Suche nach eindeutigen Kausalitäten macht (Abb. 1.4). In dem Bild ist nicht von vorneherein immer klar, was Ursache und was Wirkung ist. Auch enthält dieses Bild in sich schon eine Vereinfachung, weil es auf einem *Schließen von Zeithorizonten* basiert und damit Ursachen von Ursachen ausblendet und Wirkungen von Ursachen nicht weiter verfolgt, obwohl diese Wirkungen als neue Ursachen weitere Wirkungen auslösen usw.. Diese Komplexitätsreduktion ist nicht nur Ausdruck einer didaktisch notwendigen Vereinfachung. Sie ist auch typisch für das Vorgehen von Empiristen bei ihren Versuchen, das komplexe wirtschaftliche Geschehen auf in ihm verborgene Kausalitäten abzusuchen.

Allzu häufig sind die von Empiristen erfassten Kausalitäten einstufiger Natur und blenden damit schon vorab sehr viel Komplexität aus. Eine allerdings eher unrühmliche, kleinere Ausnahme bildet die später noch mehrfach aufgegriffene Studie von Zentes et al. (2004), in der zur Überraschung der Leser erst festgestellt wird, dass eine unternehmensübergreifende Kommunikation den Kundenbindungserfolg signifikant steigert, und in der danach aufgezeigt wird, dass der Kundenbindungserfolg die Unternehmensperformance praktisch nicht beeinflusst.

Überrascht werden kundige Leser hier auch dadurch, dass nach Wallenburg (2004, S. 9) und den von ihm zitierten empirische Studien „das Handeln der Kunden von der Kundenbindung abhängt und diese damit den Erfolg eines Unternehmens nachhaltiger beeinflusst". Kundenbindung ist so „zu einem zentralen strategischen Thema der marktorientierten Führung von Unternehmen" entwickelt worden (ebenda). Offensichtlich hatten die Forscher da nicht dieselbe Realität im Auge. Jedenfalls wurden von Zentes et al. offensichtlich die Einzigen nicht befragt, die über das Ausmaß einer Kundenbindung tatsächlich befinden, nämlich die Kunden selbst. Wer einseitig nach linearen Kausalitäten sucht (hier: nach den Wirkungen der Maßnahmen von Lieferanten) verliert schon vor

seinen empirischen Erhebungen den Blick dafür, dass sich so etwas wie ein Kundenbindungserfolg nur durch eine wechselseitige Kommunikation und damit durch einen interaktiven
Lernprozess einstellen kann. Das ist augenscheinlich eine unnötige Form der Unterdrückung
von Kontingenz, die leider für den Forschungsansatz (F1) fast typisch ist.

Natürlich muss man frühzeitige Schließungen von Sach- und Zeithorizonten immer vor
dem Hintergrund einer unerlässlichen Komplexitätsreduktion sehen, was eine entsprechende Kritik an so operierenden Forschern wie den Empiristen im Grundsatz relativiert.
Für in der Vergangenheit liegende Vorereignisse kausaler Natur mag das Zurückverfolgen
zumindest im Prinzip noch möglich sein, bei in die Zukunft ragenden Nachereignissen
wird man schnell zum Opfer des Komplexitätsmerkmals 13, also der Unsicherheit. Was
beispielsweise im Rahmen einer mehrstufigen Kette im Zeitablauf alles passieren kann,
nachdem man selbst oder ein Konkurrent ein neues Produkt wie das iPhone in den Markt
einführt, kann man nicht antizipieren (und erst recht nicht planen). Auch hier zeigt sich
wieder, dass und in welcher Hinsicht der Erkenntnisgegenstand der Wirtschafts- und
Sozialwissenschaften komplexer ist als die unbelebte Natur. Kreativität kann durchgängig
Kausalketten zerstören, ohne sich dabei selbst kausal erklären zu lassen.

Mit Abb. 1.4 möchte ich Ordnung in das bislang eher beispielhaft diskutierte Geschehen
bringen. Wie gerade schon angedeutet, ist diese Abbildung selbst das Ergebnis einer entsprechenden Komplexitätsreduktion (genauer: einer Fragmentierung), die hier vor allem
aus didaktischen Gründen vorgenommen wurde. Das Bild zeigt, wie eine in einer Hypothese postulierte, einfache lineare Kausalbeziehung in Gestalt eines „Wenn A, dann B"-
Satzes (Pfeil 1) horizontal eingebettet ist in weitere Beziehungen, die das Arbeiten mit
dieser Hypothese erschweren können, insbesondere im Falle ihres bewussten oder unbewussten Ausblendens. Insbesondere sind es hier fünf Arten von zusätzlichen Beziehungen,
deren Nichtbeachtung einfache Kausalanalysen stören und das Ergebnis beeinträchtigen
können.

Der rückwärts gerichtete Pfeil 2 kann zweierlei symbolisieren. Hier ist zunächst einmal
das zu eigendynamischen Effekten führende Phänomen der Rückkopplung (Komplexitätsmerkmal 8) herauszustreichen. Die bewirkte Ursache in Gestalt einer Handlung wirkt
über ihre Konsequenzen auf sich selbst zurück und erschwert so einfache, *unidirektionale*

Abb. 1.4 Undurchdringliche
Kausalbeziehungen

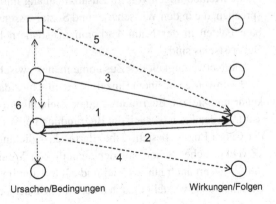

Wirkungsprognosen (in den Hypothesen von Empiristen werden fast ausschließlich unidirektionale Kausalitäten behauptet und getestet, was, wie gerade gezeigt, insbesondere dann problematisch ist, wenn so Beziehungen zu Kunden betrachtet werden, bei deren Bindung es immer um eine *Interaktion* geht).

Pfeil 2 steht aber auch für die oben nicht gesondert als Komplexitätsmerkmal aufgeführte Möglichkeit, dass Ziele (intendierte Wirkungen) zu Handlungsursachen werden können, eine Kausalkette also gewissermaßen von ihrem beabsichtigten Ende her angestoßen bzw. „gezogen" wird. Die Kausalität tritt dann im Gewand einer Mittel-Zweck-Relation auf und spiegelt keine widerlegbaren Gesetzmäßigkeiten. Wenn eine solche Zweckursache, die ja immer gebunden ist an ein handelndes Subjekt, nicht zu der erwünschten Wirkung führt, hat das nicht den Charakter eines gescheiterten Hypothesentests, weil es hier ja nicht um numerische Zusammenhänge zwischen Messergebnissen ging. Vielmehr zeigt sich in solchen Fällen nur, dass sich das handelnde Subjekt in der Einschätzung der Folgen seines Handelns geirrt hat.

Für eine solche, im Bewusstsein eines Handelnden angesiedelte Wirk-Ursache hat Aristoteles den Begriff „Causa Finalis" eingeführt und ihn von der „Causa Efficiens" abgegrenzt, die dem in den Naturwissenschaft üblichen Kausalitätsbegriff entspricht. Zweckursachen gibt es in der seelenlosen Natur nicht, und damit auch nicht in den Wissenschaften von der Natur. Eine Ausnahme könnte man höchstens in der Evolutionstheorie erblicken, weil hier das Zusammenspiel von Zufall, Mutation und Selektion auf ein Ziel ausgerichtet scheint, nämlich auf das Ziel der Arterhaltung. Einer ähnlichen, teleologischen Interpretation zugänglich wäre das Heilen von Wunden. Auch wenn man in der Erkenntnis, dass sich ein Lichtstrahl immer den kürzesten Weg sucht, einen Willen der Natur erkennen mag, gibt es in der seelenlosen Natur doch niemanden, der dieses Ziel bewusst verfolgt.

Offensichtlich stehen diese unterschiedlichen Kausalitäten bzw. die mit ihnen verbundenen Erklärungsmuster aber auch aus naturwissenschaftlicher Sicht widerspruchsfrei nebeneinander und schließen sich nicht aus (so jedenfalls der von Heisenberg (2012, S. 256) zitierte Physiker Niels Bohr). Wegen der Nicht-Übereinstimmung mit dem Kausalitätsbegriff in dessen üblicher, von menschlichem Handeln losgelöster Interpretation ziehen es einige Methodologen vor, im Zusammenhang mit einer Causa Finalis von „Gründen" zu sprechen, die in den Wirtschafts- und Sozialwissenschaften eben nicht als harte, beobachtbare Fakten in der Natur vorkommen, sondern Inhalte und damit Konstrukte unseres Bewusstseins sind.

Die Notwendigkeit des Zusammenhangs zwischen Ursache und Wirkung bzw. dessen Wirksamwerden in einem Einzelfall bedingt hier, dass dem Handelnden, der diese Relation kennt und sie zur Begründung einer Zielrealisationserwartung nutzt, Rationalität unterstellt werden kann (s. auch die Begründung bei Watkins (1978, S, 36)). Eine Besonderheit der Causa Finalis besteht dabei darin, dass die angestrebte und antizipierte Wirkung als „Zweckursache" schon vor der eigentlichen Verursachung (dem Mitteleinsatz) da sein muss – wenn auch nur als Ziel und Motivation im Bewusstsein des jeweils Handelnden. Üblicherweise versteht man ja unter einer Ursache einen *vorhergehenden* Sachverhalt, der einen aktuellen Sachverhalt ausgelöst und wesentlich bestimmt hat. Pfeil 2 hat insoweit auch den Charakter eines Zeitpfeiles.

Eine weitere, methodologisch relevante und schon angeklungene Besonderheit liegt darin, dass die Erklärung eines Handelns durch eine „Wirkursache" nicht unbedingt den Rückgriff auf eine entsprechende, allgemein gültige empirische Gesetzmäßigkeit, also auf ein sogenanntes „nomologisches" Wissen, bedingt (was sie in den Augen von Empiristen ebenso verdächtig machen dürfte wie der Umstand, dass Wirkursachen interne Determinanten von Handlungen sind und damit in einer Black Box stattfinden, die sie lieber umschiffen). Man kann so auch singuläre Entscheidungen erklären, bei denen der jeweilige Entscheidungsträger höchst persönliche, individuelle Zeile verfolgt hat (obwohl individuelle, intensionale Tiefenanalysen natürlich nicht das Ziel einer auf ein verallgemeinerbares Wissen zielenden Wissenschaft sein können – die Geschichtswissenschaft und die häufig fallorientiert arbeitende Rechtswissenschaft mögen hier eine Ausnahme sein).

Wenn man die Absichten und den Willen eines Handelnden versteht, muss man für den gerade beobachteten Sachverhalt keine Hypothesentests mehr durchführen, und auch enttäuschte Erwartungen belegen nicht eine widerlegte Kausalität im Sinne einer Causa Efficiens. Es reicht im Rahmen einer „teleologischen" Erklärung in jedem Falle die Feststellung, dass der Betreffende getan hat, was er sich im Rahmen seiner wahrgenommenen Umstände zwecks Bewirkung vorgestellter Wirkungen vorgenommen hatte. Dass Empiristen, wie später noch beispielhaft zu zeigen sein wird, auch in solchen Konstellationen gelegentlich Hypothesentests durchführen und sich dann über ausgeprägte Korrelationen freuen, zeigt, dass dort das Phänomen der Zweckursache nicht bekannt ist bzw. vielfach nicht durchschaut wird.

Die Problematik des beobachtenden Nachvollzugs einer Causa Finalis durch Wissenschaftler führt zu der in Abschn. 1.1.3.2 noch näher beleuchteten, grundlegenden Unterscheidung zwischen *Erklären* (durch Einsicht in Wirkungszusammenhänge) und *Verstehen* (durch Einsicht in Sinnzusammenhänge). Wenn etwa Whipple et al. (2002, S. 73) in Bezug auf das damals in der Logistik aufgekommen ECR-Konzept, das dezidiert auf die „collaborative" Erschließung der Vorteile einer unternehmensübergreifenden Abstimmung von planungsrelevanten Daten abzielt, aus den Ergebnissen ihrer Managerbefragung folgern, dass eine solche Kommunikation einen statistisch signifikanten, positiven Einfluss auf die „Alliance Satisfaction" hatte, dann sind sie damit im Grunde nur einer solchen Finalursache auf die Spur gekommen, und das Resultat mutet banal an, weil es für jedermann erwartbar war, der die innere Logik des ECR-Konzeptes *verstanden* hatte. Die diagnostizierte Wirkung war ja das ausdrückliche Ziel.

Mit Pfeil 3 wird symbolisiert, dass auch *andere Ursachen* (z. B. Handlungen von Kunden oder Wettbewerbern) und *andere Umstände* (z. B. die Innovation eines Wettbewerbers oder eine geänderte Gesetzgebung) auf dieselbe Zielgröße einwirken, darunter eine unerkannte Zahl von Einflussgrößen, die man als Erscheinungsformen externer Komplexität auf dem eigenen Radarschirm nicht mehr sehen kann, weil man die Aufmerksamkeit für sie unterdrückt. Die Folge einer solchen Kontingenz (Komplexitätsmerkmal 12) ist oft, dass man die Wirkungen eigener Maßnahmen, die man beispielsweise zur Umsatzsteigerung plant, nicht nur ex ante nicht risikofrei prognostizieren, sondern noch nicht einmal ex post aus einem Gesamtgeschehen genau herausfiltern kann – jedenfalls dann nicht, wenn man sie etwa im Rechnungswesen eines Unternehmens aus den gesamten Umsatzsteigerungen einer Periode isolierend herausfiltern und kausal zurechnen möchte.

Es ist kennzeichnend, dass man diese Problematik über die später noch genauer durchleuchtete Methode der Befragung von Managern scheinbar leicht umschiffen kann, hier indem man diese fragt, ob eine bestimmte Maßnahme eine Steigerung des Umsatzes bewirkt und diese dann in ihren Antworten ihre jeweiligen Einschätzungen wiedergeben. Man muss dann aber unterstellen, dass die Befragten ihrerseits zu einer solchen Operation in der Lage waren, in ihren Antworten also ihnen direkt zugängliche, unumstößliche Fakten beschrieben und nicht bloß Meinungen über Fakten abgeliefert haben.

Empiristen nutzen den Begriff der Kausalität eher selten. Mit der unter ihnen verbreiteten Rede von *Einflussfaktoren* wird aber schon verbal signalisiert, dass von einem multikausalen Phänomen die Rede ist. Gemessen wird dann in der Regel zunächst über die statistische Bestimmung von Korrelationskoeffizienten die *Stärke des Zusammenhangs* zwischen zwei Variablen. Diese Vorstellung scheint auf den ersten Blick mit der üblichen Vorstellung von Kausalität nicht recht zusammen zu gehen, weil hier Zusammenhänge in den Blick genommen werden, die insofern nicht notwendig sind, als eine bestimmte Handlungsfolgen auch anders bewirkt werden können und umgekehrt dieselbe Handlung als Ursache auch andere Wirkungen zeitigen kann. Deshalb werden wir hierauf in Abschn. 2.3 noch einen genaueren Blick zu werfen haben. Häufig wird in einem Korrelationsmaß auch die relative „Einflussintensität" einer Variablen gesehen, was offenkundig nicht dasselbe ist. Eine dritte Interpretation kann darin bestehen, in schwach ausgeprägten Korrelationskoeffizienten einen Indikator dafür zu sehen, dass die getestete Hypothese selbst unsicher ist. Das folgende Beispiel mag in einem ersten Schritt veranschaulichen, in welche Irritationen die Interpretation eines Korrelationskoeffizient als Maß einer Einflussintensität führen kann.

So stellt etwa Wallenburg (2007, S. 397) in einer später noch ausführlicher behandelten Studie zum Kundenbindungsmanagement für manche Leser überraschend fest, dass im Kontext der Kontraktlogistik der Einfluss der Zusammenarbeitszufriedenheit auf die Wiederbeauftragung nur bei einem Wert von 0,28 liegt. Kann man daraus schließen, dass Zufriedenheit keine notwendige Bedingung ist, also oft auch unzufriedene Kunden bereit sind, einen Vertrag zu verlängern bzw. mit zusätzlichen Aufgaben anzureichern? Wie kommt es, dass der Einfluss der Leistungsqualität auf die Wiederbeauftragung mit einem Faktor 0,61 so viel höher ausfällt? Ist Leistungsqualität nicht eine Voraussetzung für Kundenzufriedenheit und liegt damit, gegebenenfalls zusammen mit anderen Einflussgrößen, auf einer vorausgehenden Kausalitätsstufe? Oder wird hier zugelassen, dass der im festgestellten Korrelationsmaß identifizierte Einfluss der Zufriedenheit unter anderen Umständen auch höher sein kann und dass dann mit dem Ergebnis des Tests einer Hypothese auch diese selbst unsicher ist? (In der zitierten Vergleichsstudie von Cahill lag der Einfluss der Zusammenarbeitszufriedenheit immerhin schon bei 0,37.)

Bei einer näheren Analyse dieser Art von Forschung kommt man jedenfalls zu dem Schuss, dass die jeweils betrachteten Einflussgrößen für die zugeordneten Wirkungen meist weder notwendig noch hinreichend, also nur so etwas vages wie „Kann-Sein-Ursachen" sind. Daraus dürfte man dann keine so mächtigen Schlussfolgerungen ziehen, wie dies Empiristen immer wieder tun. Jedenfalls erkennt man hier, dass und warum mit dem Kausalitätsbegriff im Allgemeinen die Vorstellung von der *Notwendigkeit* eines Zusammenhangs verbunden wird, die aber nicht nur an dieser Stelle nur unter Einbeziehung von ergebnisbestimmenden Kontingenzen eingelöst werden kann (im Beispiel würde hierzu die Klärung der Frage gehören, was Kunden veranlasst, einen Vertrag zu verlängern, obwohl sie mit ihrem Logistikdienstleister nicht zufrieden sind).

Eine schwächere Verbindung zwischen zwei Variablen, auf die in Abschn. 2.3 ebenfalls noch näher eingegangen wird, besteht in der Aussage, dass eine als Ursache wirkende Handlung etwas nicht direkt *bewirkt*, sondern nur *ermöglicht* bzw. ein entsprechendes Potenzial erschließt. Diese Denkfigur kommt in Abb. 1.4 nicht vor, und sie passt auch nicht in das Schema einer Wissenschaft, die auf das Aufspüren von Kausalgesetzen fixiert ist. Gerade in der Vorbereitung von Handlungen zur Bewältigung eines Problems wird aber zunächst oft eher allgemein nach Möglichkeiten und/oder den Potenzialen von Ideen und Konzepten gefragt. Hier deutet sich schon an, dass mit der Beschränkung auf testbare Kausalbeziehungen eine ziemliche Beschränkung des Denkens verbunden sein kann – worauf später noch näher einzugehen sein wird.

Potenziale sind für die Empiristen jedenfalls eine schwierige Kategorie, weil sie sich als empirische Phänomene nicht unmittelbar messen lassen. Wenn eine Wirkung enttäuschend ausfällt, war das Potenzial an sich ja da, es war offenbar aber nur relativ klein. Vielleicht fehlte dem Management auch nur die Fähigkeit, es voll auszuschöpfen. Fragt man unter Umgehung der wirklichen Wirklichkeit einfach nur Manager nach Potenzialen, dann wird besonders deutlich, dass die erfasste Empirie aus Einschätzungen und Meinungen über Sachverhalte besteht, hier sogar über etwas, das sich in der Wirklichkeit noch nicht als etwas unmittelbar Beobachtbares gezeigt hat. Einfacher, direkter und im Ergebnis zuverlässiger ist es meist, Potenziale durch ein geschultes logistisches Nachdenken einzuschätzen, wie das auch Innovatoren in der Regel tun. Das unterliegt dann aber nicht mehr den strikten, methodischen Regeln, auf die Empiristen ihren Anspruch auf Wissenschaftlichkeit gründen.

Pfeil 4 bezeichnet das große Feld der nicht bedachten *Nebenwirkungen* des eigenen Handelns (z. B. die Auswirkungen, die die oft als logistische Vorbilder gepriesenen „One-Piece-Flow"-Modelle über schlecht ausgelasteter Fahrzeuge auf die Mobilität auf unseren überlasteten Verkehrswegen und auf die Treibhausgasemissionen des Güterverkehrs haben). Schon Adam Smith wusste ja, dass der Mensch in der Gesellschaft „ständig Ziele fördert, die nicht Teile seiner Absicht waren" (so von Hayek (1959, S. 115)). Nach Popper besteht sogar die Hauptaufgabe der Sozialwissenschaften darin, „die unbeabsichtigten Nebenwirkungen absichtlicher menschlicher Handlungen zu analysieren" (Popper 1975, S. 121). Von hier aus führt ein gedanklicher Weg zurück zum Komplexitätsmerkmal 10. Wenn man Ambivalenzen aus Zielkonflikten dadurch zu lösen versucht, dass man einen

Teil der möglichen Effekte einer Maßnahme negiert, um so Entscheidbarkeit herzustellen, darf man sich später nicht wundern, wenn der Zustand des zu gestaltenden Systems nicht der ist, den man ursprünglich geplant hatte.

Pfeil 5 steht für die ständig wechselnden *Rahmenbedingungen*, die (wie etwa zunehmende Verkehrsstaus oder neue Umweltschutzgesetze) auf die angestrebten Zielgrößen einwirken. Insbesondere die Pfeile 3 und 5 erzeugen das Komplexitätsmerkmal „Kontingenz", das uns in den folgenden Überlegungen immer wieder beschäftigen wird. Wenn man wie Stegmüller (hier 1974, S. 433 f.) alle situativen Voraussetzungen, ohne deren jeweilige empirische Geltung eine Wirkung nicht oder nicht so entstehen kann bzw. ohne die eine Gesetzmäßigkeit nicht gilt, als Ursache qualifiziert (was unerlässlich ist, wenn man den Begriff der *Kausalität* mit den Vorstellungen von *Allgemeingültigkeit* und *Notwendigkeit* verbindet), dann gibt es nicht nur auf beiden Seiten von Abb. 1.4 Ursachen. Vielmehr fällt dann die ganze linke Seite dieses Bildes in den Ursachenbereich. Auch bei einem absichtlich gelegten Waldbrand zählt dann die Trockenheit des Holzes zu den Ursachen des Feuers. Zu diesen Rahmenbedingungen können auch vorausgesetzte Gesetzmäßigkeiten gehören. Ein Fußballspiel kann nicht angepfiffen werden, ohne dass die Gesetze der Schwerkraft gelten.

Handlungen, Handlungsbedingungen und Handlungsfolgen

In einer handlungs- bzw. entscheidungsorientierten Perspektive wird das Ursache-Wirkung-Schema durch das korrespondierende Mittel-Zweck-Schema ergänzt, in dem Ursachen als nutzbare Handlungen (Mittel) erscheinen und Wirkungen als bezweckte Handlungsfolgen, wobei aus empiristischer Sicht beide durch Gesetzmäßigkeiten verknüpft werden können. Aus der Sicht eines Entscheidungsträgers kann man den gerade herausgearbeiteten Sachverhalt durch eine scheinbare ganz einfache Formel mit nur drei Kategorien von Variablen wiedergeben:

$$W = f(X,Y).$$

Diese Formel besagt zunächst nicht mehr, als dass die Wirkungen W von Handlungen X immer auch von äußeren Einflussfaktoren und Rahmenbedingungen Y mitbestimmt werden, unter denen sie stattfinden bzw. vollzogen werden und die im Rahmen unserer beschränkten Möglichkeiten zur Kontingenzerfassung mitbedacht werden sollten, um zu belastbaren Zielrealisationserwartungen zu kommen. Zugleich beinhaltet diese einfache Formel den Grundbegriff eines „Systems", das seine Identität immer nur dadurch finden kann, dass es zwischen sich und seiner Umwelt unterscheidet. Auch die oben eingeführte Trennung zwischen interner und externer Komplexität basiert auf solchen Grenzziehungen, auf deren Problematik in Abschn. 1.1.1 ja schon eingegangen wurde.

Die fundamentale Schwierigkeit, die zugleich auch einen Unterschied zu den Naturwissenschaft markiert, besteht nun darin, dass es in den Wirtschafts- und Sozialwissenschaften erheblich mehr einwirkende, aus der Sicht eines jeweiligen Akteurs *externe*

Bedingungen gibt als in den Naturwissenschaften, nämlich alle zum Zeitpunkt einer Entscheidung gegebenen bzw. erwarteten und möglicherweise kausalrelevanten Umweltzustände Y (zur Erinnerung: die Umwelt eines Unternehmen ist selbst *kein* System, enthält aber solche in einer unüberschaubar großen Vielzahl, z. B. in der Gestalt von Kunden, Wettbewerbern und Lieferanten). Diese Bedingungen können, wie in Abb. 1.4 gezeigt, in der Gestalt von horizontalen „Querkausalitäten" auch auf einander einwirken, mit der häufigen Folge, dass beim Ergreifen einer Maßnahme X die Zustände Y in ihrer Gesamtheit nicht mehr zeitstabil und damit unsicher sind (Komplexitätsmerkmal 13). Kontingenz bedeutet damit: Wer eine wichtige Entscheidung trifft, muss immer sehr viel mehr voraussetzen, als er weiß (wobei man die Funktion von Entscheidungen – anderes als das die Anhänger des OR-Ansatzes (F2) sehen – gerade darin sehen erblicken kann, an dieser Stelle immer wieder aus einem unvollständigen Wissen heraus „gordische Knoten" zu zerschlagen).

Insofern, wie die Variablen, die den Bedingungskranz von Entscheidungen und Handlungen formen, nicht mit einem Zeitindex versehen sind, unterschlägt diese einfache Formel zusätzlich noch einen wesentlichen Zusammenhang: die Wirkungen W fallen in der Zukunft (nach Bewirken von X) an und hängen von der dann gegebenen Kontingenz Y ab. Aus logischen Gründen bedingt jede Entscheidung oder Planung deshalb im Grunde zwei Arten von miteinander verbundenen Vorhersagen:

a) eine gesonderte Vorhersage der Entwicklung der nicht dem Einfluss des jeweiligen Entscheidungsträgers unterworfenen Wirkungsbedingungen Y (hierzu müsste man Abb. 1.4 in die nie vollständig abgrenzbare Breite ausdehnen – s. das Beispiel des Fußballspiels), und

b) eine kontingente Vorhersage, die den Wirk-Zusammenhang zwischen X und W (Pfeil 1) auf der Basis der Antizipation von Y prognostisch nutzt. Hierfür müssten die Empiristen eigentlich empirisch gehaltvolle Gesetzeshypothesen bereitstellen, was aber aus später noch näher erläuterten Gründen nicht nur daran scheitert, dass es unüberschaubar viele Handlungssituationen gibt, für die noch keine derartigen Hypothesen bereit gestellt werden konnten. (Dem Komplexitätsmerkmal Unsicherheit entspricht man hier oft dadurch, dass man für Y verschieden „Szenarien" entwickelt, was dann aber aus Gründen der Logik auch entsprechend differenzierte (weil kontingente) Wirkungsprognosen zur Folge haben müsste. Auch das führt zu einer völligen Überforderung des Empirismus, praktische Entscheidungen durch Kausalgesetze zu unterstützen, aus denen man belastbare Zielrealisationserwartungen ableiten kann).

Beide Prognosen sind mit einer je *spezifischen* Unsicherheit belastet. Diese „Hintergrundkomplexität" lässt in einer einfachen Schematisierung wie der in Abb. 1.4 nicht mehr erfassen. Empiristen entgehen dieser Problematik in der Regel dadurch, dass sie ihre Hypothesen nicht prognostisch nutzen, obwohl das als Test für einen Wahrheitsentscheid notwendig wäre.

Zur Komplexität trägt dabei zusätzlich bei, dass hinter Y auch das oben schon angesprochene Phänomen der Pfadabhängigkeit steckt: diese Variablenkategorie umfasst auch frühere eigene Entscheidungen, deren Resultate nunmehr den Bedingungskranz für weiteres, eigenes Handeln mit abstecken. In der Entscheidungspraxis ist Pfadabhängigkeit ein ambivalentes Phänomen. Einerseits führt sie im Falle ihrer (bewussten oder unbewussten) Hinnahme zu einer willkommenen Vereinfachung bei der Definitionen von Problemen, die insbesondere von Anhängern des OR-Ansatzes gerne hingenommen wird, andererseits aber kann sie dafür blind machen, dass es hier um Festlegungen aus früheren Entscheidungen geht, die nur selten wirklich irreversibel sind. Dann kommt es zu an sich unnötigen Verkleinerungen von Lösungsräumen.

Im Kontext des später genauer analysierten Operations- Research-Ansatzes (F2) wird immer wieder versucht, den Zusammenhang zwischen Entscheidungen bzw. Handlungen X und Wirkungen W in Funktionen quantitativ nachzubilden, damit der eigene Modell- und Methodenvorrat an den Start gebracht werden kann. Ein Beispiel hierfür sind Preis-Absatz-Funktionen, die die zwischen X und W verstreichende Zeit ausblenden und scheinbar kontingenzfrei gelten. Dass die Wirklichkeit oft erheblich komplexer ist, sei hier nur durch ein Beispiel angerissen.

Unternehmen, die Umweltschutzmaßnahmen ergreifen, um sich gegenüber Kunden und Shareholdern als sozial verantwortlich zu präsentieren, müssten eigentlich vorhersagen, wie entsprechende Maßnahmen bzw. deren Unterlassung langfristig ihre Marktposition und ihren Umsatz beeinflussen. Zu dem Bedingungskomplex Y zählen dabei die in Bewegung befindlichen Kundeneinstellungen zu diesem Thema und das Verhalten der Wettbewerber. Manager müssen hier Entscheidungen treffen, obwohl dieses Wirkgefüge natürlich niemand wirklich durchschauen und dabei auf einfache Kausalitäten oder Funktionsverläufe reduzieren kann. Entscheidbarkeit resultiert dann nicht primär aus Wissen, sondern aus persönlichen Eigenschaften der Entscheidungsträger wie Verantwortungsbewusstsein und Mut (was im Übrigen den auf Wissen basierenden, klassischen Rationalitätsbegriff zusätzlich ins Wanken bringt – zu viel Mut kann auch negative Folgen haben)

Damit ist es aber aus zwei Gründen noch nicht genug:

1. Wenn man die gerade als „Querkausalitäten" bezeichneten, möglichen Wechselwirkungen zwischen den auf der linken Seite von Abb. 1.4 Seite des Bildes abgebildeten Handlungsbedingungen (Pfeile 6) näher betrachtet, wird schnell deutlich, dass aus Veränderungen an dieser Stelle auf der Zeitachse auch veränderte, vertikale „Längskausalitäten" entstehen können. Wenn z. B. im Zuge einer Strategie der Dekarbonisierung der Wirtschaft in größerem Umfang Kohlekraftwerke vom Netz genommen werden, sinken infolge eine reduzierten Nachfrage am Zertifikatmarkt die Preise für Emissionszertifikate, was wiederum andere Maßnahmen (Pfeile-Typ 1) „rentabler" machen kann, die vorher wegen zu hoher $CO2$-Vermeidungskosten unterlassen werden mussten.

2. Jedes auf der Zeitachse bestimmbare Ereignis ist immer bewirkt und bewirkend zugleich. Mit anderen Worten: Die Zeit hat keine Ränder, an denen Kausalbeziehungen

erstmalig entstehen oder letztmalig abbrechen, und die in Abb. 1.4 erfassten Zusammenhänge sind damit auch insofern unterkomplex, als sie sich in einem geschlossenen Zeitfenster abspielen – so als ob es kein Vorher und kein Nachher und damit keine länger „rückwärts" ausgedehnten Pfadabhängigkeiten und keine weiter in der Zukunft liegenden Zweck-Ursachen bzw. auf ihre Realisierung wartenden Mittel-Zweck-Beziehungen gäbe.

Mit solchen, kontingenzsteigernden Vor-, Nach-, und-Querkausalitäten wird allerdings insbesondere für eine nach empirischen Kausalitäten suchenden Wirtschaftswissenschaft (F1) vollends ein Maß an Komplexität aufgespannt, dem die Forschung nie vollständig wird Rechnung tragen können. „Kausalität", sagt Luhmann (2003, S. 128), ist …ein Schema der Weltbeobachtung, eingelassen in eine Unendlichkeit weiterer Ursachen und weiterer Wirkungen". Die berühmt-berüchtigte Ceteris-Paribus-Klausel ist wohl die bekannteste Antwort auf dieses Problem. Sie schafft die Risiken, die mit der Selektion einzelner Beziehungen bei gleichzeitiger Unterdrückung anderer Einflussgrößen (auch solcher, die man gar nicht wahrgenommen hat) zwangsläufig verbunden sind, natürlich nicht aus der Welt. Eher erzeugt sie Risiken, nämlich solche, sich in seiner Einschätzung der Beschaffenheit der Welt zu täuschen.

Diese Risiken entstehen dadurch, dass die ausgeschlossenen Bedingungen und Kausalitäten aus der undurchsichtigen Nebenwelt heraus, in die sie verbannt wurden, weiter auf das zum Zwecke der Beobachtbarkeit isolierte Kausal-Geschehen einwirken und dort die Identifikation klarer und eindeutiger Regelmäßigkeiten stören. Manche Forscher neigen dazu, solche Störungen vorschnell als das Walten eines blinden Zufalls zu interpretieren, um sich die Möglichkeit der Anwendung „stochastischer" Verfahren zu erhalten – nur leider tut unsere immer dynamischer werdende Welt ihnen zunehmend weniger den Gefallen, zeitstabile Gauß'sche Normalverteilungen hervorzubringen. Deshalb gilt hier auch nicht das Gesetz der großen Zahl. Mit Taleb (2008, S. 287) formuliert: es gibt immer weniger Situationen, „in denen starke Gleichgewichtskräfte existieren, die immer schnell wieder den alten Gleichgewichtszustand herstellen, wenn die Bedingungen mal vom Gleichgewicht abweichen".

Dieses Problem einer immer unübersichtlicheren, dynamischen Kontingenz ist gleichsam „in der Sache" begründet, und seine unvollständige Beachtung kann deshalb keiner Forschung, welcher Art und Programmatik auch immer, einseitig angelastet werden. Die Ceteris-Paribus-Klausel liefert den sie benutzenden oder auch nur implizit mit ihr arbeitenden Wissenschaftlern aber eben nicht nur die Möglichkeit einer isolierenden Betrachtung einzelner Kausalbeziehungen, sondern immer zugleich den klassischen Schutz gegen eine Widerlegung ihrer Hypothesen. Wenn ein prognostiziertes Ereignis wider Erwarten nicht eintritt, kann immer noch behauptet werden, einige der Cetera seien offenbar nicht „paribus" gewesen. Gemessen an ihrem Gegenstand ist insofern jede Theorie in den Sozialwissenschaften unterkomplex und damit riskant. Deshalb muss sie aber nicht gleich unbrauchbar sein. Auch innerhalb der Wissenschaft sollte man nur dann etwas fortstreichen, wenn man eine bessere Alternative zur Verfügung hat. Ohne Komplexitätsreduktion geht gar nichts, weder in der Praxis noch in der sie beobachtenden Wissenschaft.

1.1.3   Wissenschaftler als Beobachter zweiter Ordnung

Um die Unterschiede der drei im Folgenden betrachteten Forschungsansätze zu verstehen und ihr jeweiliges Verhältnis zur Managementpraxis herauszuarbeiten, ist es in einem ersten Schritt hilfreich, Wissenschaft und Praxis als zwei in einem hierarchischen Verhältnis zueinander stehende Beobachtungsebenen zu begreifen (s. Abb. 1.5). Während Manager als Beobachter erster Ordnung selbst Teil, Teilhaber und integrierte Teilnehmer ihrer Beobachtungswelt und damit zugleich Betroffene sind, die als solche auf diese Welt beständig verändernd einwirken (wobei sie sich im Rahmen eines Controllings selbst beobachten), erscheinen Wissenschaftler hier als Beobachter zweiter Ordnung, die es sich zur Aufgabe gemacht haben, Theorien über das Verhalten von Managern zu entwickeln und/oder Führungskräften in der Wirtschaft für ihre Entscheidungen Werkzeuge (Gestaltungsentwürfe und Modelle) zur Verfügung zu stellen.

1.1.3.1 Ebenen der Beobachtung

Im Gegensatz zu Naturerforschern sind Wissenschaftler im Bereich der Wirtschafts- und Sozialwissenschaften *Beobachter von Beobachtern*, und insoweit, wie sie das sind, müssen sie die Sachangemessenheit der Einschätzungen von Beobachtern erster Ordnung immer wieder voraussetzen (insbesondere dann, wenn ihr Weltzugang vornehmlich auf Befragungen von Beobachtern erster Ordnung beruht). Mit der Welt der Beobachter erster Ordnung wird hier zwischen die Wissenschaft und die eigentliche Realität (das, was Manager selbst beobachten) noch eine Ebene eingezogen, die es in den Naturwissenschaft nicht gibt. Der daraus hervorgehende Zuwachs an Komplexität kommt später noch häufiger zur Sprache.

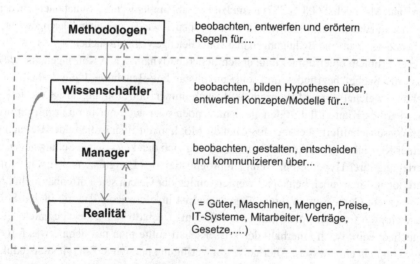

Abb. 1.5 Ebenen der Beobachtung und Bewertung

Der Feedback-Loop der Eigenbeobachtung von Managern ist in Abb. 1.5 nicht gesondert erfasst, man kann sich ihn aber in die Grafik hineindenken über die Einsicht, dass Manager sich und ihresgleichen so zu einer Realität sui generis machen – und zwar zu einer Realität, in der sie sich selbst gezwungen sehen, immer wieder auf unerwartete Ereignisse zu reagieren, zu denen auch die nicht bedachten Nebenwirkungen eigener Handlungen zählen. (Wie eingangs schon hervorgehoben, agieren Manager zusammen mit ihren Kollegen in einer wenn auch nicht in jedem Fall so *geplanten*, im Ergebnis aber doch selbst *geschaffenen* Welt – etwa im Kontext der Globalisierung).

Wie praktisch jede grundsätzliche Kategorisierung ist die Trennung dieser beiden Ebenen ein wenig künstlich, was man dann gelegentlich auch „idealtypisch" nennt. Sie ist aber die logische Voraussetzung für das, was Methodologen wissenschaftliche „Objektivität" nennen. Objektivität ist ohne Distanz nicht denkbar, und auch darin liegt wiederum ein spezifisches Problem der Sozialwissenschaften. Viele Wissenschaftler betrachten es vor dem Hintergrund dieser Forderung als Prämisse ihrer Tätigkeit, „autonom" zu sein, wobei sie zur Abwehr des Vorwurfes eines interessengeleiteten Arbeitens ihre eigene Tätigkeit oft als eine Art „Selbstzweck" sehen (so wie Goethe mit seiner Farbenlehre scheinbar interessenlos versucht hat herauszufinden, was es mit den Farben auf sich hat). Damit entbinden sie sich dann aber auch oft von der Pflicht, den gesellschaftlichen Nutzen ihrer Arbeit an den Nachweis verbesserter Lösungen realer Probleme zu binden. (Dass die Idee einer vollkommenen Unvoreingenommenheit nicht realisierbar ist, weil man sie – anders als in den Naturwissenschaften – nicht an vollkommen interessenlose und vorurteilsfreie, technische Messapparate binden kann, wird gleich noch im Zusammenhang mit der Rolle von Deutungsmustern herausgearbeitet und danach im Zentrum der Überlegungen von Abschn. 2.4 stehen).

Eine Wissenschaft, die sich wie die Betriebswirtschaftslehre und die Logistik als deren Teildisziplin als praxisorientiert sieht, darf sich das Leben aber nicht so leicht machen und, unter Berufung auf unabdingbare Kriterien der Wissenschaftlichkeit wie dem der Objektivität, ohne Rückbindung an die Praxis und damit gleichsam in der Lift schwebend, ihre Forschung vorantreiben. Anders als die Naturwissenschaft muss sie eingebettet sein in die von ihr zu erforschende, lebensweltliche Praxis und in dieser einen Problemvorrat, einen Wissensfundus *und* eine Stätte der Bewährung sehen, ohne dabei den Anspruch auf die Allgemeingültigkeit ihrer Resultate aufzugeben, der sie – neben der besonderen, Wissenschaftlern vorbehaltenen Methodik – von der Arbeit von Praktiken unterscheidet.

Dabei ist nicht nur der Standpunkt der Standpunktlosigkeit selbst ein Standpunkt und insofern ein Widerspruch in sich. Er markiert auch eine Überforderung und ein Missverständnis. Eine anwendungsorientierte Wissenschaft muss hin und wieder Stellung beziehen, um praktisch relevant zu werden. Das kann sie nicht, wenn sie ihrem Erkenntnisobjekt immer nur als etwas Fremden, Äußerlichen gegenübertritt. Vielmehr muss sie sich drängende, lebensweltliche Fragen und Probleme zu eigen machen, um ihrer Forschung eine gesellschaftlich relevante Richtung und damit einen Sinn zu geben.

Mit der Frage nach der Objektivität von Wissenschaft wird zugleich das Tor zu der viel und seit Langem diskutierten Frage nach der Wertfreiheit der Wissenschaft geöffnet, auf die ich hier nicht weiter eingehen möchte, um die Gedankenführung im Zaum zu halten. Eine ausführliche Debatte dieses auf Max Weber zurückgehenden Postulates findet sich bei Albert (1975, S. 62 ff.). Innerhalb der Betriebswirtschaftslehre hat man sich dieses Problems meist dadurch zu entledigen versucht, dass man die zur Identifikation von Problemen und zur Bewertung von Handlungsoptionen notwendigen Ziele und Präferenzen der Praxis entnimmt (oder dieser unterstellt).

Das ist bei Modellen mit „Gewinnmaximierung" oder „Kostenminimierung" als Zielfunktion oft ein eher trivialer Akt, den man nicht wissenschaftstheoretisch hinterfragen muss. Schwieriger wird es schon, wenn zum Beispiel bei einem Netzwerkdesign eine Struktur gesucht wird, die die Summe aus Transport- und Bestandshaltungskosten minimieren und gleichzeitig die Lieferzeiten weitest möglich senken kann. Auch der hier aufscheinende Konflikt zwischen Qualität und Kosten (Komplexitätsmerkmal 10) ist aber, zumindest in Projekten mit Kundenbeteiligung, eher ein Problem einer vernünftigen Reduktion von Komplexität als eine Frage, wie die für Wertungen notwendigen Präferenzen in Modelle hineingelangen bzw. wie sie dort legitimiert werden können. (Eine „vernünftige" Komplexitätsreduktion kann hier etwa darin bestehen, Lieferzeitanforderungen nicht als Variable, sondern als Restriktion zu behandeln).

Als Beobachter zweiter Ordnung sehen sich Wissenschaftler bei ihrer Tätigkeit vielfach der gesellschaftlichen Erwartung ausgesetzt, auf ihrer Ebene ein Wissen zu generieren, zu dem die Praxis keinen eigenen Zugang hat (andernfalls wäre ja das spezifisch Wissenschaftliche nichts Besonderes mehr). Gleichzeitig begleitet sie seit jeher der Verdacht, aus der ihnen zugedachten Rolle heraus nur einen unzureichenden Zugang zum Gegenstand ihrer Erkenntnis zu haben und infolgedessen fast zwangsläufig allzu abgehobene Erklärungsmuster zu entwickeln („Grau ist alle Theorie"). Diesem Paradoxon werden wir in der folgenden Erörterung alternativer Forschungsansätze mehrfach wieder begegnen. Es hängt auch damit zusammen, dass Beobachter zweiter Ordnung sich in Teilen eines Begriffsapparates bedienen müssen, mit dem die beobachteten Praktiker nicht operieren (man führt dort etwa keine Hypothesentests durch).

Mit den in Abb. 1.5 unterschiedenen Beobachtungsebenen ist schon skizzenhaft beschrieben, dass es hier nicht nur um Beobachtung geht. Manager ziehen aus ihren Beobachtungen Schlüsse, die in Entscheidungen und Handlungen eingehen. Und Wissenschaftler bilden bei ihrer Tätigkeit Modelle und Theorien, um in ihre Beobachtungen eine Ordnung zu bringen, die auf der komplexeren Ebene der Beobachtungsobjekte so nicht immer gegeben sein muss und die sich meist auch nicht einfach aus dem Beobachteten herauslesen lässt. Darüber hinaus entwerfen Wissenschaftler, die den Forschungsprogrammatiken (F2) und (F3) verpflichtet sind, auch Konzepte und Modelle, die Manager bei ihren Entscheidungen unterstützen sollen und die diesen Anspruch nur einlösen können, wenn die daraus abgeleiteten Empfehlungen dem bisherigen Entscheidungsverhalten nicht entsprechen. Ohne, dass die Dinge anders werden, können sie nicht besser werden.

Unglücklicherweise verliert das in Abb. 1.5 wiedergegebene Konzept von Beobachtern auf verschiedenen Stufen bei genauerem Hinsehen schon sehr früh etwas an Trennschärfe. Zum einen gehen Wissenschaftler als Beobachter zweiten Grades bei der Entwicklung von

Theorien, jedenfalls solchen, die diesen Namen verdienen, zwangsläufig immer über das Beobachtbare hinaus (schließlich sollen die Theorien ja auch für das noch nicht Beobachtete gelten), und sie sind stets gehaltvoller und immer im Kern spekulativ, auch wenn das Bewusstsein dafür verständlicherweise nicht immer wach gehalten wird. Und zum anderen finden Beobachtungen gleich welcher Ordnung immer im Lichte von *Deutungsmustern* statt, die den so gewonnenen Befunden bestimmte Bedeutungen einfärben und/oder die schon vorab selektieren, was unter welchen Aspekten wie beobachtet werden soll.

„Alle Erkenntnis ist theoriegetränkt, auch unsere Beobachtungen", sagt Popper (1974, S. 85) mit Blick auf die Naturwissenschaften, bei denen man ja eher die Möglichkeit eines ungefilterten Realitätszugangs vermuten würde. Habermas (1973), der sich besonders intensiv mit den Unterschieden zwischen Sozialwissenschaften und Naturwissenschaften beschäftigt hat, spricht in diesem Zusammenhang anschaulich von einem „hypothetisch(en) Überschuss über den je besonderen Gehalt eines aktuell Wahrgenommenen". Deutungsmuster haben von ihrer Filterfunktion her eine gewisse Ähnlichkeit mit dem, was man in der Soziologie und auch in der Alltagssprache „Einstellungen" nennt. Letztere sind allerdings stärker von Wertungen durchsetzt sowie in einer bestimmten Art „vordergründiger", so dass man sie leichter ihrer Selbstverständlichkeit entkleiden kann. Wenn dieser Begriff nicht immer wieder im Zusammenhang mit dem Ideologiebegriff verwendet würde, könnte man hier auch von „Weltanschauungen" sprechen.

Von ihrer Funktion her kann man Deutungsmuster auch als eine Form der Reduktion von Komplexität einstufen, die aber insofern keinen Mittel-Charakter hat, als sie in der Regel unbewusst wirken. Sie beschränken die Anzahl der Aspekte, unter denen ein empirisches Phänomen zu betrachten ist. Der Wissenschaftshistoriker Thomas Kuhn (1962) hat allerdings mit seiner einflussreichen Arbeit über „Die Struktur wissenschaftliche Revolutionen" darauf hingewiesen, dass auch Paradigmen (ein später überaus populär gewordener Begriff, den er in die Debatte eingeführt hat) in Frage gestellt werden können, nämlich in den wissenschaftshistorisch selten Phasen, in denen sich „Anomalien" aus dem bis dahin geltenden Theoriengebäude nicht mehr erklären lassen. Wenn herausragende Wissenschaftler wie Kopernikus, Kepler und Galileo nicht auf Anomalien reagiert und diese anders *gedeutet* hätten, würden wir heute noch glauben, die Erde sei eine Scheibe. Indirekt hat Kuhn mit seiner Vorstellung von einem revolutionären wissenschaftlichen Fortschritt durch Paradigmenwechsel aber besonders deutlich gemacht, wie hartnäckig Deutungsmuster die Forschung bestimmen, solange diese sich in einem Zustand befindet, den er „Normalwissenschaft" nennt.

Mit Blick auf den Empirismus, der sich in seiner methodologischen Programmatik den Vorgehensweisen der Naturwissenschaften verpflichtet fühlt, sei hier darauf aufmerksam gemacht, welch große Rolle auch dort Deutungsmuster spielen. Erinnert sei hier nur die in die Geschichte der Physik eingegangene, von Niels Bohr und Werner Heisenberg 1927 entwickelte „Kopenhagener Deutung" der Quantenmechanik, die ihrerseits auf der von Max Born vorgeschlagenen Wahrscheinlichkeits*interpretation* (!) der Wellenfunktion basierte und die zusammen das naturwissenschaftliche Weltbild nachhaltig neu geprägt hatten (vgl. hierzu auch Heisenberg (1979)). Allerdings sind in diesem Fall die Deutungen nicht als vorher vorhandene Weltbilder wirksam geworden, sondern wurde wie Theorien aktiv gesetzt bzw. auf der Basis von Gedankenexperimenten zur Interpretation vorgeschlagen.

Jenseits dieser Deutungsmuster und Weltbilder (also eines selbst nicht zureichend begründbaren „Stand-Punktes") eröffnet sich nicht die Möglichkeit einer absoluten, oder, wie Luhmann gelegentlich ironisch sagt, „unbefleckten" Erkenntnis (Luhmann (1991), S. 71). Vielmehr erwartet uns dort tiefste Blindheit – „die immer unsichtbare Rückseite unserer Vor-Stellungen" heißt das bei Safranski (2015, S. 164) auch deshalb, weil wir unfähig sind, irgendetwas außerhalb der Vorprägungen durch unsere Sprache zu erfassen. Für Hobby-Philosophen: das entspricht in etwa dem, was seit Kant als „Ding an sich" durch die Diskussionen von Philosophen geistert und nach Safranski (ebenda, S. 163) in der Philosophie eine „ontologische Seekrankheit" ausgelöst hat. Gemeint sind damit vor allem die unzähligen, letztlich alle gescheiterten Versuche, durch eine Auseinandersetzung mit Begriffen zum „Wesen" der mit ihnen bezeichneten Objekte vorzudringen.

Die Einsicht in die Filterfunktion von Weltbildern muss nicht in einen haltlosen Perspektivismus führen, der davon ausgeht, dass es eine wirkliche Wirklichkeit immer nur relativ zu einem Begriffsschema gibt. Es reicht die Feststellung, dass unsere Wahrnehmung der Wirklichkeit immer mitbestimmt wird durch Interpretationsschemata, die jeder Beobachtung vorausgehen und die diese dabei zugleich ermöglichen, unterstützen und einschränken. Damit wird nicht behauptet, dass es jenseits dieser Schemata eine unabhängige Wirklichkeit nicht gibt. Festgestellt wird nur: Unser Verstand ist keine „Tabula rasa".

Für Empiristen, die der Vorstellung anhängen, es gäbe eine eindeutige, ontologische Entsprechung zwischen wissenschaftlichen Kategorien und Strukturen der Wirklichkeit auf der Seins-Ebene (Lenk (1975, S, 175) spricht hier von einer „neo-positivistischen Ideologie der unabhängigen Daten"), mögen Deutungsmuster als störende oder gar verzerrende Filter erscheinen, die man vor der Beobachtung der Realität wie eine schlecht eingestellte Brille ablegen sollte. Wahre Wissenschaftler sollten schließlich vollkommen vorurteilsfrei operieren. Das Problem sitzt aber tiefer. Solche Schemata strukturieren „die aus der externen Welt einströmenden Reize und machen dadurch einen Bezug unserer mentalen Repräsentationen auf die externe Welt erst möglich" (Detel 2007, S. 83). Durch die Abhängigkeit von Sichtweisen werden somit auch Beobachtungen kontingent, und zwar auf jeder der in Abb. 1.5 unterschiedenen Beobachtungsebenen. Auch Kausalität kann man selbst nicht unmittelbar sehen, sondern nur als gedanklich schon apriori verfügbares Interpretationsmuster in Sachverhalte hineinsehen. Die Rolle und die Bedeutung von Deutungsmustern macht man sich am besten durch konkrete Fälle aus der Wissenschaftsgeschichte klar.

Innerhalb der Wirtschaftswissenschaften liefert die Überwindung des Taylorismus durch die Human-Relations-Bewegung ebenso ein anschauliches Beispiel für die Rolle von Deutungsmustern wie die Ablösung des Homo Oeconomicus als Leitbild der neoklassischen Wirtschaftstheorie durch die verhaltenswissenschaftliche Entscheidungstheorie nach March und Simon (1958) und Cyert und March (1963). In den genannten Fällen haben sich, wie auch bei der Einführung des Denkens in Wertschöpfungsketten („Value

Chains") durch Porter (1986), zunächst nicht Theorien geändert, sondern – fundamentaler – Sichtweisen auf das Objekt der Forschung. Das gilt dann auch für die „Resource Based View of the Firm", mit der Barney (1991) die einseitig vom Markt her gedachte Perspektive von Porter überwinden wollte. Innerhalb der Psychologie nennt man so etwas „Gestaltwandel". Es zählt zu den Eigenheiten des gleich näher beleuchteten, empiristischen Forschungsansatzes, der sich der Nachahmung der Naturwissenschaften verpflichtet, diese Vermittlung von Wahrnehmungen durch Deutungsmuster nicht zu sehen – obwohl schon Einstein seine Physikerkollegen aufgefordert hatte, sich vom dreidimensionalen Raum sowie von ihren Vorstellungen von der Materie zu trennen.

Die gerade aufgeführten Beispiele zeigen, dass man die Brille eines Deutungsmusters zwar nicht einfach abnehmen, unter Umständen aber durch eine andere ersetzen kann. „In lean supply chain thinking, inventory is regarded as one of the seven wastes" (Baker 2007, S. 65). Später wurde dann klar, dass die Elimination von Puffern mit der so ausgelösten, rigiden Prozesskopplung Lieferketten sehr störanfällig machen kann. Man sieht, dass es zu den ungewünschten, aber unvermeidbaren Nebenwirkungen von Deutungsmustern und Paradigmen gehört, dass diese auch blind machen können – meist ohne dass man sich dessen bewusst wird, aber oft mit gravierenden Folgen, denn: „Whatever is omitted from the preanalytic vision cannot be recaptured by subsequent analysis" (Daly und Farley 2004, S. 23).

Die besondere Betonung von Paradigmenwechseln darf nicht darüber hinwegtäuschen, dass auch innerhalb bzw. unterhalb eines Paradigmas Theorien, die zur Erklärung realer Phänomene entwickelt worden sind, immer zugleich als Interpretationsschema bei der Beobachtung fungieren. Anhänger der Transaktionskostentheorie neigen beispielsweise dazu, bei der Beobachtung eines Outsourcing-Projektes das zu sehen, was sie aus ihrer theoretischen Grundposition heraus erwartet haben, nämlich die Verwirklichung der Idee, „durch eine Änderung der Koordinationsform zusammenhängender Wertschöpfungsstufen"… „Transaktionskosten zu sparen" (Picot und Ertsey 2007, S. 498) – und zwar auch dann, wenn Manager in der Praxis in einem solchen Kontext ganz überwiegend reine Produktionskostenvergleiche anstellen (s. hierzu etwa die einer Reihe anderer Studien entsprechenden Ergebnisse der Erhebung von Kersten und Koch (2007, S. 125), nach der das Ziel der Produktions- bzw. Prozesskostenreduktion auf Rang 1 der genannten Motive für eine Fremdvergabe logistischer Leistungen steht.

Transaktionskosten tauchen in dieser empirischen Erhebung als Einflussgrößen einer Make or Buy Entscheidung überhaupt nicht auf, was auch den Erfahrungen des Verfassers als Berater bei zahlreichen Outsourcing-Projekten entspricht. Von dieser Art Empirie lassen sich eingefleischte Anhänger der Transaktionskostentheorie aber nicht beirren. Eher unterstellen sie Managern, im Hinterkopf letztlich doch das Ziel verfolgt zu haben, mit ihrer Make or Buy Entscheidung Transaktionskosten zu senken. Das entspricht dann der Morgenstern'schen Logik, dass „nicht sein kann, was nicht sein darf".

Bei der in Abschn. 2.4 näher betrachteten Methode, die Realität durch Befragungen von Managern einzufangen, tritt diese nicht hintergehbare Filterfunktion von Deutungsmustern gleich zweimal auf: in den von Vorerwartungen geprägten, selektiven Fragebögen der

Wissenschaftler, die sich eben immer auch dadurch auszeichnen, was in ihnen nicht gefragt wird, und in den Deutungen der Welt, die den Antworten der befragten Manager jeweils zugrunde liegen. Schon jetzt kann deshalb im Vorgriff auf die Ausführungen in Abschn. 2.4 festgestellt werden, dass auf Einschätzungen beruhende Antworten von Managern auf Befragungen durch Wissenschaftler nicht den archimedischen Punkt liefern können, an dem empirisch arbeitende Forscher ihre Hypothesen kritikfest verankern möchten. Managerantworten, die in der Systematik von Abb. 1.5 auf einer Zwischenebene zwischen der Realität und der ihr zugewandten Wissenschaft liegen, liefern keine einfachen, evidenten Wahrheiten über das, was ist. Sie sind keine objektiven Tatsachenbeschreibungen, sondern geben nur wieder, was Beobachter erster Ordnung über objektive Tatsachen denken. Für eine Forschung, die wie der Empirismus versucht, reale Zusammenhänge kausaler Natur über Managerbefragungen zu erfassen, werden solche Antworten aber zu „der" Realität gemacht, die nur insoweit objektiv genannt werden kann, wie die jeweils Befragten in einer bestimmten Situation tatsächlich so geantwortet haben.

Ob man Welt*erklärung* und Welt*verbesserung* mit demselben Forschungskonzept gleichzeitig erreichen kann, ist ebenfalls eine der gleich zu beantwortenden Fragen. Mit ihrer Vorstellung vom Homo Oeconomicus schien das für die Neoklassik kein Problem zu sein, weil diese Kunstfigur schon durch ihre uneingeschränkte Rationalität definiert war. Für eine praxisorientierte Betriebswirtschaftslehre liegt in dieser Frage jedoch ein vertracktes Problem, das Tenbruck (1972, S. 35) wie folgt auf den Punkt brachte: „In dem Maße…, wie man das Modell dem tatsächlichen Handeln annähert, werden die Erfolgskriterien bereits durch das tatsächliche Handeln befriedigt". Die beiden ersten hier beleuchteten Forschungsprogramme unterscheiden sich untereinander sowie vom Forschungsansatz (F3) nicht zuletzt darin, welche Grundhaltung sie zu dieser Problematik einnehmen.

Der zuerst behandelte, hier als Empirismus bezeichnete Forschungsansatz legt sich in dieser Frage durch seine methodologische Orientierung an den Naturwissenschaften schon vor dem Tätigwerden als Beobachter zweiter Ordnung fest. „Naturgesetze sind allgemeine, notwendige und damit wesentliche und invariante Zusammenhänge zwischen Objekten der Natur, die außerhalb und unabhängig vom menschlichen Bewusstsein existieren" (Kröber (1978, S. 299)). Es ist deshalb sinnlos, der Natur Handlungsempfehlungen zu erteilen. Bei den Naturwissenschaften handelt es sich allerdings überwiegend um dem unmittelbaren, menschlichen Leben abgewandte Tätigkeiten.

In der Betriebswirtschaftslehre, einer dezidiert dem Leben zugewandten Wissenschaft, wird aber gerade das angestrebt. Das ist möglich, weil Gesetzmäßigkeiten dort nicht Ausdruck „eines mysteriösen Leims (sind), der Ereignisse zusammen binden soll" (Markovic 1978, S. 477), sondern „über das bewusste Handeln von Menschen zustande kommen" (Kröber, ebenda, S. 300), und weil sie so, wie sie zustande gekommen sind, im Prinzip auch wieder aufgelöst oder fallweise außer Kraft gesetzt werden können. Ergänzend müsste man hinzufügen, dass Korrelationen hier auch durch unbewusstes Handeln erzeugt werden können. Das Handeln muss nur über viele befragte Manager hinweg gleichgerichtet erscheinen, was beispielsweise auch durch den Handlungsdruck institutioneller Regelungen und institutionalisierter Erwartungen (etwa von Shareholdern), also ein für

Menschen typisches „Rule Conforming", hervorgerufen werden kann. Im Gegensatz zu den Einflussgrößen, die in der Natur bestimmte Ereignisse bewirken, handelt es sich hier um mit Werten aufgeladene Normen.

Die verhaltensstabilisierende, innere Aneignung äußerer Regeln und Rollenerwartungen erklärt, warum es unter Managern keine Anarchisten gibt. „Die Gesellschaft prägt nicht nur für jede einzelne Position, die in ihr verfügbar ist, eine Form, sondern wacht auch darüber, dass der Träger dieser Position die Form, die er vorfindet, nicht achtlos oder absichtlich beiseite schiebt und sich seine eigenen Formen zu schaffen versucht" (so der Soziologe Ralf Darendorf (1974, S. 147)). Dass es im Leben aber anderenorts Anarchisten gibt, ist ein Indikator dafür, dass Menschen grundsätzlich über ein Maß an Entscheidungsfreiheit verfügen, das Naturwissenschaftler bei den Objekten ihrer Forschung so nicht antreffen. (Fledermäuse können sich nur so verhalten wie andere Fledermäuse). Auf diesen, oben schon angesprochenen gravierenden Unterschied in der Genese von Gesetzmäßigkeiten komme ich später (insbesondere in Abschn. 2.5) noch mehrfach zurück. Man kann ihm sprachlich entsprechen, indem man in einem sozialwissenschaftlichen Kontext relativierend von „Quasi-Gesetzen" spricht (so etwa auch Lenk (1975, S. 169).

Quasi-Gesetze dieser Art basieren auf unschärferen, theoretischen Begriffen, sind ausdrücklich kontingent in Bezug auf ein (noch) unerforschtes Hintergrundgeschehen, und sie sind infolgedessen von einer geringeren „Festigkeit". Für diese Relativierung ist allerdings ein Preis zu zahlen. Zum einen sind derartige Gesetze nicht nur selbst erklärbar und meist auch erklärungsbedürftig. Und zum anderen ist es schwierig, sie so mit der Realität zu konfrontieren, dass daraus ein eindeutiger Wahrheitsentscheid abgeleitet werden kann. Wenn man den Kausalitätsbegriff vom Begriff der Notwendigkeit entkoppelt, gerät man bei der Bewertung von Theorien und Hypothesen und bei der Suche nach einer unverrückbaren empirischen Wahrheit zwangsläufig ins Schwimmen. Quasi-Gesetze können eben nur Quasi-Erklärungen liefern. Diese Problematik wird uns bei der Beschäftigung mit den Forschungsergebnissen des Empirismus in Kap. 2 noch weiter beschäftigen.

In jedem Falle erscheint es unmöglich, etwas über das Verhalten von Managern in Erfahrung zu bringen, ohne etwas über die dynamische Realität zu wissen, denen diese bei ihren Entscheidungen und Handlungen ausgesetzt sind und die sie, wie etwa die Globalisierung, selbst dann mitgestalten, wenn diese als Ganzes nicht von Einzelnen geplant worden ist. Deshalb enthält diese Systematik noch einen gebogenen Pfeil, der signalisiert, dass Wissenschaftler als Beobachter zweiter Ordnung nicht nur gelegentlich selbst zu Beobachtern erster Ordnung werden müssen, um ihrer Aufgabe gerecht werden zu können. Nur so können sie sich letztlich in die Lage versetzen, das von Ihnen untersuchte Verhalten von Managern als Anpassungen an reale Veränderungen zu verstehen, und nur so können sie der Gefahr entgehen, mit ihrer Forschung dem dynamischen Weltgeschehen ständig hinterher zu laufen.

1.1.3.2 Verstehen vs. Erklären

Der senkrechte Pfeil von der Wissenschaft zur Praxis lässt auf der in Abb. 1.5 fokussierten Ebene des Weltzugangs neben reinen Beobachtungen zwei verschiedene Interpretationen zu. Zum Einen können Forscher a) versuchen, den *Sinn* der Handlungen von Entscheidungsträgern in der Wirtschaft aus deren Kontext heraus nachvollziehend zu *verstehen*, indem sie sich in diese hineinversetzen, oder sie können b) versuchen, aus dem Verhalten und den Interaktionen von Managern und/oder aus dem Zusammenhang zwischen Handlungen und Handlungsfolgen ein kausales Geschehen herauszulesen und damit beobachtete Invarianzen als Ausdruck eines gesetzmäßig ablaufenden, kontextlos gültigen Verhältnisses von Ursachen und Wirkungen zu *erklären*.

In der Alltagssprache wird zwischen „Verstehen" und „Erklären" nicht klar unterschieden, und dort wird eine solche Unterscheidung auch nicht gebraucht. In der Wissenschaftstheorie füllt diese Differenzierung aber ganze Bände von Literatur (vgl. hierzu ausführlicher schon Leat (1978) sowie in jüngerer Zeit Brühl (2015, S. 103 ff.)). Wie im vorangegangenen Kapitel bereits angesprochen, haben Sozialwissenschaftler im Allgemeinen und Wirtschaftswissenschaftler im Besonderen als Beobachter zweiter Ordnung mit dem, was in Wissenschaftstheorie und Erkenntnisphilosophie „Verstehen" genannt wird, einen spezifischen Weltzugang, den es in den Naturwissenschaft nicht gibt. Schon Aristoteles hat den Menschen definiert als das Lebewesen, mit dem man reden kann. Einen Vulkan kann man ebenso wenig verstehen wie eine Schildkröte, weil man deren Sprache nicht kennt. Deshalb haben sich in der Vergangenheit namhafte Wissenschaftler dafür stark gemacht, diese Form des Weltzugangs als Spezifikum der Sozialwissenschaften herauszustellen, das diese von den Naturwissenschaften fundamental unterscheidet.

Demgegenüber haben andere als Vertreter eines Methodenmonismus den Standpunkt vertreten, dass es in den Wissenschaften generell und unabhängig von der Beschaffenheit ihrer jeweiligen Erkenntnisobjekte nur eine Methode geben kann, die das Prädikat der Wissenschaftlichkeit verdient, und zwar die Erklärung von Ereignissen durch einen Rückgriff auf Kausalgesetze. Unabhängig davon, ob man dem folgt oder nicht: Diese Differenzierung ist auch mit Blick auf die bevorstehende Herausarbeitung der Unterschiede zwischen den hier verglichenen drei Forschungs-Progammatiken von grundlegender Bedeutung und muss deshalb vorbereitend klar herausgearbeitet werden.

Verstehen hängt auch mit Deuten zusammen und knüpft insoweit an die Einsichten an, die wir weiter oben schon gewinnen konnten. Es ist aber weit mehr als das, nämlich ein aktiver Akt der Erkenntnisgewinnung, der über den Bereich des empirisch Kontrollierbaren immer wieder hinausgreift. Verstehen ist nachvollziehende Einsicht in Zusammenhänge, zu denen auch Kausalitäten zählen können, aber nicht müssen. Eine Erklärung unter Zuhilfenahme angenommener Kausalitäten dagegen kann nur funktionieren, wenn man auf allgemeine, über die einzelne, beobachtete Situation hinausweisende Zusammenhänge in der Gestalt von Ursache-Wirkungsbeziehungen Bezug nimmt. Dann lässt sich auch dass Problem umschiffen, dass man bei allem Verständnis, das ja häufig auf einem Analogieschluss vom eigenen Denken auf das Denken anderer beruht, letztlich nicht Absichten oder Einschätzungen direkt in den Köpfen anderer Menschen beobachten kann. Allerdings hat dieses Umgehen, wie später noch gezeigt wird, einen hohen Preis, vor allem dann, wenn das Verstehen weniger den Sinn von Handlungen betrifft als vielmehr den Nachvollzug der Funktionsweise von Systemen oder Modellen.

Der hier betrachtete Unterschied lässt sich gut weiter veranschaulichen anhand einer Hypothese, die den Zusammenhang zwischen einer unternehmensübergreifenden Kommunikation und der Bindung von Kunden an das kommunizierende Unternehmen beleuchtet und die in Kap. 2 noch tiefer unter die Lupe genommen wird. Der auf Verstehen setzende Forscher würde *vor* jeder Feldforschung und ohne Inanspruchnahme einer expliziten Theorie sagen: „Ich erkenne, dass ein Manager durch eine verstärkte Kommunikation mit seinen Kunden diese stärker an sich binden will, weil ich seine Intentionen ebenso nachvollziehen wie das, was diese Kommunikation in Abhängigkeit von ihren Inhalten bei seinen Kunden auslösen kann". Der andere strebt bei demselben Sachverhalt *nach* einer Feldforschung eine Aussage der Form an: „In einer signifikanten Anzahl der beobachteten Fälle bewirkte eine verstärkte, unternehmensübergreifende Kommunikation eine erhöhte Kundenbindung".

Während der erste weiß, dass er eine Entscheidung oder Handlung nur *verstehen* kann, wenn er auch deren Kontext versteht, sucht der zweite nach Korrelationen, die kontextunabhängig gültig sind und denen man damit einen Gesetzescharakter oder gar die Eigenschaft einer allgemeinen Theorie zuschreiben kann. Er *erklärt* das Phänomen des Zustandekommens einer verstärkten Kundenbindung als bewirkte Wirkung damit, dass dieses innerhalb bestimmter statistischer Bandbreiten mit kausaler Notwendigkeit auftreten muss, wenn es zuvor zu einer unternehmensübergreifenden Kommunikation gekommen ist. (Tatsächlich werden die weiteren Ausführungen zeigen, dass sich die Empiristen von der Vorstellung der *Notwendigkeit* eines Zusammenhangs weitgehend verabschieden, ohne dabei die Vorstellung von eine kausalen Gesetzmäßigkeit aufzugeben – allerdings auch ohne dabei den eigenen Kausalitätsbegriff kritisch zu reflektieren).

Wenn man will, kann man in dem oben eingeführten Begriff der Causa Finalis eine Art Brücke zwischen den Akten des Verstehens und Erklärens sehen. Jedenfalls erscheint bei dieser Variante von Kausalität ein beobachtetes Geschehen wie die Handlung eines Managers als sinnvoll, während es bei einer vollständigen Deutung als Ausdruck einer quasi-naturwissenschaftlichen Gesetzmäßigkeit buchstäblich sinn-los erscheinen muss. Ganz so strikt sind die Empiristen mit ihren „Kann-Sein"- und „Oft-Ist-Es-So-Kausalitäten" allerdings meist nicht. Wenn sie kausale Beziehungen zwischen Handlungen und Handlungsfolgen entdecken, bestreiten sie damit nicht grundsätzlich die Freiheit von Managern, bestimmte, zweckorientierte Handlungen zu ergreifen (und damit zu Ursachen zu machen) oder sie zu unterlassen. Wie später noch ausführlich und beispielhaft demonstriert wird, lassen sie die Praxis nur bei der Vorhersage der zu erwartenden Folgen von Entscheidungen und Handlungen oft ziemlich allein.

In der Geschichte der Wissenschaftstheorie sind einseitig denkende Anhänger des Verstehens und des Erklärens als der Sache der Sozialwissenschaften angemessene Methoden der Erkenntnisgewinnung immer wieder aneinander geraten (vgl. zu diesen Auseinandersetzungen noch einmal Leat (1978)). Dabei ist oft bestritten worden, dass es sich beim Verstehen überhaupt um eine Methode handelt. Diese Konfrontation erscheint aber aus mehreren Gründen als wenig fruchtbar. In den folgenden Kapiteln wird immer wieder deutlich, dass man nichts erklären kann, ohne vorher schon etwas verstanden zu haben (umgekehrt gilt das im Sinne dieser Terminologie allerdings nicht). Schon die Formulierung von später zu testenden Hypothesen setzt ein Vorverständnis des adressierten Sachverhaltes voraus. Und nach dem Testen gilt: auch kausale Gesetzeshypothesen selbst bedürfen oft schon deshalb noch einer verstehenden Interpretation, weil man einer Korrelation nicht ansehen kann, ob sich hinter ihr eine Kausalität verbirgt oder nur zwei zufällig parallel laufende, eigenständige Trends.

Auch hier sei zur Erläuterung wiederum ein Beispiel aus dem Bereich der Naturwissenschaften herangezogen. Nach Feyerabend (1979) bestand Galileos wesentliche Leistung in der Auseinandersetzung mit der Kopernikanischen Lehre bei der Betrachtung einer Gesetzmäßigkeit bzw. einer eine solche behauptenden Theorie darin, eine Interpretation durch eine andere Interpretation zu ersetzen. Mit anderen Worten: gleichgültig ob man Feyerabend bei seiner Interpretation von Galileo folgt oder nicht, muss man offensichtlich auch Kausalgesetze verstehen. Es ist schon deshalb nicht zielfördernd, Verstehen aus dem Bestand der als wissenschaftlich anerkannten Vorgehensweisen auszuklammern, wie das der Empirismus mit dem Hinweis auf eine an dieser Stelle fehlende, rigide Methodik (etwa in der Gestalt einer Technik der Interpretation oder einer methodisch abgesicherten Produktion von Deutungshypothesen) tut.

Der Unterschied zwischen Verstehen und Erklären relativiert sich noch weiter, wenn man durchschaut, dass die Korrelationen, die von den in Kap. 2 gleich kritisierten Empiristen ans Tageslicht befördert werden, ausnahmslos nicht „naturwüchsig" gewachsen, sondern durch Handlungen von Managern hergestellt worden sind und sich danach in deren Antworten auf Fragen von Beobachtern zweiter Ordnung zeigen. Diese von Beobachtern erster Ordnung getroffenen Entscheidungen bzw. ergriffenen Handlungen, die von Nichtwissenschaftlern ohne Rückgriff auf Gesetzeshypothesen in die Welt gesetzt werden, so aber Korrelationen erzeugen können, gründen selbst großenteils auf einem „Verstehen" ihres jeweiligen Handlungskontextes. Das macht sie im Prinzip auch für Beobachter zweiter Ordnung nachvollziehbar, also „verständlich", nur lehnen strikte Empiristen diesen Weltzugang für sich selbst eben als unwissenschaftlich ab.

Als anschauliches Beispiel außerhalb der Logistik mag die Hypothese dienen, dass übertriebene Boni-Zahlungen Investmentbanker häufig zu einem Verhalten veranlassen, mit dem die Existenz der Bank gefährdet wird. Verständnislose Empiristen glauben das solange nicht, wie sie den Zusammenhang nicht empirisch getestet haben. Darauf kann aber in der Wirtschaft niemand warten, was zur Folge hat, dass sich diese immer wieder zu spät kommende Wissenschaft von der Diskussion um Lösungen derartiger Probleme verabschiedet. Auch hier erkennt man einen wichtigen Unterschied zwischen Naturwissenschaften und Wirtschaftswissenschaften. Menschengemachte Korrelationen sind im Prinzip *reversibel* (hier: durch veränderte Anreizsysteme), und sie schaffen damit einen Raum für Beratung, den es nicht geben würde, wenn sozialwissenschaftliche Gesetze einer ähnlich „harten" Kausalität genügen würden wie die Gesetzmäßigkeiten, die in der Natur menschenunabhängig mit unerbittlicher Härte walten und die ein Geschehen beschreiben, das nicht reversibel ist. Man kann durch Reibung mechanische Energie in thermische Energie umwandeln, aber nicht umgekehrt.

Mit den nach oben gerichteten, gestrichelten Pfeilen in Abb. 1.5 wird die Frage adressiert, wie sich dem Beobachter auf seiner jeweiligen Ebene die Beschaffenheit der Objekte seiner Erfahrung präsentieren. Schon an dieser Stelle ist angeklungen, dass das, was Wissenschaftler erkennen (können), von der Programmatik der Forschung und von der zugehörigen Weltsicht abhängt. Wer sich beispielsweise darauf spezialisiert, über die Konstruktion von mathematischen Optimierungsmodellen optimale Lösungen für Entscheidungsprobleme zu entwickeln, wird dazu neigen, die Welt nach Situationen „abzutasten", in denen das gelingen kann, und er wird qua Methodenansatz dazu neigen, Quantifizierbarkeit höher einzuschätzen als Relevanz. Praktiker haben den Vorteil eines nicht von methodologischen Vorentscheidungen präjudizierten Weltzugangs. Für die Wissenschaftler aber ist diese Frage auch deshalb bedeutsamer und schwieriger zu beantworten, weil sie als Beobachter zweiter Ordnung in der Regel eben nicht auf der Ebene ihrer Erkenntnisobjekte operieren und weil sie sich bei ihren eigenen Beobachtungs-Operationen gefordert fühlen, nach zulässigen, das Prädikat der „Wissenschaftlichkeit" verdienenden Erhebungsmethoden zu suchen, um sich dann im Wege der Selbst-Kanonisierung einschränkend an diese zu binden (etwa, indem sie sich verbieten, außerhalb des quantitativ Erfassbaren und mathematisch Formulierbaren zu denken).

Von den drei hier unterschiedenen Arten einer Wissenschaft von der Logistik wird nur innerhalb des dritten Forschungsprogramms F3 das Verstehen als wissenschaftliche Erkenntnisquelle uneingeschränkt akzeptiert und offen praktiziert (ohne dabei andere Methoden auszuschließen). Als Anhänger dieser Programmatik fasse ich den Begriff dabei so weit, dass er auch das Nachvollziehen der *inneren Logik* (gedacht als Funktionsweise) und der darauf aufbauenden *argumentativen Begründung* von logistischen Entwürfen („Bauplänen") und Modellen umfasst. Es mag beim ersten Blick verwirrend erscheinen, dass auch diese Logik oft die Aussagenstruktur einer Wenn-Dann-Beziehung annimmt (vgl. hierzu ausführlicher auch die kommentierenden Anmerkungen zu Abb. 8 in Abschn. 4.2). Aber die in der Losgrößenformel als Jahrhundertmodell der Logistik enthaltene Prämisse, dass bei stetigem Bedarf der Durchschnittsbestand eines Artikels in einem Lager (=Wirkung) der Hälfte der jeweiligen Bestellmenge (=Ursache) entspricht, ist keine widerlegbare empirische Hypothese, sondern eine logische Trivialität.

Damit wird nicht behauptet, dass gelegentlich auch in diesen Modellen empirische Gesetzmäßigkeiten genutzt werden können (als Beispiel mag man sich hier eine kontinuierliche Preis-Absatzfunktion vor Augen halten, die man sich auch als die Konjunktion einer unendlichen Menge von Wenn-Dann-Beziehungen vorstellen kann). Wenn man sich aber mit solchen Modellen aus einer wissenschaftstheoretischen Perspektive heraus näher befasst, wie wir das in Kap. 3 tun werden, dann stellt man immer wieder fest, dass diese in vielen Fällen ohne Annahmen über widerlegbare und damit empirisch gehaltvolle Hypothesen auskommen. Die Losgrößenformel ist hierfür nur ein besonders anschauliches Beispiel. Man kann sie „verstehen", aber sie „erklärt" insofern nichts, als die in ihr enthaltenen Kausalitäten empirisch nicht widerlegbar sind. Diese Einsicht hat Folgen für die Reichweite dieser beiden Vorgehensweisen. Stegmüller (1975, S. 121), der gute Argumente für die Verträglichkeit beider Positionen vorträgt, stellt hierzu fest, dass wir „viel mehr

Fälle angeben können, in denen intensionale Tiefenanalysen möglich sind, als Fälle, in denen man zu korrekten kausalen Erklärungen gelangt". Der gegenwärtige Stand der Wissenschaft von der Logistik belegt dies eindringlich.

Mit den so beschriebenen Instrumenten, die von empirischen Theorien grundverschieden sind, soll die Forschung der Praxis etwas zur Verfügung stellen, das diese in die Lage versetzt, bessere Entscheidungen zu treffen. Bei entsprechenden Bewährungstests wird die Position des Wissenschaftlers als neutraler Beobachter der Managementpraxis häufig verlassen, und das Basisschema aus Abb. 1.5 stößt an seine Grenzen. Innerhalb des Forschungsansatzes (F3) wird auch mit Modellen wie der Bestellmengenformel gearbeitet, aber bei weitem nicht nur (an dieser Stelle ist der Unterschied zum OR-Ansatz (F2) verankert. Zur Veranschaulichung der größeren Reichweite genügt es hier, eine Überschrift aus dem vielzitierten Buch von Martin Christopher (2005) über „Logistics and Supply Chain Management" heranzuziehen. Diese lautet: „Overcoming the barriers to supply chain integration". Mit der Überwindung von Barrieren haben die beiden erstgenannten Forschungsansätze buchstäblich nichts am Hut. Barrieren wie etwa Maschinen mit hohen Rüstkosten werden innerhalb der passiv-rezeptiv aufgenommenen Realität als Fakten hingenommen. Innerhalb des OR-Ansatzes (F2) werden sie sogar oft implizit begrüßt, weil sie als Pfadabhängigkeiten zur Schließung von Lösungsräumen beitragen und damit innerhalb des Status Quo die logischen Voraussetzungen für Optimierungen schaffen).

Innerhalb des eingangs zitierten Methodenstreits in den Sozialwissenschaften gibt es auch die dem Empirismus strikt entgegengesetzte Position, nach der dem Gegenstand dieser Forschung *nur* das Verstehen angemessen ist. Vertreter dieser Position beziehen sich in der Regel auf die grundlegenden Arbeiten von Dilthey (1966), besonders einflussreich war hier auch die Arbeit von Gadamer (1965). Im Folgenden wird von solchen polarisierenden Alleinstellungspositionen Abstand genommen. *Sinn*erfahrung (der zielorientierten Logik von Entscheidungen) und *Sinnes*erfahrung (von empirischen Fakten und kausal interpretierbaren Zusammenhängen) sollten nicht als Alternativen verstanden werden, sondern als parallel einsetzbare Formen des Weltzugangs, von denen die erste *nur* in den Wirtschafts- und Sozialwissenschaften einsetzbar ist und die andere unter zu klärenden Umständen *auch* dort. Man kann, wie es Stegmüller nach seiner Auseinandersetzung mit der grundlegenden Beschreibung der Methode des Verstehens durch von Wright (1971) formuliert, jedenfalls in den Sozialwissenschaften „im Prinzip stets das eine tun, ohne das andere zu lassen" (Stegmüller (1975, S. 140).

Wer allerdings infolge einer engen Orientierung an den Erkenntnisprozessen innerhalb der Naturwissenschaften von vornherein annimmt, mit der Methode des Verstehens komme man mangels Formalisierbarkeit nicht über insignifikante, subjektive Meinungsäußerungen hinaus, reduziert das, was er als Beobachter 2. Ordnung über die Welt der beobachteten Entscheidungsträger in der Wirtschaft erfahren kann, ganz erheblich. „Niemals sollte eine Methode an sich den Problemkreis beschneiden, zumal die interessantesten und schwierigsten Aspekte einer Methode dort auftauchen, wo die herkömmlichen Techniken versagen" (so der amerikanische Soziologe Charles Wright Mills, zit. nach Acham (1978, S. 1)). Die mögliche Komplementarität dieser beiden Weltzugänge wird später noch deutlicher, wenn es um die Frage geht, wie man klären kann, ob hinter einer gemessenen empirischen Korrelation eine Kausalität steckt oder nicht. Um das herauszufinden, muss man den Konstituierungszusammenhang einer Korrelation, also das „Wie" ihrer Entstehung, aus dem eigenen Erfahrungswissen heraus verstehen, also in einen Bedeutungszusammenhang einordnen. (Im Übrigen sollte man die Fruchtbarkeit einer Methodik ganz pragmatisch an den Ergebnissen messen, die eine sich ihrer bedienende Forschung hervorbringt, und genau das werde ich im Folgenden tun).

Da wir mit der bis hierhin geführten Betrachtung vermutlich für einige Leser Neuland betreten haben, möchte ich dieses Kapitel über Methoden des Weltzugangs abschließen mit der beispielhaften Erörterung der Behandlung eines weiteren, auch für die betriebswirtschaftliche Logistik zentralen Begriffes, nämlich des Vertrauensbegriffes, der insbesondere bei der Erörterung der Problematik der Fremdvergabe logistischer Dienstleistungen eine wichtige Rolle spielt. Man kann sehr gut nachvollziehend beschreiben, wann Vertrauen entsteht, wie es wirkt, welche Funktionen es dabei erfüllt und warum es immer riskant und damit ambivalent ist. Aber die Komplexität der Bildung von Vertrauen und Misstrauen steht jedem Versuch einer Aufschlüsselung oder Erklärung in Form einfacher, unidirektionaler Kausalitäten diametral entgegen (dass der OR-Ansatz (F2) an dieser Stelle passen muss, versteht sich wohl von selbst).

Auch bei den sieben Hypothesen, mit denen Wallenburg (2004, S. 230) die Entstehung von Vertrauen empirisch zu erfassen sucht, bleibt grundsätzlich unklar bzw. kann nur außerhalb dieser Hypothesen diskutiert werden, welche Funktionen Vertrauen erfüllt und welchen Nutzen es dabei stiftet. In diesem Sinne „nebenbei" sagt der Verfasser beispielsweise, dass Vertrauen durch die Sorge vor einem opportunistischen Verhalten des jeweiligen Handelspartners begrenzt wird. Tatsächlich wird Vertrauen aber gerade wegen dieser Sorge oft benötigt. Es soll und kann dann die Lücken schließen, die Verträge notwendigerweise offen lassen, weil sie die Kasuistik zukünftig möglicher Bedingungskonstellationen nicht antizipierend erfassen können. Vertrauen kann dann Transaktionskosten senken (hier in Gestalt von Überwachungskosten) und erhält so eine ökonomische Dimension. Um das zu verstehen, muss man aber die Kundenperspektive einnehmen, was sich der Autor unter Hinweis auf eine zu große Komplexität versagt.

Ohne Vertrauen geht es nicht. Es entsteht nicht quasi-mechanisch aus dem Zusammenwirken verschiedener Maßnahmen oder Einflussfaktoren wie der Leistungsqualität, und es muss sich über den Zeitraum einer Zusammenarbeit bewähren (also aus dem Status eines Vorschusses herauskommen). Für diesen *Prozesscharakter* des Entstehens von Vertrauen haben Empiristen mit ihren statischen Kausalfaktor-Modellen keinen Sinn. (Es ist bemerkenswert, dass Wallenburg das bei dem, was er „Konzeptualisierung" nennt, klar sieht, dann aber gleichwohl Hypothesen ohne Zeitbezug aufstellt und testet, in denen der Prozesscharakter der Vertrauens*bildung* übersprungen wird). Hinzu kommt, dass Vertrauen nie einseitig durch das Bewirken von Einflussfaktoren durch einen Lieferanten erzeugt werden kann. Vielmehr ist es immer das Ergebnis einer komplexen *Interaktion* mit Kunden. Auch um das zu verstehen, müsste man den Ansatz einer Erfassung unidirektionaler, nur einen Zeitpfeil enthaltender Entstehungs-Kausalitäten zugunsten von mehr Komplexität verlassen und die Perspektive von Kunden einnehmen, bei denen das Vertrauen ja wirkt (wie es dort wirkt, wird für Empiristen immer ein Geheimnis bleiben, jedenfalls solange, wie sie nur innerhalb ihrer eigenen Methodik denken).

Vor diesem Hintergrund überrascht die Feststellung des Verfassers der zitierten Studie, dass organisationales und personales Vertrauen „nur eine untergeordnete Bedeutung hinsichtlich der Kundenbindung" haben (ebenda, S. 260). Schließlich stellt sich gerade bei dem von Wallenburg untersuchten Problem einer Wiederbeauftragung immer die Frage, ob sich ein über die Jahre der Vertragslaufzeit gewachsenes Vertrauen in anderen Konstellationen so wieder aufbauen lässt. Vielleicht hat ein Teil der befragten Manager das nicht ganz durchschaut. Hier rächt sich dann, dass Empiristen nicht anders können als Befragungsergebnisse für „die" Realität zu halten, auch dann, wenn nicht alle Befragten den Gegenstand der Befragung in der Tiefe ganz verstehen. In diesem Zusammenhang ist es interessant, dass mit Zimmer (2000, S. 178), zit. nach Wallenburg, ebenda, S. 221) ein anderer Empirist die Ergebnisse seiner Studie in Teilen damit erklärt, dass bestimmte Effekte (hier: die Auswirkungen von Wechselkosten auf die Kundenbindung) allgemein unterschätzt werden. Wenn Empiristen schon glauben, die Resultate der Erhebungen von anderen Empiristen aus eigenem, empirischen Wissen korrigieren zu müssen, dann zeigt auch dass, wie fragwürdig es ist, in so generieren Daten eine feste Verankerung der Forschung in „der" Realität zu suchen bzw. zu sehen. (Da es sich hier um ein grundsätzliches Problem des Empirismus handelt, gehe ich darauf in Abschn. 2.4 noch gesondert und vertiefend ein).

Mit der Einsicht, dass sich Vertrauen einer angemessenen Behandlung durch eine bestimmte, wissenschaftliche Erkenntnismethodik entzieht, ist natürlich weder gesagt, dass es Vertrauen als empirisches Phänomen nicht gibt, noch, dass es für die zu erforschenden Phänomene nicht relevant ist, noch dass es der Wissenschaft grundsätzlich unzugänglich ist. Es bleibt nur in solchen Hypothesengebäuden, denen wir uns in Kap. 2 näher zuwenden werden, als irgendwie wirkende, intervenierende Variable in einer Black Box verschlossen, die zu durch-schauen sich Empiristen schon im Ansatz versagen.

Das Operieren mit einer Black Box hat in der Geschichte der Wissenschaft eine gewisse Tradition, und zwar nicht nur im Bereich verhaltenswissenschaftlicher Forschungsansätze („Behavioural Science"). In der frühen Phase der Systemtheorie wurde die „Black Box" in Input-output-Modellen zwischengeschaltet, weil das Innere eines Systems für zu komplex erachtet wurde. Dabei war ein mechanistisches Verständnis der geheimen Vorgänge insofern unerlässlich, als dort der Theorie zuliebe keine unerklärlichen Output-Varianzen erzeugt werden durften (vgl. auch Luhmann (2008, S. 49)). Hier aber findet im schwarzen Kasten schlicht und einfach das Nachdenken über Problemlösungen und Lösungsvarianten statt. Empiristen finden dazu nur indirekt Zugang, indem sie nämlich die Black Box als Resonanzboden der Antworten von Managern nutzen, die gewissermaßen „Out of the Box" Kreuzchen in Fragebogen machen. Paradoxerweise leben und denken sie dabei gewissermaßen selbst in einer eigenen Box, aus der heraus sie bestimmte, zum Teil hochgradig relevante Fragen nicht mehr stellen können, weil deren argumentative Beantwortung sie nach ihrem Selbstverständnis in die vagen Sphären des Unwissenschaftlichen zu führen droht.

Wenn auch unterhalb des Radarschirms solcher empirischer Theorien, wirkt Vertrauen in der Realität unabhängig von solchen Zugangsfragen auf diejenigen Phänomene ein, die die entsprechenden Theoretiker nach ihrer Selbstbindung an ihre enge Forschungsprogrammatik noch erforschen dürfen, ohne den mit dieser Programmatik verknüpften Anspruch auf „Wissenschaftlichkeit" zu verlieren. (Paradoxerweise erzeugen diese Empiristen so den Obskurantismus, den sie Wissenschaftlern vorwerfen, die sich inhaltlich, also „verstehend", mit Vertrauen auseinandersetzen. Sie können, um zur Veranschaulichung zusätzlich ein Beispiel aus dem Lebensalltag heranzuziehen, Liebe nur erfassen, indem sie an der jeweils untersuchten Person ein Erröten und einen erhöhten Pulsschlag feststellen).

Wie klug und erhellend man als Sozialwissenschaftler frei von solchen Methodenzwängen *inhaltlich* über Vertrauen nachdenken kann, zeigt beeindruckend Luhmann (2014). „Im Akt des Vertrauens", sagt Luhmann beispielsweise (ebenda, S. 24), „wird die Komplexität der zukünftigen Welt reduziert", um wenig später (S. 30) fortzufahren, dass „Vertrauen durch die Reduktion von Komplexität Handlungsmöglichkeiten (erschließt), die ohne Vertrauen unwahrscheinlich und unattraktiv geblieben, also nicht zum Zuge gekommen wären". Es ist nicht klug, solche Einsichten, die nicht auf Korrelationskoeffizienten basieren bzw. zu solchen führen, sondern nur zu einem wissenserweiternden „Ja-so ist-es-auch-Erlebnis", aus dem Bestand des wissenschaftlichen Wissens zu eliminieren.

Man darf die Methode des verstehenden „Durch-Schauens" natürlich nicht als Bestätigungsverfahren betrachten (eher ist sie ein Entdeckungsverfahren, das schon bei der Formulierung von Hypothesen greift). Luhmann selbst, dem wir viele, tiefschürfende Einsichten zum Phänomen des Vertrauens verdanken, hat die Methode des Verstehens übrigens auch nicht so eingesetzt, wie sie die Vertreter der Hermeneutik gemeinhin selbst verstehen. Vielmehr hat er als Systemtheoretiker streng und systematisch danach gefragt, welche *Funktionen* Vertrauen als elementarer Tatbestand sozialen Lebens innerhalb von Gesellschaften und Unternehmen erfüllen kann und de facto erfüllt, damit diese selbst in einer komplexen Umwelt ihren Fortbestand sichern können (bestes und einfachstes Beispiel ist die banal klingende, aber folgenreiche Einsicht: „Durch Vertrauen gewinnt ein System Zeit" (ebenda, S. 117)). Es ist eine höchst naive Vorstellung, ein solches Wissen ließe sich aus den Antworten von Managern auf Fragebögen herausdestillieren.

Solche Analysen und Erkenntnisse umfassen immer auch dysfunktionale Wirkungen und funktionale Äquivalente, hier beispielsweise Verträge. Sie bedingen weniger ein „Sich-Hineinversetzen" in individuelle Motiv- und Interessenlagen als ein verstandesgesteuertes, gedankliches „Sich-Einarbeiten" in die Funktionsweise von Systemen, wozu sich die Empiristen aber trotz der elementaren Bedeutung von Vertrauen bestenfalls im Vorfeld der Begründung von Hypothesen die Zeit nehmen möchten. „Ohne jegliches Vertrauen", sagt Luhmann schon auf der ersten Seite seines gleichnamigen Buches, könnte der Mensch „morgens sein Bett nicht verlassen" (ebenda, S. 1). Übersetzt auf den Kontext dieser Abhandlung kann man auch sagen: eine Welt zunehmender Vielfalt und Dynamik, in der wir immer weniger antizipieren können, was uns zukünftig erwartet, könnten wir ohne die komplexitätsreduzierende Wirkung von Vertrauen nicht ertragen.

1.1.3.3 Die Wissenschaft von der Wissenschaft

Wissenschaftstheoretiker und Methodologen erscheinen in der Systematisierung von Abb. 1.5 als Beobachter dritter Ordnung, für die die Wissenschaft selbst die zu untersuchende Praxis liefert („Science of Science"). Auch auf dieser Ebene kommt es darauf an, Ordnung in das Beobachtete zu bringen. Hier operieren auch Wissenschafts*historiker*, die wie Thomas Kuhn mit seiner Analyse der „Struktur wissenschaftlicher Revolutionen" primär in vergleichenden Untersuchungen festzustellen versuchen, wie sich eine Wissenschaft und das Gebäude ihrer jeweiligen Theorien im Zeitablauf tatsächlich entwickelt haben (Kuhn 1962).

Methodologen i. e. S. arbeiten als Erkenntnistheoretiker in Teilen nicht nur *analysierend*, sondern auch *wertend* („normativ"), indem sie Vorgehensweisen (Soll-Konzepte) für ein erfolgreiches Forschen entwickeln, für unfruchtbar gehaltene Forschungsansätze kritisieren und dabei gelegentlich auch festlegen, wann das Prädikat der „Wissenschaftlichkeit" überhaupt vergeben werden darf. Dann müssen sie sich durch Beobachtung ihres Erkenntnisobjektes vergewissern, ob die Forschungspraxis ihren Empfehlungen folgt (an dieser Stelle berühren sie sich mit ihrer Arbeit dann mit den Historikern). Tut sie das nicht, ist das insofern kein eindeutiger Indikator für Unvernunft, als die entsprechenden Normen ja selbst unvernünftig sein können. Eine dauerhafte Verweigerung sollte Wissenschaftstheoretiker aber nachdenklich stimmen. Zurecht weist deshalb Detel (2007, S. 126) wissenschaftstheoretischen Normen den „Status hypothetischer Imperative" zu.

Bei der folgenden Analyse nehmen wir innerhalb der Hierarchie von Abb. 1.5 gewissermaßen im „Oberstübchen" Platz und schauen von dort auf die zu Beginn dieser Arbeit unterschiedenen drei Arten, in der Wissenschaft auf dem Feld der Logistik betrieben wird. Für die Leser dieses Textes, die selbst Wissenschaftler sind, ist das eine Einladung zur kritischen Selbstbeobachtung, für die die Wissenschaftstheorie die geeigneten Begrifflichkeiten und Denkmuster bereitstellt (wie etwa den bei näherem Hinsehen alles andere als selbstevidenten Begriff der empirischen Wahrheit oder Induktion und Deduktion als Methoden des Schlussfolgerns). Weil hier jedes der drei analysierten Forschungsprogramme seine eigenen Erkenntnisziele verfolgt und damit eigene methodologischen Probleme aufwirft, werden die bisherigen, eher grundlegenden Überlegungen wissenschaftstheoretischer Natur dabei noch fallbezogen nachzuschärfen sein.

1.2   Das weitere Vorgehen

Mit den vorangegangenen Ausführungen haben wir uns das Rüstzeug verschafft, um die Zielsetzung dieser Arbeit konzentriert und differenziert in Angriff nehmen zu können. Diese Ausführungen mögen manchem Leser etwas fremd vorgekommen sein. Wie aber eingangs schon hervorgehoben, kann man eine wissenschaftliche Forschung gleich welcher Art nicht innerhalb der Kategorien und Begrifflichkeiten diskutieren, deren sich die jeweiligen Forscher in ihrem wissenschaftlichen Alltag selbst bedienen. Auch lassen sich so weder die Voraussetzungen herausarbeiten, unter denen ein bestimmter Forschungsansatz erfolgreich sein kann, noch lassen sich die Grenzen bestimmen, die ihm von seiner Methodik her gesetzt sind.

In den folgenden Kapiteln werden die eingangs unterschiedenen drei Forschungsansätze an einigen grundlegenden Kriterien gemessen, die man an eine wissenschaftliche Forschung anlegen kann und die zu Beginn des nächsten Kapitels einzeln aufgeführt werden. Gleichzeitig werden sie dabei auch untereinander verglichen bzw. aneinander gemessen, was insofern notwendig ist, als sich alle drei auf denselben Forschungsgenstand (die Logistik) beziehen, dem sie sich aber in ganz unterschiedlicher Weise nähern.

Für die Bewertung der Forschungsansätze werden insbesondere die drei folgenden Leitfragen herangezogen:

1. Worin bestehen die Erkenntnisse, die ein bestimmter Forschungsansatz hervorbringen kann?
2. Welches sind die Fortschrittskriterien, denen ein Forschungsansatz aus sich heraus genügen soll bzw. an denen er aus einer übergeordneten Sicht gemessen werden sollte?
3. Welchen Beitrag kann der jeweils betrachtete Forschungsansatz zu einer besseren Praxis von Managern und Unternehmen liefern?

Literatur

Acham K (1978) Methodologische Probleme der Sozialwissenschaften. Sammelband, Darmstadt

Albert H (1975) Traktat über kritische Vernunft, 3. Aufl. Tübingen

Anderson DL, Britt FE, Favre D (1997) The seven principles of supply chain management. Supply Chain Manag Rev 1:31 ff

Ashby WR (1952) Design for a brain. London

Baker P (2007) An explanatory framework of the role of inventory and warehousing in international supply chains. Int J Logistics Manag 18(1):64 ff

Barney J (1991) Firm resources and sustained competitive advantage. J Manag 17(1):99

Blecker T (1999) Unternehmung ohne Grenzen: Konzepte, Strategien und Gestaltungsempfehlungen für das strategische Management. Wiesbaden

Bowersox DJ, Closs DJ (1996) Logistical management: the integrated supply chain process. New-York.

Bretzke W-R (1980) Der Problembezug von Entscheidungsmodellen. Tübingen

Bretzke WR (2014) Nachhaltige Logistik. Zukunftsfähige Netzwerk- und Prozessmodelle, 3. Aufl. Berlin/Heidelberg

Bretzke W-R (2015) Logistische Netzwerke, 3. Aufl. Berlin/Heidelberg

Bretzke WR, Klett M (2004) Supply Chain Event Management als Entwicklungspotenzial für Logistikdienstleister. In: Beckmann H (Hrsg) Supply Chain Management: Strategien und Entwicklungstendenzen in Spitzenunternehmen. Berlin, S 145 ff

Brühl R (2015) Wie Wissenschaft Wissen schafft. Wissenschaftstheorie für die Sozial- und Wirtschaftswissenschaften. Konstanz München

Carrier M (2006) Wissenschaftstheorie. Hamburg

Chopra S, Meindl P (2007) Supply chain management: strategy, planning and operation. Upper Saddle River

Christopher M (2005) Logistics and supply chain management. Creating value-adding networks, 3. Aufl. Harlow

Cyert RM, March JG (1963) A behavioral theory of the firm. Englewood Cliffs

Daly HE, Farley J (2004) Ecological economics. Principles and applications. Washington

Darendorf R (1974) Pfade aus Utopia. Zur Theorie und Methodologie der Soziologie. München

Detel W (2007) Grundkurs Philosophie. Band 4: Erkenntnis- und Wissenschaftstheorie. Stuttgart

Dilthey W (1966) Einleitung in die Geisteswissenschaften. Gesammelte Schriften, Bd 1. Stuttgart/ Göttingen

Emmett S, Sood V (2010) Green supply chains. An action manifesto. Chichester (West Sussex)

Endres E, Wehner T (2010) Störungen zwischenbetrieblicher Kooperation – Eine Fallstudie zum Grenzstellenmanagement in der Automobilindustrie. In: Sydow J (Hrsg) Management von Netzwerkorganisationen. Wiesbaden

Feess E (2007) Umweltökonomie und Umweltpolitik, 3. Aufl. München

Feyerabend PK (1979) Erkenntnis für freie Menschen. Frankfurt am Main

Forrester JW (1958) Industrial Dynamics: a major breakthrough for decision makers. Harvard Bus Rev 36 (4), wiederabgedruckt in: Klaus P, Müller S (Hrsg) (2012) The roots of logistics. Berlin/ Heidelberg, S 141 ff

Gadamer HG (1965) Wahrheit und Methode. Grundzüge einer philosophischen Hermeneutik, 2. Aufl. Tübingen

Habermas J (1973) Zur Logik der Sozialwissenschaften. Materialien, 3. Aufl. Frankfurt am Main

Hanssmann F (1978) Einführung in die Systemforschung. München

Heisenberg W (1979) Quantentheorie und Philosophie. Stuttgart

Heisenberg W (2012) Erste Gespräche über das Verhältnis von Naturwissenschaft und Religion, abgedruckt. In: Dürr HP (Hrsg) Physik und Transparenz. Die großen Physiker unserer Zeit über ihre Begegnung mit dem Wunderbaren. München, S 243 ff

Kelly K (1994) Out of control. The new biology of machines, social systems, and the economic world. New York

Kersten W, Koch J (2007) Motive für das Outsourcing komplexer Logistikdienstleistungen. In: Stölzle W, Weber J, Hofmann E, Wallenburg CM (Hrsg) Handbuch Kontraktlogistik – Management komplexer Logistikdientleistungen. Weinheim, S 115 ff

Kirsch W (1971) Entscheidungsprozesse. Bd 3, Entscheidungen in Organisationen. Wiesbaden

Knight F (1971) Risk, Uncertainty and profit. Chicago

Kovacs G, Spens K (2005) Abductive reasoning in logistics research. J Phys Distribut Logistics Manag 35(2):132 ff

Kröber G (1978) Gesetz und Prognose. In: Acham K (Hrsg) Methodologische Probleme der Sozialwissenschaften. Darmstadt, S 273 ff

Kuhn T (1962) Die Struktur wissenschaftlicher Revolutionen, Chicago. (Hier zitiert wird die zweite Auflage der deutschen Ausgabe mit dem Titel „Die Struktur wissenschaftlicher Revolutionen", Frankfurt am Main 1976)

Leat D (1978) Das missverstandene „Verstehen". In: Adam K (Hrsg) Methodologische Probleme der Sozialwissenschaften. Darmstadt, S 102 ff

Lenk H (1975) Pragmatische Philosophie. Hamburg

Luhmann N (1968) Zweckbegriff und Systemrationalität. Tübingen

Luhmann N (1991) Die Wissenschaft der Gesellschaft, 2. Aufl. Frankfurt am Main

Luhmann N (2003) Soziologie des Risikos. Berlin/New York

Luhmann N (2006) Organisation und Entscheidung, 2. Aufl. Wiesbaden

Luhmann N (2008) Einführung in die Systemtheorie, 4. Aufl. Heidelberg

Luhmann N (2014) Vertrauen, 5. Aufl. Frankfurt/München

Malone TW, Yates J, Benjamin RI (1987) Electronic markets and electronic hierarchies. Commun ACM 30(6):484

March JG, Simon HA (1958) Organizations. New York

Markovic M (1978) Sozialer Determinismus und Freiheit. In: Acham K (Hrsg) Methodologische Probleme der Sozialwissenschaften. Darmstadt, S 470 ff

Meyer CM (2007) Integration des Komplexitätsmanagements in den strategischen Führungsprozess der Logistik. Bern/Stuttgart/Wien

Ortmann G (2009) Management in der Hypermoderne. Wiesbaden

Picot A, Ertsey B (2007) Organisation der Kontraktlogistik. In: Stölzle W, Weber J, Hofmann E, Walllenburg CM (Hrsg) Handbuch Kontraktlogistik. Weinheim, S 479 ff

Popper KR (1969) Logik der Forschung, 3. Aufl. Tübingen

Popper KR (1974) Objektive Erkenntnis. Ein evolutionärer Entwurf, 2. Aufl. Hamburg

Popper KR (1975) Die offene Gesellschaft und ihre Feinde II. Falsche Propheten, 4. Aufl. München

Porter ME (1986) Wettbewerbsvorteile (Competitive Advantage). Spitzenleistungen erreichen und behaupten. Frankfurt am Main

Reinhart G, Broser W, von der Hagen F, Suchanek S, Weber V (2002) Produktionsdienstleistung per Mausklick – E-Business in kompetenzzentrierten Unternehmensnetzwerken. In: Albach H, Kaluza B, Kersten W (Hrsg) Wertschöpfungsmanagement als Kernkompetenz. Wiesbaden, S 395 ff

Sandberg E (2007) Logistics collaboration in supply chains: practice vs. theory. Int J Logistics Manag 18(2):274 ff

Schumpeter J (1908) Das Wesen und der Hauptinhalt der Nationalökonomie. Leipzig

Seiffert H (1971) Einführung in die Wissenschaftstheorie 1. Sprachanalyse – Deduktion – Induktion, 3. Aufl. München

Siebert H (2010) Ökonomische Analyse von Unternehmensnetzwerken. In: Sydow J (Hrsg) Management von Netzwerkorganisationen, 5. Aufl. Wiesbaden, S 7 ff

Simon HA (1978) Rationale Entscheidungsfindung in Wirtschaftsunternehmen, Nobel-Lesung vom 8.12.1977, wieder abgedruckt in: Recktenwald HC (Hrsg) Die Nobelpreisträger der ökonomischen Wissenschaft, Bd 2 (1989), S 592 ff

Simon HA (2012) The Architecture of Complexity. Proc Am Philos Soc (1962) 106:62 ff, wieder abgedruckt in: Klaus P, Müller S (2012) The roots of logistics. A reader of classical contributions and conceptual foundations of the science of logistics. Berlin/Heidelberg, S 335 ff

Spinner H (1974) Pluralismus als Erkenntnismodell. Frankfurt am Main

Stegmüller W (1974) Probleme und Resultate der Wissenschaftstheorie und Analytischen Philosophie, Bd 1, Wissenschaftliche Erklärung und Begründung, Verbesserter Nachdruck. Berlin/Heidelberg/New York

Stegmüller W (1975) Hauptströmungen der Gegenwartsphilosophie. Eine kritische Einführung. Bd II, Stuttgart

Sydow J, Möllering G (2015) Produktion in Netzwerken. Make, Buy and Cooperate, 3. Aufl. München

Taleb NN (2008) Der Schwarze Schwan. Die Macht höchst unwahrscheinlicher Ereignisse. München

Tenbruck FH (1972) Zur Kritik der planenden Vernunft. Freiburg/München

Varela F (1979) Principles of biological autonomy. New York

Von Hayek FA (1959) Missbrauch und Verfall der Vernunft. Ein Fragment. Frankfurt am Main

Von Wright GH (1971) Explanation and understanding. London

Wallenburg CM (2004) Kundenbindung in der Logistik. Eine empirische Untersuchung zu ihren Einflussfaktoren. Bern/Stuttgart/Wien

Wallenburg CM (2007) Beziehungs- und Kundenbindungsmanagement. In: Stölzle W, Weber J, Hofmann E, Wallenburg CM (Hrsg) Handbuch Kontraktlogistik. Weinheim, S 387 ff

Watkins JWN (1978) Freiheit und Entscheidung. Tübingen

Weick KE (1976) Educational Organizations as Loosely Coupled Systems. Admin Sci Q 21:1 ff, wiederabgedruckt in: Logistikmanagement, 7. Jg, Ausgabe 3, S 71 ff

Weick KE (1995) Der Prozess des Organisierens. Frankfurt am Main

Whipple JM, Frankel R, Daugherty PC (2002) Information support for alliances: performance implications. J Bus Logistics 23(2):67

Zentes J, Schramm-Klein H, Neidhart M (2004) Logistikerfolg im Kontext des Gesamtunternehmenserfolgs. Logistik Manag 3:48 ff

Möglichkeiten und Grenzen einer theorieorientierten empirischen Forschung

Schon innerhalb der bisherigen, einführenden Überlegungen sind wir häufiger auf methodenimmanente Grenzen des Empirismus gestoßen. Jetzt gilt es, die Potenziale und Grenzen dieses Forschungsansatzes (F1) in einer fokussierten und systematischen Gesamtschau im Detail herauszuarbeiten. Um Missverständnissen vorzubeugen, stelle ich den Ausführungen dieses Kapitels dabei noch eine Anmerkung voran. Wenn wir im Alltag handeln, denken wir – wenn auch meistens nicht bewusst – immer wieder in der Kategorie von Ursachen und Wirkungen. Letztlich hat sich der Ursachenbegriff, wie Markovics (1978, S. 485) zu Recht anmerkt, „in Verbindung mit der menschlichen Praxis entwickelt und (ist) erst danach als Analogie auf natürliche Phänomene übertragen worden". Hier geht es aber um mehr, nämlich um Kausal*gesetze*, die als Kernbestandteile von Theorien über einzelne, individuelle Handlungssituationen eine grundsätzliche Gültigkeit hinaus beanspruchen. Ein entsprechendes Beispiel begegnet den Studenten der Wirtschaftswissenschaft oft schon in den Einführungsvorlesungen der Volkswirtschaftslehre. Nach dem ersten Gossen'schen Gesetz nimmt der Grenznutzen eines Gutes bei dessen kontinuierlichem Verzehr bis zu einer Sättigungsgrenze immer weiter ab (vgl. hierzu grundlegend auch Neumann (1980)). Dieses Gesetz ist wahrheitsfähig, weil es widerlegt werden (also auch falsch sein) kann.

Man kann die Realität nicht gestalten, wenn man nichts über sie weiß. Insofern erscheint es vordergründig verständlich, wenn als primäres Wissenschaftsziel für die Betriebswirtschaftslehre immer wieder ein „gesichertes Wissen" genannt wird (so z. B. von Kotzab (2007, S. 72)). Nach Karl R. Popper (1969), der mit seiner „Logik der Forschung" das wissenschaftstheoretische Denken 20. Jahrhunderts geprägt hat wie kein anderer und der für den jetzt unter die Lupe genommenen Forschungsansatz insofern eigentlich das methodologische Vorbild schlechthin abgeben müsste, als er sich ausschließlich an den Naturwissenschaften orientiert hat, ist allerdings Widerlegbarkeit durch Fakten das Kennzeichen jeder auf Wahrheitsfindung ausgerichteten Theorie. „Insofern sich Sätze auf die Wirklichkeit beziehen", sagt der berühmteste Wissenschaftsphilosoph des vorigen

© Springer-Verlag Berlin Heidelberg 2016
W. Bretzke, *Die Logik der Forschung in der Wissenschaft der Logistik,*
DOI 10.1007/978-3-662-53267-6_2

Jahrhunderts, „müssen sie falsifizierbar sein, und insofern sie nicht falsifizierbar sind, beziehen sie sich nicht auf die Wirklichkeit" (Popper 1969, S. 255). Genauer müsste man Popper übersetzen mit „...können sie nicht über die Wirklichkeit informieren". Es ist dann nur konsequent, wenn Popper dieses Kriterium auch mit dem Theoriebegriff und mit dem Begriff der Wissenschaftlichkeit koppelt: „Eine Theorie gehört zur empirischen Wissenschaft dann und nur dann, wenn sie mit möglichen Erfahrungen in Widerspruch steht, also im Prinzip durch Erfahrung falsifizierbar ist" (Popper 2010, S. 36).

Diese Haltung ist von Popper in der Mitte des vorigen Jahrhunderts als Antwort auf den Neopositivismus des Wiener Kreises um Rudolph Carnap entwickelt worden, deren hauptsächliches Anliegen wiederum in der Abgrenzung wahrer Wissenschaft von reiner Metaphysik bestand (gelegentlich hilft es, sich der historischen Entwicklung einer Idee zu vergewissern). Sie erscheint als Prüfstein jeder Art von wirklichkeitsbezogener Theorie aus heutiger Sicht als allzu rigoros, und ihr ist unter anderen auch von Lakatos (1977) mit der begründeten These begegnet worden, man müsse eine Theorie nicht in jedem Falle gleich ganz aufgeben, wenn sich ein Fall findet, der nicht mit ihr in Einklang steht – vor allem dann nicht, wenn eine bessere Theorie noch nicht verfügbar ist (zu einer Differenzierung zwischen Widerlegung und Verwerfung s. auch Detel (2007, S. 119 ff.)).

Außerdem gibt es noch andere Kriterien für die Beurteilung von Theorien wie insbesondere Allgemeingültigkeit, gedankliche Klarheit, begriffliche Präzision, Konsistenz, Eindringtiefe, Erklärungskraft, Fruchtbarkeit und „Nonobviousness". Das letztgenannte Kriterium beinhaltet die Forderung, wissenschaftliche Erkenntnisse sollten weit genug über das hinausgehen, was Praktiker schon unter Einsatz des gesunden Menschenverstandes erkennen können. Die weiteren Analysen werden zeigen, dass und warum die Forschungsergebnisse der Empiristen gerade dieses Kriterium oft nur begrenzt erfüllen.

Für Keppler, der die Physik des Sternenhimmels vorantrieb wie keiner vor ihm, sollte eine Theorie auch „schön" sein. Er hat „die Umschwünge der Planeten um die Sonne mit Schwingungen einer Saite (verglichen) und von einem harmonischen Zusammenklang der verschiedenen Planetenbahnen" gesprochen, und er hat dann gefunden, was er sich erwünscht hatte (zit. nach Heisenberg (1979, S. 102)) in einem Vortrag über „Die Bedeutung des Schönen in der exakten Naturwissenschaft", ebenda S. 91 ff.). Diese Kriterien belegen alle, dass über die Geltung oder Brauchbarkeit von Theorien nicht innerhalb der Dimensionen und Begrifflichkeiten der jeweiligen Theorie selber entschieden werden kann. Man braucht hierfür Beobachter der dritten Ordnung, die sich bei ihren Einschätzungen der zum Teil normativen Denkfiguren einer übergeordneten Theorie, eben der Wissenschaftstheorie, bedienen.

Die erstgenannten Kriterien werden gleich noch eine besondere Rolle spielen. Das Popper'sche Kriterium der empirischen Widerlegbarkeit kann dabei helfen, schon vor jedem empirischen Test den Aussagegehalt von realitätsbezogenen Hypothesen kritisch zu hinterfragen. In diesem Sinne wird dieses Kriterium zunächst nicht als Ausschlusskriterium, sondern nur als eine *Anforderung an die Formulierung* von Theorien bzw. (auf einer unteren Ebene) von Hypothesen behandelt. Diese sollten nicht so formuliert werden, dass ihr Scheitern an der Realität von vorneherein ausgeschlossen ist.

2.1 Empirische Widerlegbarkeit als Bedingung für empirischen Gehalt

Falsifizierbarkeit bedeutet, dass die möglichen Bedingungen des Scheiterns präzise aus den Behauptungen der Theorie hervorgehen müssen. Sie ist nach dem Popper-Apologeten Hans Albert (1972, S. 198) die Voraussetzung dafür, dass „wir aus unseren Irrtümern lernen und unsere Problemstellungen vergleichen, beurteilen und verbessern können". „Wir lernen immer eine ganze Menge durch eine Falsifikation. Wir lernen nicht nur, dass eine Theorie falsch ist, sondern wir lernen, warum sie falsch ist". Und vor allem gewinnen wir „ein neues, schärfer gefasstes Problem" (Popper 2010, S. 31). Popper grenzt mit diesem Kriterium zugleich empirische Theorien gegen andere Theorien ab, ohne solchen dabei pauschal die Eigenschaft der Wissenschaftlichkeit zu entziehen. „Eine Theorie gehört zur empirischen Wissenschaft dann und nur dann, wenn sie mit möglichen Erfahrungen im Widerspruch steht" (ebenda, S. 36).

Das ist auch im Hinblick auf die Psychologie von Wissenschaftlern eine ziemliche Herausforderung. Es setzt nämlich Forscher voraus, die bereit sind, sich durch widerstreitende Fakten irritieren zu lassen. Im Grunde sollten sie nach der Popper'schen Logik der Forschung sogar immer wieder (z. B. durch Experimente und Vergleichsstudien verschiedener Art) aktiv nach Falsifikationsmöglichkeiten suchen, um den durch Versuch und Irrtum bewegten wissenschaftlichen Fortschritt in Gang zu halten. Im Vorgriff auf die Ergebnisse der Analysen dieses Kapitels kann hier schon festgestellt werden: solche Forscher sind unter den Empiristen nicht zu finden. Wie später noch zu zeigen sein wird, liefern sie auch keine Theorien im eigentlichen Sinne, sondern nur miteinander unverbundene, weitgehend isolierte Hypothesen, die aber natürlich hinsichtlich ihres empirischen Gehaltes an denselben Maßstäben zu messen wären. Sie müssen etwas anderes, ebenfalls denkbares ausschließen.

Der entscheidende Punkt aber, durch den sich Popper von seinen Zeitgenossen radikal abgehoben hat, liegt in der Einsicht, dass wir es selbst dann, wenn wir uns mit scheinbar gut bewährten Theorien befassen, es immer nur mit vorläufig nicht widerlegten Hypothesen zu tun haben. „Wer nach Wahrheit strebt, muss Gewissheit preisgeben, wer Sicherheit sucht, lehnt die Anpassung seines Überzeugungssystems an neue Sachumstände ab und verfehlt daher die Wahrheit" (Carrier 2006, S. 142). Theorien, die wiederholte Tests und Widerlegungsversuche überstanden haben, kann man bestenfalls als (bislang) „gut bewährt" einstufen, endgültig gesichertes Wissen kann es aber nicht geben. Wenn es das gäbe, wäre eine empirisch-theoretisch gedachte Wissenschaft ein endliches Unterfangen und am Ende tot. (Der Empirismus scheint an dieser Stelle allerdings noch von dem Aristotelischen Wissenschaftsideal geprägt zu sein, also von der Vorstellung, dem wissenschaftlichen Fortschritt liege kein Versuch-und-Irrtum-Verfahren zugrunde, sondern er bewege sich linear aufsteigend, also beständig nur wachsend, und die jeweils neu hinzugefügten Wissensbausteine seien dabei kumulativ).

Der Wissenschaftshistoriker Thomas Kuhn hat diesen strikten Falsifikationismus mit dem Hinweis kritisiert, er gelte bestenfalls für die seltenen Phasen, in denen ein ganzes

Theoriengebäude unter dem Druck widerstreitender Erfahrungen („Anomalien") einstürzt. Diese Phasen nannte er „wissenschaftliche Revolutionen" (vgl. das gleichnamige Buch von Kuhn (1962)), und er hat, wie in Abschn. 1.1.3.2 schon erwähnt, bei dieser Gelegenheit den Begriff des Paradigmenwechsels in die wissenschaftliche Debatte eingeführt, der mit dem oben eingeführten Begriff des Deutungsmusters korrespondiert. Von umstürzlerischen Revolutionen kann aber hier schon deshalb keine Rede sein, weil der Empirismus in der Logistik, wie gerade schon erwähnt, bislang noch keine Denkgebäude geliefert hat, die man mit Fug und Recht als „Theorien" einstufen kann. (Die Begründung für diese Einstufung erfolgt im weiteren Verlauf dieser Arbeit).

Um den Zusammenhang zwischen der Falsifizierbarkeit einer Hypothese und ihrem empirischen Gehalt exemplarisch aufzuzeigen, betrachten wir die Hypothese „Die Fremdkapitalkosten eines Unternehmens steigen mit dessen Verschuldungsgrad". Mit der mitgedachten Prämisse gleichbleibender Zinssätze kann diese Behauptung nicht widerlegt werden. Sie ist dann auf eine triviale weise wahr und informiert uns nur über etwas, das man logisch aus Annahmen deduzieren kann. Man benötigt keine Wissenschaftler, um auf diesen Zusammenhang zu kommen, und sein empirischer Test wäre überflüssig. Gibt man diese Ceteris-Paribus-Klausel jedoch auf, so werden Konstellationen denkbar, in denen die Fremdkapitalkosten trotz eines steigenden Verschuldungsgrades nicht steigen. Die Hypothese wird kontingent (hier konkret: abhängig von der Zinsentwicklung), und ihre Geltung ist mit Bezug auf einen konkreten Fall nicht sicher. Wegen der Möglichkeit eines Scheiterns kann sie jetzt aber im Sinne Poppers formal als empirisch gehaltvoll eingestuft werden.

Die Frage der Angemessenheit des Falsifizierbarkeitskriteriums für die betriebswirtschaftliche Forschung kann man nur sinnvoll diskutieren, wenn man sich einem konkreten Forschungsprogramm zuwendet. Sie wird deshalb innerhalb der weiteren Analyse wieder auftauchen. Vorab ist aber noch auf zwei Aspekte hinzuweisen, die Popper mit seiner an den Naturwissenschaften orientierten Wissenschaftstheorie nicht im Blick hatte und die beide, ebenso wie der Dualismus von Verstehen und Erklären, mit den Besonderheiten der Wirtschafts- und Sozialwissenschaften zu tun haben:

a) Im Gegensatz zu den Naturwissenschaften, die zeitunabhängig auf eine unveränderte, willenlose Welt blicken und dabei den Teil der menschlichen Natur ignorieren, der nicht rein körperlich ist, haben wir es bei der Analyse der Entscheidungen und Handlungen von Managern, aus denen im Falle ihrer Gleichgerichtetheit später messbare Korrelationen hervorgehen, nicht nur mit sich permanent ändernden Erkenntnisobjekten zu tun. Hinzu kommt, dass Manager und Forscher (also Beobachter erster und zweiter Ordnung), indem sie diese Änderungen selbst gestalten oder zumindest beeinflussen, *neue Wirklichkeiten schaffen*, um später mit neuen Entscheidungen und neuen Beobachtungen in diesem neuen Kontext zu operieren (Komplexitätsmerkmal 8 „Eigendynamik"). „Fortschritt", sagt von Hayek (1971, S. 51) „besteht in der Auffindung des noch nicht Bekannten…und wir können nur hoffen, ein Verständnis für die Art der Kräfte zu gewinnen, die ihn hervorbringen".

Weder das Just-in-Time Konzept, noch der Container als zunächst hypothetische Konstruktion neuer Arbeitsabläufe in der Seeschifffahrt, noch das „Internet der Dinge" kamen in der Realität vor ihrer Erfindung vor, aber sie haben diese Realität dramatisch verändert bzw. sind dabei, das zu tun. Sie sind nicht als *Abbilder* einer existierenden Realität entwickelt worden, sondern als *Vorbilder* zu deren Veränderung. Deshalb lautet auch ein Kriterium für die Beurteilung der Praxisrelevanz von Forschungsansätzen in der Logistik: wie halten sie es mit Innovationen? Quasi-naturwissenschaftliche Denkansätze müssen dem Phänomen der Innovation sprachlos gegenüberstehen, weil dieses sich gerade nicht innerhalb einfacher Kausalitäten abspielt und damit nicht wie das Vorbild Natur als prädeterminiert erklären lässt (wohl aber kann man es verstehen).

Um eine Innovation prognostizieren zu können, müsste man sie selbst vorwegnehmen, hat Popper einmal festgestellt (zit. nach Albert (1978, S. 312)). Das kann man von der Wissenschaft nicht ohne weiteres Verlangen. Auch Popper selbst tut das insoweit nicht, als er den Entstehungszusammenhang von Hypothesen als den Teil der Forschung betrachtet, der einer strengen Methodologie nicht zugänglich ist. Für eine praxisorientierte, betriebswirtschaftliche Forschung ist es aber problematisch, wenn diese schon aufgrund eines engen Forschungsprogramms beim Begreifen von Innovationen chronisch zu spät kommen muss. In seinem empirisch ausgerichteten Beitrag zur Ermittlung der Lernerfordernisse der Fahrer von Auslieferungsfahrzeugen, die auftragsgetrieben ihre vertrauten Zustellregionen und Tourenmuster verlassen müssen, baut Haughton (2002) zur Unterstützung seiner Erhebung ein von hochkomplexen mathematischen Formeln durchsetztes Modell der Regressionsanalyse auf, um am Ende festzustellen, dass die aufkommenden, GPS-basierten Navigationssysteme die Lernerfordernisse der Fahrer vermutlich erheblich reduzieren werden. Bezeichnenderweise fordert er, man müsse dann diese Hypothese einem strengen empirischen Test unterziehen. In einer dynamischen Welt erledigen sich manche Fragen von selbst, offenbar auch solche von Wissenschaftlern.

b) Der zweite, hier hervorgehobene grundlegende Unterschied zwischen Naturwissenschaften und Sozialwissenschaften hängt mit dem Komplexitätsmerkmal 12 (Kontingenz) zusammen. Widerstreitende Erfahrungen müssen in den Sozialwissenschaften nicht notwendigerweise zu einem Ausscheiden von Hypothesen führen, weil es immer möglich ist, vorher nicht beachtete Umstände nachträglich ans Licht zu ziehen. Um im Einzelfall darüber zu befinden, muss man aber wiederum die Methode des Verstehens bemühen. Ein anschauliches Beispiel aus der Soziologie ist die Hypothese, dass sich Menschen in ihrem Verhalten innerhalb von sozialen Systemen an ihnen zugewiesen „Rollen" orientieren. Dieses Bild hat dazu geführt, innerhalb der Soziologie den „Homo Oeconomicus" als Leitbild durch einen „Homo Sociologicus" zu ersetzen (vgl. auch Seiffert (1971, S. 239)).

Diese Behauptung wird offensichtlich nicht durch die Beobachtung falsch, dass Menschen in Jeans in die Oper gehen oder dass Professoren Vorlesungen in bunten, aus der Hose gelassenen Hemden halten. Hier ist es sowohl möglich, dass man

1. gerade den Wandel von Rollenbildern sieht, als auch, dass
2. die Hypothese nicht auf alle Menschen zutrifft (vielleicht sieht der besagte Professor ja seine primäre Rolle als später Hippie und bestätigt die entsprechende Hypothese) oder, was die schlüssigste Erklärung wäre,
3. dass Menschen in unterschiedlichen sozialen Zusammenhängen bzw. mit Bezug auf unterschiedliche Referenzsysteme verschiedene Rollen einnehmen.

Die letztgenannte Erklärung ist ein schönes Beispiel für die Anpassung einer Theorie an Erscheinungen, die ihr zunächst zu widersprechen schienen. Die Theorie erweist sich nicht als definitiv falsch (also als falsifiziert im Popper'schen Sinne), sondern nur als unvollständig und damit ergänzungs- bzw. erweiterungsbedürftig. Ihre Erweiterung, die zwar durch empirische Befunde angestoßen, aber durch theoretisches Räsonieren abgeschlossen wird, erschließt im Übrigen dann auch das Verständnis für ein weiteres soziologisches Phänomen mit dem Namen „Rollenkonflikt". Leider ist ein dementsprechender Umgang mit Hypothesen in der hier diskutierten, theoriearmen Variante des Empirismus kaum zu finden. In der Regel wird hier der Erkenntnisprozess nach einer auf Befragungen von Managern basierenden Studie abgeschlossen, was insofern beklagenswert ist, als man dadurch Lernfortschritte verhindert.

Der Theoriebegriff Poppers ist sehr anspruchsvoll und infolge seiner einseitigen Orientierung an den Naturwissenschaften für eine handlungsorientierte Betriebswirtschaftslehre zu eng. Wie bereits dargelegt, gibt es auch empirisch nicht widerlegbare, in sich aber wohl begründbare Aussagen mit einer „Wenn-Dann-Logik", die gleichwohl als Wissensbausteine z. B. in einem logistischen Netzwerkdesign genutzt werden können. Konzepte dieser Art machen sogar den größten Teil der Betriebswirtschaftslehre aus. (Würde man, hierin Popper folgend, das Kriterium der Wissenschaftlichkeit an das Falsifizierbarkeitskriterium koppeln, käme die Betriebswirtschaftslehre ziemlich schlecht weg). Zwei einfache Beispiele mögen das zusätzlich erläutern.

Betrachten wir die Hypothese „In einer nicht-deterministischen Welt ist das Risiko einer Prognose des Bedarfes während einer Wiederbeschaffungszeit positiv korreliert mit der Ausdehnung dieser Zeit in die Zukunft". Diese Aussage ist insoweit trivial (und deshalb kaum falsifizierbar), als jeder zusätzliche Tag der Realität eine weitere Chance gibt, von einer Prognose abzuweichen oder sogar deren Grundlagen zu zerstören. Gleichwohl kann man aus ihr Handlungsoptionen ableiten wie „Erhöhe im Verhältnis zu Zulieferern mit längeren Wiederbeschaffungszeiten deine Sicherheitsbestände" oder „Verlange von deinen Lieferanten, dass sie ihre Lieferzeiten verkürzen".

Ähnlich trivial und nicht falsifizierbar ist die Erkenntnis, dass Produkte mit einer hohen Wertdichte bei längeren Bestandsreichweiten höhere Kapitalbindungskosten auslösen als Produkte mit einer niedrigen Wertdichte, umgekehrt aber hohe Transportkosten vergleichsweise gut vertragen. Aus dieser Einsicht kann man z. B. ableiten, dass bestimmte Unternehmen eher zu einer Zentralisierung ihrer Distributionssysteme neigen als andere und dass für manche, aber nicht alle, Luftfracht kein Problem ist. Obwohl es solche Wissensbausteine in zahlreicher Form gibt, wären natürlich empirisch gehaltvolle

Erkenntnisse über die Beschaffenheit der von uns zu gestaltenden Welt als Zusatzinformationen ebenfalls durchaus willkommen. Eine entsprechende, im Prinzip widerlegbare empirische Hypothese könnte etwa lauten: Mit zunehmender Verbesserung der Qualität des Lieferservice nimmt dessen Grenznutzen ab. Die Falsifikation bestünde im Nachweis einer linearen Beziehung, der aber insofern schwer zu erbringen ist, als sich Nutzenerwägungen im Kopf von Menschen abspielen. Gegebenenfalls müsste man in entsprechend strukturierten Testsituationen Rückschlüsse aus dem geoffenbarten Verhalten der Testpersonen ziehen. Die Befragung von Managern erscheint demgegenüber aus später noch detaillierter herausgearbeiteten Gründen eher als ein riskanterer Weg.

Insoweit, wie sich die Betriebswirtschaftslehre im Allgemeinen und die betriebswirtschaftliche Logistik im Besonderen mit *Konstrukten* wie Gestaltungsentwürfen für Netzwerke und Prozesse oder mit mathematischen Entscheidungsmodellen beschäftigt, ist die Popper'sche Wissenschaftstheorie mit guten Gründen weitgehend folgenlos geblieben. Da weder Popper noch seine Apologeten wie in Deutschland Hans Albert sich die Mühe gemacht haben, sich intensiver mit den hier entwickelten Aussagensystemen zu befassen, ist ihnen entgangen, dass ein großer Teil dieser „Hypothesen" einer inneren Logik folgt, die sie ohne empirische Validierung als geeignete mentale Werkzeuge für logistische Gestaltungsaufgaben erscheinen lässt. Wenn es keine nicht-theoretischen Begründungen für rationale Entscheidungen von Managern gäbe, wären Betriebswirtschaftslehre und Logistik nicht erst seit gestern ziemlich am Ende. Da Empiristen aber gerade nach kausalen und in diesem Sinne „theoretischen" Begründungen suchen, hilft ihnen diese Einsicht nicht weiter.

Wegen des zwingenden Rückgriffs auf die Vorstellung von gesetzmäßiger empirischer Kausalität zwingt der empiristische Forschungsansatz die ihm anhängenden Wissenschaftler häufiger zu härteren Formulierungen als dies der dritte, in Kap. 4 beschriebene Ansatz (F3) tun muss. Hinter dem Kausalitätsbegriff steckt ein binärer Code (wahr/nicht wahr), während das für F (3) relevantere, später noch ausführlicher diskutierte Kriterium der Nützlichkeit graduierbar ist. Letzterer kann auf der Basis einer Einsicht in funktionale Zusammenhange zum Beispiel auch zweifelsfrei feststellen: „Eine erweiterte Lieferzeittoleranz *ermöglicht* eine Glättung der Auslastung von Transportkapazitäten". Eine Aussage darüber, wie man ein solches Potenzial im Einzelnen ausnutzen kann und welche Folgen und Nebenwirkungen das jeweils hat – etwa steigende Lieferzeitvarianzen – ist damit noch nicht getroffen. Die Kausalkette muss erst noch durch eine Entscheidung geschlossen werden, hier etwa durch die Entscheidung, ein erweitertes Zeitfenster für Belieferungen dadurch zu nutzen, dass man Fahrzeuge fallweise später abfahren lässt, um so Nachfragespitzen in Nachfragetälern zu versenken.

Der Modaloperator des Möglichen oder Möglich-Machenden unterliegt nicht der strengen Anforderung von Notwendigkeit, die man gemeinhin mit dem Kausalitätsbegriff verbindet. Er ist innerhalb des Forschungsansatzes (F3) besonders wichtig und wird dort oft genutzt. Hypothesen, mit denen nur ein Ermöglichen behauptet wird, können nur schwer falsifiziert werden können. Um zu widerlegen, dass etwas möglich ist, bräuchte man auf der Ebene der wirklichen Wirklichkeit, mit der sich Manager als Beobachter erster

Ordnung unmittelbar beschäftigen, im Grunde eine unendliche Reihe von Tests. Trotzdem enthalten solche etwas „weicheren" Aussagen schon einen wertvollen Hinweis, nämlich den auf *Potenziale*. Die strikte Kopplung des empirischen Gehaltes von Aussagen an deren Widerlegbarkeit erscheint auch an dieser Stelle als zu strikt.

Empiristen müssten gleichwohl innerhalb ihres rigoroseren Suchens nach Kausalitäten die testbare Behauptung aufstellen: „Erweiterte Lieferzeittoleranzen *erzeugen* eine bessere Kapazitätsauslastung". Damit wird eine intermittierende Handlung übersprungen, die den Kausalzusammenhang stören kann, indem sie ihn fallweise in verschiedene Richtungen lenkt. Das Ergebnis sind dann schwach ausgeprägte Korrelationsmaße. Im Grunde können Empiristen mit dem Modaloperator des Ermöglichens und der Vorstellung von dem Potenzial einer Maßnahme nicht viel anfangen, weil er keine unmittelbaren Ansatzpunkte für ihren statistischen Methodenapparat bietet (es sei denn, man operiert ausschließlich auf der Ebene von Managerbefragungen und erhält dort die Auskunft, dass eine Wirkursache als Wirkung Potenziale erschließen kann. Aber auch dort würde es etwas seltsam anmuten festzustellen, dass eine Ursache A den Eintritt einer Wirkung B nicht erzeugt, sondern nur ermöglicht).

Man kann in der Nutzung des Modaloperators „ermöglicht" auch eine Antwort auf Kontingenz verstehen. Ob das Mögliche später auch tatsächlich realisiert wird, steht eben zum Zeitpunkt der Aufstellung der Hypothese noch nicht fest. Wie wichtig die Forderung nach Widerlegbarkeit durch Fakten *im Kontext eines nach empirisch gehaltvollen Theorien strebenden Forschungsansatzes* dennoch ist, zeigen immer wieder beobachtbare Fluchten in abstrakte Höhen des Denkens, auf denen sich empirisch gehaltvoll gebende „Hypothesen" nicht mehr überprüft werden können, weil weder die linke Seite des „Immer, wenn A, dann B"-Satzes, die die durch Handlungen zu bewirkenden Ursachen beschreibt, noch die rechte Seite, auf der die Wirkungen beschrieben sind, in irgendeiner Weise operationalisiert und damit gemessen werden können.

Ein solcher Satz ist z. B. die orakelnde Behauptung: „Es gibt eine enge Korrelation zwischen einer ausgereiften Supply Chain und überlegener Leistung" (Cohen und Roussel 2006, S. 253). Wenn es im Einzelfall nicht zu einer „überlegenen Leistung" kommt, dann war die Supply Chain eben noch nicht „ausgereift". Mit Aussagen dieser Art wird die Grenze zu Glaubensbekenntnissen und paradigmatischen Weltsichten überschritten, und genau dagegen ist Popper angegangen. Empiristen könnten über die Methodologie der Managerbefragung durchaus zu solchen Korrelationen kommen, nämlich dann, wenn die Antworten einen entsprechenden Zusammenhang nahe legen. Insoweit, wie diese Antworten zu „der" Realität erklärt werden, bleibt dann für Falsifizierungsversuche kein Spielraum mehr. Es war dann in der jeweiligen Befragungssituation eben so und nicht anders.

Ein anderes, anschauliches Beispiel für eine nicht falsifizierbare (obwohl begründbar falsche) Hypothese ist die unter SCM-Protagonisten populäre Prophezeiung eines Wechsels der Wettbewerbsebene – von der Konkurrenz einzelner Unternehmen auf ihrer jeweiligen Wertschöpfungsstufe auf die Ebene ganzer Supply Chains als Systeme höherer Ordnung. Diese Weissagung ist offensichtlich bislang nicht eingetreten. Falsifizierbar wäre diese Aussage jedoch nur, wenn ihre Protagonisten sie mit einem spätest-zulässigen Eintrittsdatum versehen hätten. So aber erfreut sich diese Prophezeiung, mit der sich manche selbst ernannten Experten so schmücken, als hätten sie einen exklusiven Zugang zu einem Praktikern verborgenen Geheimwissen, in der Fachliteratur einer anhaltenden Beliebtheit. Man kann ihr nur mit inhaltlichen Argumenten verbal zu Leibe rücken und auf diese Weise verständlich machen, worin der Defekt in ihrer Begründung liegt – was ich an anderer Stelle ausführlich getan habe. (s. hierzu Bretzke (2015, S. 65 ff.)). Dabei handelt es sich dann um Auseinandersetzungen innerhalb des in Kap. 4 behandelten Forschungsansatzes F3, der offensichtlich seine eigenen Forschungsrisiken hat, aber auch seine eigenen Regeln für die Kritik hypothetischer Entwürfe kennt.

Offensichtlich ist das Kriterium der Falsifizierbarkeit für die Bewertung des empirischen Gehaltes von Hypothesen wichtig, weil es Forscher anhält, mit ihren Hypothesen das Risiko des Scheiterns einzugehen bzw. umgekehrt diese nicht so zu formulieren, dass ein solche Scheitern schon durch die Formulierung ausgeschlossen wird. Man darf es nur nicht verabsolutieren und unkritisch von den Naturwissenschaften, für die es von Popper ursprünglich entwickelt worden ist, auf die Wirtschaftswissenschaften insgesamt übertragen. Um den hier zunächst betrachteten Forschungsansatz (F1) konkret zu kritisieren, müssen wir ohnehin die abstrakte Ebene der Diskussion des Falsifizierbarkeitskriteriums verlassen und uns mit den hier vorgelegten Forschungsergebnissen unmittelbar auseinandersetzen.

Hierzu ist eine kurze Vorbemerkung erforderlich. Wenn im Folgenden immer wieder das Attribut „empiristisch" benutzt wird dann hat das einen klaren Sinn. „Der Empirismus behauptet in allen seinen Varianten, dass alles Wissen von der externen Welt, das nicht logisches oder mathematisches Wissen ist, auf Wahrnehmung, Beobachtung und empirischer Erfahrung beruht" (Detel 2007, S. 46). Wissenschaftstheoretisch Unkundige mögen dies für eine platte Selbstverständlichkeit halten. Wenn sie am Ende dieses Beitrags immer noch so denken, wäre eine zweite Lektüre angesagt.

Dem der empiristischen Forschung zugrunde liegenden Versuch, naturwissenschaftliche Methoden und Standards auf die Wirtschaftswissenschaften zu übertragen, bin ich oben schon mit dem Hinweis auf die Andersartigkeit der jeweiligen Erkenntnisobjekte entgegengetreten. Aber auch in der Einschätzung der Naturwissenschaften selbst als unverbrüchlicher Maßstab für andere Disziplinen wie die Sozialwissenschaften steckt ein gravierendes Missverständnis. Es besteht darin, „dass die absolute Objektivität der Naturwissenschaften lediglich eine Angelegenheit der Glaubensüberzeugung von Laien ist" (Markovic 1978, S. 480). Das zeigt schon ein flüchtiger Blick in die Vorstellungswelt der Quantenphysik, die das bis dahin unbestrittene Weltmodell der Newton'schen Physik abgelöst hat und von der auch die Physiker nicht wissen, ob sie nicht selbst noch einmal abgelöst wird.

Was für die Physik gilt, gilt offenbar auch für die Biologie. „Die meisten biologischen Systeme sind unstetig, inhomogen und unregelmäßig", so die Naturwissenschaftler B. West und A. Goldberger in einem Beitrag in der Zeitschrift American Scientist (zit. nach Briggs und Peat (1990, S. 15)). Auch die gelegentlich durchscheinende Vorstellung, die Physik sichere den Wahrheitsgehalt ihrer Theorien durch das Kleben am Beobachtbaren, zeugt von wenig Verständnis für die dortige Arbeitsweise von Wissenschaftlern (eher reflektiert sie eine Sehnsucht nach einer Art platonischer Reinheit der Wissenschaft). Die von Einstein entdeckte Krümmung der Zeit kann man nicht sehen. Und: „Quarks und Quasare gehören zur Grundausstattung der Realität – auch wenn sie kein Menschenauge je erblickte" (Carrier 2006, S. 148).

Ein weiteres, aus der Orientierung an den Naturwissenschaften resultierendes Problem ist der implizite Determinismus, der bereits ein ontologisches Vorurteil darüber enthält, wie die Welt beschaffen sein muss, damit sie durch zeitlos gültige Hypothesen mit Gesetzescharakter beschrieben werden kann. „Es gibt viele Welten…in denen die Suche nach Erkenntnis, nach Regelmäßigkeiten scheitern würde" (Popper 1974, S. 35). Dass die von den Empiristen in Augenschein genommene Welt wirtschaftlichen Handelns und Entscheidens nicht dazu gehört, müssen diese schon annehmen, bevor sie ihre Hypothesen formulieren und „Messinstrumente" in Stellung bringen, und sie sind, wie sich gleich zeigen wird, auch nicht durch die Resultate ihrer Forschung davon abzubringen.

2.2   Determinismus und die Affirmation des Bestehenden

Die Vorentscheidung für das Erklären und gegen das Verstehen hat Folgen: um einen erklärungsbedürftigen Sachverhalt als Kausalität zu entschlüsseln, muss man ihn als *unveränderlich* vorgegeben hinnehmen, als Beobachter zweiter Ordnung also in die Objekte der eigenen Beobachtungen eine ständige Wiederkehr des Gleichen hineindenken (wie oben schon erwähnt, kann man Kausalität selbst nicht sehen, vielmehr handelt es sich hier um die angenommene Wirklichkeit hinter den Erscheinungen). Das ist ein schönes Beispiel für das, was ich in Abschn. 1.1.3.2 „Deutungsmuster" genannt habe. Ein solcher Forschungsansatz ist wegen seiner eigenen, präanalytischen Sicht auf die Welt im Ansatz *strukturkonservativ*, und er stellt keineswegs ein „vorurteilsloses, sondern ein sehr vorurteilsvolles Herantreten an den Gegenstand (dar), das noch bevor es seinen Gegenstand betrachtet, zu wissen glaubt, welches der geeignetste Weg ist, ihn zu untersuchen" (von Hayek 1959, S. 16). Der Realität wird damit nur ein eingeschränktes Feld vorgegeben, sich auf der Ebene wissenschaftlicher Untersuchungen zur Geltung zu bringen. Dafür winkt am Ende die Fata Morgana der Erkenntnissicherheit.

Deutlicher formuliert: Wer die Realität in quasi-naturwissenschaftlicher Perspektive als gegeben betrachtet und in die erfasste Kausalität die Vorstellung von einer Notwendigkeit hineindenkt, um sie zum Objekt der Theoriebildung machen zu können, droht, an ihr hängen zu bleiben, sie nachahmend und affirmativ zu bestätigen und dort, wo sich Innovationen zeigen, der Entwicklung chronisch hinterher zu laufen. Lernen kann die von den Empiristen jeweils gemessenen Korrelationen verändern, deren Entdeckung man sich auf die Fahnen geschrieben hat (etwa indem es deren oft unerkannte Voraussetzungen ändert). Wenn etwa Zentes et al. (2004) im Kontext ihrer empirischen Erhebung feststellen, dass ein erhöhter Kundenbindungserfolg nicht zu einer verbesserten Unternehmens-Performance beiträgt, dann kann man immer noch darüber nachdenken, was da schiefgelaufen ist und wo (auf der Ebene der realen Realität oder auf der Ebene der Befragungen).

Haben die befragten Manager nicht lange genug darüber nachgedacht, was Kundenbindung für die Kunden selbst bedeutet, haben sie mangels Einsicht deshalb für die Kundenbindung die falschen Mittel eingesetzt, oder haben sie übersehen, dass eine engere Kundenbindung Umsatzverluste verhindern kann, so dass die Performance tatsächlich berührt worden ist, nur an einer nicht direkt sichtbaren Stelle? Im Grunde kann man in dem zuletzt angesprochenen Aspekt sogar das hauptsächliche Ziel einer vertieften Kundenbindung sehen: Bindung kann/soll vor Verlust schützen. Das erkennt man aber nur, wenn man den verengenden Blickwinkel der Suche nach Kausalgesetzen verlässt und in den weiteren Horizont des Verstehens wechselt. Innerhalb dieses Horizontes ist es eine Selbstverständlichkeit, dass das Entscheiden und Handeln von Managern argumentationszugänglich ist, d. h. dass es durch Argumentation sowohl herbeigeführt wie auch verhindert werden kann und damit selbst keinen quasi-naturwissenschaftlichen Gesetzmäßigkeiten unterliegt. (Gegen die Hypothese von Zentes et al. spricht im Übrigen schon, dass Kommunikation nur als ein wechselseitiger Austausch von Informationen, also als Interaktion, verstanden werden kann und dass das ein Vorgang ist, der sich durch die Hypothese unidirektionaler Kausalitäten (der postulierten Wirkungen der Kommunikationsmaßnahmen von Lieferanten auf Kunden) nie angemessen erfassen lässt (hierzu später mehr).

Dem, was Schumpeter anschaulich „kreative Zerstörung" genannt hat und was gemeinhin als Motor des wirtschaftlichen Fortschritts gilt, kann eine empirische Forschung, die Gegebenheiten hinnimmt, um darauf aufbauend Gesetzeshypothesen formulieren zu können, nur mit Sprachlosigkeit begegnen. Die gerade unter Überschriften wie „Industrie 4.0" und „Cloud-Computing" anrollende Digitalisierungswelle wird die Welt der Wirtschaft und hierin die Welt der Arbeit in einer Geschwindigkeit verändern, für die es vorher kein Beispiel gab und deren Vorhersage auch viele Manager als Befragungskandidaten überfordern dürfte. Schon das Rad wäre auf der Basis dieses Forschungsansatzes bis heute nicht erfunden worden (jedenfalls nicht innerhalb dieser Art von Wissenschaft, die nur nachträglich eine hohe Korrelation finden könnte zwischen Transportvorgängen und dem Einsatz von Fahrzeugen mit Rädern).

Gleichzeitig droht dieser Ansatz dabei, in einem Widerspruch zu landen: wäre unser Handeln selbst, wie es eine Theorie des Management-„Verhaltens" voraussetzen muss, durchgängig kausal vorherbestimmt, gäbe es keine echten Handlungsspielräume und der Begriff „Management" wäre nur die Bezeichnung für ein Selbstmissverständnis, in dem Manager sich ein Ausmaß an Souveränität vorgaukeln, über das sie tatsächlicher gar nicht verfügen. Unvorhergesehene oder unvorhersehbare Entscheidungen können sie jedenfalls nicht mehr treffen. „L'individu peut disparaitre", hat Pareto einmal über die theoretischen Implikationen eines solchen, quasi-mechanistischen Weltbildes gesagt (zit. nach Gäfgen (1974, S. 19)). Freiheit, so müssten wir dann frei nach Hegel formulieren, ist Einsicht in die Notwendigkeit, und Forscher wären nicht viel mehr als eine Art von Trüffelschweinen, die der Welt durch ein verallgemeinerndes Beobachten ihre Geheimnisse entreißen. Theorien hätten dann auch keine normative Kraft mehr, weil sie Managern nur das empfehlen können, was sie ohnehin tun müssen, und der Begriff der „Rationalität", der nicht nur innerhalb der betriebswirtschaftlichen Entscheidungstheorie diskutiert worden ist wie kaum ein anderer, wäre bedeutungslos bzw. redundant.

Das ist nicht nur ein sehr karger Gebrauch von der Gabe des Verstandes, sondern auch ein immanenter Widerspruch. Ein Geist, der in der Lage ist, die gesetzesmäßigen Bedingungen und Formen seines eigenen Tätigwerdens zu durchschauen, müsste über einen höheren Freiheitsgrad des Denkens verfügen als das Objekt seiner Beobachtung, also Distanz beziehen können, um nicht ununterscheidbar mit ihm zusammenzufallen. Hierin steckt im Übrigen auch die Grundproblematik jener biologistischen Hirnforscher, die im Denken und im Bewusstsein nicht mehr sehen als ein Neuronenfeuer in einer bestimmten Hirnzone, und die mit diesem metaphysischen Materialismus aus der menschlichen Gesellschaft eine Art von mechanistischem Puppentheater machen, in dem Entscheiden und Handeln nicht mehr sind als ein blindes und buchstäblich sinnloses, biophysikalisches Funktionieren wie etwa Harndrang – was übrigens dann auch auf die Tätigkeit der Hirnforscher selbst zuträfe, deren Hirn dann ja nur ein bio-physikalisches Ding unter anderen Dingen wäre. (Das ist im Übrigen ein schönes Beispiel für die Verwechslung eines Weltbildes mit einer empirisch gehaltvollen, also widerlegbaren Theorie. Zur Problematik der Gleichsetzung von Gehirn und Bewusstsein vgl. ausführlicher und kritisch Gabriel (2015)).

Umgekehrt macht Aufklärung durch eine Analyse von Zusammenhängen nur Sinn, wenn man Managern die Fähigkeit zugesteht, Entscheidungen im Lichte eines veränderten Wissens in einer Weise bewusst anzupassen, die mehr und etwas Anderes ist als das Stimulus-response-Muster eines Pawlow'schen Hundes. Die fundamentale Frage, ob die Suche nach quasi-naturgesetzlichen Regelmäßigkeiten dem Gegenstand der Sozialwissenschaften überhaupt angemessen ist (nach von Hayek (1996, S. 306) ist sie „eine der schädlichsten methodologischen Konzeptionen"), müsste nicht weiter vertieft werden, wenn die ihr zugrunde liegende Basisannahme zuträfe. An dieser Stelle mag es etwas irritieren, dass der Empirismus ja tatsächlich Regelmäßigkeiten entdeckt und realitätsbezogene Hypothesen testet. Ob diese Regelmäßigkeiten aber, die durch das Handeln von Managern zustande gebracht worden sind und grundsätzlich von diesen auch wieder geändert werden könnten, die Qualität naturwissenschaftlicher Gesetze haben, ist zu bezweifeln. Die Begründung dieses Zweifels erfolgt im weiteren Verlauf dieser Analyse.

Nach den grundlegenden Arbeiten des englischen Philosophem David Hume „hat der Kausalitätsbegriff keine andere fassbare Bedeutung als der Begriff des Determinismus" (Jordan 2012, S. 170). Zumindest mit Blick auf die feinsten Vorgänge in der Mikrophysik ist diese Vorstellung inzwischen durch die Quantenphysik erschüttert worden. Ob damit der Kausalitätsbegriff in den Wirtschaftswissenschaften ebenfalls hinfällig (oder irgendwie anders) geworden ist, ist eine andere Frage. Mit Blick auf den Empirismus ist sie vor allem deshalb nicht ganz leicht zu beantworten, weil dort in der Erfassung eines multi-kausalen Geschehens oft mit Korrelationen gearbeitet wird, die kausaler Natur sein können, aber nicht müssen (hierauf gehe ich in Abschn. 2.3 noch näher ein). Wenn aber eine Aussage des Typs „A erklärt als Ursache x Prozent der Varianz von B" in einer induktiven

Weise zeit- und situationsübergreifend verallgemeinerbar sein soll (nur so kann man ja hier von Hypothesen zu Theorien kommen), dann darf das Ausmaß einer einmal festgestellten Korrelation nicht mehr beliebig variieren, d. h. es muss notwendig sein.

Betrachtet man die Hypothesen der Empiristen aus der Nähe, so zeigt sich immer wieder, dass sie der Vorstellung eines *notwendigen* Zusammenhangs ausweichen wollen (oder müssen). Es wird dann z. B. nicht behauptet, dass Firmen mit modularen Produkten immer auch Postponement-Strategien verfolgen oder sogar diese kausal auslösen, sondern nur, diese Firmen seien „more likely to practice assembly postponement" (Chiou et al. 2002, S. 113). Das Bizarre daran ist, dass diese Hypothese mit ihrer schwachen Verbindung zwischen A und B, die dieser nur eine höhere Wahrscheinlichkeit zuweist, ohne deren Ausmaß festzulegen, auch umgekehrt gilt. Die Flucht vor der Notwendigkeit landet so in der Beliebigkeit, aus der man aber durch ein vertieftes *Verstehen* der Zusammenhänge wieder herauskommen könnte (vgl. hierzu die ausführlichere Analyse im folgenden Kapitel).

Vertreter des Forschungsansatz (F3) operieren hier nicht mit dem schwachen, nur eine Tendenz signalisierenden Modaloperator „is more likely to", sondern mit dem oben schon eingeführten Modaloperator des Ermöglichens. Dass ein modularer Produktaufbau eine *Voraussetzung* für Postponement-Strategien ist und durch ein Mehr an kombinatorischer Flexibilität eine intelligente Verbindung von Produktvielfalt und Kosteneffizienz („Mass Customization") *ermöglicht*, lässt sich logisch zureichend begründen und damit *verstehen*. Die entscheidenden empirischen Fragen wie etwa die nach der bestmöglichen Lage des „Order Penetration Points" treten bei der Implementierung auf, bei der dann ein abstraktes, argumentativ begründetes Konzept auf die individuellen Gegebenheiten eines Einzelfalles zugeschnitten werden muss. Das Fehlen eines entsprechenden, empirisch-theoretischen Wissens hat sich hier in der Praxis bislang nicht als nachteilig erwiesen. (Eine immer noch sehr lesenswerte Einführung in die ökonomischen Effekte und in die technischen Voraussetzungen einer Modularisierung von Produkten und einer Standardisierung von Schnittstellen liefern Garud et al. in ihrem wegweisenden Reader „Managing in the Modular Age" (2003). Von testbaren bzw. testbedürftigen empirischen Gesetzmäßigkeiten ist in diesem Buch nicht die Rede).

Auf einer abstrakteren Ebene steht außerdem noch die Frage im Raum, welchen praktischen Nutzen die hier betrachtete, empirische Forschung stiften kann, die mit ihren Studien inzwischen schließlich ganze Regale von Fachzeitschriften füllt. Kann diese Forschung den Widerspruch auflösen, dass ihren gleichsam naturnotwendigen Gesetzeshypothesen auch diejenigen unterliegen müssen, die sie zur Gestaltung und Steuerung ihrer Systeme anwenden und damit gegebenenfalls verändern sollen? Funktionieren kann das aus logischen Gründen nur,

a) wenn, wie oben schon angedeutet, die Kausalitäten nur die Verknüpfung von Handlungen und Handlungsfolgen betrifft und nicht das Auslösen dieser zu Ursachen werdenden Handlungen selbst, so dass Manager zwar in ein gesetzesmäßig ablaufendes Geschehen verstrickt sind, an entscheidenden Stellen aber noch wählen können (viele der im Folgenden betrachteten Hypothesen sind im Grundsatz dieser Natur). Aber auch dann sind Manager oft mit einer erheblichen Einschränkung ihres Handlungsspielraumes konfrontiert. Wenn nach einer empirischen Erhebung von Wallenburg (2007, S. 397) der Einfluss der Zusammenarbeitszufriedenheit auf die Zusatzbeauftragung eines Logistikdienstleisters sogar negativ ist, tut dieser sich jedenfalls keinen Gefallen damit, seine Kunden zufrieden zu stellen.

b) wenn die betrachteten Gesetzeshypothesen nicht auf alle Manager zutreffen, sondern nur auf die Besten in ihrer Klasse, so dass man aus dieser Asymmetrie ein Beratungs- und Verbesserungspotenzial für die jeweils Schlechteren gewinnen kann.

Damit aber verlieren diese Hypothesen ihren Anspruch auf Allgemeingültigkeit und werden auf eine undurchschaubare Weise zusätzlich kontingent.

2.3 Kausalitäten, Korrelationen und andere empirische Zusammenhänge

Von den unterschiedlichen Aussagetypen, die in der Landschaft der empirischen Wissenschaften vorkommen, sind Kausalhypothesen und Korrelationen wohl die beiden wichtigsten Ausprägungen. Gleichwohl sind sie nicht die einzigen Ausprägungen, und deshalb ist es für ein klareres Verständnis notwendig, diese Ausprägungen klar gegeneinander abzugrenzen. Ich fange dabei mit dem nur scheinbar einfachen Begriff des Kausalgesetzes an.

Kausalgesetze

Instrumental nutzbares, empirisches Wissen kann verschiedene Formen annehmen. In Aussagen der Form „Alle A sind/haben B" werden Objekten unserer Erfahrung invariante Eigenschaften zugewiesen, wie: Blei ist schwerer als Wasser. Ein Beispiel für ein solches *Koexistenzgesetz* aus dem Bereich der Wirtschaftswissenschaften ist die (falsifizierbare) Grundannahme der Williamson'schen Transaktionskostentheorie, dass alle Menschen zum Opportunismus neigen – wenn man sie lässt (vgl. Williamson 1975). Die Logik eines auf einer solchen Gesetzeshypothese aufbauenden Schlusses lautet

Alle A sind/haben B (Gesetz)

X ist A (Beobachtung)

X ist/hat B (Schlussfolgerung)

Die beiden ersten Aussagen fasst man innerhalb der Wissenschaftstheorie auch unter dem Begriff „Explanans" zusammen, während die dritte, deduzierte Aussage „Explanandum" heißt.

Das Schlussschema passt zunächst in dieser Formulierung nur auf Gesetze, die unverrückbare Eigenschaftskombinationen behaupten. Um zu einer Kausalität im engeren Sinne zu kommen, müsste man in das Schema gedanklich noch einen Zeitpfeil einbauen und dann formulieren „Alle A führen zu/bewirken B". Dann ergäbe sich das, was nach Aristoteles auch „Causa Efficiens" heißt. Auf den komplexeren, oben schon kurz behandelten Fall einer „Causa Finalis" gehe ich am Ende dieses Kapitels noch erneut und vertiefend näher ein.

Über eine bloße Erklärung hinaus kann Wissen über empirische Invarianzen auf der Basis von „Immer, wenn A, dann B"-Sätzen (auch „Weil-Sätze" genannt) oder über parametrisierbare Funktionen mit einer als Ursache interpretierbaren, unabhängigen Variablen zu einer rationalen Erwartungsbildung beitragen. In funktionalen Gesetzen wie etwa einer Preis-Absatz-Funktion besteht die Allaussage darin, dass alle Werte einer Variablen in einer bestimmten Weise den Werten einer anderen, abhängigen Variablen zugeordnet sind, wobei auch hier ein in der Funktion selbst nicht abgebildetes, zeitliches Nacheinander von Ursachen und Wirkungen unterstellt wird, das dann im Prinzip eine prognostische Nutzung ermöglicht.

In formaler Betrachtung besteht der Unterschied zwischen einer *Erklärung* und einer *Prognose* dann darin, dass im ersteren Fall das Explanandum gegeben ist und das Explanans gesucht wird, während im zweiten Fall das Explanans gegeben ist und umgekehrt das Explanandum gesucht wird. Methodisch taucht bei Prognosen das Problem auf, dass

1. es, wie oben schon mehrfach betont, angesichts der Komplexität unserer Welt praktisch nie möglich ist, alle Bedingungen zu erfassen, die für das Eintreten einer Wirkung erfüllt bzw. gegeben sein müssen,

2. man deshalb bei Prognosen, die einen längeren Zeitraum überbrücken, nahezu zwangsläufig „Zwischenstationen" einer Wirkungskette überspringen muss und damit gezwungen wird anzunehmen, dass die ausgeblendeten Zwischenursachen den nur ausschnittweise erfassten Kausalzusammenhang „unterwegs" nicht stören (diese Annahme wird besonders problematisch bei den von Empiristen getesteten Hypothesen, die mit „Einflussfaktoren" arbeiten, die für das Entstehen einer Wirkung weder notwendig noch hinreichend sind), und – damit zusammenhängend,

3. auch die im Explanans enthaltenen Prognosebedingungen ganz oder zumindest teilweise in der Zukunft liegen und damit als Ursachen eigentlich ihrerseits prognostiziert werden müssten.

Wenn man das zu Ende denkt, gelangt man zu der Feststellung, dass derartige gedankliche Operationen nicht in einer abschließenden Lösung, sondern in einem unendlichen Regress landen. Man müsste zukünftiges Wissen heute schon wissen. Deshalb ist jede Prognose zu einem bestimmten Anteil eine kausal nicht durchgehend gerechtfertigte bzw. begründete Extrapolation. Ungeachtet dessen können Prognosen aber ein geeignetes Mittel zum Testen von Hypothesen sein. Wenn B erwartungswidrig nicht auf A folgt, stimmt offenbar mit dem Gesetz etwas nicht (auf die Frage, warum das bei Korrelationen nicht so einfach ist, gehe ich gleich noch ein).

Innerhalb des Wirtschaftsgeschehens und damit innerhalb des Erkenntnisfeldes einer empirischen Wirtschaftstheorie ist die fortgesetzte Geltung wesentlicher, im Explanans enthaltender Aussagen und Annahmen mit einer Unsicherheit behaftet, die nicht aus der Welt geschafft werden kann, schon gar nicht aus einer Welt, die, wie in Abschn. 1.1.1 beschrieben, von einer ausufernden Komplexität und Dynamik gekennzeichnet ist. Das ist im Übrigen einer der tieferliegenden Gründe dafür, dass sich Wirtschaftsweise immer wieder irren. Sie sind mit ihrer Aufgabe im Grunde chronisch überfordert, aber solange Menschen planen – etwa öffentliche Haushalte – brauchen sie Vorhersagen als Planungsgrundlage und als Basis der Überwachung ihrer Handlungen durch Dritte, und sie müssen dann das nehmen, was kommt. Man ist dann gleichsam zu der Annahme gezwungen, dass die jeweils befragten Experten, obwohl ihr kausales Wissen absolut unzureichend ist, aufgrund ihrer Expertise mit Komplexität besser umgehen können als man selbst.

Behelfsweise arbeitet man dann oft

a) mit alternativen, nebeneinander gestellten Wenn-Dann-Konstellationen, die dann gelegentlich auch „Szenarien" genannt werden und denen man dann noch unterschiedliche (subjektive, aber gleichwohl wissensbasierte) Eintrittswahrscheinlichkeiten beimisst, und/oder

b) mit Anpassungen der Prognosen im jeweils laufenden Planungs- und Anpassungsprozess. Prognosefehler werden dann meist nicht als Falsifikationen der im Explanans enthaltenen Gesetzeshypothesen und Theorien behandelt, sondern auf das Auftreten unvorhergesehener Randbedingen abgeschoben.

Im Rahmen einer kausalen Erklärung wird die Frage „*Warum* tritt ein Phänomen auf?" zunächst übersetzt in die Frage „Nach welchen allgemeinen Gesetzen und aufgrund welcher Vorbedingungen muss das zu erklärende Phänomen auftreten?". Man kann dann das angenommene Kausalgesetz technologisch umzuformulieren in den Satz „Wenn du B erreichen willst, bewirke A!" und es auf diese Weise in konkrete Mittel-Zweck-Beziehungen einordnen (Wenn du ein Feuer löschen willst, unterbinde die Sauerstoffzufuhr!). Wie in der Kommentierung von Abb. 1.4 bereits hervorgehoben, sind in der Realität dabei meist eine Reihe von Bedingungen für das Eintreten von B herzustellen, was auch technologische Transformationen von Gesetzeshypothesen und darauf basierende Entscheidungen und Handlungen riskant macht.

Wenn B auch eintreten kann, ohne dass vorher A eingetreten ist, A also eine hinreichende, aber nicht notwendige Bedingung für B ist, haben wir ein komplexeres Kausalgeschehen vor uns, das allerdings bei der Art von Hypothesen der gleich geschilderten Art vielfach vorzufinden ist (s. hierzu noch einmal die Übersicht in Abb. 1.4). Festzuhalten ist hier zunächst, dass der rückwärts gerichtete Schluss von einer Folge auf die Richtigkeit der Voraussetzung solange ungültig ist, wie man nicht ausschließen kann, dass sich die gleiche Folge auch bei anderen Voraussetzungen einstellen kann (also praktisch immer).

Die hier näher betrachteten Hypothesen von Empiristen umgreifen notgedrungen immer nur einen Ausschnitt aus einem mehrstufigen Kausalgeschehen, der nicht nur sachlich, sondern auch zeitlich bestimmt ist. Auch auf dieses Phänomen habe ich in der Kommentierung von Abb. 1.4 bereits aufmerksam gemacht und dabei schon darauf hingewiesen, dass man daraus den Empiristen insoweit keinen grundsätzlichen Vorwurf machen kann, als es ohne entsprechende Reduktionen von Komplexität nicht geht. Gleichwohl sollte man sich eine solche Reduktion einmal näher anschauen.

Wenn A als Ursache für B selbst durch die Ursache V bewirkt wird, wird die Logik des Schließens um eine Stufe komplexer. In formaler Betrachtung gilt dann

Wenn A, dann B (erste Kausalität)
Wenn V, dann A (vorausgehende Kausalität)
Nun V (Beobachtung)
Also B (Folgerung bzw. Prognose)

Obwohl die Vorstellung von Ursachen, die nicht selbst bewirkt worden sind, ziemlich abenteuerlich erscheint, sind viele der im Folgenden beschriebenen und beispielhaft kritisierten Hypothesen in ihrer Stufigkeit beschränkt, und man sieht schon vorab leicht ein, dass das ihre Erklärungskraft einschränken oder die Geltung von Hypothesen unsicher machen kann.

Von dem gerade erörterten Schlussschema bei mehrstufigen Kausalitäten zu unterscheiden ist das oben schon angesprochene, ähnlich klingende Phänomen von *intervenierenden Variablen*, das auch mit dem Vorzeitigen Schließen von Sach- und Zeithorizonten zu tun haben kann. Diese „zwischendurch" auftretenden Einflussgrößen gehören als Puzzle-Teile eigentlich zu der Übersicht von Abb. 1.4, wo ich sie nur aus Vereinfachungsründen ausgeklammert habe. Bei ihnen handelt es sich zumindest dann um eine Besonderheit, wenn es sich bei den Interventionen um Entscheidungen von Managern handelt, die so oder auch anders ausfallen können. So sind beispielsweise die Transportkosten in dezentralen Distributionssystemen in der Regel niedriger, weil hier ein großer Teil der Raumüberwindung auf dem Weg in die Absatzgebiete in Form gebündelter Lagerergänzungstransporte abgewickelt werden kann. Um wie viel sie im Einzelfall tatsächlich niedriger ausfallen, hängt von der Entscheidung über die Frequenz der Nachbevorratung dezentraler Lagerstätten ab, die wiederum das Bündelungspotenzial dieser Primärtransporte bestimmt, sich aber gleichzeitig auch auf das Niveau der benötigten Sicherheitsbestände auswirkt. Eine solche, offene Kausalität ist im Rahmen von Kausalgesetzen nicht mehr zu erfassen (man kann sie aber, wie gezeigt, verstehend nachvollziehen). Dass es für sie in den nachgeahmten Naturwissenschaft keine Entsprechungen gibt, sei hier nur noch einmal am Rande erwähnt.

Eine Wissenschaft, die wie die hier betrachtete Variante des Empirismus solche intervenierenden Variablen von vornherein in eine Black Box verbannt, um dann, von außen um diese herum forschend, nach stabilen Kausalitäten zu suchen, verpasst sich offenkundig schon vor jeder konkreten Forschung eine ziemlich enge Perspektive. Die Forscher wissen dann immer weniger als die durch sie befragten Manager, und vor allem wissen sie oft nicht, warum die von ihnen ermittelten Korrelationsmaße nicht höher ausgefallen sind.

Solche intervenierenden Variablen und zu Zwischen-Ursachen werdenden Entscheidungen bzw. Handlungen sind mit den hier betrachteten, empiristischen Hypothesen auch dann kaum zu erfassen, wenn es sich hierbei nicht um zwischengeschaltete Entscheidungen von Managern handelt. Der von den Empiristen an den Start gebrachte, statistische Methodenapparat hätte dann nach einer Öffnung des Zeithorizontes der jeweiligen Studie mehrfach gestaffelte, gegebenenfalls empirisch gesondert zu testende Wenn-Dann-Beziehungen zu erfassen und müsste dann mit der Prämisse operieren, dass vor- und nachgelagerte Kausalbeziehungen voneinander unabhängig sind. Auch hier sieht man wieder, dass Wissenschaftler, die sich auch inhaltlich mit logistischen Systementwürfen wie etwa dem Supply Chain Management befassen, erheblich mehr Komplexität erfassen und verarbeiten können als Forscher, die sich darauf beschränken, auf einer hohen Oberfläche sowie unter der Annahme einer ausreichenden Kontextstabilität nach gesetzesartigen, unidirektionalen Korrelationen zwischen einzelnen Variablen zu suchen.

Technologische Transformationen von Kausalgesetzen

Mit der technologischen Transformation einer Wenn-Dann-Beziehung in eine „Um-Zu-Logik" wird eine Brücke zwischen theoretischen (auf *Erklärung* gerichteten) und pragmatischen (auf *Gestaltung* und/oder auf *Vorhersagen* gerichteten) Forschungsansätzen gebaut. An dieser Stelle und auf diesem Wege können Theorien zu Werkzeugen und damit praktisch werden, und zwar auch solche, die zu diesem Zweck ursprünglich nicht entwickelt worden sind. Deshalb ist dieser Weg später wieder aufzugreifen, wenn es darum geht, anhand einer Diskussion beispielhafter Forschungsergebnisse die Praxisrelevanz des Empirismus einzustufen. Wir müssen uns dann hypothesenweise fragen, ob die jeweilige Umwandlung von Hypothesen in eine Handlungsempfehlung dazu in der Lage ist, Praktikern bei der Lösung ihrer Probleme weiter zu helfen. Und die Empiristen müssen zusätzlich voraussetzen, dass es sich hierbei nicht um Gesetzmäßigkeiten handelt, denen die zu beratenden Manager selbst unterliegen. Dann wäre die Empfehlung redundant.

Vorher sei aber schon darauf hingewiesen, dass das auch in den Naturwissenschaften nicht immer so geschehen ist, wie es Wissenschaftstheoretiker mit ihrer Vorstellung von einer „technologischen Transformation" von Theorien denken. Die „erste Mechanisierungswelle der herkömmlichen Manufakturen wurde weitgehend von Tüftlern und Bastlern, nicht von wissenschaftlich ausgebildeten Ingenieuren ans Werk gesetzt" (Carrier 2006, S. 152). Auch die Erfindung der Dampfmaschine war das „Ergebnis von Versuch und Irrtum" (ebenda). Ähnliches kann man von wohl von den meisten Erfindungen in der Logistik sagen, wobei die Erfinder hier schon durch Einsicht in Funktionszusammenhänge vorab oft klare Vorstellungen davon hatten, was ihre Erfindung bewirken kann bzw. im Falle einer erfolgreichen Implementierung auslösen wird. Irrtümer bei Versuchen haben dann die jeweilige Kernidee wie etwa das Just-in-Time-Konzept nicht im Kern berührt, sondern nur zu Modifikationen geführt.

Als weiteres Beispiel mag hier die vermutlich folgenreichste Erfindung in der Logistik überhaupt, nämlich die des Containers, gelten. Auch hier treffen wir wieder auf die Frage, wie es die drei hier verglichenen Forschungsansätze mit der Innovation, also der Hervorbringung eines noch nie dagewesenen und bis dahin noch nicht empirisch erfassbaren Phänomens, halten. Jedenfalls kann hier schon festgehalten werden, dass das Denkmuster einer technologischen Transformation von Theorien („Wenn Du B bewirken willst, bewirke A") bei vielen Fortschritten in der Logistik so gut wie keine Rolle gespielt hat. In beiden genannten Beispielen waren die Erfinder weder Theoretiker noch Nutzer von bekannten Theorien (was, um das noch einmal hervorzuheben, nicht bedeutet, dass sie nicht in Kausalitäten gedacht haben. Sie haben nur keine Kausal*gesetze* genutzt).

Die Erfindung des Containers war die kreative Antwort auf die Frage, wie man die teuren Liegezeiten von Schiffen in Häfen reduzieren kann, und diese Antwort setzte ein verstehendes Nachvollziehen der Wirkungen alternativer Umschlagstechniken voraus – *Nach*denken kombiniert mit *Vor*denken, also Gedankenexperimente. Es ist kein Zufall, dass diese Technologie nicht von einem empirisch arbeitenden Wissenschaftler entwickelt worden ist. (Der Erfinder Malcom McLean soll beim Ziehen einer Schachtel Zigaretten aus einem Automaten auf seine Idee gekommen sein, also per Analogieschluss. Er stellte sich vor, die Container in ähnlicher Weise auf einem Schiff zu lagern. Sein erstes Schiff fasste gerade einmal 226 Zwanzig-Fuß-Container und hatte die zur Be- und Entladung erforderlichen Portalkräne noch selbst an Bord. Inzwischen schlagen allein die Häfen in Hamburg und in Bremen pro Jahr zusammen etwa 15 Millionen solcher Boxen um. (Quelle: Deutsche Verkehrszeitung, Heft 35, 2016).

Wie gerade schon angesprochen, hat Kausalität nicht nur eine Erscheinungsform. Soweit sich wissenschaftstheoretische Erörterungen um das Problem der Kausalität drehen, werden Ursachen und Wirkungen meist als diskrete Ereignisse postuliert. Bei kontinuierlichen Funktionen gibt es hingegen unendlich viele Handlungsalternativen (alle Werte von X) und zugehörige Zielwerte, und das mit solchen Funktionen zu bewältigende Entscheidungsproblem kann nur gelöst werden, wenn man es auf der Basis weiterer Funktionen und Nebenbedingungen (also einer Einschränkung des Raumes zulässiger Lösungen) in eine Zielwertmaximierungs- oder Minimierungsaufgabe transformiert. An die Stelle einer einfachen „Wenn A, dann B"-Logik tritt hier ein „Je-desto-Logik", in der die Zeit zwischen Ursache und Wirkung theoretisch keine Rolle mehr spielt bzw. bei der es als unschädlich angenommen werden kann, wenn man sie überspringt.

Erklärungen im engeren Sinne dieses Begriffes sind deduktive Folgerungen aus Gesetzeshypothesen, die nur dann wahrheitserhaltend sein können, wenn sowohl die betrachtete Hypothese selbst als auch die Behauptungen über das konkrete Zutreffen der für deren Geltung erforderlichen Ausgangsbedingungen wahr sind. Letztere werden als singuläre Aussagen in der Wissenschaftstheorie auch „Protokollsätze" oder „Basissätze" genannt. Im Folgenden wird zu zeigen sein, dass in den Wirtschaftswissenschaften im Allgemeinen und in der betriebswirtschaftlichen Logistik im Besonderen sowohl die Frage nach der Validität von Basissätzen als auch die Frage nach deren Vollständigkeit erhebliche Probleme aufwirft, die ihre Ursache hauptsächlich in dem in Abschn. 1.1.2 beschriebenen Komplexitätsmerkmal „Kontingenz", zum Teil aber auch in der in Abschn. 2.4 ausführlich erörterten Methode der Befragung als Weltzugang finden.

Wahrscheinlichkeitsaussagen

Wie oben schon erwähnt, finden wir deshalb in den Sozialwissenschaften oft eine andere, schwächere Aussagenstruktur vor, die mit dem später noch erörterten Induktionsprinzip zusammenhängt. Eine typische Erkenntnis nimmt hier die Form an: bei x Prozent der Beobachtungen folgte B auf A. Wahrscheinlichkeitsaussagen dieses Typs sind uns allen aus den Beipackzetteln von Medikamenten bekannt, wo sie die Wahrscheinlichkeit des Auftretens bestimmter Nebenwirkungen betreffen. Daraus folgt nach einer pragmatischen, nicht mehr unbedingt wahrheitserhaltenden Induktion (einem Schluss von einzelnen Beobachtungen auf einen generell geltenden Allsatz): A bewirkt B, aber nur mit einer Wahrscheinlichkeit von x Prozent. Anders formuliert: A kann B bewirken, muss es aber nicht. Aufgrund der Beobachtungen kann weder ausgeschlossen werden, dass B auch anders bewirkt werden kann, noch, dass A auch andere Folgen haben kann. Die betrachtete Aussage deckt offensichtlich nur einen Teil der Realität ab. Wenn ältere Männer zu dickeren Bäuchen neigen, dann bleibt zunächst unklar, warum das nicht für alle gilt. Der Modaloperator „neigt zu" wird innerhalb der Wissenschaftstheorie auch als „Dispositionsprädikat" bezeichnet (s. auch Lenk (1975, S. 178)). Man findet ihn oft mehr oder weniger versteckt in Aussagen über Trends. Wahrscheinlichkeitsaussagen sind im Sinne des in Abschn. 1.1.3.2 eingeführten Begriffes eine Form von Quasi-Gesetzen, was hier bedeutet, dass sie nur dann etwas wirklich erklären können, wenn man sie selbst erklärt.

Hier wäre gegebenenfalls zu untersuchen, welche Ausgangsbedingungen zusätzlich zu A erfüllt sein müssen, damit der Zusammenhang eindeutiger wird und man nicht bei der trivialen Aussage landet: die Hypothese trifft dann zu, wenn sie zutrifft. Im Übrigen ist eine Hypothese dieser Struktur grundsätzlich falsifizierbar, man müsste hierfür nur eine sehr große Zahl von Fällen untersuchen oder von vergleichbaren Versuchen (Bewirkungen von A) unternehmen. Die „Falsifikation" beträfe dann allerdings nicht unbedingt den Zusammenhang selbst, sondern womöglich nur die Wahrscheinlichkeit x, mit der B auf A folgt, also gewissermaßen die Stärke des Einflusses von A auf B. Auch die Re-Adjustierung einer solchen Wahrscheinlichkeit wäre dann aber immer noch eine hilfreiche Information.

Ein ähnliches Phänomen wird uns gleich bei der näheren Beschäftigung mit konkreten, empiristischen Hypothesen begegnen. Hier werden zwar so gut wie nie Vergleichsstudien angestellt, um bestimmte Forschungsresultate zu überprüfen. Aber es erscheint schon vorab klar, welche Ergebnisse solche Studien hervorbringen würden. Sie würden vermutlich weniger zu Verwerfungen von Hypothesen führen als vielmehr zu situationsbedingt anderen Korrelationskoeffizienten. Ob man das im Popper'schen Sinne dann noch als ein Lernen durch Erfahrung bezeichnen könnte, erscheint höchst zweifelhaft. Schließlich steht hier die Allgemeingültigkeit der jeweils verglichenen Forschungsergebnisse in Frage (jedenfalls so lange, wie unklar bliebe, warum unterschiedliche Studien zu abweichenden Ergebnissen geführt haben).

Aus dem in Abschn. 1.1.2 beschriebenen Phänomen „wandernder Kontingenzen" folgt die Schwierigkeit, Hypothesen unter konstanten Bedingungen häufig wiederholten Tests zu unterziehen. Dass die Empiristen das nicht machen, kann man ihnen insofern nur eingeschränkt vorwerfen, als die Wirtschaft kein Labor ist, in dem man alle Bedingungen unter Kontrolle hat und diese über einen längeren Zeitraum konstant halten kann (Experimente von Spieltheoretikern bilden hier eine gewisse Ausnahme). Was man Ihnen aber vorwerfen kann ist, dass sie sich grundsätzlich nicht für Untersuchungen interessieren, aus denen widerstreitende Erkenntnisse hervorgehen könnten bzw. dass es sie nicht sonderlich interessiert, wenn andere Forscher zu denselben Frage erheblich abweichende Korrelationsmaße feststellen (ein solcher, bemerkenswerter Fall wird uns in Abschn. 2.5 begegnen, wo Wallenburg seine Resultate mit den Ergebnissen einer vergleichbaren Studie von Cahill vergleicht (s. die dort angegebenen Quellennachweise). Vielmehr betrachten sie ihre Forschungsresultate regelmäßig als in Stein gemeißelt – was sie in gewisser Weise auch sind, nämlich in den Stein der jeweils vorgefundenen, singulären Beobachtungssituation.

Stochastische Gesetze
Wenn B als Wirkung Teil einer Menge von möglichen anderen Wirkungen ist, deren Auftreten nach dem Bewirken einer Ursache A insgesamt einer dauerhaft stabilen Wahrscheinlichkeitsverteilung unterliegt, haben wir ein *stochastisches* Gesetz vor uns, das eine Kalkulation von Handlungsrisiken erlaubt und das zwar nicht durch eine einzelne Beobachtung, wohl aber ebenfalls durch eine hinreichend große Anzahl von Beobachtungen bzw. Basis- oder Protokollsätzen widerlegt werden kann. Dabei kann es um die Frage gehen, ob ein bestimmter Verteilungstyp der Richtige ist, oder grundsätzlicher darum, ob man es gerade überhaupt mit einem stochastischen (zufallsgetriebenen) Phänomen zu tun hat Letzteres dürfte in eine von hoher Komplexität und Dynamik geprägten Welt immer seltener der Fall sein, was manche Wissenschaftler auch in der Logistik nicht davon abhält, ihre Lehrbücher weiter mit stochastischen Modellen zu füllen, weil sie dafür schon so viele Lösungsmodelle entwickelt haben. (Diese Anmerkung betrifft wohlgemerkt weniger die hier gerade im Fokus stehenden Empiristen als vielmehr Anhänger des Forschungsansatzes (F2)).

Obwohl sie auch mit dem Begriff der Wahrscheinlichkeit operieren, darf man stochastische Gesetze nicht mit den eben beschriebenen Wahrscheinlichkeitsaussagen verwechseln. Hier wird – zumindest bei stetigen Verteilungen – nicht festgestellt, mit welcher Wahrscheinlichkeit ein isoliertes Ereignis B auf die Ursache A folgt. Stattdessen wird behauptet, dass ein bestimmtes, als Variable begreifbares Phänomen unter bestimmten Bedingungen hinsichtlich der Häufigkeit der Ausprägungen seines Auftretens einer mathematischen Verteilung unterliegt (Man kann dann fragen, mit welcher Wahrscheinlichkeit ein bestimmter Wert einer Variablen nicht über- oder unterschritten wird. Diese Art der Fragestellung findet sich beispielsweise bei der Bestimmung von Sicherheitsbeständen).

Zu diesen Bedingungen können bewirkte Ursachen zählen, müssen es aber nicht. Auch stochastische Gesetze enthalten noch immer eine ziemlich starke Behauptung, allerdings findet man solche Hypothesen unter Empiristen kaum. Schließlich begnügen sie sich regelmäßig mit einmaligen Datenerhebungen, und ihre statistischen Methoden sind anderer Natur und führen zu andersartigen Resultaten. Sollten sich doch einmal in vergleichbaren Studien abweichende Ergebnisse finden, so sind diese in der Regel nicht zufallsgetrieben, sondern systematischer Natur, d. h. sie spiegeln Verschiebungen in den Bedingungen der jeweiligen Datenerhebung.

Die Vorstellung, dass irgendein Ereignis eintritt, das nicht kausal bewirkt wurde, fällt uns generell schwer. Selbst wenn wir vom „Zufall" oder, auf diesem Begriff aufbauend, von „stochastischen" Prozessen reden, unterstellen wir damit in der Regel ein nicht durchschaubares, in immer wieder neuen Konstellationen auftretendes Zusammenwirken einer Vielzahl einzelner kausaler Einflussfaktoren minderer Einflussstärke, die von außen auf ein betrachtetes System einwirken und uns dort in der Vergangenheit den Gefallen taten, auf der Ergebnisebene in ihrer Gesamtheit das Bild einer bestimmten Wahrscheinlichkeitsverteilung zu produzieren (im lehrbuchmäßigen Idealfall das Bild einer Gauß'schen Normalverteilung).

Auch die Einstufung eines Phänomens als zufallsgetrieben („stochastisch") ist immer das Ergebnis einer Interpretation dieses Phänomens (in der Fachliteratur aber auch oft eines bloßen Unterstellens). Wie oben schon im Zusammenhang mit der Erörterung der Rolle von Deutungsmustern hervorgehoben, kann auch Kausalität als „Gestalt" selbst weder gesehen noch sonst wie unmittelbar empirisch erfasst werden. Was wir beobachten können ist, dass bestimmte Ereignisse mit einer bestimmten Regelmäßigkeit aufeinander folgen, so dass es angebracht erscheint, sie als „Ursachen" und „Wirkungen" zu interpretieren. Was wir dabei nie sehen, sondern nur vermuten bzw. in die Realität hineindenken können, ist die Notwendigkeit eines solchen Zusammenhangs, zu der im Falle von stochastischen Gesetzen dann auch die Notwendigkeit einer Reproduktion von spezifischen Wahrscheinlichkeitsverteilungen zu zählen wäre.

Der Vollständigkeit halber ist dem noch hinzuzufügen, dass Wahrscheinlichkeitsverteilungen auch handlungs- bzw. hypothesenunabhängig auftreten und gemessen werden können. Als Beispiel mögen hier die Ankunftsraten von Kunden am Counter einer Mietwagenfirma dienen. Auf solchen Verteilungen basieren viele Modelle der Warteschlangentheorie, die in der mathematisch orientierten, logistischen Fachliteratur einen großen Platz einnehmen (vgl. grundlegend etwa Gross und Harris (1994)). Aber damit wären wir schon wieder im Forschungsansatz (F2).

Es wäre unangemessen, den Empiristen zu unterstellen, sie würden Abweichungen von ihren Hypothesen als zufallsgetrieben betrachten. Denn einerseits interessieren sie sich für solche Abweichungen, die ja nur in vergleichenden Kontrolluntersuchungen explizit auftreten können, kaum, und andererseits ist der Begriff des Zufalls in der Wahrscheinlichkeitstheorie und der Statistik inhaltlich so klar gefasst, das eine entsprechende Interpretation mit einer sehr mächtigen Behauptung verbunden wäre. Was aber auffällt ist, dass die Empiristen die von ihnen außen vor gelassene Welt in ganz ähnlicher Weise behandeln, wie dies Statistiker mit dem Zufall tun: sie erklären sie (implizit oder explizit) für nicht wesentlich, d. h. sie sehen hierin weniger möglicherweise relevante „Signals" als vielmehr nur „Noise" – oder einfach nur einen „unmarked Space des Unbestimmbaren" (Luhmann 2006, S. 445), der sie daran hindert, in ihren Hypothesentests zu höheren Korrelationskoeffizienten zu gelangen.

Abschließend sei dem noch hinzugefügt, dass man nicht nur bei stochastischen Gesetzen klar zwischen *Hypothesen-* und *Ereigniswahrscheinlichkeiten* unterscheiden muss, ein Unterschied, der insbesondere dem Bayes'schen Theorem zugrunde liegt und dessen Nichtbeachtung, wie gleich zu zeigen sein wird, bei der Interpretation der Forschungsresultate von Empiristen Verwirrung stiften kann. Während die Hypothesenwahrscheinlichkeit misst, in welchem Maß es bei gegebener Evidenz vernünftig ist, an die Wahrheit einer Hypothese zu glauben, geben Ereigniswahrscheinlichkeiten Auskunft darüber, wie stark mit einzelnen Ereignissen zu rechnen ist, wenn eine bestimmte Hypothese gilt.

Das Bayes'sche Theorem, das auch innerhalb der Wissenschaftstheorie bemerkenswert unbeachtet geblieben ist, definiert mit seiner Formel einen Prozess, der die Anpassung von Hypothesenwahrscheinlichkeiten an neue Beobachtungen regelt. Man kann darin auch die Unterstützung einer rationalen Bildung von Zukunfts-Erwartungen sehen. Das ist gewissermaßen eine „weichere" (weil theoriefreie) Variante des Popper'schen Falsifikationismus und des mit diesem beschriebenen Lernens aus Erfahrung, die nicht auf dem binären Code „wahr/falsch" basiert, sondern die zulässt, dass eine Hypothese nach unvorhergesehenen Ereignissen auch als nunmehr weniger wahrscheinlich eingestuft werden kann. Eigentlich würde dieses Vorgehen gut zu den Forschungen der Empiristen passen, wenn sie denn die Ergebnisse ihrer Studien wirklichen Tests in Form von Vergleichsstudien unterziehen würden. (Zur Logik der Umwandlung von Ex-Ante-Wahrscheinlichkeiten für Hypothesen in Ex-Post-Wahrscheinlichkeiten nach einem Ereignis bzw. einem einzelnen, erwarteten oder unerwarteten Befund mittels der Bayes'schen Formel vgl. grundlegend Carrier (2006, S. 104 ff.) sowie in jüngerer Zeit jüngerer Zeit Silver (2012). Zu einer jüngeren Anwendung der Bayes'schen Logik im Kontext einer empirischen Studie vgl. Blask (2014)).

Äquifinalitäten

Bei einem Befund der Aussagenstruktur „Nicht A, aber B" gibt es offenkundig für ein Ereignis unterschiedliche Ursachen. Das ist ein in der Realität sehr häufig auftretendes Phänomen, das man in einem Mittel-Zweck-Kontext auch mit dem Begriff *Äquifinalität* bezeichnen kann. Empiristen tragen dem explizit Rechnung, indem sie zur Erklärung des Eintretens eines Phänomens B parallel mehrere Einflussfaktoren heranziehen und dementsprechend dann eine Vielzahl von Hypothesen testen, oft auf der Basis der mehr oder weniger versteckten Annahme, dass die betreffenden Wirkzusammenhänge voneinander unabhängig sind. Innerhalb der Systemtheorie sprich man hier auch von „funktionalen Äquivalenten" und stellt damit mehr auf den Nutzungszusammenhang von empirischen Zusammenhängen ab. Man kann zum Beispiel die Vorhersehbarkeit von Bedarfen in einem Distributionssystem sowohl durch eine Zentralisierung der Netzstruktur, also durch regionenübergreifende Poolingeffekte, als auch durch den Einsatz leistungsfähigerer Prognoseverfahren verbessern, wobei sich diese beiden Optionen nicht nur nicht ausschließen, sondern mit kumulativer Wirkung eingesetzt werden können.

Bei einer Äquifinalität „streuen" nicht die Wirkungen, sondern die Ursachen, die sich nicht nur als nicht hinreichend, sondern sogar als nicht einmal notwendig herausstellen. Wenn aber der Begriff der Kausalität nicht mehr an den Begriff der Notwendigkeit gekoppelt werden kann, gerät die Anforderung der Falsifizierbarkeit mangels Eindeutigkeit hier endgültig ins Wanken. Befunde dieser Art sind in den gleich noch ausführlicher diskutierten Korrelationen häufig, und sie sind in den Sozialwissenschaften auch grundsätzlich zulässig. Als Beispiel mag sich die oben schon benutzte und später noch ausführlicher erörterte Hypothese vor Augen halten, dass eine unternehmensübergreifende Kommunikation einen verstärkten Kundenbindungserfolg bewirkt. Den kann man natürlich auch anders herstellen (vor einer Reihe von Jahren beispielsweise noch durch wertvolle Weihnachtsgeschenke).

Trotz des zugrunde liegenden, deterministischen Weltbildes der Empiristen sind solche Hypothesen unterdeterminiert. Das ist freilich kein Widerspruch, da man ja immer noch davon ausgehen kann, dass B nicht aus A gefolgt ist, weil mit A nicht alle relevanten, in der Wissenschaftstheorie auch „Antecedenzbedingungen" genannten Wirkungs*bedingungen* (also die gesamte Kontingenz) erfasst werden konnten. Die aufgetretene Unsicherheit liegt dann nicht in der Natur der Sache, sondern nur daran, dass die Forscher diese „Natur" nicht vollständig erfasst haben. In dieser praktisch nie überprüfbaren Interpretation, die selbst ein Versuch des „Verstehens" ist, steckt freilich das Grundprinzip des Determinismus, hier in Gestalt der sehr mächtigen Annahme, dass man das Verhalten von Managern, welches die hier ermittelten Korrelationen erzeugt, vollständig voraussagen könnte, wenn man nur alle real wirksamen Entscheidungsbedingungen (einschließlich ihrer Ziele und Intentionen) vollständig erfassen könnte. (Dieser Gedanke, der in die in Abschn. 2.2 geführte Determinismus-Debatte zurückführt, wurde von Laplace 1814 in seinem berühmten „Essay philosophique sur les probalites" als Bedingung für eine Weltformel formuliert und heißt in der Wissenschaftstheorie seitdem „Laplace'scher Dämon"; vgl. auch Brühl (2015, S. 189). Dieser Dämon hat allerdings auch in den Naturwissenschaften inzwischen seinen Tod gefunden, hier in Gestalt der Quantentheorie).

Korrelationen

Die *Korrelation* ist eine schwächere Beziehung zwischen zwei Variablen, die einen Zusammenhang beschreibt, der kausaler Natur sein kann, aber nicht sein muss. Eine entsprechende Behauptung ist etwa die Feststellung, dass Katholiken seltener Selbstmord begehen als Protestanten. Hinter dieser festgestellten Kovariation von Merkmalen, die man auch in eine Wahrscheinlichkeitsaussage umwandeln könnte („Wenn Du ein Protestant bist...“), steckt das gedankliche Konstrukt eines Dispositionsprädikators, hier in Gestalt einer Selbstmordneigung, die hinsichtlich der Häufigkeit ihres Auftretens in Verbindung gebracht wird mit der Zugehörigkeit zu einer Religion. Diese Verbindung ist zunächst spekulativer Natur, und es ist dann Aufgabe von Wissenschaftlern, sie durch die Erhebung von Daten zu „fundieren" und darüber hinaus im Erhärtungsfalle Gründe für diesen Zusammenhang zu liefern, sprich: ihn am Ende des Tages zu *verstehen* (zum Beispiel dadurch, dass Protestanten die Entlastung durch eine Beichte nicht zur Verfügung steht).

Jede Kausalität muss sich auch als Korrelation zeigen, das gilt aber nicht umgekehrt. Diese Art eines Zusammenhangs zwischen Variablen spielt im hier betrachteten Empirismus eine zentrale Rolle und muss dementsprechend tiefer ausgeleuchtet werden. Bei Korrelationen ist nicht von vornherein klar (in jedem Falle aber interpretationsabhängig), was die unabhängige und was die abhängige Variable ist bzw. ob diese kategoriale

Unterscheidung überhaupt sinnvoll ist. Was man aber an dem einführenden Beispiel schon sieht ist, dass Korrelationen vielfach eingebettet sind in einen übergreifenden Entstehungs- zusammenhang, den man nicht durchgehend auf kausale Gesetzmäßigkeit zurückführen kann, um die Korrelation als empirisch erhobenen Tatbestand selbst zu begreifen.

Die Frage, ob es sich bei einer bestimmten Korrelation um ein *kausales* Geschehen handelt, bedingt also inhaltliche Analysen von substanzwissenschaftlicher Natur durch Experten. „Erst aus theoretischen Überlegungen ergibt sich die Plausibilität von kausalen Zusammenhängen" (Brühl (2015, S. 220) im Anschluss an Hempel (1965)). Wie oben schon ausgeführt, ist es freilich für den gerade betrachteten Forschungsansatz kennzeich- nend, dass solche qualitativen Analysen überwiegend im vergleichsweise wenig be- leuchteten Zusammenhang mit der Entwicklung und Begründung einer Hypothese stattfinden – also gleichsam in einem vorwissenschaftlichen Raum – und ansonsten in der Regel entweder unterbleiben oder nur relativ schwach ausgeprägt sind, weil Denkübungen inhaltlicher Natur hier schon vorab dem Verdacht der Unwissenschaftlichkeit ausgesetzt werden.

Man hat dann häufiger den Eindruck, dass die jeweils von Empiristen ans Tageslicht gebrachte Korrelation letztlich doch in einem nicht denselben Methoden unterworfenen, gewissermaßen „auf Kredit" benutzten Hintergrundwissen verankert werden muss, um verstanden und geglaubt werden zu können (die in Anführungsstriche gesetzte Formulie- rung verdanke ich Spinner (1974, S. 88)). „Verstehen" geht dann gleichsam hinter die be- obachtete Korrelation, ist in der Lage, die in den „schmalen" Hypothesen nicht mitbedachte Kontingenz weiter zu umgreifen und kann darüber hinaus auch bei einer Interpretation von Korrelation als Kausalität helfen, deren Zustandekommen zu begreifen. Auch der Empirismus kommt letztlich an solchen Interpretationen nicht vorbei (was man allerdings nur solchen Empiristen vorwerfen kann, die auf der strikte Trennung von Erklären und Verstehen bestehen und dem Verstehen den Rang einer wissenschaftlichen Erkenntnis- gewinnung bestreiten. Auch wenn das für den auf strikte Regeln des Forschens fixierten Empirismus typisch ist, ist es im Grunde nicht notwendig, und vor allem ist es nicht be- sonders klug).

Gelegentlich entstehen hier schon im Vorverständnis von empirischen Zusammenhangs- analysen Irritationen, denen unterschiedliche Deutungsmuster zugrunde liegen. So kann man beispielsweise in einer bestimmten Verhaltensabsicht und/oder in dem daraus resul- tierenden Verhalten wie der Absicht von Kunden, Folgekäufe zu tätigen, ein *Resultat* von Kundenbindung sehen oder wie Wallenburg (2004, S. 19 ff.) einfach nur deren *Ausdruck*. Während im ersten Falle eine Kausalität und damit ein zeitlicher Ablauf unterstellt wird (zwischen der Entstehung der Absicht und dem daraus folgenden Verhalten kann bei Wiederholungskäufen ein ziemlich langer Zeitraum verstreichen), entsteht die Zwangsläu- figkeit im zweiten Fall schon qua definitione und kann dann als Voraussetzung der Forschung nicht mehr in Frage gestellt (geschweige denn widerlegt) werden. Konkreter: Bindung liegt hier auch dann vor, wenn die wiederholten Käufe „eine Folge von man- gelnden Alternativen sind; eine positive Haltung des Kunden dem Anbieter gegenüber ist nicht notwendig" (ebenda). Es ist wohl nicht notwendig zu betonen, dass derartige, begrifflich-konzeptuelle Vorentscheidungen einen erheblichen Einfluss auf die spätere Gestaltung von Fragebögen haben können und damit auf die Fragen, wie sich „die" Realität dann in den Antworten zeigt und welche praktische Relevanz eine solche Forschung in der Folge haben kann.

Nicht wenige Manager werden wie der Verfasser Schwierigkeiten damit haben, sich eine Kundenbindung ohne eine positive Haltung des gebundenen Kunden vorzustellen, und vielleicht entgeht ihnen dabei, dass der sie befragende Wissenschaftler das schlicht so definiert hat. Erwähnenswert ist an dieser Stelle noch, dass Wallenburg (ebenda, S. 21) in einer Literaturübersicht 17 (!) verschiedene „Konzeptualisierungen und Operationalisierungen" der Kundenbindung auflistet. Auch für so etwas gibt es in den Naturwissenschaften kein Vorbild. Auf die Bedeutung, die solche schon vor der Datenerhebung auftretenden Unübersichtlichkeiten für jede Form von empirischer Forschung haben, gehe ich in Abschn. 2.4 noch vertiefend ein.

Notwendige Voraussetzung für Kausalität ist in jedem Falle, dass ein als Ursache qualifizierbares Ereignis *vor* einem anderen, dann möglicherweise als Wirkung interpretierbaren Ereignis eintritt. Das wird bei der Bestimmung von Korrelationsmaßen insofern unterschlagen, als hier zunächst nicht mehr festgestellt wird, als dass sich zwei Variablen „im Gleichschritt" entwickeln. Das für jede Kausalität notwendige, zeitliche Nacheinander muss man dann nachträglich in diese Beziehung hineindenken. Außerdem ist diese Voraussetzung zeitversetzter Realisationen von Ursachen und Wirkungen nicht immer hinreichend für den Befund einer empirischen Gesetzmäßigkeit.

In der „Hypothese", dass eine hohe Termintreue mit einer hohen Lieferbereitschaft korreliert, mag man die Verfügbarkeit als Ursache für die Zuverlässigkeit betrachten. Tatsächlich jedoch ist Lieferbereitschaft eine *logische* Voraussetzung für Termintreue, d. h. das eine (die „Wirkung") ist ohne das andere nicht denkbar – weshalb die Termintreue nie höher sein kann als die Lieferbereitschaft und weshalb man diese Annahme nicht falsifizieren kann). Auch das bedeutet wiederum: Man muss eine Hypothese aus ihrem Kontext heraus verstehen, um die ihr in statistischen Verfahren zugeordneten Korrelationsmaße in ihrer Bedeutung angemessen einstufen zu können. Im Beispiel müsste man die Lieferbereitschaft in eine notwendige Randbedingung umdeuten und dieser dann, hierin Stegmüller (1974, S. 433 f.) folgend, den Rang einer Ursache zuzusprechen. Wie gerade gezeigt, macht das hier aber keinen Sinn.

Bei der Interpretation der Ausprägung von Korrelationskoeffizienten werden oft verschiedene Begriffe verwendet, die nicht bedeutungsgleich sind und die man deshalb auseinanderhalten muss. Korrelationskoeffizienten sind zunächst interpretationsunabhängig immer *Maße der Stärke eines Zusammenhangs*, dem oft die Gleichzeitigkeit des Auftretens bestimmter Ausprägungen zweier Variabler zugrunde liegt („Glückliche Menschen sind gesünder"). Deshalb basieren Korrelationsanalysen immer wieder auf der Bildung von Vergleichsgruppen nach bestimmten Merkmalsausprägungen, aus deren Analyse dann nach der gedanklichen Einführung eines „Richtungspfeiles" etwa gefolgert werden kann: Rauchen beeinträchtigt die Intelligenz oder – im hier betrachteten Kontext – „Organizational learning improves logistics service quality" (Payanides 2007).

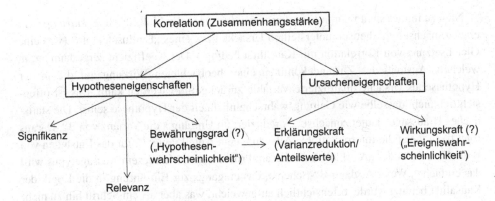

Abb. 2.1 Interpretationen von Korrelationsmaßen

Da die folgenden Ausführungen über mögliche, zulässige und unzulässige Interpretationen von Korrelationsmaßen Lesern mit ungenügenden Kenntnissen der Statistik etwas kompliziert erscheinen mögen, habe ich den weiteren Ausführungen eine Grafik (Abb. 2.1) vorangestellt, in der die gleich erläuterten Begriffe in ihrer Beziehung zueinander dargestellt werden. Grundsätzlich ist dabei zu unterscheiden zwischen den möglichen Eigenschaften von *Hypothesen* und den möglichen Eigenschaften von *Ursachen*, die diesen über Hypothesentests zugeschrieben werden können. Dabei taucht die oben kurz eingeführte Unterscheidung zwischen Hypothesen- und Ereigniswahrscheinlichkeiten indirekt wieder auf.

Signifikanz bedeutet, dass die Wahrscheinlichkeit dafür, dass ein Zusammenhang bloß zufällig zustande gekommen ist, einen bestimmten Schwellenwert nicht überschreitet. Sie ist gewissermaßen ein „Nebenprodukt" von Hypothesentests, wobei Insignifikanz in der Regel bei schwachen Korrelationen auftaucht. Dann können Hypothesen selbst im Falle ihrer Signifikanz auch wegen mangelnder *Relevanz* ausgeschieden werden, wobei es sich dann nicht um ein statistisches Maß handelt, sondern um eine Einschätzung, die der jeweilige Wissenschaftler unter Zuhilfenahme seines Hintergrundwissens trifft.

Über diese beiden Selektionskriterien hinaus scheint es nahe zu liegen, in Korrelationskoeffizienten auch eine Art Wahrheits-Wahrscheinlichkeit und damit eine Aussage über die Qualität der betrachteten Hypothese (und nicht etwa eine unmittelbare Aussage über die Realität) zu sehen, also in etwa das, was gerade Hypothesenwahrscheinlichkeit genannt wurde. Man hört bei höher ausfallenden Korrelationskoeffizienten die jeweiligen Autoren einer Studie dann oft erfreut sagen, die Hypothese werde durch die Befunde einer Untersuchung gut unterstützt oder die Hypothese habe sich angesichts eines vergleichsweise hohen Korrelationskoeffizienten gut bewährt oder gar bestätigt. So folgern etwa Zentes et al. (2004, S. 57) aus qua Korrelationsanalyse festgestellten, positiven Wirkungsrichtungen: „Damit können die Hypothesen… bestätigt werden". Damit sollte man aber vorsichtig sein, weil, wie gleich noch zu zeigen sein wird, die Interpretation des Ausmaßes von Korrelationskoeffizienten als eine Art *Bewährungsgrad* mit dem Begriff der *Erklärungskraft* ins Gehege kommen kann.

Nahezu immer sieht man in Korrelationskoeffizienten ein Maß für die *Erklärungskraft* einer zunächst hypothetisch unterstellten Ursache bzw. eines „Einflussfaktors" (was eine Gleichsetzung von Korrelation mit Kausalität bedingt). Der Koeffizient zeigt dann an, in welchem Ausmaß das Zustandekommen einer beobachteten Wirkung auf die in der Hypothese als Ursache qualifizierte Variable zurückgeführt werden kann. Das ist offensichtlich nicht dasselbe wie Geltungswahrscheinlichkeit der Hypothese selbst. Die statistische „Uraussage" lautet zunächst: „A reduziert im Umfang x die Varianz von B". Daraus folgt dann meist die Interpretation: „A ist zu einem Anteil von x % für das Entstehen von B die Ursache" oder „A erklärt B zu diesem Prozentsatz". Mit diesem Aussagetypus wird das einfache „Wenn A, dann B"-Schema, das eingangs zur Einführung in die Logik der Kausalität benutzt wurde, offensichtlich aufgeweicht, was aber als ein Schritt hin zu mehr Realismus verstanden werden kann. Schließlich wurde schon mit Abb. 1.4 grundsätzlich dargelegt, dass wir es tatsächlich meist mit einem multikausalen Geschehen zu tun haben.

An dieser Stelle ist auch einer der Gründe dafür zu finden, dass das, was Empiristen unter einem „Hypothesentest" verstehen, von der (auch unter Naturwissenschaftlern) üblichen Vorstellung davon abweicht, zu welchem Ergebnis ein solcher Test führen sollte. Eigentlich sollte man denken, dass eine Hypothese nur wahr oder unwahr sein kann (jedenfalls wird der Begriff der empirischen „Wahrheit" gemeinhin als binärer Code gefasst). Ein Hypothesentest, der seinen Namen verdient, sollte insoweit darauf abzielen, einen Wahrheitsentscheid herbeizuführen (erinnert sei hier daran, dass man hier einen Fehler erster Art (Zurückweisen einer wahren Hypothese) und einen Fehler zweiter Art (Annahme einer falschen Hypothese) begehen kann).

Was bei dem im folgenden noch näher beleuchteten Empirismus „Hypothesentest" genannt wird, entspricht jedoch nicht diesem Entweder-Oder-Konzept mit seiner dem Wahrheitsbegriff zugrunde liegenden Tertium-Non-Datur-Implikation. Stattdessen wachsen hier über statistische Auswertungsverfahren Hypothesen situationsbezogen Korrelationskoeffizienten unterschiedlichen Ausmaßes zu, und eine Verwerfung findet nur statt, wenn dabei das Erfordernis der Signifikanz nicht erfüllt ist oder das Zusammenhangsmaß sehr mager ausfällt. Ein echter, diesen Namen verdienender Test sieht anders aus. Er würde bedingen, dass die betreffenden Hypothesen noch einmal in einer vergleichbaren, anderen Situation mit der Realität konfrontiert werden, um deren Verallgemeinerbarkeit beurteilen zu können.

Vielleicht könnte man das so bewirkte Verschwinden eines klaren Wahrheitsbegriffes relativieren, indem man das Kriterium der Wahrheit nicht mehr auf die Hypothese selbst, sondern auf das Testergebnis in Gestalt des jeweils ermittelten Korrelationskoeffizienten bezieht. Dann wird die gemessene Stärke eines Zusammenhangs zum Gegenstand eines Wahrheitsentscheides. Das kann das Problem aber schon deshalb nicht lösen, weil ein nunmehr als Hypothese interpretierter Korrelationskoeffizient in dem, was Empiristen „Test" nennen, uno actu erst entsteht. Ein echter Test kann, wie gesagt, dann nur darin bestehen, im Rahmen von Vergleichsstudien festzustellen, ob das gefundene Ergebnis reproduzierbar ist. Insoweit, wie das nicht geschieht (und es geschieht hier bedrückenderweise so gut wie nie) bleiben solche „Wahrheiten" zwangsläufig an die jeweils vorgefundenen Befragungssituationen gebunden, womit der Wahrheitsbegriff, der nur im Falle eines möglichen Scheiterns Sinn macht, buchstäblich sinnentleert wird. Von Wahrheit zu reden macht nur dann Sinn, wenn auch deren Gegenteil, die Unwahrheit, möglich ist.

Die in einer Befragungssituation jeweils vorgefundenen „Tatsachen", aus denen Zusammenhangsmaße herausgefiltert werden, können weder wahr noch falsch sein, und das gilt auch und gerade, wenn nach einer Tieferlegung der Fundamente die Tatsachen hinter den Antworten auf Fragebögen, also die wirkliche Wirklichkeit, in den Blick genommen werden. Tatsachen sind einfach so, wie sie sind bzw. wie man sie mit Hilfe von Erhebungstechniken wie Fragebögen vorgefunden hat. Und Korrelationskoeffizienten können als abgeleitete Größen aus logischen Gründen in ihrem Informationsgehalt nie über das hinausgehen, was ihrer Deduktion zugrunde gelegt worden ist (auch wenn man ihr jeweiliges Ausmaß natürlich den Beobachtungsdaten selbst nie ansehen kann, aber dafür sind ja die statistischen Auswertungsverfahren da).

Dieses Unbehagen, das ein ungeklärter Wahrheitsbegriffes hervorruft, tritt besonders hervor, wenn abweichende Korrelationsmaße in vergleichbaren Studien nur achselzuckend zur Kenntnis genommen werden – wie bei den schon angeführten und später noch ein mal angesprochenen Studien von Wallenburg und Cahill. Dann wird vollends deutlich, dass auch abgeleitete statistische Kennzahlen an die jeweilige Erhebungssituation gebunden sind. Jede Theorie und jedes theoretische Konstrukt aber muss, wenn sie/es empirisch gehaltvoll sein und damit Ordnung in ein komplexes Geschehen bringen soll, etwas anderes ausschließen, also prinzipiell auch falsch sein können. Um wahr sein zu können, muss eine Behauptung erst einmal wahrheits*fähig* sein. Diese Schwierigkeit, die Ergebnisse einer empiristischen Forschung mit dem gemeinhin üblichen Begriff von empirischer Wahrheit in Verbindung zu bringen, markiert aber nicht das einzige Problem, das durch diese Forschung aufgeworfen wird.

Deutlich unter Eins liegende Korrelationskoeffizienten enthalten einen Hinweis darauf, dass es auch andere Einflussgrößen gibt, und es bleibt offen, ob deren explizite Berücksichtigung zu anderen Korrelationsmaßen hätte führen können. Intuitiv, aber auch aus Gründen der Logik, sollte man bei der Idee einer Gleichsetzung von Erklärungskraft mit Varianzreduktion („A erklärt B zu einem Prozentsatz x") eigentlich von *additiven Verhältnissen* ausgehen, also von der Vorstellung, dass sich die Korrelationskoeffizienten aller Einflussfaktoren zu Eins ergänzen (und die Varianz auf Null sinken) würden, wenn man sie denn kennte. Implizit wird damit zugleich unterstellt, dass die untersuchten Einflussgrößen untereinander unabhängig sind. Schließlich macht eine einhundertzwanzigprozentige Erklärung der Varianz einer Ergebnisvariablen keinen Sinn. Tatsächlich aber wird diese Restriktion oft nicht erfüllt.

In der später noch mehrfach zitierten Untersuchung von Zentes et al. (2004) addieren sich beispielsweise die standardisierten Pfadkoeffizienten für die fünf unterschiedlichen Einflussfaktoren auf den Kundenbindungserfolg auf die Zahl 1,948 (Pfadkoeffizienten lassen sich aus Korrelationskoeffizienten ableiten und messen ebenfalls die Stärke einer kausalen Beziehung zwischen zwei Variablen). Der erstaunte Leser kann eigentlich nur zu dem Schluss kommen, dass der Einfluss der einzelnen Wirkungsfaktoren hier in einer isolierten Betrachtung deutlich überschätzt wurde. Vielleicht wurden aber einfach nur Beziehungen zwischen diesen Faktoren übersehen. Wenn beispielsweise eine hohe Leistungsqualität neben der Kundenzufriedenheit statistisch als eigenständiger Kausalfaktor betrachtet wird, obwohl Qualität eine Voraussetzung für Zufriedenheit ist, darf man sich hinterher nicht wundern, wenn Empiristen das Kunststück gelingt, den Eintritt von Ereignissen zu mehr als 100 Prozent zu erklären. Sie haben sich dann in ihrem eigenen Methodenapparat verheddert.

Entsprechende Konstellationen finden sich immer wieder auch in anderen, empiristischen Studien. Offensichtlich werden die Konsequenzen hieraus nicht immer klar gesehen. Wenn eine solche Konstellation gegeben ist, macht es keinen Sinn, Zusammenhangsintensitätsmaße als Varianzreduktionsanteile zu interpretieren bzw. entsprechende Koeffizienten mit der Vorstellung zu verbinden, sie bestimmten das Ausmaß, in dem das Ereignis B durch die Einflussgröße A erklärt werden kann. Die Erkenntnis enthält dann im Grunde nicht mehr als Volksweisheit, dass viele Wege nach Rom führen.

Parallel zu der Interpretation von Korrelationsmaßen als relative, anteilige Erklärungskraft von Ursachen wird oft mit Blick auf das jeweilige Ausmaß von Korrelationskoeffizienten von der *Wirkungskraft* einer Einflussgröße gesprochen. Man kann diese Interpretation mit dem Begriff der Ereigniswahrscheinlichkeit verbinden und kommt dann zu Aussagen wie: bei Ursachen mit einer hohen Wirkmächtigkeit ist der Eintritt der Wirkung B auf das Bewirken der Ursache A besonders wahrscheinlich. Das erscheint insofern naheliegend, als die Reduktion der Varianz in einer Verteilung zu einer erhöhten Vorhersagesicherheit für Ereignisse führt. Trotzdem ist hier Vorsicht geboten. Aus einem Korrelationskoeffizienten von 0,7 folgt nicht, dass B mit 70-prozentiger Wahrscheinlichkeit auf A folgt. (Unabhängig davon kann man natürlich in hohen Korrelationskoeffizienten Indikatoren für die Prognosekraft einer Hypothese sehen).

Kommen wir nun zu den Verwirrungen, die sich ergeben können, wenn man in Korrelationskoeffizienten sowohl ein Maß für die Erklärungskraft einer Hypothese als auch ein Maß für die Bewährungsstärke nach einem Test sieht. Die Bewährungsstärke, die man, wie in Abb. 2.1 angedeutet, auch mit dem Begriff der Hypothesenwahrscheinlichkeit in Verbindungen bringen kann, wäre, wenn man sie aus der Höhe von Korrelationskoeffizienten ableitet, dann eine Art empirischer Indikator für „das Maß ihrer rationalen Glaubwürdigkeit" (Carrier (2006), S. 95).

Man würde dann bei einem Korrelationskoeffizienten von 0,7 zu der folgenden Schlussfolgerung kommen: Mit einer Wahrscheinlichkeit von 70 Prozent (Bestätigungsstärke) beträgt die Erklärungskraft von A 70 Prozent. Die gewichtete Erklärungskraft läge dann lediglich 49 Prozent. (Dasselbe Resultat ergäbe sich, wenn man unzulässigerweise in Korrelationskoeffizienten auch Maße für Ereigniswahrscheinlichkeiten auf der Wirkungsebene sehen würde). Diese, mit der Erläuterung der in Abb. 2.1 wiedergegebenen Begriffsbeziehungen verbundenen Hinweise auf gelegentlich auftretende Inkonsistenzen bei der Interpretation von Korrelationsmaßen zählen allerdings nicht zu den Haupteinwänden, die gegen den Forschungsansatz (F1) vorzubringen sind, zumal sie nicht in allen Studien auftreten.

Praktische Implikationen

Unabhängig von der gerade betrachteten, möglichen Verwirrung werden ungeklärte Kausalitäten und Korrelationen allerdings generell schnell zu entscheidenden Schwächen dieses Forschungsansatzes, wenn die Ergebnisse Praktikern für eine Verbesserung ihrer „Performance" zur Verfügung gestellt werden. „Process and Information Strategic Orientation is *positively associated* with Logistics Coordination Effectiveness", folgern etwa McGinnis und Kohn aus den von ihnen erhobenen Daten (2002, S. 7; Hervorhebung vom Verfasser). Hier begegnen wir einer besonders schwach ausgeprägten Korrelation, die sich nicht in einem zeitstabilen statistischen Koeffizienten niederschlägt, sondern mit der nur behauptet wird, dass es einen Zusammenhang gibt, und mit der angedeutet wird, dass dieser auf dem Zeitpfeil in eine bestimmte Richtung wirkt. Dabei wird aus der eine Kausalität suggerierenden Formulierung selbst nicht klar, ob der Zusammenhang nicht auch umgekehrt gedacht werden könnte, die erstrebte Koordinationseffizienz also als Causa Finalis den Einsatz unterstützender IT-Systeme treibt und insofern zuerst da war (m. a. W.: die Unterscheidung zwischen unabhängiger und abhängiger Variabler ist nicht klar). Man müsste in das bloße „Miteinander-Hergehen" der beiden betrachteten Variablen deshalb zunächst eine belastbare Kausalität mit einem Richtungspfeil hinein interpretieren, die der Tatbestand der Korrelation selbst nicht hergibt.

Grundsätzlicher tritt dann die Frage auf, ob diese Hypothese nicht nur eine schiere Selbstverständlichkeit beschreibt, weil es sich hier eben um eine Wirkursache handelt, bei der die intendierten Wirkungen als Ziele die Handlungen „gezogen" haben und weil man sich eine verbesserte Koordination von Prozessen (etwa im Wege belastbarer Terminabsprachen) ohne eine Verbesserung des Informationsstandes der handelnden Akteuren schon aus logischen Gründen kaum vorstellen kann. Schließlich ist Koordination nicht nur in der Logistik immer das abgestimmte Timing von Aktivitäten, und das funktioniert nur, wenn die jeweiligen Prozessinhaber sich gegenseitig über ihre Pläne informieren. Der zitierte Befund wirft dann mehr Rätsel auf, als er zu lösen vermag: warum liegt das Korrelationsmaß bei einer Selbstverständlichkeit nur bei 0,45? Welche offenbar sehr viel wichtigeren Einflussgrößen wurden hier ausgeklammert und machen nun ein Handeln nach dieser an sich banalen Hypothese aus wissenschaftlicher Sicht riskant?

Wie sehr die in Abb. 1.4 schon abgebildete, in den Naturwissenschaften nicht vorkommende Causa Finalis Forscher bei der Interpretation ihrer empirischen Befunde verwirren kann, sei an einem weiteren, schon oben angesprochenen Beispiel erläutert. „Firms whose products are more modular in design are more likely to practice assembly postponement", stellen Chiou, Wu und Hsu (2002, S. 113) fest. Gut beratene Manager denken zunächst oft eher umgekehrt, stellen damit dann aber die gesteigerte Likelihood her: Wenn man die wirtschaftlichen Vorteile einer verzögerten Variantenbildung, die sich nicht nur, wie die Autoren vermuten, in einer niedrigen Kapitalbindung in Beständen, sondern vor allem auch in niedrigeren Abschreibungen auf Bestände, in einer höheren Lieferbereitschaft und in einer erhöhten Prognosesicherheit zeigen, vollständig ausschöpfen will, muss man vorher für eine modulare Produktgestaltung sorgen. Dass sich dann aufgrund einer handlungsleitenden Ursache der konstatierte Befund einstellt, kann nur noch diese Art von empirischen Forschern überraschen. Schon in Abschn. 1.1.3.2 wurde ja festgestellt, dass man bei einer Einsicht in eine Causa Finalis keine Hypothesentests mehr braucht, weil hier Ursache und Wirkung in fast trivialer Weise aufeinander folgen, wenn auch im Verhältnis zu einer „Causa Efficiens" in umgekehrter Reihenfolge (das Ziel muss hier als Wirkursache zuerst da sein).

Die Aussagen „Modularisierung treibt Postponement" und „Postponement treibt Modularisierung" sind im hier betrachteten Fall beide „realistisch", obwohl sie sich aufgrund des Austausches von Ursache und Wirkung beim ersten Blick zu widersprechen scheinen. Wie oben schon hervorgehoben, basiert das Konzept der empirischen Wahrheit schließlich auf dem aristotelischen Satz vom ausgeschlossenen Dritten (Tertium-non-datur-Implikation), der besagt, dass von zwei widersprüchlichen Aussagen nur eine wahr sein kann. Diese scheinbare Paradoxie lässt sich aber entschärfen, wenn man Zeitdifferenzen einführt und unterschiedliche Reihenfolgen zulässt. Wer sich durch Modularisierung gezielt Postponement-Potenziale erschließt, wird diese dann auch nutzen wollen und im Erfolgsfalle entsprechend versuchen, die eigenen Produkte weiter zu modularisieren. Dann tritt allerdings das für Studien dieser Art nicht ungewöhnliche Phänomen auf, dass auf beiden Seiten eines „Immer, wenn A, dann B"-Satzes Handlungen bzw. deren Resultate stehen. Wir haben es dann in der Sache zusätzlich mit dem Phänomen der Eigendynamik zu tun (Komplexitätsmerkmal 8 in der Aufstellung aus Abschn. 1.1.1), bei dessen Vorliegen grundsätzlich nicht mehr eindeutig zwischen abhängigen und unabhängigen Variablen unterschieden werden kann. Unterstellte, lineare Kausalitäten geben das jedenfalls nicht her.

Für Anhänger des später beschriebenen Forschungsansatzes (F3) in der Logistik stellen sich diese ganzen Fragen nicht, weil hier Erklären durch Kausalitäten weitgehend durch ein Verstehen der Logik von Konzepten ersetzt wird. Formal gesprochen: An die Stelle der weitgehend verständnislosen und kontingenzfrei gehaltenen Aussage, dass die Variable A (Modularisierung) die Wahrscheinlichkeit des Auftretens der Variablen B erhöht, tritt die durch einen verstehenden Nachvollzug des Geschehens gewonnene Einsicht: A *fördert* B, weil Modularisierung es erlaubt, eine große Vielfalt unterschiedlicher Endprodukte –gegebenenfalls erst nach dem Auftragseingang, also „on demand" – durch wechselnde Kombinationen aus einer erheblich kleineren Zahl von Modulen herzustellen. Die Beziehung des Förderns ähnelt dem oben angesprochenen Modaloperator des Ermöglichens, also des Erschließens von Potenzialen.

Die verstehende Einsicht in die Funktionslogik des Postponement-Konzeptes und damit in den Sinn späterer Festlegungen im Voraus umfasst dann auch noch Einsichten in weitere Erfolgsfaktoren, andere Wirkungen der Modularisierung wie Komplexitätsreduktion, Standardisierbarkeit und Austauschbarkeit („economies of substitution") sowie Umsetzungsvoraussetzungen und -hindernisse. Nachdem man das über die in sich selbst unverständliche Korrelation hinaus verstanden hat und dieses erweiterte Verständnis im Kontext eines Process-Redesigns als Mittel-Zweck-Beziehung ohne weitere Ursachenforschung operativ nutzen kann, sind nachträgliche Bestätigungen durch empirisch erhobene Korrelationen nur noch redundant – wie das Beispiel zeigt, sind sie angesichts unerwartet niedriger Korrelationskoeffizienten oft sogar irreführend. Im Übrigen ist das, was die empiristische Arbeit von Chiou, Wu und Hsu dem noch hinzuzufügen hatte, schlicht kümmerlich.

Dass der 1962 verfasste, wegweisenden Artikel von H. A. Simon über „The Architecture of Complexity", der eine Vielzahl von Folgeforschungen und Publikationen ausgelöst und sich damit als außerordentlich fruchtbar erwiesen hat, nicht das Resultat einer empirischen Erhebung, sondern das Ergebnis von *Gedankenexperimenten* war, muss jetzt wohl nicht mehr gesondert hervorgehoben werden (s. Simon 2012, S. 335 ff.). Zu solchen gedanklichen Höchstleistungen ist der Empirismus schon vom Forschungsansatz her kaum in der Lage, und zwar nicht nur wegen der einseitigen Fokussierung auf kausales Erklären, sondern auch, weil hier ein großer Teil der wissenschaftlichen Arbeit durch die Beschäftigung mit statischen Methodenfragen und durch das Anlegen von Tabellenfriedhöfen gebunden wird (Rechnen statt Denken).

، Im Übrigen geht ein solches, nicht an Methoden gebundenes „Reasoning", das die Black Box zwischen Ursachen und Wirkungen öffnen kann, zwar oft über das bis dahin verfügbare Wissen von Empiristen, aber meist nicht über das Wissen von Anhängern des Forschungsansatz (F3), ja oft nicht einmal das Wissen der über ihr eigenes Tun befragten und danach aufzuklärenden Praxis hinaus, die die Korrelationen ja letztlich – wenn auch nicht immer planvoll und willentlich – auf der Ebene der Realität, spätestens aber auf der Ebene der Befragung zustande gebracht hat.

2.4 Managerbefragungen als Weltzugang

Bei der im vorangegangenen Kapitel zitierten Studie von McGinnis und Kohn stellt sich nicht nur die Frage nach der Natur des konstatierten Zusammenhangs. Aus einer Management-Perspektive heraus wäre schon vorher zu fragen, was denn unter „Process and Information Strategic Orientation" eigentlich genau zu verstehen ist, und zwar nicht erst bei Versuchen, das mit der entsprechenden Hypothese eingefangene „Wissen" praktisch umzusetzen, sondern schon vorher bei der Beantwortung von entsprechenden Wissenschaftlerfragen. Anders als bei naturwissenschaftlichen Erhebungen von Fakten handelt es sich ja bei den Versuchen von Empiristen, sich in einer objektiven Weise einen Zugang zur Welt ihrer Erfahrungsobjekte zu verschaffen, um kommunikative Akte, womit mögliche Sprach- und Kommunikationsprobleme in den Gesichtskreis der Kritik rücken.

Nach Kotzab gibt es im Bereich der internationalen Logistikforschung inzwischen „eine Vormachtstellung der Befragung" als Methode (Kotzab 2007, S. 81). Für die Forschung bilden dabei die Beobachter erster Ordnung die relevante Realität. Zur Klarstellung weise ich schon vorab darauf hin, dass es hier nicht um Befragungen geht, die mit Aussagen aufwarten wie: ein Drittel der Befragten hielten den jeweils betrachteten Aspekt für wichtig bis sehr wichtig (oder ordneten einem Trendszenario eine mittlere Wahrscheinlichkeit zu). Auch wenn derartige Studien von Professoren erstellt werden und auch, wenn solche klassifizierenden Momentaufnahmen interessante Informationen bereitstellen können, stellen sie im Kern keine wissenschaftliche, sondern eher eine journalistische Leistung dar. Im Folgenden geht es um den statistischen Test von Hypothesen über gesetzesartige (also dem eigenen Anspruch nach allgemeingültige) empirische Regelmäßigkeiten und damit noch einmal vertiefend um die Frage, wie hier bezogen auf Hypothesen mit einem übersituativen Geltungsanspruch das für jede Art von empirischer Wissenschaft kritische Thema „Wahrheit" angegangen wird.

Die Bedeutung klarer Begriffe für die theoretische Relevanz der Forschung
Wie oben schon hervorgehoben, unterscheidet sich die empirische Forschung in den Sozialwissenschaften im Allgemeinen und in der Betriebswirtschaftslehre im Besonderen von den Naturwissenschaften auch dadurch, dass hier Wissenschaftler mit den Objekten ihrer Forschung sprechen können (und müssen), was schon für ein einfaches Erfassen der Realität ein übereinstimmendes Verständnis der verwendeten Begriffe bedingt – erst recht für jede darauf aufbauender Verallgemeinerung. Auf die damit verbundenen Probleme gehe ich gleich noch näher ein. Vorab sei aber schon auf zwei Probleme grundlegender Natur hingewiesen, von denen das erste ziemlich abstrakter und das zweite eher forschungspraktischer Natur ist.

1. Die Frage, wie die Gegenstände unserer Wahrnehmung „zur Sprache kommen", ist alles andere als trivial. Die Objekte unserer Erfahrung erscheinen uns in Begriffen, die selber keine Objekte und diesen somit grundsätzlich fremd sind, also etwa ganz anderes. Wahrnehmung ist damit immer ein *Übersetzungsverhältnis*, also eine Übersetzung von direkt unzugänglichen, empirischen Gegenständen in sprachliche Korrelate – keine bloße Spiegelung, sondern ein Sprung über einen Graben, auf den wir vertrauen müssen, weil es für uns keine außersprachlichen Erfahrungen gibt. Tatsächlich tun wir das auch immer (wir können ja nicht anders), nur sind wir uns dieses Sprungs so gut wie nie bewusst. „Schon in seiner unmittelbaren Erfahrung", sagt Darendorf (1974, S. 20), „ist ja das Wirkliche nicht mehr es selbst".

   Einstein (1939), wieder abgedruckt in Dürr (2012), dort S. 63), hat die Arbeit von Naturwissenschaftlern anschaulich als den „Versuch einer Nachschöpfung des Seienden auf dem Wege der begrifflichen Konstruktion" bezeichnet. Das gilt um so mehr für die Wirtschafts- und Sozialwissenschaften. Was „Erziehung" ist, kann man nicht unmittelbar sehen und abgrenzen, und das so bezeichnete Etwas drängt sich uns auch nicht in einer Weise selbst so auf, dass daraus eine unzweideutige, dem Gegenstand angemessene oder sogar sein „Wesen" zum Ausdruck bringende Definition folgt. Wir haben es aber gelernt, uns erfolgreich darauf einzurichten und auch innerhalb der Wissenschaft damit zu leben, dass verschiedene Forscher denselben Begriff (etwa den Begriff Supply Chain Management) für ihre Zwecke unterschiedlich fassen. Irgendwie scheint es ja auch so zu gehen. Innerhalb der Wissenschaft gibt es dafür aber Erfolgsvoraussetzungen.

2. Wissenschaft kann oft nicht einfach mit der im täglichen Leben benutzten Alltagssprache betrieben werden, weil die hier verwendeten Begriffe zu unscharf sind (was in diesem

lebensweltlichen Kontext im Übrigen meist ein Vorteil ist, weil es die Sprache geschmeidig und flexibel macht, ohne die Verständigung sehr zu beeinträchtigen). Kindergärtnerinnen müssen sich über den Begriff der „Erziehung" keine Gedanken machen, Pädagogen, die als Wissenschaftler über Erziehungsmethoden forschen, aber schon deshalb, weil sie ohne einen einheitlichen und damit konsistenten Erziehungsbegriff ihre Forschungsergebnisse nicht miteinander vergleichen bzw. in Wiederholungstests überprüfen können. Schon hier taucht das Risiko auf, dass die Wissenschaft mit Hilfe eines für ihre Zwecke geformten Begriffes forscht, der von dessen Alltagsverständnis abweicht. Bei Empiristen, die ihren Weltzugang durch die Befragung von Managern suchen, ist die Sache aber noch komplexer.

Was auf der *horizontalen*, innerwissenschaftlichen Ebene der Kommunikation zwischen Beobachtern zweiter Ordnung gilt, muss erst recht auf der *vertikalen* Ebene der Kommunikation zwischen Beobachtern der ersten und der zweiten Ebene gelten. Die Problematik des Realitätszugangs und der Verankerung von Beobachtungen und Hypothesen in „der" Realität fängt schon damit an, dass hier unterstellt werden muss,

1. dass die befragten Manager die in den Fragebogen verwendeten Begriffe genau so verstehen wie die fragenden Forscher, und zwar auch dann, wenn diese einzelne Begriffe für Zwecke der Forschung anders fassen, als sie in der für ihre Zwecke zu „schwammigen" Alltagssprache gebraucht werden (die fraglose Intersubjektivität der Alltagssprache wird dann unterbrochen und muss auf der Basis neu eingeführter Wortverwendungsregeln erst wieder hergestellt werden – etwa in Gestalt einer Bedienungsanleitung für den jeweiligen Fragebogen, dem die Manager dann ausgesetzt werden und von denen angenommen werden muss, dass die jeweilige Art der Fragestellung keinen Einfluss auf die Antworten hat),
2. dass das, was Manager als Beobachter erster Ordnung denken und sagen, in einer klaren und unzweideutigen Beziehung zu dem steht, worüber sie sprechen (der wirklichen Wirklichkeit hinter bzw. unter dem Frage- und Antwort-Spiel). Schließlich kann man, wie oben schon angesprochen, durch Befragungen immer nur *Regularitäten zwischen Antworten* und nie direkt *kausale Beziehungen in der wirklichen Wirklichkeit* feststellen. Die einzige, durch Befragungen erfassbare Wirklichkeit ist die Gedankenwelt der Befragten, und wenn man entsprechende Antworten auswertet, kann man gar nicht anders als so zu tun, als wären diese Gedanken selbst in jedem Falle substanziell „wahr". Damit wird aber übersehen, dass auch Manager als Beobachter erster Ordnung in ihrem Alltag (wenn auch in der Regel implizit) mit Hypothesen über Wirkzusammenhänge arbeiten, die sie im Verlaufe ihres Arbeitslebens gebildet haben, um sie dann fraglos zu nutzen. Dabei wird auch der Wirklichkeitszugang von Managern durch Deutungsmuster geprägt, die ihnen helfen, eine Ordnung in die überkomplexe Welt der Erscheinungen zu bringen und die sie damit handlungsfähig machen.

Auch über Deutungsmuster fließen in solche Praktiker-Hypothesen und Grundeinstellungen immer wieder *Bewertungen* ein, von denen man weiß, dass sie stark bestimmt werden von der jeweiligen Position eines Managers innerhalb der Unternehmenshierarchie. Wenn man Mitarbeiter als wichtigstes Kapital eines Unternehmens betrachtet, wird man sie anders behandeln als wenn man in ihnen nur kühl einen Produktionsfaktor unter anderen sieht. Die Einsicht, dass sich gerade im mittleren Management oft veränderungsresistente „Lehmschichten" von Verteidigern des Status quo bilden, kann ja schon fast als legendär bezeichnet werden. Im hier betrachteten Kontext bedeutet das unter anderem: Man muss bei einer Managerbefragung genau wissen bzw. bestimmen, wen man da fragt und ob die erhobenen Antworten vor diesem Hintergrund einfach als repräsentativ für das ganze, jeweilige Unternehmen betrachtet werden können.

Man hat beim Studium der Arbeiten von Empiristen immer wieder den Eindruck, dass sie diese, die Validität ihrer Erhebungen schon an der Basis berührenden Aspekte leichthändig übergehen. Weber und Wallenburg (2004, S. 38) leiten die Präsentation ihrer Untersuchungsergebnisse über die Zusatzbeauftragung von Logistikdienstleistern ein mit dem Satz: „Zur Prüfung der entwickelten Hypothesen bedarf es eines Abgleichs mit der Realität auf der Grundlage empirischer Beobachtungen", um dann, nahtlos übergehend, über die Ergebnisse von Mangerbefragungen (ihre empirischen Beobachtungen von Beobachtern) zu berichten. Darüber, dass die eigentliche Realität eine Ebene tiefer liegt und dass bei deren Erfassung durch die befragten Beobachter erster Ordnung schon sehr viel Komplexität reduziert worden ist, machen sie sich keine weiteren Gedanken.

Wenn etwa Zentes et al. (2004, S. 54) nach ihrer Managerbefragung Bestätigung für ihre Hypothese finden, dass „ein hoher Logistikerfolg ...eine positive Wirkung auf den Unternehmenserfolg(hat)", dann setzt das zunächst voraus, dass die befragten Manger den Begriff „Logistikerfolg" genau so verstanden haben wie die Fragesteller und dass die Befragten auf dieser Basis das Behauptete überwiegend auch glaubten. Um festzustellen, ob es wirklich so ist, müsste man in den Gewinn- und Verlustrechnungen der betreffenden Unternehmen nachschauen. Auf diese Ebene der wirklichen Wirklichkeit steigen Empiristen aber nicht gerne und dementsprechend nur selten hinab.

Nach Prim und Tilmann (1975, S. 52) müssen zu einem Begriff „präzise Handlungsanweisungen für Forschungsoperationen gegeben werden, mit deren Hilfe entschieden werden soll, ob ein mit dem entsprechenden Begriff bezeichnetes Phänomen vorliegt oder nicht". Wenn sich Zentes et al. in der Befolgung dieser Forderung tatsächlich auf die Ebene der realen Wirklichkeit herabbegeben hätten, wären sie dort allerdings mit einer unerwarteten Schwierigkeit konfrontiert worden. Den Beitrag des Logistikerfolges für den Unternehmenserfolg wird man dort schon deshalb nicht ohne weiteres isolierend herauslesen können, weil sich eine erfolgreiche Logistik über den Lieferservice auch in Umsatzbeiträgen, in verhinderten Kundenverlusten oder umgekehrt in einer verstärkten Kundenbindung niederschlagen kann. Man kann verstehen, dass sich Forscher da das Leben einfacher machen, indem sie wirkliche Tiefenbohrungen durch die Befragung von Managern ersetzen – allerdings hätten diese vor der Beantwortung der Fragen ja eigentlich dasselbe Problem lösen müssen, und es verbleibt auch auf der Ebene der Beobachter erster Ordnung die Frage, wie tief ihr Wissen über die wirkliche Wirklichkeit eigentlich ist.

„Ein Instrument", sagen Prim und Tilmann an einer anderen Stelle (1975, S. 59) mit Blick auf das Verhältnis von Sprache und Realität in den empirischen Sozialwissenschaften, „z. B. ein Fragebogen, ist in dem Maße zuverlässig, indem es bei wiederholter Anwendung – auch durch verschiedene Personen – unter den gleichen Bedingung die gleichen Ergebnisse erbringt". Das setzt klare Begriffe schon voraus, führt aber innerhalb des Empirismus nicht zum Ziel, weil es hier so gut wie keine wiederholten Anwendungen gibt.

Offensichtlich ist es gelegentlich einfacher, wissenschaftliche Anforderungen zu definieren, als diese dann auch einzuhalten. Im hier betrachteten Fall ist allerdings noch nicht einmal auf der Definitionsebene klar, was unter einem „hohen Logistikerfolg" eigentlich genau zu verstehen ist. In ihrem theoretischen Vorspann begrenzen die Autoren diesen Begriff auf die beiden „klassischen" logistischen Ziele der bedarfsgerechten Herstellung von Verfügbarkeit und der Kostensenkung. Schon gegen Ende des vergangenen Jahrhunderts war die Logistik in ihrem Selbstverständnis deutlich weiter. „Das Ziel der Logistik", formulierte Weber zu dieser Zeit (1999, S. 12), „besteht darin, das Leistungssystem des Unternehmens flussorientiert auszugestalten". Zu dem Leistungssystem eines Unternehmens gehören zweifelsohne auch Beschaffung, Produktion und Absatz sowie deren jeweilige Planung und Steuerung. Darüber hinaus geht es nach Weber nunmehr sogar um ein Schleifen alter Schnittstellen und damit um eine logistikorientierte Reorganisation ganzer Unternehmen. Auch wenn die Logistik (anders als das beispielsweise Wallenburg (2004, S. 118) als empirisch erwiesen annimmt) in den Organisationen sehr vieler Unternehmen noch nicht in die prophezeite, funktionenübergreifende Führungsfunktion aufgestiegen ist, bleibt festzustellen, dass nach dem Selbstverständnis der meisten Logistiker die Aufgabe der Logistik nicht mehr auf räumliche und zeitliche Transferleistungen beschränkt ist. Vielmehr geht es um die Kunst der flussorientierten Koordination von allen Aktivitäten, die sich auf die bedarfsgerechte Verfügbarkeit von Produkten auswirken.

Es ist bemerkenswert, dass die Autoren später dann (mit Recht, aber außerhalb ihrer ursprünglichen Definition) auch die Auswirkungen der Logistik auf die Adaptionsfähigkeit von Unternehmen betrachten. Über die oben schon erwähnten Postponement-Konzepte und Late-fit-Strategien (allgemeiner: über einen klugen Übergang vom Push- zum Pull-Prinzip) hat die Logistik hier intelligente, praxistaugliche Antworten auf die abnehmende Planbarkeit von Bedarfen gefunden und Unternehmen damit zugleich flexibler und robuster gemacht. Vor dem Hintergrund der Tatsache, dass diese beiden Eigenschaften für viele Unternehmen nicht erst seit gestern überlebenskritisch geworden sind, erstaunt es, dass der Logistikleistung als Einflussfaktor nur ein magerer Pfadkoeffizient von 0,35 zugewiesen wurde. Vielleicht war da einfach die Stichprobe nicht repräsentativ?

Oder hatten die befragten Unternehmen vielleicht doch nur die enge, inzwischen längst überkommene Sicht auf die Logistikleistung im Kopf, die die Autoren ihrer Definition von Logistik und damit vermutlich auch ihrem Fragebogen zugrunde gelegt hatten? Immerhin wären sie damit ja den ursprünglichen Vorgaben der Forscher gefolgt. Auf die Bedeutung von „Resilience" und „Agility" im Design von Supply Chains hat u. a. Christopher (2005) schon zu Zeiten der Publikation der Studie von Zentes et al. ausführlich aufmerksam gemacht und damit klar gestellt, was von der Logistik heute alles erwartet wird. Hier interessiert aber nicht die Frage, ob die Autoren bei ihrem Verständnis von Logistik noch auf der Höhe der Zeit waren (das waren sie eindeutig nicht), sondern inwieweit sie sichergestellt haben, dass ihr Verständnis von Logistik dem der befragten Praktiker entsprach. Das aber ist nicht nur nach dem zitierten Postulat von Weber ganz offensichtlich nicht nur abhängig von der „Modernität" der befragten Unternehmen, sondern auch abhängig von der Rolle, die der Logistik in ihrem jeweiligen Unternehmen organisatorisch zugewiesen wurde (diese beiden Fragen hängen natürlich zusammen). Auf jeden Fall sind die Befragungsresultate damit in einer Weise kontigent, die die Repräsentativität von Befragungen grundsätzlich in Frage stellen kann.

Wie oben schon angedeutet, ist es zulässig, manchmal sogar unerlässlich, dass Wissenschaftler als Beobachter zweiter Ordnung in ihren Theorien mit Definitionen arbeiten, die im Vergleich zur alltäglichen Verwendung der definierten Begriffe nicht nur schärfer gefasst sind (also einiges ausschließen, was dort noch mitgedacht werden darf), sondern darüber hinaus sogar einen abweichenden Bedeutungskern aufweisen. Bei der Befragung von Managern, die sich weiterhin unreflektiert alltäglicher Begriffsverständnisse bedienen, kann das zu Missverständnissen führen – so etwa, wenn die Beobachter erster und zweiter Ordnung mit den Begriffen „Integration", „Kundenbindung", Supply Chain Management" oder „Organizational Learning" abweichende Vorstellungen verbinden.

Manager interpretieren oft nicht nur unerkannt die Begriffe schon anders als die fragenden Forscher, sie unterliegen darüber hinaus beim Beantworten von Fragebögen gelegent lich Vorurteilen und Selbstmissverständnissen, folgen dem Zeitgeist, geben bisweilen sozial erwünschte Antworten oder delegieren diese Tätigkeit schlicht aus Zeitnot auf ihre Assistenten. In jedem Fall aber antworten sie innerhalb ihres je eigenen Erfahrungs- und Erwartungshorizontes bzw. „Deutungsmusters" auf der Basis eines eigenen, inneren Modells der sie umgebenden Wirklichkeit auf Fragen, die Wissenschaftler aus ihrer jeweiligen Weltinterpretation heraus formuliert haben. Solche Modelle können nicht nur unerkannt zwischen Wissenschaftlern und Praktikern, sondern auch zwischen Managern selbst abweichen. Damit werden drei grundlegende Einsichten offenkundig:

1. Das Streben nach „unerschütterlichen Berührungspunkten von Erkenntnis und Wirklichkeit" (Moritz Schlick, zitiert nach Rescher (1977, S. 348)) greift dann offenkundig ins Leere, und zwar schon deshalb, weil die Beziehung zwischen wie auch immer klar definierten Begriffen und den Tatschen, auf die sie verweisen, komplexer ist als von vielen Empiristen angenommen. „Die in unserem Denken und in unseren sprachlichen Äußerungen auftretenden Begriffe sind alle – logisch betrachtet – freie Schöpfungen des Denkens und können nicht aus Sinnes-Erlebnissen induktiv gewonnen werden. Dies ist nur deshalb nicht so leicht zu bemerken, weil wir gewisse Begriffe und Begriffs-Verknüpfungen (Aussage) gewohnheitsmäßig so fest mit gewissen Sinneseindrücken verbinden, dass wir uns der Kluft nicht bewusst werden, die – logisch unüberbrückbar – die Welt der sinnlichen Eindrücke von der Welt der Begriffe und Aussagen trennt" (Albert Einstein (1944), zit. nach Albert (1972, S. 199)).

2. Mit der Fragebogenmethode strukturiert diese Forschung bis zu einem gewissen Grad immer schon die Ergebnisse der eigenen Untersuchungen vor, vor allem auch dadurch, wonach jeweils nicht gefragt wird (z. B. nach den Inhalten einer unternehmensübergreifenden Kommunikation).

3. Auch diese neopositivistische, einseitig auf evidenzbasiertes *Erklären* ausgerichtete Form des Empirismus ist grundlegend und unabdingbar auf *Verstehen* angewiesen, und zwar nicht lediglich auf ein Verstehen durch Wissenschaftler. Auch müssen befragte Manager a) als Beobachter erster Ordnung die Zusammenhänge in ihrer Organisation verstehen, über die sie berichten sollen, und b) schon vorher die Fragen der Wissenschaftler selbst „richtig" verstehen.

Ungeachtet dieser Basisproblematik versuchen hier Forscher, ihre Realität „bodennah" und damit scheinbar kritikfest durch Managerinterviews einzufangen, um dann mit einem hohen statistischen Methodenaufwand die Signifikanz weitgehend theoriefreier, gleichwohl aber immer noch spekulativer Ad-Hoc-Hypothesen zu „messen". Tatsächlich ist der Begriff des Messens, der eine Ähnlichkeit mit dem Vorgehen von Naturwissenschaftlern suggeriert, hier aber sehr problematisch. Denn hier werden aus *qualitativen* Befunden wie etwa Werten auf einer Likert-Skala mit den Mittel der Statistik *quantitative* Werte wie Korrelationskoeffizienten erzeugt. Zahlenwerte auf einer solchen Skala spiegeln keine Quantitäten, sondern nur Rangordnungen, die aus Einschätzungen herrühren, die Manager in einer Befragung in Bezug auf die Ausprägung einer Variablen abgegeben haben. Eine typische Einschätzung dieser Art kann etwa lauten: in unserem Unternehmen ist die IT-Orientierung mittelstark ausgeprägt.

Man schließt dann von solchen Einschätzungen von Managern unreflektiert auf das Vorliegen eines entsprechenden empirischen Ur-Sachverhaltes (auf das, „was der Fall ist"). Das ist in etwa so, als würden Physiker physikalische Prozesse nicht direkt messen, sondern nur andere Physiker befragen, was sie über diese Prozesse denken. Das passiert dort im Rahmen von Diskussionen über Theorien im Übrigen sehr häufig. Bekanntlich hat ja Einstein die Heisenberg'sche Quantentheorie zunächst abgelehnt, und zwar nicht mit dem Hinweis auf widerstreitende empirische Erfahrungen, sondern mit der Bemerkung, dass Gott nicht würfelt und dass er diese Theorie zwar zur Kenntnis nimmt, aber nicht mag. Das darf aber nicht davon ablenken, dass in der Physik immer wieder im engeren Sinne des Wortes tatsächlich gemessen wird.

Fairerweise muss man hier allerdings zwischen Situationen unterscheiden, in denen es eine relevante Realität hinter den erhobenen Einschätzungen gibt (wie insbesondere in allen Fällen, in denen der Begriff „Erfolg" auftaucht, der sich ja konkret in der Ergebnisrechnung von Unternehmen niederschlagen müsste), und solchen Fällen, in denen man es als angemessen betrachten kann, Erfahrungen und Einschätzungen von Managern als die unmittelbar wirkenden Größen zu betrachten. Schließlich sind sie handlungsleitend und konstituieren damit ihre eigene Realität (auch wenn in einem konkreten Fall etwa die von einem Manager wahrgenommene, eigene Dienstleistungsqualität von der tatsächlich erbrachten, von Kunden erlebten Qualität abweicht). Auch dann aber können die Antworten nie mehr liefern als das Ergebnis der Selbstbeobachtung und Realitätseinschätzung von Beobachtern erster Ordnung, die in ihren eigenen, nicht reflektierten Begrifflichkeiten gefangen sind. Und in jedem Falle übertragen sich die hier herausgearbeiteten Unschärfen und Unsicherheiten von den Beobachtungs-„Daten" auf die Ebene der Hypothesen und Korrelationsmaße.

Wir müssen an dieser Stelle noch einmal zurückkehren zu dem, was oben einleitend zur Kausalitätsproblematik gesagt wurde, und die Problematik einer Identifizierung von Kausalitäten in Beziehung setzen zur Problematik begrifflicher Unschärfen in Bezug auf „beobachtete" Ursachen. In den Untersuchungen der hier betrachteten Art tauchen oft nicht genau beschreibbare, singuläre Handlungen als Ursachen später eintretender Wirkungen auf, sondern Variable, die unterschiedliche Werte bzw. Ausprägungen annehmen können, wie etwa das Ausmaß, in dem Logistikdienstleister den Zielen eines Outsourcings gerecht werden (Wallenburg 2007) oder ein graduierbarer Begriff wie „Organizational Learning". (Payanides 2007). Das Lernen einer Organisation ist zunächst einmal ein komplexes empirisches Phänomen, das in seiner nicht ohne weiteres erfassbaren Gesamtheit hypothetisch als Ursache für bestimmte Effekte interpretiert werden muss (hier: für eine Verbesserung der Servicequalität) und das dann gegebenenfalls in eine Handlungsempfehlung transformiert werden kann. Was danach genau zu tun ist, bleibt infolge dieser begrifflichen Unschärfe dann aber offen.

Unscharfe Begriffe sind innerhalb der Wirtschaftswissenschaften nicht selten und oft unumgänglich. Auch Kundenbindung ist ein solcher Begriff. Wallenburg, in dessen Arbeiten dieser Begriff eine zentrale Rolle spielt, konzediert, dass diesem Begriff selbst innerhalb der Wissenschaft „eine große Bandbreite unterschiedlicher Bedeutungen zuteil" wird (Wallenburg 2004, S. 11). Als Ersatzlösung wird hier oft das Arbeiten mit *Indikatoren* empfohlen, die sich besser messen lassen, dabei aber nie das ganze Bedeutungsspektrum des ersetzten Begriffes umfassen (andernfalls bräuchte man sie ja nicht). Das Arbeiten mit Indikatoren ist immer mit Inhaltsverlusten verbunden. Insofern führt es nicht weiter, wenn Prim und Tilmann (1975, S. 56) feststellen: „Ein Indikator ist dann als gültig anzusehen, wenn er tatsächlich das anzeigt, was das er anzeigen soll".

Problematisch wird das Ganze, wenn man wie Wallenburg in seiner gerade zitierten Arbeit einen Indikator auf die Stufe einer Definition hebt, hier indem er Kundenbindung in Anlehnung an Diller fasst als die „Bereitschaft von Kunden zu Folgekäufen bei einem bestimmten Anbieter" (ebenda, S. 13). Nach dieser Justierung der eigenen Perspektive kann sich Kundenbindung nicht mehr anders zeigen, weil nur noch so gefragt wird. Man kennt diese Problematik aus dem Alltag, wenn man sich einmal etwas näher mit Intelligenztests befasst hat. Ob diese das Phänomen der Intelligenz wirklich angemessen erfassen können, wird sich nie genau klären und deshalb immer bestreiten lassen. Man kann sogar sagen, dass diese Tests ihre eigene Vorstellung von Intelligenz erst definieren. Dann wird die Anleitung von Prim u. Tilmann vollends zirkulär, und es wird übersehen, dass der für Messzwecke vorgenommene Ersatz einer komplexen Definition durch einen einfacheren Indikator zwangsläufig dazu führt, dass in der jeweiligen Definition eine Überschussbedeutung mitschwingt, die durch die Operationalisierung verloren geht.

Wenn man aber die Suche nach adäquaten Indikatoren ganz unterlässt, gerät man schnell in einen luftleeren Raum. Mit Blick auf den oben erwähnten Begriff des „Organizational Learning" bleibt dann beispielsweise nicht nur offen, ob das Lernen einer Organisation überhaupt mehr oder etwas anderes ist als das Lernen ihrer Mitglieder (Wallenburg (2004) unterscheidet klar zwischen beiden). Offen bleibt auch

a) woran sich das Lernen einer Organisation in der Realität (also unterhalb der interpretierenden Wahrnehmungen der befragten Beobachter erster Ordnung) konkret zeigt (in Verbesserungen von Prozessen oder Prozessergebnissen wie einer verbesserten Servicequalität darf es sich jedenfalls nicht zeigen, weil dann die Hypothese von Payanides zu einer Tautologie wird oder sogar in einen Widerspruch führt. Ein Indikator kann nicht gleichzeitig Ursachen und Wirkungen spiegeln),

b) in welchem Ausmaß eine bestimmte Organisation zu einem bestimmten Beobachtungszeitpunkt gerade lernt und wie viel sie innerhalb dieser „Je, desto-Logik" dann noch lernen muss, damit sich die behaupteten bzw. „gemessenen" Auswirkungen in der Servicequalität eines Unternehmen kundenwirksam zeigen. Bezeichnenderweise wird auch die Frage ausgeblendet, *was* gelernt werden muss, um eine bestimmte Wirkung wie hier eine Verbesserung der Servicequalität zu erzielen. In der Realität macht es aber einen großen Unterschied, ob man etwa die Lieferbereitschaft als Servicemerkmal nur durch eine Erhöhung der Sicherheitsbestände steigert oder ob man sich der Mühe unterzieht, durch den Einsatz komplexerer Prognoseverfahren die Vorhersehbarkeit von Bedarfen zu verbessern. Die zweite Variante ist erheblich lernintensiver, dafür aber auch effizienter, weil sie das Übel an der Wurzel packt. Es macht offenkundig nicht viel Sinn, über solche Verschiedenheiten, die sich einem verständigen und gut ausgebildeten Wissenschaftler leicht erschließen, undifferenziert und damit weitgehend ahnungslos hinweg zu forschen.

Diese Schwächen begrenzen nicht nur die Aussagekraft der jeweils getesteten Hypothesen, was man als ein innerwissenschaftliches Problem abtun könnte. Sie werden insbesondere dann offenkundig, wenn man mit ihnen in der Praxis arbeiten will. Wie oben schon angedeutet, bleibt beim Versuch einer „technologischen Transformation" dann weitgehend offen, was genau zu tun ist, um in Aussicht gestellte Effekte zu erzielen. Wenn man eine scheinbar nur wenig kontingente, durch ihren hohen Abstraktionsgrad gegen widerstreitende Fakten geschützte Gesetzeshypothese in die Mittel-Zweck-Beziehungen einsetzt, die im Prozess der Lösung eines realen Problems genutzt werden, lebt die ganze, vorher übersprungene Kontingenz zwangsläufig wieder auf, und es zeigt sich, wie wenig solche Hypothesen zur Aufklärung von handelnden Managen beitragen können. Es gibt in einzelnen Unternehmen keine Stellschraube mit Namen „Organizational Learning", und wenn es sie gäbe, bliebe immer noch unklar, was das betreffende Unternehmen denn genau zu lernen hätte, um die eigene Servicequalität zu verbessern.

Es zählt zu den zweifelhaften Vorzügen der Methode der Befragung, dass man die Problematik des Verhältnisses zwischen den Wahrnehmungen von Beobachtern erster

Ordnung und den Gegenständen ihre jeweiligen Beobachtung methodisch umschiffen kann, indem man echte Messungen „vor Ort" durch Einschätzungen von Managern über den eigentlichen Messgegenstand ersetzt. Der Preis, der dafür zu zahlen ist, ist ziemlich hoch. Er liegt nicht nur darin, dass es für die in den Naturwissenschaften grundlegend wichtigen, vergleichenden Testuntersuchungen keine klaren Grundlagen gibt „Jede Messung muss wiederholbar sein, wenn sie wissenschaftlich relevant sein soll", sagt Körner (1977, S. 192) hierzu. Wie schon erwähnt, finden solche Wiederholungen hier aber kaum je statt. Vielmehr muss bei den hier festgestellten Korrelationen immer in einem nicht bestimmbaren Maße unklar bleiben, welche Größen da in der wirklichen Wirklichkeit unterhalb der Antworten von Managern eigentlich konkret miteinander zusammenhängen und was die Gründe für einen Zusammenhang sind. Die Naturwissenschaften werden de facto also nur zur Hälfte nachgeahmt, und auch in der nachahmbaren andere Hälfte kommen spezifische Erhebungsmethoden um Einsatz, für die es dort keine Vorbilder gibt. Ameisen kann man nicht befragen, was die Sache für Naturwissenschaftler sehr erleichtert, weil sie so den Gegenstand ihrer Forschung direkt beobachten können (und müssen).

Da die hier diskutierte Frage für die Einschätzung der Fruchtbarkeit des Empirismus von grundlegender Bedeutung ist, möchte ich anhand eines weiteren Beispiels vertiefend herausarbeiten, in welche Kalamitäten eine Wissenschaft geraten kann, wenn ihr Zugang zur Welt der Manager nur in einzelnen Probebohrungen in Gestalt von Fragebögen besteht und wenn sie über Sachverhalte außerhalb der Bohrlöcher mangels direkter Beobachtung der wirklichen Wirklichkeit nur wenig wissen, sprich: sie mit dem Gegenstand ihrer Forschung kaum vertraut sind. Wenn etwa Zentes et al. (2004, S. 55) aus ihren Erhebungsdaten überraschenderweise folgen, dass sich ein unternehmensinterner Datenaustausch kaum auf die Logistikleistung und fast gar nicht auf die Logistikkosten auswirkt, dann liegen dem weder konkrete Fakten aus dem Rechnungswesen der interviewten Unternehmen zugrunde noch Erhebungen darüber, welche Daten da mittels welcher Software zwischen welchen Abteilungen konkret ausgetauscht worden sind. Zu dieser Ebene der „wirklichen Wirklichkeit" sind die Forscher methodenbedingt gar nicht erst vorgedrun gen.

Um die Flughöhe zu senken, aus der man dann auch solche Basisfakten in den Blick bekommen kann, müsste man etwa fragen: Sind in den befragten Unternehmen „Advanced Planning Systems" eingesetzt worden, die ja gerade darauf zielen, Kostensenkungspotenziale durch die funktionenübergreifende Integration von Produktions- und Absatzplanung zu erschließen und die schon vielfach erfolgreich implementiert worden sind? „APS will yield improvements on the three crucial factors of competitiveness, *namely costs*, quality and time", stellt Stadtler fest (2005, S. 455); Hervorhebung vom Verfasser)). Gerade im Modell belastbarer Lieferzeitverspechen (englisch betitelt als „Available to Promise") berühren sich ja Logistik und Marketing, weil hier eine ausgefeilte Logistik Kundenbindungspotenziale generieren kann, die sich inhaltlich begründen lassen (vgl. zu diesem Modell ausführlich Bretzke (2007a)).

Soll man trotzdem aus dem zitierten empirischen Befund schließen, dass sich ein unternehmensinterner Datenaustausch im Hinblick auf das Ziel der Kostensenkung nicht lohnt, weil der diesbezügliche standardisierte Pfadkoeffizient nur auf dem mageren Niveau von 0,162 lag? Sind Zentes et al. mit ihren erfahrungswissenschaftlichen Erhebungsbefunden wissender und klüger geworden als ein Experte wie Stadtler, der sich konkret, inhaltlich und intensiv mit hoch-komplexen Methoden befasst hat, die ausdrücklich darauf zielen, durch einen unternehmensinternen Datenaustausch alle relevanten Planungsprozesse auf der Basis eines vereinheitlichten Stammdatensatzes simultan zu bewältigen und dabei nicht nur Kosten zu senken, sondern auch die Stabilität der Planung zu erhöhen und über eine erhöhte Produktverfügbarkeit zum Marketingerfolg beizutragen? Waren die Fragen der Wissenschaftler zu oberflächlich und ungenau? Haben die befragten Manager die Fragen anders interpretiert oder – auch diese Möglichkeit steht bei dieser Art von empirischer Forschung immer offen – war die Stichprobe nicht repräsentativ? Man sieht hier besonders deutlich, wie weit diese Forschung von der sie leitenden Idee entfernt ist, durch objektive Beobachtungen der Realität die Grundlage für Theorien zu schaffen, die über die jeweiligen Beobachtungsresultate hinaus weisen.

Ergänzend ist dem noch hinzuzufügen, dass die grundsätzliche, gerade auch seitens der Logistik schon seit den 90er-Jahren des vergangenen Jahrhunderts mit Verve vorgetragene Kritik am Modell einer funktionalen Organisation auf einen fehlenden Datenaustausch zwischen den so gebildeten Bereichen zielt. Die Suboptima, die so nahezu zwangsläufig produziert werden, sollten durch eine prozessorientierte Organisation mit der Logistik als „Querschnittsfunktion" überwunden werden, in der Manager erstmalig eine Zugriff auf Informationen erhalten, die vorher in funktionalen Einheiten wie Beschaffung, Produktion und Vertrieb abgekapselt worden sind. Wenn das nichts bringt, könnte man es ja auch lassen. Allerdings würde das die Logistik mit einem Schlag einer ihrer prägenden Leitideen und Forderungen berauben, von deren Sinnhaftigkeit die dem dritten, hier betrachteten Forschungsansatz (F3) zuzuordnenden Forscher auch vor jedem empirischen Hypothesentest überzeugt sind.

Vielleicht hilft es ja auch noch weiter, wenn man sich einmal etwas genauer ansieht, wie in solchen Studien durch die Fragebogentechnik „die" Wirklichkeit entsteht. Innerhalb der oben schon angesprochenen Studie von McGinnis und Kohn sollten die befragten Manager beispielsweise zunächst Stellung beziehen zu der Aussage: „In my company, management emphasizes coordination and control of channel members' activities" (McGinnis und Kohn 2002, S. 5). Die Selbsteinschätzung der so Befragten, die oft auf einer eindimensionalen Likert-Skala „gemessen" wird, ist dann für alle weiteren Schlussfolgerungen die Realität (hier genauer: sie geht in die Wenn-Komponente einer kausalen Wenn-Dann-Beziehung ein).

Problematisch ist hier nicht nur, dass unklar ist, von welchen „channel members" hier die Rede ist, was „emphasizes" genau bedeutet und wodurch sich „betonte" Koordinationsaktivitäten in der wirklichen Wirklichkeit besonders hervorheben. (Wenn Manager so unpräzise gefragt werden, können sie eigentlich nur aus ihrem Bauchgefühl heraus antworten). Vielmehr ist hier auch nicht auszuschließen, dass in die Antworten auch Wertungen der Befragten einfließen. Während Verfechter des SCM-Konzeptes die Integrationsorientierung des eigenen Unternehmens möglicherweise als unbefriedigend einstufen und entsprechend niedrige „Scores" auf der Likert-Skala wählen, werden Anhänger des Weick'schen Konzeptes lose gekoppelter Systeme die Betonung von unternehmensübergreifenden Koordinationsaktivitäten schon als unnötig ausgeprägt einstufen (s. zum oben schon einmal erwähnten Konzept der losen Kopplung Weick (1976)). Derartige affektive Besetzungen von kategorisierenden Antworten lassen sich in solchen „Messungen" weder verhindern noch nachträglich herausfiltern.

Noch gravierender stellt sich die in diesem Kapitel erörterte Problematik dar, wenn in einer Erhebung mit Begriffen und mit mit diesen zusammenhängenden Vorstellungen gearbeitet wird, für die es in der Realität gar kein Korrelat gibt. Wenn Craighead et al. (2007, S 36) feststellen: „Logistics research of 2003 is probably most appropriately categorized as being one of people's perception of object reality", dann gewinnt man den Eindruck, dass sich hier Forscher an's Werk machen, die sich dieser Problematik bewusst sind. Wenn aber Wecker und Wecker (2007, S.48) feststellen, dass „21 % der Varianz des Supply Chain Management-Erfolges … durch den Einsatz von Internettechnologien erklärt werden (kann)", besteht erheblicher Anlass zum Zweifel an diesem Befund, weil der tatsächliche Supply Chain Management-Erfolg in der wirklichen Wirklichkeit nicht nur nicht gemessen wurde, sondern gar nicht gemessen werden konnte.

Die Autoren definieren den Gegenstand ihrer Befragung wie folgt: „Internetbasiertes Supply Chain Management bezeichnet den gezielten Einsatz von Internettechnologien zur integrierten kollaborativen Planung, Organisation, Durchführung und Kontrolle der Materialflüsse aller am Wertschöpfungsprozess beteiligten Unternehmen mit dem Ziel der optimalen Gestaltung". Dabei nennen sie ergänzend als wesentliche Voraussetzung für eine erfolgreiche Implementierung des Supply Chain Managements „den „querschnittliche(n) IT-Einsatz entlang *der gesamten Wertschöpfungskette*" (ebenda, S.49; Hervorhebung von mir), und sie orientieren sich damit an der Wettbewerbsverlagerungsthese, der zufolge der Wettbewerb sich von der Ebene der Konkurrenz zwischen Anbietern auf ihrer jeweiligen Wertschöpfungsstufe auf eine Konkurrenz zwischen ganze Supply Chains als Systemen höherer Ordnung verlagert.

Beide Prämissen, also weder die hier vorgelegte (und im Übrigen gängige) SCM-Definition noch die Verlagerung des Wettbewerbs, sind in der befragten Praxis bis heute erfüllt (zu einer ausführlichen Kritik der Wettbewerbsverlagerungsthese vgl. das Kapitel über Supply Chain Management in Bretzke (2015, S.65 ff.)). Supply Chains im Sinne der Ausgangsdefinition der Autoren standen also als Beobachtungsobjekte gar nicht zur Verfügung. Die von Daimler/Mercedes zu Beginn dieses Jahrhunderts in der Fachöffentlichkeit oft als beispielgebend beschriebene „Lederkette", die über mehrere Wertschöpfungsstufen bis zu einer südafrikanischen Rinderfarm reichte, zeichnet sich rückblickend eben dadurch aus, dass sie wegen übergroßer Komplexität als Modell nicht auf andere Vormaterialien übertragen und damit multipliziert werden konnte (s. Graf und Putzlocher 2004; einer der beiden Autoren hat damals gegenüber dem Verfasser das Konzept in einem Workshop für gescheitert erklärt, und zwar auch deshalb, weil die Lieferanten unwillig waren, sich an die unterschiedlichen IT-Lösungen ihrer verschiedenen Kunden anzupassen (Komplexitätsmerkmal 6) und weil sich die Branche unfähig zu einer Entwicklung unternehmensübergreifender Standards zeigte).

Besonders bemerkenswert ist dabei, dass die Forderung nach einer unternehmensübergreifenden organisatorischen Integration gerade an dem Faktor gescheitert ist, der laut Studie einen nennenswerten Anteil des SCM-Erfolges erklären soll. Mit i2-Technologies ist einer der Marktführer für die oben gerade erwähnten „Advanced Planning Systems", deren unternehmensübergreifende Vernetzung um die Jahrhundertwende als Schlüsselfaktor für den „querschnittlichen IT-Einsatz entlang der gesamten Wertschöpfungskette" betrachtet wurden, nach einem Umsatzhoch von über 1 Mrd. US-Dollar im Jahr 2000 innerhalb weniger Jahre praktisch kollabiert, um dann nach einem Verkauf ganz von der Bildfläche zu verschwinden.

Einer der Hauptgründe für das Scheitern lag darin, dass sich schon die Implementierung der Software in einem einzelnen Unternehmen als außerordentlich komplex erwiesen hat (die Firma Infineon hat an der Implementierung 5 Jahre laboriert). Bis zu einer unternehmensübergreifenden Integration ist man hier und in vielen anderen Fällen gar nicht vorgedrungen, jedenfalls entsprach die „querschnittliche Integration" zum Erhebungszeitpunkt der Studie von Wecker u. Wecker nicht den Fakten. Es gab die von den Autoren definierten, integrierten Supply Chains noch nicht, und sie sind aus guten Gründen auch heute noch kaum zu finden. Trotzdem haben die befragten Manager brav geantwortet, und trotzdem haben die Autoren Einflussfaktoren auf den SCM-Erfolg definiert und ihnen dann Korrelationskoeffizienten zugeordnet. (Das Wissen um die praktischen Probleme einer IT-basierten, unternehmensübergreifenden Prozessintegration (hier konkret: von Planungsprozessen) war übrigens zum Zeitpunkt der Studie von Wecker u. Wecker bereits verfügbar, nur noch nicht in der Wissenschaft, sprich: es wurde von den Beobachtern zweiter Ordnung übersehen und von den Beobachtern erster Ordnung offensichtlich bei der Beantwortung von Fragebögen nicht weitergegeben. Offensichtlich ist diese Art von empirischer Forschung in der Lage, sich ihre Fakten selbst zu fabrizieren.

Hierzu sei zur Illustration noch ein weiterer Befund aus der angesprochenen Studie herangezogen, der insofern besonders bemerkenswert ist, als hier verschiedene empirische Untersuchungen zu völlig anderen Ergebnissen kommen. Wecker u. Wecker stellten fest, mit ihrer Studie unter anderen Einflussfaktoren die *kollaborative Planung* als wichtige „Dimension des Supply Chain Managements" identifiziert zu haben. Hierzu seien nur einige ganz anders lautende, aber ebenfalls empirische Befunde zur „Supply Chain Collaboration" zitiert. „Paradoxically, SCC is immensely popular both in business and academia and at the same time most collaborative initiatives end up in failure" stellten Kampstra et al. (2006, S 315) fest. „Supply Chain Collaboration is needed, but not happening", lautete das Fazit einer gemeinsamen Studie von Capgemini und den Universitäten von Georgia (Southern) und Tennessee (Staff 2005), und eine Forrester-Studie kam zu dem Schluss, dass das „much-hyped concept in the late 1980s and 1990s" …„did not live up to the industries expectations" (Tohamy 2005). „Empirical support for the relationship between supply chain collaboration and performance improvement is scarce", stellten Vereecke und Muylle (2005, S. 2) fest und kamen in ihrer eigenen, empirischen Untersuchung zum dem Schluss: „performance improvement is only weakly related to the extent of collaboration with customers or suppliers". Es ist schon bemerkenswert, dass eine Managerbefragung zu einem „empirischen" Befund in Gestalt der

Identifikation einer wichtigen Einflussgröße führt, die nach anderen empirischen Erhebungen definitiv nicht wirkt.

Die Verfasser dieser Studie sind hier wie viele andere auch wohl der Problematik aufgesessen, dass in der Diskussion um das Thema Supply Chain Management nie klar unterschieden worden ist zwischen a) einem *Entwurf* für eine bessere Logistikwelt (also einem normativen Konzept und einer darauf aufbauenden *Prophezeiung* zu erwartender Wirkungen) und b) empirischen Hypothesen über das, was ist. Eine ganzheitliche Optimierung über alle Wertschöpfungsstufen hinweg, auf deren Problematik ich in Kap. 3 noch ausführlicher eingehe, wurde in ihrer überlegenen Vorteilhaftigkeit als so selbstevident eingestuft, dass man dachte, alle halbwegs vernunftbegabten Manager müssten dieser Idee folgen, so dass das Konzept, wenn es auch noch nicht überall und oft noch nicht vollständig umgesetzt worden war, doch bald Realität werden würde. Also musste man da nicht mehr so genau hinschauen und unterscheiden. Bemerkenswert ist hier, dass offensichtlich auch die befragten Manager mit ihren Antworten bereit waren, dem Zeitgeist zu folgen, was noch einmal belegt, wie problematisch eine durch Befragungen hergestellt „Realität" ist.

Begriffliche Unklarheiten sind schon am Anfang jeder Forschung (nicht nur der empiristischen) schädlich. Wenn man das Objekt der Forschung nicht klar definiert, weiß man nicht einmal genau, wo man eigentlich hinschauen soll. Dafür hat gerade die Literatur zum Supply Chain Management ein reichhaltiges Anschauungsmaterial geliefert. Bechtel und Yayaram haben 1997 fünfzig verschiedene SCM-Definitionen aufgelistet und diese in 5 verschiedene „Denkschulen" eingeteilt (Bechtel und Jayaram 1997). Vier Jahre später stellten sieben namhafte US-Wissenschaftler in einer gemeinsamen Arbeit mit dem Titel „Defining Supply Chain Management" fest, „that there remains considerable confusion as to its meaning" (Mentzer et al. 2001). Die einen sehen die vormals selbstständige Funktion „Beschaffung" als Teil des SCM, andere sehen das nicht so. Viele sehen SCM als Oberbegriff und betrachten Logistik als „Untermenge", andere (wie etwa Frankel et al. (2008)) dagegen halten Logistik für das breitere Konzept, und keiner kann widerlegt werden, weil Sprachregelungen keine Aussagen über die Realität sind und weil sich bei ihnen infolgedessen die Frage nach der empirischen Wahrheit nicht stellt. Was aber in jedem Fall gefragt werden müsste ist, welche Definition die wissenschaftlich fruchtbarste ist, also am ehesten geeignet, zu aussagekräftigen Theorien zu führen. Auch solche Kriterien führen natürlich irgendwann wieder zu der Frage zurück, an welchen Indikatoren man denn gegebenenfalls ablesen kann, ob und gegebenenfalls in welchem Umfang ein Unternehmen schon Supply Chain Management betreibt oder noch nicht.

Der SCM-Begriff ist in der Literatur immer wieder behandelt worden, als wäre er von suggestiver Klarheit, und dort, wo sich Autoren für ihre eigene Arbeit Definitionen zurechtlegen, wird das Problem oft nur auf einen anderen, selbst erklärungsbedürftigen Begriff verschoben (etwa, wenn Simchi-Levy et al. von einem „set of approaches to efficiently integrate suppliers, manufacturers, warehouses and stores" sprechen, ohne zu sagen, was Integration genau bedeutet bzw. wann dieser Tatbestand in der Realität erfüllt ist (s. Simchi-Levy et al. 2004, S. 2). Die Alltagssprache erhält sich durch solche begrifflichen Unschärfen ihre Flexibilität. Das ist aber gerade der Grund dafür, dass Wissenschaftler an entscheidenden Stellen ihrer Arbeit mit der Sprache anders umgehen müssen als es etwa die von ihnen gefragten Manager in ihrem Alltag tun, und wenn sie diese tun, entsteht dadurch unvermeidlich die Gefahr des Aneinander-Vorbeiredens, oft ohne dass das einer bemerkt.

In einer entwicklungsgeschichtlichen Betrachtung hat man hat zum Beispiel den Eindruck, dass der Begriff der Integration innerhalb der praktischen wie in der wissenschaftlichen Logistik seine Popularität nicht zuletzt dem Umstand verdankt, dass er nie ganz klar definiert worden ist, und dass es dadurch leicht geworden ist, ihn als Leitidee zu propagieren, dem jeder problemlos folgen konnte. Wie problematisch das aber ist, folgt schon aus der Luhmann'schen Definition von Integration als „wechselseitige Einschränkung der Freiheitsgrade von Systemen" Luhmann (2006, S. 99). Hier erscheint Integration als ein ambivalentes institutionelles Arrangement (Komplexitätsmerkmal 10), für das es immer Alternativen gibt – in diesem Falle insbesondere das von Konrad Weick (1976) entwickelte Konzept einer losen Kopplung von Prozessen und Organisationseinheiten, das infolge von weniger Festlegungen im Voraus und einer daraus resultierenden, reduzierten Störbarkeitsfähigkeit in einer dynamischen Welt besser geeignet ist, Umweltkomplexität zu absorbieren. (Mit der Definition von Simchi-Levy würde der Supply- Chain-Management-Begriff dann an ein hoch problematische Konzept gekoppelt). Offensichtlich kann man sich innerhalb der Wissenschaft gar nicht genug Gedanken machen über die sprachliche Fassung der zu benutzenden Kernbegriffe, auch weil diese Begriffe, wie grade demonstriert, gelegentlich mit erheblichen theoretischen Implikationen verbunden sein können.

Zwei weitere Beispiele mögen ergänzend und vertiefend erläutern, wohin es führen kann, wenn man sich dieser Mühe nicht unterzieht. Offenbar ist es möglich, aus den von Empiristen durchgeführten Hypothesentests Schlussfolgerungen zu ziehen, die *nicht kohärent* sind. Daugherty et al. (2002, S. 99) schließen aus der Auswertung ihrer Erhebung in einem Recycling-Kontext: „No relationship was found between IS support and operating/financial performance", um in ihrer „Conclusion" zwei Seiten später zu fordern: „Managers will need to apply sophisticated IS support to…efficiently handle and redistribute inventory as necessary" (ebenda, S. 101). Ist dieses durch die eigenen Befunde nicht gestützte Vor- und Weturteil eine Aufforderung, eine Korrelation herzustellen, die bislang noch nicht beobachtet werden konnte, und wenn ja: wie kann eine empirische Forschung qua eigener Methodologie solche kontrafaktischen Empfehlungen begründen?

Nicht immer fallen derartige Inkonsistenzen dem Leser entsprechender Studie sofort ins Auge. Ganz offensichtlich werden diese Studien ja auch schnell wieder vergessen, weil sie eben keinen Beitrag zu einer übergreifenden Theorie liefern konnten. Sanders und Premus (2002, S. 79) folgern aus ihrer Erhebung, dass die Nutzung von Informationstechnologie „is found to provide a significant competitive advantage for firms", um wenig später aus denselben Daten den Schluss zu ziehen, dass a) auch intensive Nutzer unter den befragten Unternehmen, „were found to primarily use operations-oriented information technologies" und b) „our study does not document benefits at the strategic level" (ebenda). Gab es nun signifikante *strategische* Wettbewerbsvorteile durch IT-Unterstützung der *operativen* Ebene? „Eine Theorie wird unhaltbar, wenn wir imstande sind, aus ihr zwei kontradiktorische Aussagen abzuleiten" (Tarski 1977, S. 178). Hier haben wir den besonderen Fall, dass schon Hypothesen, die man irgendwo zwischen einfachen Beobachtungssätzen und einer Theorie ansiedeln muss, nicht konsistent sind und/oder in Kombination mit zugehörigen Erhebungsdaten inkonsistente Schlussfolgerungen zulassen.

Natürlich gilt das nicht für alle Arbeiten von Empiristen. Bemerkenswert ist aber, dass diese Art von Forschung trotz ihres scheinbar so stringenten methodischen Ansatzes solche Verwirrungen überhaupt zulässt bzw. hervorbringen kann, und dass es dann, wenn es passiert, offenkundig niemand merkt oder stört. Für einen Forschungsansatz, der auf den Primat der Tatsachen und die Souveränität der Beobachtung setzt, sind das ziemlich verwirrende Schlussfolgerungen. Schließlich geht es hier ja am Ende um Versuche, im Wege des induktiven Schließens den qualitativen Sprung von einzelnen Beobachtungen zu allgemeineren Theorien so zu vollziehen, dass die selbst problemfrei erhobene empirische Basis auch die Schlussfolgerungen vollständig und kritikfest legitimiert. Das kann schon aus logischen Gründen nicht gelingen, wenn man aus einer einzelnen Datenbasis unterschiedliche Schlussfolgerungen ziehen kann. (Dass sich hinter dem Begriff der Induktion auch generell keine logisch zulässige Methode der Theoriefindung verbirgt, wird in Abschn. 2.6 noch näher ausgeführt.)

Festzuhalten ist mit Blick auf die Überschrift dieses Kapitels: Die Möglichkeit eines unmittelbaren, voraussetzungslosen Wirklichkeitsbezuges gibt es nicht, weder für Wissenschaftler noch für Praktiker, die als Beobachter erster Ordnung ja auch nur erfolgreich durchs Leben kommen, indem sie beständig Annahmen über die eigene Situation und über die zu erwartenden Folgen ihres Handelns bilden. Deshalb ergibt sich selbst im Falle konsistenter Antworten von Managern aus einer homogenen und repräsentativen Stichprobe immer die Gefahr, dass Wissenschaftler mit komplexen, statistischen Methoden ungeprüfte Annahmen, Einschätzungen und Meinungen von Nicht-Wissenschaftlern auswerten, denen dann das Ergebnis als Empirie präsentieren und dabei übersehen, dass ihre scheinbar quantitative Methodik auf einem wackeligen qualitativen Fundament ruht.

Möglicherweise ließen sich die hier herausgearbeiteten Mängel im Zaum halten, wenn Forschungsergebnisse innerhalb des Empirismus häufiger und offen diskutiert und kritisiert würden. Stattdessen hat man Eindruck, dass innerhalb dieses Forschungsansatzes jeder unkoordiniert vor sich hin forscht und sich dabei für die Forschungsresultate anderer Kollegen kaum interessiert – obwohl diese doch eines Tages die Grundbausteine für eine wirkliche, diesen Namen verdienende, übergreifende Theorie der Logistik liefern sollen. Es gereicht dieser Art von Wissenschaft nicht zum Vorteil, dass dort kein Ringen um den Erkenntnisfortschritt stattfindet. Auch in diesem Punkt fällt der Empirismus deutlich hinter sein Vorbild, die Naturwissenschaften, zurück.

2.5   Probleme als Realitäten sui generis

In diesem Kapitel wird die auch vorher schon mehrfach angeklungene Frage nach der praktischen Relevanz des Empirismus ganz fokussiert gestellt. Dazu muss man nicht die Frage nach dem *Realitäts*bezug eines Forschungsansatzes stellen, sondern die Frage nach dessen *Problem*bezug. Dieser Unterschied ist nicht augenfällig, aber wichtig, und worin er besteht, wird gleich herausgearbeitet.

Genauer gesagt muss man fragen, ob und inwieweit diese Forschung ihren Ausgangspunkt von bislang ungelösten praktischen Problemen nimmt und ob bzw. wie ihre Forschungsresultate umgekehrt erfolgreich in praktische Problemlösungsprozesse eingebunden werden können. Es geht also gewissermaßen um den Anfang und das Ende der Forschung. Vorauszuschicken ist dabei eine Anmerkung grundsätzlicher Natur. Letztendlich ist die Beurteilung von Lösungsvorschlägen, auch solchen, die von der Wissenschaft angeboten bzw. bereitgestellt werden, immer die Sache derjenigen, die diese Probleme wirklich haben und die gegebenenfalls mit den Folgen einer misslingenden Umsetzung leben müssen (also der Beobachter erster Ordnung). Gleichwohl kann man aber auf einer allgemeinen Ebene als Beobachter dritter Ordnung die Voraussetzungen des Gelingens analysieren und die hier auf dem Prüfstand stehenden drei Forschungsansätze unter diesem Aspekt miteinander vergleichen.

Vorbemerkungen zur „Natur" von Problemen

Ein *Problem* ist ein Erkenntnisobjekt sui generis, und zwar eines, für das es in den Naturwissenschaften kein Korrelat gibt. In der Natur gibt es keine Probleme. Schon qua definitione reflektiert ein Problem immer eine *Subjekt-Objekt-Beziehung*, d.h. es setzt ein handelndes Subjekt voraus, das eine vorgefundene Situation aus den eigenen Zielen, Präferenzen und Bedürfnissen heraus als unbefriedigend und verbesserungswürdig empfindet, ohne zunächst zu wissen, wie diese Lücke geschlossen werden kann. Probleme sind ihrer Natur nach *Rätsel*, oft, aber bei weitem nicht nur deshalb, weil sie sich auf offene technologische Entwicklungen wie etwa das Internet der Dinge oder Industrie 4.0 beziehen. Offene Entwicklungen dieser Art sind in systematischer Betrachtung nur ein Sonderfall von Unsicherheit. Auch über die vernünftigerweise zu verfolgenden Ziele kann Unsicherheit herrschen. Dieses Komplexitätsmerkmal (13) ist für alle wirklichen Probleme konstituierend.

Die Frage, wie Probleme in die Welt kommen, wird auch bei der Erörterung des OR-Ansatzes in Kap. 3 eine große Rolle spielen, insofern sind die folgenden Anmerkungen auch vorbereitender Natur. Bei dieser Frage spielen auch die oben diskutierte Denkfigur des Deutungsmusters und die jeweils eingenommene Perspektive eine Rolle, was den Charakter von Problemen als Beziehung zwischen einem objektiven Zustand der Welt und einem diesen Zustand bewertenden Subjekt weiter hervorhebt. Auch das sei wiederum beispielhaft erläutert.

Wenn sich vor einer knappen Kapazität wie etwa der Rampe eines Warenempfängers häufig längere Warteschlangen von Fahrzeugen bilden, dann ist dieser Stau in sich noch kein Problem. Er kann aus Sicht des Kapazitätseigners sogar ein beruhigendes Signal dafür sein, dass das Risiko von Arbeitsabbrüchen und Leerkapazitäten im Wareneingangsbereich minimal ist (ähnlich denken manche Ärzte, wenn sie in ein volles Wartezimmer blicken). Da die Kosten der wartenden Fahrzeuge überwiegend in den Ergebnisrechnungen anderer Unternehmen auf einer vorgelagerten Wertschöpfungsstufe

anfallen, wird die Motivation des Betreibers der Entladerampe, selbst zur Lösung beizutragen, zunächst eher schwach ausgeprägt sein. Umgekehrt fehlt denjenigen, für die eine
solche Warteschlange wegen der mit ihr verbundenen Produktivitätseinbußen ein Problem
ist, in diesem Falle also den Transporteuren, in der Regel schon deshalb der Handlungsspielraum zur Lösung, weil sie zu den Warenempfängern gar keine vertraglichen Beziehungen unterhalten.

Formal spiegelt sich dieser Zielkonflikt (Komplexitätsmerkmal 10) in der in Abb. 2.2
dargestellten, asymmetrischen Schadensfunktion, bei der die Perspektive des Warenempfängers eingenommen wird und bei der auf der Waagerechten die Ankunftszeiten der
Fahrzeuge abgetragen sind. Zu spät ankommende Fahrzeuge können schädliche Wirkungen
unterschiedlicher Natur auslösen. Im geringsten Fall führen sie zu Leerkapazitäten im
Wareneingang und zu einer misslungenen Koordination zwischen Warenankunft und be-
reitgestellten Mitarbeitern für die Verräumung der Ware ins Regal. In einem industriellen
Kontext kann es aber im schlimmsten Fall sogar zu Bandstillständen in der Produktion
kommen.

Man kann an dieser Stelle auch ein Versagen des SCM-Konzeptes diagnostizieren, deren Vertreter ohne Unterlass predigen, bei ihrem Konzept gehe es nur um sogenannte
„Win-Win-Situationen". Auch der Markt löst dieses Problem in der Praxis nicht, weil die
durch Standzeiten ausgelösten Transportmehrkosten von den Transportunternehmen mangels Marktmacht kaum an ihre Auftraggeber weitergegeben werden können und diese als
„Verlader" ohnehin davor zurückschrecken, ihre Kunden im Handel weiterzubelasten. Am
Ende gilt hier die Regel: Die letzten beißen die Hunde. Festzuhalten bleibt in systematischer Perspektive, dass die Wahrnehmung von Problemen von subjektiven Betroffenheiten
abhängen kann. Nicht nur für Anhänger des OR-Ansatzes kann sich dann die Frage stellen, wessen Problem sie denn vordringlich lösen wollen. (Eine ausführliche Behandlung
des Standzeiten-Problems findet sich bei Bretzke (2014, Abschn. 2.4.3)).

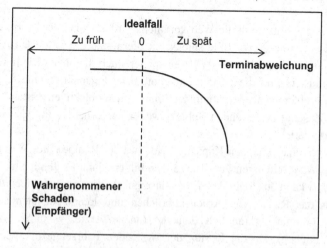

Abb. 2.2 Asymmetrische Schadensfunktion

Ich habe dieses Beispiel hier auch gleich zu Beginn dieses Kapitels angeführt, um klar zu machen, dass auch in der Praxis nicht immer von vorneherein klar ist, worin ein Problem eigentlich besteht und wer es tatsächlich hat. Das macht natürlich die Aufforderung an eine praxisorientierte Wissenschaft, sich mit ihrer Forschung an realen Problemen auszurichten, gelegentlich etwa schwierig. Bei der Frage, *wessen* Rätsel sich denn *Wissenschaftler* in einer anwendungsorientierten Forschung wie der betriebswirtschaftlichen Logistik zuwenden sollten, geht es aber grundsätzlicher darum, ob es sich hier überhaupt um Rätsel der entscheidenden und handelnden Führungskräfte in der Praxis handeln sollte oder um selbst erdachte, wissenschaftsinterne Rätsel, die dann nur wissenschaftsinternen Gütekriterien wie insbesondere dem Kriterium der empirischen Wahrheit genügen müssen.

Im Vorgriff auf die folgende Analyse kann dabei jetzt schon gesagt werden, dass eine Wissenschaft, die wie der Empirismus ihren Problemvorrat nicht primär aus der Praxis bezieht, um von dort aus zu starten, schon bei der Auswahl der zu untersuchenden Fragestellungen der Gefahr einer großen Beliebigkeit ausgesetzt ist. Wie im Folgenden anhand verschiedener Beispiele gezeigt wird, erscheint hier ja manchem Forscher etwas als ein Rätsel, was aus in den Augen von Praktikern gar kein Rätsel ist. Hinzu kommt, dass schon ihr methodischer Grundansatz nur bestimmte Fragestellungen überhaupt zulässt, nämlich Fragen, die auf die Entdeckung von festen, gesetzesartigen Kausalzusammenhängen zielen und die deren grundsätzliche Existenz damit schon vor jeder Erhebung voraussetzen müssen.

Man möge einmal einen Empiristen fragen, wie er als für die Logistik zuständiger Wissenschaftler die zukünftigen Auswirkungen des 3-D-Druckens auf die Logistik einschätzt und ob er hierin eher eine Chance oder eine Bedrohung (also ein Problem) sieht, und man möge ihn dabei bitten, aus eigener Fachkompetenz selbst zu antworten und die Frage nicht über Erhebungsbögen an die betroffenen Manager weiterzuleiten, die sich ja gegenüber diesem Rätsel selbst von der Wissenschaft Antworten erhoffen. Die Antwort kann – wie übrigens auch bei den später unter die Lupe genommenen Anhängern des OR-Ansatzes – nur in einer methodenbedingten Nicht-Zuständigkeitserklärung bestehen. Dass eine Wissenschaft von der Logistik an dieser Stelle kneifen muss, ist deshalb besonders beschämend, weil die Auswirkungen dieses dezentralisierenden „Local-for-Local"-Ansatzes, mit dem Gütertransporte weitgehend durch Datenübertragungen (Bauplänen für die Drucker) und durch Transporte von Granulaten ersetzt werden, auf das Ausmaß zukünftiger Transportbedarfe vermutlich dramatisch sein werden und weil man für erste Einschätzungen nicht viel mehr braucht als einen logistisch geschulten, gesunden Menschenverstand.

Wie schon im letzten Kapitel nähere ich mich der nunmehr aufgeworfenen Frage nach dem *Problembezug* des Empirismus, indem ich beispielhaft einzelne Forschungsergebnisse herausgreife und sie unter diesem weiteren Aspekt analysiere und bewerte. Natürlich kann man diesem Vorgehen vorwerfen, dass ich mich dabei nicht auf die Glanzleistungen des Empirismus beziehe, sondern eher dürftige Untersuchungen ausgewählt habe. Aber einerseits ist meine Auswahl nicht gezielt erfolgt, sondern „subjektiv zufällig", und andererseits glaube ich, dass die im Folgenden herausgearbeiteten Schwächen großenteils exemplarischer Natur sind, also den Forschungsansatz als Ganzes betreffen. Auch das Alter der betrachteten Forschungsergebnisse dürfte hier keine Rolle spielen, da der Forschungsansatz seinem Selbstverständnis nach zeitunabhängig gültige empirische Wahrheiten produziert, die kumulativ den Fortschritt der Wissenschaft ausmachen.

Betrachten wir also zunächst die beiden nachstehenden Hypothesen bzw. die mit ihrem Test verbundenen Erkenntnisse unter dem Aspekt ihrer Praxistauglichkeit näher:

1) die Hypothese, dass im E-Commerce die Fulfillment-Leistung einen Einfluss auf die Rentabilität des Anbieters hat, die „in Form einer tendenziell signifikanten Korrelation mittlerer Stärke bestätigt" wird (Köcher 2006, S. 24), und
2) die Annahme, eine unternehmensübergreifende Kommunikation führe zu einem verstärkten Kundenbindungserfolg, die auf der Ebene standardisierter Pfadkoeffizienten mit einem Wert von 0,456 „bestätigt" wurde (Zentes et al. 2004, S. 56).

Zu der zweiten Hypothese ist vorab eine Merkwürdigkeit festzustellen, die schon für sich ein bezeichnendes Licht auf dieses Forschungsterrain wirft und die in einem anderen Zusammenhang oben schon einmal erwähnt worden ist. Die Forscher stellen zwei Tabellen weiter fest, dass der Einfluss des Kundenbindungserfolges auf die Unternehmens-Performance nicht signifikant ist, also nicht einmal die statistische Mindestanforderung an die Annahme einer Hypothese erfüllt. Warum sollte man dann mit seinen Kunden kommunizieren? Wallenburg (2007, S. 387 ff.), der sich desselben statistischen Methodenapparates bedient, sieht demgegenüber in der Kundenbindung umgekehrt einen entscheidenden Erfolgsfaktor. „Die große Bedeutung der Kundenbindung für die Unternehmen zeigt sich an den umfangreichen Maßnahmen, die in diesem Zusammenhang getätigt werden" (Wallenburg 2004, S. 7). Beide beziehen sich auf dieselbe Wirklichkeit, der offenkundig im Rahmen dieser Methodik unterschiedliche Wege geboten werden, sich zur Geltung zu bringen. Wahre empirische Wahrheit sieht anders aus.

Vielleicht ist es etwas spitzfindig, noch einmal daran zu erinnern, dass es Bestätigungen von empirisch gehaltvollen Hypothesen nach Popper gar nicht geben kann. Zu fragen ist aber in jedem Fall bei Hypothese 1), ob man einen Zusammenhang, der nur *tendenziell signifikant* ist und dabei auf der Basis einer nicht-repräsentativen Stichprobe nur mit *mittlerer Stärke* bestätigt wurde, als Zuwachs eines theoretischen Wissens einstufen kann, das in der Lage ist, Praktikern (hier: dem internetbasierten Versandhandel) zu besseren Entscheidungen zu verhelfen. Konkreter gefragt: Was sollen die Shop-Betreiber und die von ihnen eingesetzten Paketdienste nun anders machen, nachdem sie durch die Wissenschaft mit dieser abstrakten Botschaft überrascht worden sind, die weder etwas über die Richtung des Einflusses aussagt noch zwischen verschiedenen Fulfillment-Varianten differenziert? Es scheint, dass die Wissenschaft hier ein Problem gelöst hat, dass sich nur ihr selbst als der Praxis entrückter Beobachter zweiter Ordnung stellte, und noch nicht einmal das wurde tatsächlich gelöst.

Fest steht auf jeden Fall, dass man den konkreten Auswirkungen von Fulfillment-Leistungen auf die Rentabilität des Anbieters einfacher, direkter und mit informativeren

Resultaten auf die Spur kommt, wenn man alternative Belieferungsvarianten mit unterschiedlichen Serviceniveaus mittels einer Prozesskostenrechnung durchleuchtet und in der Ergebnisrechnung konkreter Unternehmen einmal nachschaut, wie prozessentkoppelnde Paketstationen oder kostenlose Retouren den Ertrag beeinflussen. Beim Internethändler Zalando hat die zweite Fulfillment-Variante offensichtlich die Gewinnschwelle in die Nähe eines Umsatzes von 1 Mrd. Euro verschoben.

Hierzu noch einmal Köcher (2006), offenbar etwas orientierungslos zwischen seinen statistischen Ergebnissen herumirrend, von wenig Sachkenntnis und Vertrautheit mit dem Gegenstand seiner Forschung geplagt und dennoch guter Hoffnung, er könne diesen Mangel durch die Befragung von Managern heilen: „Bei den unternehmensinternen Wirkungen bestätigte sich der negative Einfluss der Fulfillment-Kosten auf die Rentabilität des eCommerce-Geschäftsbereiches nicht" (ebenda, S. 24) und: „Die Fulfillment-Kosten lassen sich bei den Online-Anbietern somit nicht als ein Problembereich bestätigen" (ebenda, S. 29). Abgesehen davon, dass es natürlich nicht ausreichen würde, mittels empirischer Erhebungen einen Sachverhalt als einen „Problembereich" festzustellen, geht diese Aussage vollständig an der Sache vorbei (will sagen: sie ist, obwohl empirisch validiert, schlichtweg falsch).

Zum Zeitpunkt seiner Untersuchung hätte dieser Forscher schon wissen können, dass in den USA im Jahr 2001 mit WebVan ein mit großen Erwartungen gestarteter Online-Lebensmittelhändler mit einem Investitionsvolumen von über 1 Mrd. US-Dollar bankrott gegangen ist, und zwar hauptsächlich wegen nicht kostendeckender Zustellgebühren. Kurz nach ihm ist mit Streamline noch ein zweiter, ehemals prominenter eCommerce-Anbieter in die Insolvenz gegangen, ebenfalls wegen des angeblich nicht vorhandenen „negativen Einflusses der Fulfillment-Kosten auf die Rentabiliät". Wenn Forscher mit geringer Sachkenntnis Manager befragen, denen es ebenfalls an Kompetenz fehlt, wie das hier augenscheinlich der Fall gewesen sein muss, dann kommt es eben zu Ergebnissen, die mit der wirklichen Wirklichkeit hinter den Befragungen nichts zu tun haben.

Das könnte man vielleicht noch als Beispiel eines missglückten Forschungsprojektes abtun, wenn dahinter nicht ein immanentes Risiko des ganzen Forschungsansatzes stecken würde. Im Übrigen macht eine Ungleichverteilung von Wissen und Kompetenz unter Managern, wie sie nach den langjährigen praktischen Erfahrungen des Verfassers immer wieder zu beobachten ist, auch die Annahme problematisch, dass die oft sehr kleinen Stichproben bei Befragungen repräsentativ für die nicht erfasste Grundgesamtheit sind (wobei die relevante Grundgesamtheit ja nicht nur aus allen angeschriebenen Managern bzw. Firmen besteht, sondern gegebenenfalls darüber hinaus auch aus denjenigen, die man als Adressaten gar nicht in seiner Datei und damit gar nicht erst ins Auge gefasst hatte). Empiristen *müssen* bei der Auswertung von Antworten unterstellen, dass schon die Befragten über eine annähernd gleiche Kompetenz verfügten. Nicht nur bei dem gerade referierten Forschungsresultat von Köcher hat man bisweilen den Eindruck, dass bei den Probebohrungen möglicherweise einfach die falschen Personen gefragt worden sind. Das Traurige daran ist, dass Forscher, die sich dem inhaltlichen Verstehen von Zusammenhängen verschließen, das nicht aus eigenem Wissen erkennen können und dem dann schutzlos ausgeliefert sind.

Der Situationsbezug von Problemen

Jedes menschliche Problemlösen ist situationsbezogen. Naturgemäß ist das für jede Art von Forschung wiederum selbst ein Problem, weil Wissenschaft sich nur dadurch von der lebensweltlichen Praxis unterscheiden und abheben kann, dass sie verallgemeinerbares Wissen erzeugt und bereitstellt. Schon in Abschn. 1.1.2 wurde herausgearbeitet, dass das Komplexitätsmerkmal „Kontingenz" letztlich in die Unendlichkeit der Merkmale situativer Bedingungen verweist und damit eine „Zwangsehe von Brauchbarkeit und Abstraktion" erzwingt (Luhmann 1968, S. 220). Eine praxisorientierte Wissenschaft kommt deshalb nicht ohne ein gewisses Maß an Pragmatismus aus. Umso wichtiger ist es, dass sich die Wissenschaft darum bemüht, die entscheidenden Geltungsvoraussetzungen ihrer Hypothesen und/oder die Erfolgsvoraussetzungen ihrer Modelle *so weit wie möglich* herauszuarbeiten. Gerade in diesem für die Praxistauglichkeit von Forschungsergebnissen zentralen Punkt zeigen sich markante Unterschieden zwischen den hier unterschiedenen Forschungsansätzen.

Während empirische Forscher immer nur sagen können, dass sich bestimmte Hypothesen unter bestimmten Bedingungen in einem bestimmten Ausmaß bewähren, ohne diese Bedingungen, die immerhin auch die erfassten Korrelationswerte begrenzen und/oder als unsicher erscheinen lassen können, in einem befriedigenden Umfang benennen zu können, kann man den Erfolgsvoraussetzungen von Modellen und Konzepten im Rahmen der später beleuchteten, dritten Form einer Wissenschaft von der Logistik (F3) klarer und differenzierter auf die Spur kommen, und zwar durch realitätsbezogene Gedankenexperimente. Die Entkopplungseffekte von Paketstationen, die Zustellern und Warenempfängern eine beiderseitige Zeitsouveränität verschaffen, den Paketdiensten Bündelungseffekte auf der kostenkritischen letzte Meile bescheren und sie gleichzeitig von kostenintensiven, zweiten Zustellversuchen entlasten, kann man *inhaltlich* durchdenken und mit bestimmten, günstigen oder hinderlichen Bedingungen verknüpfen, ohne dabei Manager befragen zu müssen. Zu diesen Bedingungen zählt bei der Fulfillment-Variante Paketstation etwa die Bereitschaft von Sendungsempfängern, selbst zur Senkung der Kosten auf der letzten Meile beizutragen. Damit kann man dann auch den hier beklagten, mangelnden Problembezug herstellen, ohne den es naturgemäß keine praktikablen Lösungen geben kann.

Ein weiteres, aktuelles Beispiel mag diese Erkenntnis zusätzlich unterstreichen. Wer sich einmal intensiver mit den Erfolgsvoraussetzungen einer Multi-Channel-Logistik im eCommerce beschäftigt hat, der weiß, dass man hier zwar auch Ursache-Wirkungs-Beziehungen durchdenken muss, dabei in der Regel aber ohne ein einziges empirisches Gesetz auskommt. Zu den zentralen Erfolgsbedingungen zählen hier u. a. die Bereitschaft von Kunden, für Bequemlichkeit im Lieferservice Geld zu zahlen sowie die damit zusammenhängende Frage, wann diese Kunden bereit sind, die klassische Reihenfolge „Wählen – Prüfen – Kaufen" durch die Reihenfolge „Wählen – Kaufen – Prüfen" zu ersetzen (Multi-Channel-Systeme bieten beides). Zu den wissenschaftsrelevanten Besonderheiten zählt hier zudem, dass man nur durch ein cross-funktionales Denken zum Erfolg kommen kann, bei dem insbesondere logistische Aspekte und Marketinggesichtspunkte gemeinsam berücksichtigt werden müssen. Eine solche Komplexität lässt sich innerhalb des Empirismus kaum aufspannen.

Wir können an dieser Stelle festhalten: Infolge ihrer unreflektierten Orientierung an den Naturwissenschaften neigt die hier kritisierte Variante von Empirikern dazu, um ein Problem immer *von Außen herum* zu forschen. Es wird gar nicht erst gefragt, warum etwa eine stärkere, unternehmensübergreifende Kommunikation zu einer stärkeren Kundenbindung führt, d. h. der eigene Anspruch auf Erklärung bleibt qua Methodik auf halber Strecke stecken, auch weil hier der statistischen Methodik zuliebe Kausalitäten unidirektional gedacht werden müssen und damit schon vor jeder empirischen Erhebung der Sinn dafür verloren wird, dass *Kommunikation* immer *Interaktion* ist und nur aus diesem wechselseitigen Bezug heraus angemessen erfasst und in der Tiefe verstanden werden kann.

Wann und wo immer sie stattfindet, ist der Erfolg einer unternehmensübergreifenden Kommunikation von einem komplexen Zusammenspiel von Rede und Gegenrede abhängig. Dabei ist die Gegenrede oft insoweit interessanter, als man nur über sie die Servicewünsche der Kunden erfahren kann, auf die man dann sein Serviceangebot ausrichten muss. So etwas wie „Kundenbindung" lässt sich überhaupt nur verstehen, wenn man sich gedanklich in die Situation der zu bindenden Kunden hineinversetzt und versucht, aus deren Sicht nachzuvollziehen, welche spezifischen Vorteile dort wirksam werden, wenn man als Lieferant in einer entsprechenden Absicht bestimmte Maßnahmen ergreift – seinen Kunden also beispielsweise durch aktuelle Informationen über die Verfügbarkeit von Beständen und Kapazitäten zu mehr Planungssicherheit verhilft. Die Befragung von Managern aus Lieferanten-Unternehmen kann da dann nicht weiter helfen, wenn die Befragten sich einer solchen gedanklichen Operation nicht unterziehen (was nach den praktischen Erfahrungen des Verfassers erschreckend häufig der Fall ist).

Wenn man auf der Suche nach unidirektionalen, einstufigen, linearen Kausalitäten einseitig nur auf die Handlungsarsenal von Lieferanten schaut und dort ausgesuchte, als Ursachen qualifizierte Maßnahmen darauf hin untersucht, ob sie innerhalb eines quasi-gesetzmäßigen Geschehens als Wirkung eine vertiefte Kundenbindung herstellen können, ist man im Grunde schon gescheitert, bevor man seine empirischen Erhebungen startet. Auch ein durchschnittlich begabter Manager weiß nach einiger Zeit im Vertrieb eines Unternehmens erheblich mehr über die Erfolgsvoraussetzungen einer unternehmensübergreifenden Kommunikation als Zentes et al. mit ihrer Hypothese und deren Test zu Tage gefördert haben, und vor allem mehr, als sich mit dieser Methode generell erfassen lässt. Vor allem ist ihm klar, *über was* man kommunizieren sollte, damit sich der gewünschte Effekt einstellt. Würde man das Wissen eines solchen Managers auf den Informationsgehalt der (nur mit einem mageren Pfadkoeffizienten von 0,456 bestätigten) Kommunikationshypothese von Zentes et al. zurückstutzen, hätte das seine Berufsunfähigkeit zur Folge. Auch der kleinste Mitarbeiter im Vertrieb eines Unternehmens wird vermutlich seinen Arbeitsalltag nach dem Frühstück unbewusst mit der Arbeitshypothese starten, er könne durch Gespräche mit den Kunden diese enger an sein Unternehmen binden, und seine Erfahrung lehrt ihn auch *wie*. Es ist schließlich sein Job.

Bei der Erforschung von Fruchtfliegen (Drosophila Melanogaster) geht das nicht anders, aber in Menschen und in ihre Probleme, zu deren Lösung die Wissenschaft ja beitragen will, kann man sich verstehend hineinversetzen, wie dies etwa Williamson (1975) bei der Entwicklung seiner Transaktionskostentheorie getan hat (einer Theorie, die diesen Namen wirklich verdient und die ihre Existenz eben nicht der Befragung von Managern verdankt). Mit ihrem Verzicht auf „Verstehen" als Weltzugang verabschiedet sich diese Forschung von dem, was sich Kotzab in seiner grundlegenden Analyse von Forschungs-methoden und -zielen für die Kontraktlogistik von ihr erhofft, nämlich in einem ersten Schritt „zu einer vollständigen *Problembeschreibung* zu kommen" (Kotzab 2007, S. 86; Hervorhebung vom Verfasser). Hier geht es offenkundig oft gar nicht um Probleme, jeden-falls nicht um die Schließung von Erkenntnislücken, die sich im Zusammenhang mit der Lösung der lebenswirklichen Probleme von Praktikern als beobachteten Beobachtern ers-ter Ordnung gezeigt haben.

Die Entstehung von Hypothesen

Wie oben schon herausgearbeitet, kann eine Möglichkeit, die Lücke zwischen einem vor-gefunden und einem angestrebten Systemzustand zu schließen, grundsätzlich auch darin bestehen, ein Wissen über reale Zusammenhänge zwischen Handlungen und Handlungs-folgen zu nutzen. Der entsprechende Weg wurde oben als technologische Transformation bezeichnet. In der älteren Betriebswirtschaftslehre wurde das gelegentlich sogar als die alleinige Form rationaler Problemlösungen betrachtet. „Unter rationalem Handeln", sagte etwa Schanz (1975, S. 104). „wird …die Anwendung möglichst gut bewährter Theorien auf praktische Problemstellungen verstanden". Das kann allerdings nur gelingen, wenn man sich schon bei der Auswahl und Formulierung von Hypothesen an der Wahrnehmung derartiger Lücken orientiert. Erinnert sei hier an die auch außerhalb der Wissenschaft gel-tende Einsicht, dass man nur durch ein kluges Fragen auf die Spur von erhellenden Antworten kommen kann. Vor diesem Hintergrund ist es bemerkenswert, dass der Em-pirismus für die Entstehung von Hypothesen weder eine eigenständige Methodologie noch forschungsleitende Normen bereithält. Das erklärt zum Teil den Themen-Wildwuchs, der hier immer wieder zu beobachten ist.

Der Empirismus befindet sich dabei allerdings insofern in guter Gesellschaft, als das (Er)finden von Hypothesen auch innerhalb der Wissenschaftstheorie Popper'scher Prägung mehr oder weniger als ein geistiges Prozessgeschehen betrachtet wird, das keinen strikten methodologischen Anforderungen zugänglich ist. Hier spielt die auf Reichenbach (1938) zurückgehende Unterscheidung zwischen dem *Entstehungszusammenhang* einer Hypo-these und ihrem *Begründungszusammenhang* eine wichtige Rolle (vgl. hierzu auch das entsprechende Kapitel bei Albert (1975, S. 37 ff.)). Popper folgend müsste man eher von einem Analysezusammenhang sprechen, da es zumindest Letztbegründungen nach ihm nicht geben kann. Mit Blick auf den Problembezug einer anwendungsorientierten For-schung kann der Entstehungszusammenhang, anders als in den Naturwissenschaften, aber nicht außerhalb der Betrachtung bleiben. Schließlich geht es hier weniger um die Frage, wie eine Hypothese im Kopf eines Wissenschaftlers entsteht, sondern vielmehr darum, was diesen Prozess angestoßen hat. Mit anderen Worten: Für die Einschätzung der Leistungsfähigkeit des empiristischen Forschungsansatzes ist die Beleuchtung des Ent-stehungszusammenhangs von Hypothesen schon deshalb von Bedeutung, weil diese Frage mit der Frage des Nutzens dieser Forschung zusammenhängt, und zwar des Nutzens für die Forschung wie der Nützlichkeit für die Praxis.

Im Grundsatz gibt es hier drei Möglichkeiten:

1. Auswahl und Formulierung von Hypothesen sind jedem Forscher selbst überlassen, sprich: es reichen spontane Einfälle (etwa für eine Doktorarbeit), die nicht unbedingt mit anderen Hypothesen verbunden sein müssen, etwa indem sie an entsprechenden Testergebnissen anknüpfen und versuchen, dort noch verbliebene Erklärungsdefizite (zu hohe Rest-Varianzen) ergänzend aufzuklären,

2. die Hypothese ist ein Element einer übergreifenden Theorie und bislang noch nicht empirisch überprüft worden (dann wäre diese Theorie die übergreifende Klammer der empirischen Forschung, die die Selektion der Themenwahl bestimmt, und die Testergebnisse stünden nicht mehr beziehungslos nebeneinander), oder

3. die Hypothese wird über Beobachtungen zweiten Grades durch praktische Probleme angeregt und kann damit, wenn sie sich bewährt, auch Teil der Lösung eines realen Problems werden, das bis dahin in Ermangelung eines ausreichenden theoretischen Wissens nie ganz bewältigt werden konnte.

Man hat bei den Arbeiten der Empiristen immer wieder den Eindruck, dass hier die Variante 1 gilt, also eine bemerkenswerte Beliebigkeit bei der Themenwahl herrscht, weil die Frage, wie Forscher auf ihre Hypothesen kommen, gleichsam zu einer Privatsache der Wissenschaftler erklärt wird. Deshalb sei noch einmal genauer fallbezogen nachgefragt:

a. War die Frage, warum es Managern nicht in zufriedenstellender Weise gelingt, den Kundenbindungserfolg zu erhöhen, Ausgangspunkt der Erhebung von Zentes et al., und sind sie dabei auf die möglicherweise problemlösende Idee gestoßen, es könne an mangelnder Kommunikation gelegen haben? oder

b. war es eine vermutete Unsicherheit von Managern, ob man mit einer unternehmens-übergreifenden Kommunikation in dieser Richtung etwas bewegen kann? Im zweiten Fall lautet die Anschlussfrage: Konnte diese Unsicherheit durch das Ergebnis der Forschung beseitigt werden oder wurde sie nur durch einen mittelstarken „Pfadkoeffizienten" als grundsätzlich existierender, aber unsicherer Zusammenhang bestätigt?

Forschungsergebnisse dieser Art lassen den verständigen Leser zu oft ratlos zurück, was das Vergessen dieser Ergebnisse zumindest bei praxisorientierten Wissenschaftlern sehr fördert (zumal solche schütteren Ergebnisse immer wieder eingekleidet in ein umfangreiches Tabellenwerk mit Kennziffern der verschiedensten Art daher kommen, das sich ohnehin niemand merken kann). Warum sollte sich man ein „Wissen" merken, von dem unklar ist, was man damit anfangen kann? Man ist geneigt, dieser Forschung mit einer Devise des amerikanischen Wissenschaftsphilosophen und Neo-Pragmatikers Richard Rorty zu begegnen, der zufolge man nicht kratzen sollte, wo es gar nicht juckt: „Don't scratch where it doesn't itch" (zit. nach Eagleton (2003, S. 72)).

Ziele und Absichten als unverzichtbare Problemkomponenten

Wenn erwartet oder gar gefordert wird, eine anwendungsorientierte Wissenschaft wie die von der Logistik solle sich an lebensweltlich existierenden Problemstellungen orientieren, muss man den Problembegriff an einer entscheidenden Stelle noch nachschärfen. Zu der besonderen Natur von Problemen, die es methodisch notwendig erscheinen lässt, hier zwischen dem *Realitätsbezug* einer Forschung bzw. ihrer Resultate und ihrem *Problembezug* zu unterscheiden, zählt vor allem der Umstand, dass mit ihnen dem empirischen *Sein* (den aktuellen und/oder erwarteten Bedingungen der jeweiligen Situation, gegebenenfalls einschließlich der Geltung bestimmter Gesetzeshypothesen) aus der Sicht einer handelnden Person oder Organisation ein *Sein-Sollendes* (das jeweils verfolgte, gewollte Ziel) als Erkenntnisgegenstand hinzugefügt wird. Es macht Sinn, sich den so entstehenden Zuwachs an Komplexität zunächst einmal kurz auf einer abstrakten Ebene anzuschauen, um danach dann pragmatisch zu der Frage zurückzukehren, welche Rolle praktische Probleme für eine Wissenschaft von der Logistik haben bzw. vernünftigerweise haben sollten und welche Bedeutung Zielen in diesem Zusammenhang zukommt.

Ein Vergleich der beiden Forschungsansätze (F1) und (F2) zeigt, dass man sich der Frage, wie Probleme in die Welt kommen, in unterschiedlicher Weise nähern kann. Unabhängig davon gibt es aber eine grundlegende Logik der Problemkonstitution, und bei der spielen Ziele eine tragende Rolle. Problemlösungsbeiträge gleich welcher Provenienz müssen helfen können, den als unbefriedigend empfundenen Ist-Zustand eines Systems in einen besseren Soll-Zustand zu transformieren, und den muss man schon umschreiben können, um ein Problem überhaupt definieren zu können. Sind die zur Auswahl stehenden bzw. gestellten Entscheidungsalternativen erst einmal bestimmt, könnte die Definition eines Problems in manchen Fällen rein „theoretisch" sogar auf die Frage nach den Spezifikationen reduziert werden, denen seine Lösung zu genügen hat. Für Empiristen könnte das der Ankerpunkt sein, um ihre Forschung mit den Bedürfnissen der Praxis zu verbinden. Man müsste nur den jeweils angestrebten Zielzustand eines Systems in eine Wirkung umdeuten und dann nach Gesetzmäßigkeiten suchen, über deren technologische Transformation sich solche Zustände gezielt bewirken lassen. Hier stößt man aber an die Grenzen der Logik, und die haben wiederum etwas mit Komplexität und mit dem Faktor Zeit zu tun.

Zum einen müssen diese Spezifikationen aus Zielen abgeleitet werden, die oft selbst nicht einfach da sind, sondern erst erkundet und gegebenenfalls noch ausgehandelt werden müssen, auch weil arbeitsteilige Organisationen in der Regel von sich aus keinen einheitlichen Willen verkörpern (im Rahmen eines „Management by Objectives" ist das Aushandeln von Zielvorgaben ein zentraler Vorgang, der in sich selbst schon zeigt, dass Ziele mehr oder weniger gut brauchbar sein und damit den Charakter von Mitteln haben können, jedenfalls nicht einfach auf der Straße liegen). Mit anderen Worten: die Zielbestimmung kann ein Problem in einem Problem sein, und zwar auch deshalb, weil Zielkonflikte (Komplexitätsmerkmal 10) aller Erfahrung nach auch nach Aushandlungsprozessen nicht einfach verschwinden. Im Übrigen ist diese Sicht auf die Genese von Problemen und ihren Komponenten insofern immer noch zu statisch, als sie unterschlägt, dass man schon bei der Suche nach Handlungsalternativen Bewertungsmaßstäbe und Selektionskriterien braucht, die letztlich nur aus Zielvorstellungen abgeleitet werden können. Und schließlich ist man gelegentlich gezwungen, die eigenen Ziele an das anzupassen, was man auf der Suche nach Lösungsmöglichkeiten als machbar erfahren hat. Idealtypisch betrachtet, sollten Ziele als wesentliche Komponenten von Problemen am Anfang stehen, also bei deren Definition, und danach stabil erhalten bleiben. In der Praxis läuft das anders. Auch das Setzen von Zielen beinhaltet ein Element der Komplexitätsreduktion, beansprucht häufig Zeit, und es ist ebenso häufig unklug, diesen Prozess vorzeitig abzuschließen.

Aus dieser abstrakt beschriebenen Komplexität kann aber nicht gefolgert werden, dass sich eine praxisorientierte, empirische Forschung vordringlich mit selbst erdachten Fragestellungen befassen sollte, um nicht schon am Ausgangspunkt in einer solchen Unübersichtlichkeit stecken zu bleiben. Schließlich sind Manager im Allgemeinen Meister der Vereinfachung und auf dieser Basis durchaus in der Lage, Wissenschaftlern zu sagen, wo sie der Schuh drückt. Problematisch daran ist für Empiristen gegebenenfalls nur die Annahme, zielabhängige Problembeschreibungen seien a) unabhängig von der Frage, welches Unternehmen man befragt, und b) unabhängig von der Frage, wen man in einem Unternehmen gerade fragt. Es ist wohl unmittelbar einsichtig, dass diese Frage eng mit der methodischen Frage der Repräsentativität von Erhebungen zusammenhängt, deren Befunde durch eine Befragung von Managern zustande kommen. Darauf wird später noch einzugehen sein.

Nach diesem kleinen Exkurs müssen wir jetzt zurückkehren zur Ausgangsfrage, in welchem Verhältnis der Empirismus mit seinen Forschungen zu praktisch relevanten Problemen steht. Im Kontext des zweiten, oben eingeführten Kausalitätsbegriffes, die Causa Finalis, ist die Kenntnis der jeweils verfolgten Ziele notwendig, um ein Entscheiden oder Handeln *erklären* zu können. Diese zweite Problemkomponente markiert für empirische Forschungen jedoch ein (wissenschaftliches) Problem, weil Ziele und Absichten von Person zu Person, ja sogar zwischen einer Person zu verschiedenen Zeitpunkten, variieren können, und weil so *Bewertungen* ins Spiel kommen – nicht unbedingt solche von Wissenschaftlern, aber in jedem Falle solche von betroffenen Beobachtern erster Ordnung. Dabei zeigt schon die Rede von einer Willens*bildung*, dass es hier häufiger auch einen Prozess handelt. Wie oben schon angedeutet, präsentiert sich das Ganze im Kontext von Managemententscheidungen allerdings vor allem deshalb nicht als Chaos, weil Führungskräfte von Unternehmen durch Rollenerwartungen und durch mit Zielen verbundene Delegationen von Entscheidungen in einem beschränkten Handlungsspielraum bewegen.

Wenn Empiristen diese Problematik trotzdem konsequent umgehen, dann finden sie sich mit der traditionellen Ökonomie insofern in guter Gesellschaft, als diese ja auch die Bedürfnispsychologie immer wieder vereinfachend auf unterstellte Nutzenfunktionen zusammengestrichen oder „Bedürfnis" mit Nachfrage gleichgesetzt und damit trivialisiert hat. Hebt man diese Trivialisierung auf, indem man etwa Nutzenmaximierung im Kontext des Entscheidungsverhaltens von Managern vereinfachend mit Gewinnmaximierung übersetzt wird, lebt die so wegdefinierte Komplexität gleich wieder auf, etwa wenn ein Unternehmen sich gesellschaftlichen Zielen verpflichtet und bereit ist, dafür in einem gewissen Umfang Ertragseinbußen in Kauf zu nehmen.

Wie schon angedeutet, geht es auch hier allerdings wiederum um die Zwangsehe von Brauchbarkeit und Abstraktion. Brauchbarkeit bedeutet: Was als „typische Zielsetzung" analytisch eingeführt wird, braucht nachträglich nicht mehr empirisch erhoben zu werden. Das kann insbesondere dann als unschädlich gelten, wenn auf unteren Führungsebenen Probleme mit eher begrenzter Reichweite gelöst werden und man nicht mehr unterstellt, als dass sich Manager nach dem ökonomischen Prinzip verhalten, also versuchen, lokale Ziele wie etwa eine gesteigerte Kundenbindung mit größtmöglicher Effizienz zu erreichen. Das ist dann, wie oben schon erwähnt, vielfach auch der Boden, der Manager gleiche Erfahrungen machen lässt und auf dem dann empirische Korrelationen entstehen können. Aber auf diesem Boden gedeihen trotzdem oft verschiedene Pflanzen. Davon erzählt auch die Transaktionskostentheorie.

Mit den Gefahren eines abweichenden, opportunistischen und damit „eigensinnigen" Verhaltens von „Agenten" gegenüber ihren „Prinicipals" beschäftigt sich die Agency-Theorie als eine Untervariante dieser Theorie ausführlich. (Vgl. hierzu ausführlich den Reader von Brousseau und Glachant (2008) sowie in einem industriellen Kontext Stölzle (1999), S. 50 ff.)). Die logische Konsequenz daraus für empirische Erhebungen wäre eigentlich, in Befragungen zwischen „Agents" (z. B. Aufsichtsratsmitgliedern) und „Principals" (Managern) zu unterscheiden. Gleichfalls müsste man in einem Outsourcing-Kontext die Antworten von Dienstleistern und ihren Auftraggebern trennen. Tatsächlich gehört es aber zu den Erkenntnissen der Transaktionskostentheorie, dass Opportunisten ihre eigenen Ziele im Verborgenen verfolgen und man deshalb erwarten muss, dass sie dazu neigen, in einer Befragung erwünschte Antworten zu geben.

Diese Konstellation von „hidden Agendas" mag bei vielen empirischen Untersuchungen dieser Art keine besondere Rolle spielen (was man aber vorher nicht wissen kann). Gleichwohl ist sie ein schönes Beispiel dafür, was einem Forscher bei Befragungen unerkannt in die Quere kommen kann. Man weiß eben bei der Auswertung von Antworten auf Fragebögen nie genau, ob die Befragten das, was sie zu tun vorgeben, auch wirklich tun. Was hier jedoch mehr interessiert als ein solcher, auf konträre Ziele von Managern mit verschiedenen Rollen zurückzuführender „moral hazard", ist der Umstand, dass Manager im Grundsatz dazu in der Lage sind, ihre Organisation und mit ihr die bestehenden Rollenmodelle umzukrempeln, um die Mitarbeiter zu befähigen, nicht mehr das zu tun, was sie immer schon getan haben, sondern das, was sie nunmehr tun sollten, um die eigene Performance zu verbessern. Manager sind dazu in der Lage (und gerade die guten unter ihnen tun das auch immer wieder), die Grundlagen ihrer eigenen Tätigkeit zu verändern, und sie tun das häufig, in dem sie für die von ihnen geführten Organisationen *neue Ziele* ausrufen, wie in jüngerer Zeit häufig Flexibilität, Robustheit und Wandlungsfähigkeit, „Sustainability" oder „Corporate Social Responsibility".

Gelegentlich ändern sie damit auch die Grundlagen empirischer Erhebungen, jedenfalls schaffen sie so in der Regel *neue Probleme*, teilweise schon grundsätzlicher Art (Was sind die Implikationen für unser Unternehmen, die aus einer verstärkten Verantwortung gegenüber der Gesellschaft resultieren? Wie viel lassen wir uns den Umweltschutz am Ende kosten?). Gerade im zuletzt genannten Punkt ist es höchst fragwürdig, eine belastbare Aufklärung durch eine Befragung von Managern anzustreben. Wer sich einmal, wie der Verfasser, tiefer mit dem Problem einer nachhaltigen Logistik beschäftigt hat, weiß, wie viel „Greenwashing" dort betrieben wird. Befragt nach ihren wahren Zielen, möchten sich die Fassadenbauer dann nicht hinter ihre Kulissen blicken lassen.

Man kann die Schwierigkeiten bei der Erfassung von Zielen insofern nicht einseitig dem Empirismus anlasten, als jede Art von realitätsbezogener Forschung mit ihnen zu kämpfen hat und weil es deshalb oft nicht anders geht, als diese Art von Komplexität in Theorien und Modellen durch Annahmen zu ersetzen. Deshalb gehe ich auch bei der kritischen Behandlung des OR-Ansatzes hierauf noch einmal ein. Auch dort ist zu fordern, dass solche Annahmen, wenn auch nicht durch eine streng überprüfbare Weise, so „realistisch" sein müssen, dass sich die Problemeigner in ihnen wiederfinden oder zumindest akzeptieren können, dass die darauf aufbauenden Problemdefinitionen ihre eigene Sicht nicht wesentlich verzerren.

Festzuhalten bleibt an dieser Stelle aus systematischer Sicht, dass man praktische Probleme allein aus Gründen der Logik zunächst einmal von den *Intentionen* der handelnden Personen her *verstehen* muss, um sie als Ausgangspunkt eines Forschungsprojektes zu identifizieren oder um Forschungsergebnisse nachträglich in die Lösungssuche einbeziehen zu können. An dieser Stelle ist eine der Ursachen dafür zu finden, dass zu viele Forschungsergebnisse von Empiristen aus der Sicht der Praxis als weitgehend belanglos erscheinen. In der oben angesprochenen Erkenntnis von Chiou et al. (2002), dass Unternehmen mit modularen Produkten mit einer höheren Wahrscheinlichkeit Postponement-Strategie verfolgen, steckt eben keine brauchbare Antwort auf ein drängendes praktisches Problem. (In diesem Falle allerdings weniger aufgrund einer unklaren Zielorientierung, sondern deshalb, weil dieses Forschungsresultat keine als problematisch empfunden Lücke schließt). Für Anhänger des Forschungsansatzes (F3) wird damit im Übrigen noch nicht einmal ein wissenschaftliches Problem gelöst, weil sie selbst derartige Zusammenhänge mit einer erheblich höheren Sichtweite und Eindringtiefe analysieren.

Bemerkenswert ist an dieser Stelle auch, dass schon Popper als Vertreter einer naturwissenschaftlich ausgerichteten Wissenschaftstheorie das klar gesehen hat, indem er sagte „Ich möchte die Auffassung vertreten, dass die Tätigkeit des Verstehens im wesentlichen dieselbe ist wie die des Problemlösens" (Popper (1974, S. 186). In einem anderen Kontext (1975, S. 112 ff.) entwickelt er sogar eine eigene Methodik für die Sozialwissenschaften, die er „Situationslogik" nennt und von der er sagt, sie sei eine „objektiv verstehende Methode". Das kommt dem sehr nahe, was später in Kap. 4 als „konstruktivistischer" Forschungsansatz (F3) beschrieben wird.

Da der oben zitierte H. Kotzab seine Abhandlung über „Kontraktlogistik als Forschungsgegenstand" mit dem Untertitel „eine methodologische Betrachtung" versehen hat, ist es hilfreich, wenn wir uns diesen Forschungsbereich im Hinblick auf die dort obwaltenden Management-Probleme noch einmal näher ansehen. Eines der zentralen

Probleme ist hier die durch spezifische Investitionen entstehende Abhängigkeit eines Dienstleisters von seinem Auftraggeber, die sich durch längere vertragliche Bindungen in eine gleichzeitige Abhängigkeit des Auftraggebers von seinem Dienstleister verwandelt. Diese Folge-Abhängigkeit ist insofern unausweichlich, als sie dem Schutz der für eine Drittnutzung nur beschränkt geeigneten Investitionen des Dienstleisters vor Entwertung dient und man deshalb ohne eine halbwegs faire Risikoteilung als Auftraggeber keine Marktpartner finden würde. Sie beschwört aber immer die Gefahr des gerade angesprochenen, nicht durchschauten, opportunistischen Verhaltens („moral hazard") der Anbieter herauf, d. h. sie schafft ein Problem. Spezifische Investitionen sind immer ambivalent (Komplexitätsmerkmal 10), und zwar für beide Vertragspartner.

Die Entstehung dieser wechselseitigen, gleichwohl freiwillig eingegangenen Bindung muss man zunächst einmal als ausgehandelte Risikoaufteilung verstehend nachvollziehen, um dann zu möglichen Lösungen vordringen zu können. Letztere können dann in bestimmten institutionellen Arrangements wie etwa Joint Ventures oder in klugen Verträgen bestehen, deren unvermeidliche Lücken durch das oben schon angesprochene Vertrauen geschlossen oder zumindest entschärft werden können. Unter Heranziehung der Transaktionskostentheorie kann das nicht nur verstanden, sondern auch problemlösungsbegleitend unterstützt werden. Eine intensive Kontrolle des Dienstleisters durch differenzierte Kennzahlensysteme ist hier ein weiterer Ansatz zur Problemlösung. Der hier kritisierte Forschungsansatz kann dazu nichts beitragen. Im Grunde müssten die Forscher den gerade vorgetragenen Argumenten sogar misstrauen, weil es sich hier um *Ideen* handelt, die noch nicht durch die Mühlen ihrer bodennahen Statistik getrieben worden sind. Das Problem ist, dass der empiristische Forschungsansatz methodenbedingt da aufhören muss, wo die gerade beispielhaft angesprochenen Problemlösungen ansetzen.

Natürlich kann man einen Manager beispielsweise danach fragen, ob er in einem Joint Venture mit einem Dienstleister einen erfolgversprechenden Ansatz zur Abwehr von „moral Hazards" sieht. Aber die Erfolgsvoraussetzungen eines solchen institutionellen Arrangements und ihre relativen Vor- und Nachteile gegenüber alternativen Lösungen sind so vielfältig und überdies situationsabhängig, dass es auf solche Fragen keine einfachen Antworten gibt. Auch Berater (und unter diesen gelegentlich Wissenschaftler, die in dieser Funktion zu Beobachtern erster Ordnung werden) brauchen im Rahmen von Projekten in der Regel einen Teil des ihnen zugestandenen Zeit- und Kostenbudgets, um im Problemverständnis auf das Niveau ihrer Klienten zukommen. Erst danach können sie ihr logistisches Fachwissen vollständig einbringen, etwa indem sie für verschiedene Alternative zur Gestaltung der Schnittstelle zu Logistikdienstleistern Bilanzen von Vor- und Nachteilen erstellen, über deren Gewichtung dann die zu treffende Make-or-Buy-Entscheidung unterstützt und auch für Dritte nachvollziehbar gemacht werden kann. Ein solches Wissen, das die zu stellenden Fragen im Grundsatz schon vor seiner Anwendung in einem konkreten Fall kennt, genügt dann meist nur den in Kap. 4 beschriebenen Normen, weil es hier weniger um empirische Wahrheit als um Machbarkeit und Nützlichkeit bzw. Funktionstüchtigkeit geht. Festzuhalten bleibt: Am Anfang versteht ein Problem immer derjenige am besten, der es selber hat.

Natürlich sind reale Probleme immer singuläre Erscheinungen, so dass sich keine wie auch immer aufgestellte Wissenschaft mit deren Beschreibung zufrieden gaben kann. Vielmehr muss es insbesondere in jeder Art von Logistikwissenschaft darum gehen, den gemeinsamen Kern entsprechender Fragestellungen freizulegen, um dann nach übertragbaren Antworten suchen zu können. So gehen Empiristen aber nicht vor. Umgekehrt ist das von Anhängern des in Kap. 4 beschriebenen Forschungsansatzes (F3) erzeugte und genutzte Expertenwissen stets allgemeiner Natur. Dabei kommt es in entsprechenden Anwendungssituationen, die sich so gut wie nie in der technologischen Transformation von „theoretischen" Hypothesen erschöpfen, immer zu einem Anpassungs- und oft zu einem Lernprozess, bei dem sich Probleminhaber und Berater in einem wechselseitigen Lernprozess in einer Weise gegenseitig befruchten, die das Expertenwissen weiter mehrt. Von solchen Lernprozessen haben sich die Empiristen mit ihrem situationsbezogenen, statischen Weltzugang durch Befragungen darüber, wie es jeweils gerade ist, vollständig abgekoppelt. Dann kommt es dazu, dass sich Forscher wie Köcher (2006) unaufgeklärt und vollkommen überflüssig die Frage stellen, ob Fulfillment-Leistungen die Ergebnisrechnung von eCommerce-Anbietern beeinflussen.

Problemlösung durch eine „technologische Transformation" von Gesetzeshypothe sen?

In Abschn. 2.3 habe ich bei der Betrachtung der Frage, wie eine Theorie mit einer kausal gedachten, empirischen Gesetzeshypothese praktisch werden kann, das Konzept der „technologischen Transformation" solcher Hypothesen dargelegt. Die dahinter steckende Logik ist bemerkenswert einfach. Man wandelt eine Aussage der Struktur „Immer, wenn A, dann B" um in die Empfehlung: „Wenn Du B bewirken willst, dann realisiere A!". Diese einfache Logik darf aber nicht dazu verleiten, durch die eigene, wissenschaftliche Welt nach dem Motto zu laufen: „Hier ist eine Lösung, wo ist das Problem"?. Eine solche Reihenfolgeumkehr beinhaltet zwangsläufig das Risiko von Blindleistungen.

Abgesehen davon, dass man Hypothesen der hier betrachteten Art als Bestandteil eines reicheren, problemrelevanten Wissens schon deshalb nicht einfach in den Lösungsprozess einpassen kann wie eine fehlendes Teil in eine Maschine, weil die auf der Ursacheseite als Handlungsoption definierten bzw. vorgeschlagenen Eingriffe („Organizational Learning") oft zu unscharf sind, fehlt es den hier betrachteten Hypothesen auch mit Blick auf die jeweils ermittelten Zusammenhangsmaße in aller Regel an Eindeutigkeit und an Lösungskraft. Hier taucht das in der Einleitung zu Kap. 2 schon angeführte Kriterium der „Eindringtiefe" wieder auf und wir stoßen erneut auf das „Black-Box-Problem", dieses mal jedoch nicht in einem *Erklärungs*-, sondern in einem *Gestaltungs*kontext. Deshalb sollte man hier noch einmal probeweise kurz die Perspektive eines problembehafteten Managers einnehmen, dem die oben beispielhaft beleuchtete Kommunikationshypothese als Lösungsinstrument an die Hand gegeben wird.

Bei einem Korrelationsmaß in Höhe von nicht mehr als 0,456 könnte ein Manager nur hoffen, mit einer technologischen Transformation wie etwa einer Erhöhung der Intensität der Kommunikation mit Kunden mit viel Glück auf der richtigen Seite der Statistik zu landen. Gelingt das nicht, weil es ja nicht nur um die gemessene Zusammenhangs-Intensität, sondern auch um in der Hypothese außen vor gelassenen Inhalte geht, wird man nie wissen, woran es gelegen hat. Mit anderen Worten: nicht nur das Entscheiden und Handeln selbst wird durch die nach Auffassung der Autoren gut bestätigte Hypothese nicht klar genug bestimmt. Vielmehr ermöglichen Hypothesen dieser Art auch kein aussagefähiges Erfolgscontrolling, das Lernprozesse anstoßen und unterstützen kann. Mit der Nachricht über das Nicht-Eintreten der prognostizierten Wirkung kann hier niemand etwas anfangen. Es noch einmal zu versuchen, empfiehlt sich jedenfalls nicht.

Die Frage der Repräsentativität von Beobachtungen

Offensichtlich ist hier zunächst, dass man Abweichungen von Wirkungsprognosen auf der Basis von mageren Korrelationswerten anders, als sonst innerhalb statistischer Analysen vielfach üblich, nicht als zufallsgetrieben bzw. „stochastisch" und damit letztlich als „Noise" einstufen kann – schon gar nicht, wenn es sich nur um eine „tendenziell signifikante" Korrelation handelt und wenn überhaupt nur ein kleiner Teil der Befragten geantwortet hat. Gerade in diesem Punkt, bei dem es um die kritische Frage der „Repräsentativität" und damit Verallgemeinerbarkeit der eigenen Forschungsresultate geht, lässt der Forschungsansatz der Empiristen zu wünschen übrig. Niedrige Rücklaufquoten von Fragebogen erzwingen die Annahme „Non-response-bias is not an issue" (Sanders und Premus 2005). Diese Annahme ist schon angesichts der in der Praxis meist vorzufindenden Heterogenität der Befragten um so mächtiger und gewagter, je kleiner in einer Erhebung die Stichprobe war.

In der oben schon zitierten Studie von Weber und Wallenburg über die Zusatzbeauftragung von Logistikdienstleistern (2004) lag die Rücklaufquote gerade einmal bei 4 %, wobei ja schon in der Selektion der Fragebogenadressaten eine Einschränkung liegt. Ob ein „Non-Response-Bias-Test", der auf der Annahme beruht, die Aussagen der Spät-Antworter seien verlässliche Schätzer für die Nicht-Antworter, eine Verzerrung durch die kleine Stichprobe ausschließt und den Schluss zulässt, „ ein Non-Response-Bias ist somit auszuschließen" (ebenda, S. 38.), sei einmal dahingestellt. Schließlich ist auch der spekulative Schluss von den Spät-Antwortern auf die Nicht-Antworter induktiver Natur und dementsprechend noch so risikobehaftet, dass man mit diesem Trick nicht einfach induktiv von vier Prozent auf einhundert Prozent kommt, obwohl nur jeder Fünfundzwanzigste geantwortet hat und nicht alle befragt wurden, die etwas zu sagen gehabt hätten.

Jedenfalls muss man, wenn man die eigene Forschung auf statistischen Methoden basiert und daran auch noch den Anspruch auf Wissenschaftlichkeit knüpft, sehr klar auf die Anwendungsvoraussetzungen dieser Methoden achten. Bei den in der angesprochenen Untersuchung Befragten handelte es sich offensichtlich nicht einmal nur um Manager, jedenfalls diente hier als Grundlage die Adressdatei mit der Leserschaft einer Fachzeitschrift. Zu dieser zählen häufig auch höhere Beamte in Fachministerien, Doktoranden und Verbandsgeschäftsführer. Auch solchen Lesern mussten die Autoren in einem weiteren Induktionsschluss gegebenenfalls mutig unterstellt haben, sie seien allesamt selbst mit Fragen der Kontraktlogistik befasst oder zumindest problemlos in der Lage, auf der Ebene von Entscheidungsträgern bei Make-or-Buy-Entscheidungen gedanklich deren Position einzunehmen. Ob die Antworten dann eher Meinungen widerspiegeln als Fakten, bleibt offen. Es bleibt dann die Frage im Raum: Ist es „wissenschaftlich", aus so kleinen Stichproben überhaupt Folgerungen mit dem Anspruch auf Allgemeingültigkeit oder gar „Theoriehaftigkeit" abzuleiten? Zur Erinnerung: es geht bei dieser Frage nach der Stichprobenrepräsentativität nicht um eine Übereinstimmung von Fakten wie bei der Ziehung verschiedenfarbiger Kugeln aus einer Urne, sondern um die heikle Frage, ob andere Manager – gerade auch die nicht Befragten – aus ihrem jeweiligen, unternehmerischen Kontext heraus auf einen bestimmten Fragebogen dieselben Antworten gegeben hätten und, darüber hinaus, ob dieselben Manager dieselben Antworten gegeben hätten, wenn man sie nach dem Ablauf einer bestimmten Zeit im Rahmen einer Kontrolluntersuchung noch einmal gefragt hätte. Nur dann kann man ja hoffen, durch eine Kombination von Verallgemeinerung und anschließender technologischer Transformation in einem beliebigen Unternehmen zur Lösung realer Problem beitragen zu können.

Es überrascht jetzt nicht mehr, dass uns an dieser Stelle das Problem der Kontingenz wieder begegnet. In einer komplexen und dynamischen Welt gleicht ja jeder Ansatz, die Resultate einer Stichprobe zu verallgemeinern (hier: induktiv auf andere und dabei auch auf zukünftige Gegenwarten zu übertragen), dem Versuch, den Anteil der roten Kugeln in einer Urne zu schätzen, während jemand während der Ziehung hinter dem Vorhang die Zusammensetzung der Farben der Kugeln in der Grundgesamtheit ändert. Vielleicht mag es ja gelegentlich pragmatisch zulässig sein, mit dem mehr oder weniger versteckten Induktionsschluss zu arbeiten, die gegenwärtige Erhebungssituation sei bis auf Weiteres nicht nur repräsentativ für andere Situationen der gleichen Art, sondern auch für die Zukunft. Das Risiko solcher induktiver Schlüsse wird von den Empiristen aber regelmäßig unter den Teppich gekehrt.

Wegen dieser grundlegenden Problematik werden in den empirischen Wissenschaften immer wieder und zu Recht sogenannte Replikationsstudien angemahnt, die man hier aber vergeblich sucht. Solche Studien sollen in den Wirtschafts- und Sozialwissenschaften das ersetzten, was in den Naturwissenschaften kontrollierte Experimente ermöglichen. „Die experimentelle Orientierung gilt als eine zentrale methodische Errungenschaft der wissenschaftlichen Revolution", schreibt Carrier (2006, S. 136) mit Blick auf die Entwicklung der Naturwissenschaften. Auch in diesem für die Naturwissenschaften wichtigen Punkt bleiben die Empiristen hinter ihren vermeintlichen Vorbildern weit zurück, und zwar nicht, weil sie so etwas nicht in ähnlicher Weise könnten, sondern weil sie es offenkundig gar nicht wollen bzw. für nötig halten. Das schlägt natürlich auf das Vertrauen durch, das man den Resultaten einer solchen Forschung entgegenbringen kann.

In der Konsequenz verbergen sich dann auf der Schattenseite der Statistik (der anderen Seite der Korrelation) andere, relevante Bedingungen (im Falle der Kommunikationshypothese etwa neue Medien) und andere Einflussgrößen, also eine nicht weiter analysierte, möglicherweise aber einflussmächtige Kontingenz, zu denen diese Art von empirischer Forschung keinen Zugriff hat und die deshalb nur noch als Störfaktoren (bzw.

auf der Ebene der Wirkungen als „Noise") in Erscheinung treten können. Damit wird in der Konsequenz wiederum deutlich, dass das „Umschiffen" der Substanz einer Korrelation paradoxerweise zu besonders mächtigen (allerdings impliziten) Annahmen über diese zwingt – bei der Hypothese von Zentes et al. insbesondere zu der Annahme, dass Anlässe, Inhalte, Formen, Medien und Hierarchieebenen der Kommunikation sowie unternehmensspezifische Kommunikationsbedingen wie etwa die Unternehmenskulturen der beteiligten Firmen und ihre Größe deren Erfolg nicht wesentlich bestimmen.

Die Frage der Eindringtiefe von Hypothesen

Wir erhalten mit dieser Einsicht auch einen vertieften Zugang zu der Frage, warum die innerhalb dieses methodologischen Ansatzes getesteten Hypothesen sich stets auf einem Abstraktionsniveau bewegen, das Trivialitäten und Banalitäten nahe kommt. „Die Größe des Anwendungsbereiches ist tendenziell gegenläufig zu Einfachheit und Genauigkeit" (Carrier 2006, S. 101). Je weiter man sich „nach oben" auf dieses Abstraktionsniveau flüchtet, um so weniger stören situative Bedingtheiten (Kontingenzen) und um so höher ist infolgedessen die Wahrscheinlichkeit, halbwegs aussagefähigen, situationsübergreifend gültigen und damit auch zeitstabilen Korrelationen auf die Spur zu kommen. „Das Meer wird immer tiefer, je mehr man sich hineinbegibt", sagt ein altes venezianisches Sprichwort. Die Empiristen ziehen es deshalb vor, an der Oberfläche zu bleiben und nur gelegentlich Tauchsonden herabzulassen in eine Welt, mit der sie nicht vertraut sind und die sie als Beobachter zweiter Ordnung nicht tiefer eindringen möchten, als es ihre beschränkende Methodologie erlaubt. Damit aber sind sie um so mehr dem ausgesetzt, was sich unerkannt unter der Oberfläche verbirgt.

Kontingenzen erzwingen De-Konditionalisierungsstrategien als spezifische Formen der Reduktion von Komplexität, und zwar paradoxerweise bei jeder Form einer Bildung von Theorien oder Modellen, die sich nicht in den besonderen Bedingungen einzelner Fälle verlieren, sondern mit einem übersituativen Geltungsanspruch ausgestattet werden. Aber nur im Empirismus erzwingt De-Konditionalisierung offenbar ein Maß an Gehaltsarmut, das dann nicht mehr als ein Zeichen für einen Mangel an Intelligenz und Kreativität der beteiligten Forscher erscheint, sondern als Zwangsfolge des gewählten Forschungsansatzes. Viel mehr wird man deshalb wohl auch in Zukunft von dieser Art Logistikforschung nicht erwarten können. Damit rückt aber der Anspruch in weite Ferne, von beobachtungsnahen, durch „Tauchsonden" bestätigten Hypothesen, die oft nur relativ schwache Korrelationen spiegeln, eines Tages zu wirklich gehaltvollen, diesen Namen verdienenden Theorien aufsteigen zu können. Dasselbe gilt für den Anspruch, Managern belastbare Vorschläge zur Verbesserung ihres aktuellen Managements zu machen und/oder ihnen mit Gesetzeshypothesen ein Wissen in die Hand zu geben, das sie selbst „technologisch" nutzen können. Eine gehaltsarme Hypothese bleibt auch nach ihrer in einem Problemlösungskontext vorgenommenen technologischen Transformation eine gehaltsarme Hypothese.

So kann etwa Wallenburg (2007, S. 394) relativ gefahrlos behaupten: „umso stärker ein Logistikdienstleister den spezifischen Outsourcingzielen… gerecht wird, desto größer sind die Bindungs- und Entwicklungspotenziale". Wer wollte dem widersprechen? Falsifizierbar ist diese Hypothese schon deshalb nicht, weil in ihrer Dann-Komponente lediglich von „Potenzialen" die Rede ist. Die kann es ja auch dann geben, wenn sie in zu Testzwecken vorgenommen Vergleichsstudien nicht ausgeschöpft werden. Unbestimmtheit schützt vor Widerlegung, allerdings jedesmal um den Preis eines dürftigen Informationsgehaltes.

Wallenburg (ebenda, S. 397) fügt dieser Erkenntnis noch die erhellenden Einsichten hinzu, dass a) „die Bereitschaft eines Logistikdienstleisters zu Verbesserungsstreben durch sein „Wollen" bestimmt wird" und dass b) die Verbundenheit „einen sehr starken direkten Einfluss auf die Kundenbindung" hat. Wir fragen erneut: Was folgt daraus für die Führungskräfte in Dienstleistungsunternehmen, genauer: was sollten sie danach anders machen? Der Problemlösungsbeitrag der ersten Hypothese müsste dann in der Empfehlung resultieren, dass Logistikmanager das, was sie vorhaben (sich zu verbessern) auch wirklich wollen sollen. Damit wird der aristotelischen Causa Finalis noch ein Ausrufezeichen hinzugefügt. Im Übrigen dürfte das in der Praxis hinzukriegen sein. Bei der Frage nach der Brauchbarkeit der zweiten Hypothese, bei der es indirekt um das Wollen/Sollen der Kunden geht, stellt sich die Frage, wie man das in ihr enthaltene Wissen für den praktischen Zweck einer Wiederbeauftragung technologisch nutzen will, als deutlich schwieriger heraus.

Konfrontiert mit der Empfehlung „Schaffe Verbundenheit, um Bindung zu schaffen!" müsste sich der ratsuchende Praktiker zunächst einmal Klarheit darüber verschaffen, wie der Wissenschaftler die Begriffe Verbundenheit und Bindung definiert, genauer gesagt so definiert, dass zwischen ihnen ein Ursache-Wirkungsverhältnis denkbar wird. Von ihrem Alltagsverständnis her sind sich diese beiden Begriffe für eine solche Differenzierung ja zu ähnlich. Hier kann man sich beispielsweise auch ein Verbunden-sein als eine schwächere Form von Gebunden-sein vorstellen. Die vor der technologischen Transformation einer solchen Hypothese zu klärende Frage, ob man Verbundenheit als *Ursache* von Bindung denken kann oder sich vielleicht sogar umgekehrt als deren Folge vorstellen muss, hängt von der Definition dieser beiden Begriffe ab, die man dann nicht mehr dem Unterstützung suchenden Manager überlassen darf.

Wenn der betreffende Manager sich erfolgreich in die Begriffs- und Vorstellungswelt des ihn beratenden Wissenschaftlers eingearbeitet hat, muss er als Nächstes feststellen, auf welchem Ausgangsniveau von Verbundenheit er sich da gerade befindet und ob sich daraus ein ernster Handlungsbedarf ergibt. Konkret heißt das, er müsste nach Wallenburg genau in Erfahrung bringen, „in welchem Umfang (s)ein Kunde es persönlich bedauern würde, die Beziehung zu beenden" (Die Fragen, ob das nicht auch davon abhängt, wen er da fragt, und ob es überhaupt klug ist, den eigenen Kunden mit einer solchen Frage zu behelligen, seien an dieser Stelle einmal dahingestellt). Mit der Frage, was danach genau zu tun ist, um die so gemessene Verbundenheit vorbereitend noch weiter nach oben zu treiben, wird der Manager jedenfalls von der Forschung allein gelassen.

Eine ergänzende, auf einer kausalen Vorstufe auftretende Hypothese, in der Verbundenheit nicht als Ursache, sondern selbst als Wirkung erscheint, und mit der man dann vorher eine Sicht auf vorgelagerte Einflussfaktoren gewinnt, wird in der zitierten

Publikation nicht bereitgestellt. Damit wird der ratsuchende Manager vollends sich selbst überlassen. Hier zeigt sich konkret, was ich in der Kommentierung von Abb. 4 in Abschn. 1.1.2 schon einmal auf einer abstrakteren Ebene hervorgehoben habe. Wenn man aus einer längeren Kette von Ursachen und selbst wieder zu Ursachen werdenden Wirkungen eine einzelne Kausalbeziehung herausgreift, läuft man Gefahr, das ganze Geschehen nicht wirklich zu verstehen. Wie gerade gezeigt, wirkt sich das dann auch auf die technologische Brauchbarkeit der so isolierten Gesetzmäßigkeiten aus.

Es sei mir gestattet, hier unter Verweis auf einen eigenen Beitrag zu veranschaulichen, zu welchen Überlegungen man kommen kann, wenn man mit seinen Analysen von einem praxisorientierten Problemverständnis aus startet. Wie ich an anderer Stelle (aber im selben Buch) ausgeführt habe (Bretzke 2007b, S. 178 f.), kann die aus längerfristigen Verträgen resultierende Abhängigkeit in eine Chance umgewandelt werden, bei der dann „Bindung" Vertrautheit schafft und so für Auftraggeber und Dienstleister zur Voraussetzung wird für einen gemeinsamen Lernprozess und die abgestimmte Verbesserung von interdependenten Prozessen. Diese Perspektive ist offenkundig eine vollkommen andere als die von Wallenburg, bei dem die komplexere Vorstellung, dass es in der Kontraktlogistik meist nicht um ein einseitiges Lernen der (Dienstleistungs)Lieferanten geht, sondern um ein gemeinsames Lernen mit Kunden, kaum vorkommt. Hier wird nicht hypothetisch behauptet, dass in der Kontraktlogistik Zielerreichungen Bindungen schaffen können. Vielmehr wird problem- und lösungsorientiert gefragt, wie man institutionelle Arrangements und in ihnen Anreizsysteme über Schnittstellen hinweg so ausgestalten kann, dass es im Verlaufe einer Beziehung mit hoher Wahrscheinlichkeit zu ausgeprägten Zielrealisationen oder gar zu Übererfüllungen von Erwartungen kommt. Gleichzeitig taucht hier die Dimension der Zeit auf, für die in den statischen Gesetzmäßigkeiten von Empiristen kaum Raum ist (innerhalb der Transaktionskostentheorie übrigens auch nicht).

Weil wir hier auf ein weiteres, grundsätzliches Problem der praktischen Relevanz des empiristischen Forschungsansatzes gestoßen sind, bietet es sich an, die Vorgehensweise von Empiristen ein weiteres Mal exemplarisch und beispielhaft vertiefend mit dem Vorgehen im Forschungsansatz F3 zu vergleichen. Ausgangspunkt ist hier wiederum die Frage, wie beide Forschungsansätze zu praktischen Problemlösungsprozessen beitragen können. Für einen solchen Vergleich besonders geeignet ist die apodiktische Feststellung von Wallenburg (2007, S. 396), dass es für Logistikdienstleister nicht sinnvoll ist, eine „Strategie zu verfolgen, über hohe Spezifität die Kundenbindung zu erhöhen". Das ist einmal eine Hypothese, die insoweit wirklich informativ ist, als sie a) definitiv etwas ausschließt und dabei b) jeden sachkundigen Experten überraschen dürfte. Im Kontext realer Problemlösungsprozesse könnte sie auf eine andere als die bislang betrachtete Weise hilfreich sein, nämlich indem sie dabei hilft, Irrwege zu vermeiden und sich vor Enttäuschungen zu schützen.

Dass und warum spezifische Investitionen immer ambivalent sind, wurde ja oben schon herausgearbeitet. Hier wird aber jede Ambivalenz bestritten, und wir müssen uns fragen, ob das gerechtfertigt ist. Dem Verfasser sei es an dieser Stelle ausnahmsweise noch einmal erlaubt, seine Rolle als Wissenschaftler zu verlassen und sich auf seine langjährige praktische Erfahrung in der Beratung von Unternehmen zu beziehen. Ich habe dort in sehr vielen Fällen beobachten können, wie Logistikdienstleister sehr erfolgreich Kunden enger an sich gebunden haben, indem sie einen Teil ihrer Kapazitäten und Prozesse gezielt auf die spezifischen Bedürfnisse einzelner Kunden ausgerichtet haben. Innerhalb des Forschungsansatzes F3 besteht die Aufgabe der Wissenschaft nun darin, die Gründe dafür aufzuzeigen, warum und unter welchen Umständen das Gelingen kann und welche Barrieren dabei gegebenenfalls zu überwinden sind. Dabei helfen können auch einige grundlegende Einsichten der Transaktionskostentheorie. Anfangen möchte ich jedoch mit einer elementaren Definition dessen, was in der Logistik unter „Service" verstanden werden sollte.

„Service" ist die Unterstützung von Kundenprozessen durch Kapazitäten und Prozesse von Lieferanten. Kürzer gesagt: Service ist Entlastung (Bretzke 2015, S. 136). Das einfachste Beispiel zur Illustration sind die Sicherheitsbestände eines Lieferanten und seines Kunden, die miteinander verbunden sind wie zwei kommunizierende Röhren: wenn der Lieferant seine Lieferbereitschaft reduziert, muss sich der Kunde durch ein Erhöhung der eigenen Sicherheitsbestände dagegen schützen – und umgekehrt. Das Beispiel lehrt etwas Grundsätzliches, nämlich, dass Lieferanten von Dienstleistungen in der Regel eigene Kosten in Kauf nehmen müssen, um mit einem verbesserten Service bei Ihren Kunden Kostensenkungen zu ermöglichen.

Der Grenzfall einer Entlastung im Bereich der Auftragsabwicklung ist die vollständige Übernahme einer Leistung wie etwa bei einem lieferantengesteuerten Bestandsmanagement („Vendor Managed Inventory", kurz VMI; s. auch die kompakte Erläuterung bei Alicke (2003)). Hier kommt es zu den von Wallenburg angesprochenen, spezifischen Investitionen des Dienstleistungslieferanten, die ihm in der Sprache der Transaktionskostentheorie zwar eine „Quasi-Rente" verschaffen können, die aber im Falle eines Lieferantenwechsels zu versunkenen Kosten führen würden. Die an dieser Stelle einsetzende Logik der Risikoaufteilung habe ich oben schon einmal beschrieben, sie markiert hier aber nicht den entscheidenden Punkt.

Entscheidend sind vielmehr der Nutzen der spezifischen Investition für den jeweiligen Kunden und dessen mögliche Bindungswirkungen. Beim VMI-Modell besteht der Nutzen konkret in einer Freisetzung von Managementkapazitäten im Beschaffungsbereich und in einer damit verbundenen, beträchtlichen Ersparnis von Zeit, die an anderer Stelle produktiver eingesetzt werden kann. Zu erwarten sind darüber hinaus sinkende Kosten der Nichtverfügbarkeit von Material, weil der Lieferant nunmehr den Bedarf seines Kunden früher auf sich zukommen sieht und seine eigenen Dispositionen mit mehr Sicherheit treffen kann. Deshalb können auch die Sicherheitsbestände gesenkt werden. Die Folgen können noch weiter reichen und sich kundenseitig etwa im sinkenden Risiko eines Produktionsstillstandes zeigen. In der Ausgestaltung als „Pay-on Demand"-Modell übernimmt der Lieferant auch noch die Kosten des in den Beständen gebundenen Kapitals. Das alles kann man innerhalb das Forschungsansatz (F3) in der Tiefe verstehend nachvollziehen, und da man Manager hierüber häufiger in einem Beratungsprozess aufklären muss, wäre deren Befragung vollkommen fehl am Platze.

Es wäre mir ein Leichtes, eine beträchtliche Zahl von praktischen Fällen anzuführen, bei denen Auftraggeber von logistischen Dienstleistungen die Vorteile der Integration gerne genutzt und sich damit ohne größere Bauchschmerzen wegen der zumindest zeitweise verschenkten Nutzung des Marktes an ihren jeweiligen Dienstleister gebunden haben. Bezeichnenderweise sind darunter viele Fälle von mittelständischen Logistikdienstleistern, die sich wohl leichter damit tun, ein tiefes Verständnis für die Prozesse ihrer Kunden zu entwickeln, die sie durch mehr Service unterstützen können. Sie sind oft einfach „näher dran" und damit besser in der Lage, so etwas wie „Verbundenheit" oder „Bindung" zu schaffen. Hinzu kommen mag auch, dass im Bereich der Kontraktlogistik die in der Regel deutlich größeren Kunden das Problem der aus spezifischen Investitionen resultierenden Abhängigkeit nicht so drückt (auch für solche situativen Bedingtheiten hat der Empirismus keinen Blick). Wenn diese Kunden aber bewusst darauf verzichten, zwecks Erhaltung der Vorteile der Austauschbarkeit zum „ärmeren" Servicestandard des Marktes zurückwechseln, ist das ein klarer Ausdruck dafür, dass sie den „added Value" sehr schätzen, der ihnen durch ihre Partner an der Schnittstelle beider Unternehmen individuell geboten wird.

Man kann davon ausgehen, dass sie die Beendigung einer solchen Beziehung bedauern würden und kann das dann gegebenenfalls an der Dauer ablesen, mit der diese aufrechterhalten wird. Sie möchten nicht, dass die ganze Komplexität, die sie in ihrer Beziehung reduziert haben, von neuem wieder auflebt. Schon bei der Auswahl eines neuen Dienstleisters entstehen Kosten und Risiken (sind die in die engere Auswahl einbezogenen Kandidaten tatsächlich in der Lage, die geforderte Leistungsqualität zu erbringen?). Mit einem neuen Dienstleistungs-Lieferanten müssten sie wegen der Spezifität der betrachteten Leistung mit ungewissem Ausgang die ganze Lernkurve noch einmal durchlaufen, die zu dem erreichten Mehrwert geführt hat. Insoweit, wie dieser Mehrwert im Rahmen einer Wertschöpfungspartnerschaft kooperativ erarbeitet wurde, kann es auch kundenseitig zu versunkenen Kosten kommen, wobei hier oft integrierte Softwarelösungen eine große Rolle spielen (erinnert sei hier auch daran, dass die partnerschaftliche Integration von Lieferanten in den Wertschöpfungsprozess innerhalb der Betriebswirtschaftslehre schon einmal als ein großer, organisatorischer Fortschritt gefeiert worden ist, so etwa von Wildemann (2002), allerdings mit Blick auf interindustrielle Beziehungen). Und überdies ist fraglich, ob sich das bei dieser Gelegenheit aufgebaute Vertrauen noch einmal so herstellen lässt. Festzuhalten bleibt aus einer systematischen Sicht, dass es kaum möglich ist, etwas über den Erfolg von Kundenbindungsmaßnahmen herauszufinden, wenn man das Ganze überwiegend mit Blick auf das Arsenal der Handlungsoptionen von Lieferanten untersucht. Ohne eine intime Kundenkenntnis geht es nicht, in der Praxis nicht und auch nicht in der Wissenschaft.

Eine Befragung von Managern kann über diese Komplexität nicht hinweg helfen. Dafür gibt es auf dem Spektrum zwischen hoch-spezifischen Investitionen und austauschbaren „Commodities" zu viele Zwischenstufen, die sich in einem Fragebogen nicht erfassen lassen, obwohl sie für das Ergebnis ausschlaggebend sein können. Ohne aber zu wissen, worin das Spezifische einer Investition genau liegt und inwieweit diese zu einer Win-Win-Situation geführt hat, kann man deren Bindungswirkung kaum feststellen.

Außerdem ist die Annahme, die jeweils befragten Lieferanten würden ihre Kunden und deren Anforderungen gut kennen, nach den praktischen Erfahrungen des Verfassers ziemlich heroisch. Und schließlich ist es generell problematisch anzunehmen, befragte Manager, die auf ihnen vorgelegte Fragebögen oft unter Zeitdruck antworten, hätten beim Kreuzchen-Machen gedanklich stets die ganze Komplexität parat, die gerade beispielhaft angesprochen und aufgespannt wurde.

Soweit beispielhaft und knapp zu der Frage, wie viel mehr an Verständnis man für die Wirkungen von spezifischen Investitionen gewinnen kann, wenn man sich über Managerbefragungen hinaus *inhaltlich* mit dieser Frage beschäftigt und dabei die Perspektive von Dienstleistern *und* deren Kunden gleichzeitig bezieht. Wallenburg hat sich auf solche Erörterungen, für die in seiner strikten Methodologie kein Platz ist, gar nicht erst eingelassen und stattdessen auf der Basis einer kleinen Stichprobe von Managerantworten auf Fragebögen generalisierend festgestellt, dass spezifische Investitionen grundsätzlich keine Kundenbindungen schaffen können. Das steht für ihn nun als empirische Wahrheit außer Frage.

Inhaltlich denkende und forschende Logistikwissenschaftler und mit ihnen die betroffenen Praktiker werden sich eher fragen: Hat er da die falschen Manager befragt oder den richtigen Managern die falschen Fragen vorgelegt? An der sehr differenziert zu betrachtenden Problematik spezifischer Investitionen hat Wallenburg als Beobachter zweiter Ordnung nach der Auswertung seiner Probebohrungen jedenfalls großenteils vorbei geforscht, auch weil sein Erhebungshorizont nicht die Frage umfasste, welchen konkreten Nutzen spezifische Investitionen kundenseitig auslösen können. Das seiner Arbeit vorangestellte Ziel (Wallenburg 2004, S. 3), „durch die umfassende Analyse der Geschäftsbeziehungen zwischen LDL und ihren Kunden …einen Beitrag zur Durchdringung und Erklärung von Kundenbindung zu leisten", wurde insoweit nicht erreicht. Um einen solchen, komplexen Sachverhalt umfassend zu „durchdringen", reicht die Analyse von Antworten auf Fragebögen bei weitem nicht aus. Sie kann sogar, wie gerade gezeigt, zu völlig unplausiblen Ergebnissen führen.

Bewaffnet mit ihrem statistischen Instrumentarium und aufbauend auf der problematischen Basis von Managerbefragungen, deren Ergebnis man als sakrosankt hinnehmen muss, um die Statistik anwenden zu können, können Empiristen einer solchen Komplexität nur sprachlos gegenüberstehen. Ein Problem dabei ist, dass ihr statistischer Methodenapparat nach der Befragung von Managern unabhängig von der Qualität der Antworten immer funktioniert, also wie gewünscht Korrelationskoeffizienten „ausspuckt". Dass solche scheinbar eindeutig in der Realität verankerten Zusammenhangsmaße über eine andere, in der wirklichen Wirklichkeit vorhandene Grundkomplexität hinweg täuschen können, bleibt dabei regelmäßig unbemerkt. Man kann eben nachträglich nicht mehr einfangen, was aus dem Analysehorizont vorher schon ausgeschlossen wurde.

Im Zusammenhang mit der Unterscheidung zwischen dem Entstehungszusammenhang von Hypothesen und ihrem Begründungszusammenhang wurde oben wurde schon festgestellt, dass sich auch Empiristen schon bei der Bildung von Hypothesen oft von Vorüberlegungen theoretischer Natur leiten lassen. Wallenburg erscheint hier im Vergleich mit vielen andren, empiristischen Studien geradezu als ein Vorbild, auch weil er (zum Beispiel bei seiner Auseinandersetzung mit verschiedenen Konzeptualisierungen des Zufriedenheitsbegriffes) ausdrücklich auf unterschiedliche theoretische Vorverständnisse von dem empirisch zu untersuchenden Sachverhalt hinweist (s. Wallenburg 2004, S. 93 ff.) und damit indirekt einräumt, dass diese einen erheblichen Einfluss auf die später gestellten Fragen haben und damit auch die Antworten in einem gewissen Umfang präjudizieren können. Dabei fällt allerdings auf, wie freihändig er an anderer Stelle oft mit hoch-abstrakten Begriffen operiert. Dort stellt Wallenburg Betrachtungen an, in denen er Begriffe verwendet, denen man schon beim Lesen ansieht, dass sie sich nie operationalisieren oder messen lassen. Als Beispiel mag hier der sogenannte „Customer Lifetime Value" dienen, der „als Barwert den Kundenwert über den gesamten Kundenlebenszyklus betrachtet" (2007, S. 391).

„Wie oben genannt, besteht die erste Aufgabe des Beziehungsmanagements darin, den Wert eines Kunden beziehungsweise einer Beziehung für das Unternehmen zu bestimmen" (ebenda, S. 391). Darin schwingt die Unterstellung mit, dass das in der Praxis nicht immer so gemacht wird und dass hierin, wenn nicht ein Optimierungspotenzial, so doch eine hilfreiche Orientierung liegt. Schon der aktuelle Wert eines Kunden dürfte sich bei Versuchen einer begrifflichen Operationalisierung und Messung jedoch als sehr problematisches Konstrukt erweisen und damit die „erste Aufgabe des Beziehungsmanagements" vor große Schwierigkeiten stellen. In manchen Fällen kann ein Kunde etwa trotz einer negativen Marge wertvoll sein, weil er durch sein hohes Auftragsvolumen zur Grundauslastung der Kapazitäten beiträgt. Die Frage seines Wertes ließe sich dann nur über eine vergleichende „With-or-without-Analyse" ermitteln, deren Logik einfacher klingt, als es sich dann in isolierenden Messversuchen darstellen wird. Schließlich spiegelt das Rechnungswesen eines Unternehmens nur dessen aktuelle Realität und nicht hypothetische, in die Zukunft reichende Entwicklungen, und es weist einzelne Wertbeiträge von Kunden nicht gesondert aus.

Einen Barwert dieser Variablen über die ganze Lebenszeit einer Kundenbeziehung zu ermitteln oder zu schätzen, wird in jedem Fall zusätzlich an praktisch unlösbaren Prognoseproblemen scheitern. Schließlich weiß niemand vorher, wie lange er einen Kunden halten kann und welche wertmindernden Preiszugeständnisse er in der Zukunft gegebenenfalls zusätzlich machen muss, um einen Kundenverlust zu verhindern. Mit anderen Worten: Die Vorstellung von einem „Customer Lifetime Value" geht vollständig an der Komplexität und Dynamik des Marktes vorbei, insbesondere dann, wenn man in der konkreten Feststellung dieser Kennzahl eine vordringliche Managementaufgabe erblickt. Darüber hinaus ist es ist grundsätzlich problematisch, eine Geschäftsbeziehung wie einen Vermögenswert zu behandeln, weil man sie nicht besitzen kann.

Auch steht zu erwarten, dass Versuche, in der Praxis festzustellen, ob die Kundenbindung in einem konkreten Fall „nicht einen optimalen Punkt übersteigt, ab dem die Grenzkosten der Kundenbindungssteigerungen deren Grenznutzen übersteigt" (ebenda, S. 389), haltlos ins Leere greifen werden (obwohl ja das Treffen oder verfehlen diese imaginären Punktes rein logisch in hohem Maße den Kundenwert bestimmt). Derartige Gedanken, hier in Gestalt von Anleihen bei der ursprünglich innerhalb der Volkswirtschaftslehre entwickelten Marginalanalyse, markieren einen kühnem Sprung von der Banalität der statistischen Ebene in die Sphäre höchster Abstraktionen, und man ist geneigt, hier den Empiristen mit seinen eigenen Waffen zu schlagen. Vielleicht sollte man sich aber eher über das Eingeständnis freuen, dass auch Empiristen Halt suchen müssen in überwölbenden, theoretische Gedankengängen, um sich nicht in der Welt ihrer zum Teil selbst produzierten Fakten zu verlieren.

Folgen einer fraglichen Validität
Kehren wir aber von diesem kurzen Ausflug in den Bereich des „theoretischen" Überbaus von testbaren Hypothesen zu diesen selbst zurück. In beiden Bereichen stellt sich die Frage nach der *Validität* von getroffenen Annahmen und daraus abgeleiteten Schlussfolgerungen. Bei den Hypothesen ist noch einmal genauer zu fragen: „Messen die Erhebungs- und Testinstrumente das, was sie zu ermitteln vorgeben?" und „Kann man sich auf die Behauptung verlassen, dass die Ursache A das Ergebnis B bewirkt"? In Bezug auf die zweite Frage hatten wir oben mit dem verwandten Begriffspaar Hypothesen- und Ereigniswahrscheinlichkeit operiert.

Die an dieser Stelle herausgearbeiteten Schwächen haben offenbar zur Folge, dass es nach der Logik des empiristischen Forschungsansatzes für die Validität der eigenen Ad-Hoc-Hypothesen vollkommen belanglos ist, ob die fürderhin wahrnehmbaren, realen Erscheinungen der konstatierten empirischen Gesetzmäßigkeit folgen oder nicht bzw. in welchem Ausmaß sie das tun. Für die festgestellten Korrelationswerte gilt: Zum Zeitpunkt der Erhebung und unter den dort gegebenen Erhebungsbedingungen war es eben so. (Zu den angesprochenen Bedingungen zählen u. a. die Qualität und die Selektivität des Fragebogens, die Auswahl des befragten Personenkreises, das Vorverständnis des/der Fragenden, die Lebenserfahrung und die impliziten Deutungsmuster der Befragten und die Repräsentativität der Stichprobe)

„Wenn man eine Untersuchung in bestimmter Weise anlegt, bekommt man diese Daten, wenn anders, dann andere" (Luhmann 2003, S. 231). Ein solches Kleben an Beobachtungen und Daten ist offensichtlich eher theoriefeindlich als theoriefördernd und hilft damit auch der Praxis nicht weiter. Darüber hinaus wirft es die grundlegende Frage nach dem Wahrheitsrang der so gewonnenen Forschungsergebnisse auf. Hier werden „Wahrheit" und das schwächere (weil graduierbare) Kriterium der „Validität" ganz offensichtlich methodenbedingt auf einen singulären Erhebungskontext beschränkt und auch damit wiederum trivialisiert. Jedenfalls impliziert jede Allgemeingültigkeitserklärung einen ziemlich risikoreichen, induktiven Schuss (hierzu mehr in Abschn. 2.6), insbesondere dann, wenn Forscher noch nicht einmal die Befunde ihrer lokalen Erhebungen angemessen deuten können. Zur weiteren Illustration der Auswirkung dieser theoretischen Schwäche auf die praktische Brauchbarkeit empiristischer Hypothesen greife ich das oben angeführte Beispiel noch einmal auf.

Beim Einfluss der Verbundenheit auf die Bindung nimmt Wallenburg, wie oben schon angesprochen, bemerkenswerterweise kommentarlos zur Kenntnis, dass das Korrelationsmaß in einer thematisch vergleichbaren Studie von Cahill in diesem Punkt mit einem Wert von 0,31 nur etwa halb so hoch ausgefallen war wie bei seiner eigenen Befragung, wo es bei 0,58 lag. Da stellt sich nicht nur wissenschaftsintern die Frage, was denn hier die wirkliche Wirklichkeit ist. Für den vorhin beispielhaft betrachteten Manager bedeutet das: Er muss, wenn er sich vor der Entscheidung über Maßnahmen zur erhöhten Kundenbindung eine Strategie zur Stärkung der Verbundenheit zurecht gelegt hat, immer noch damit rechnen, dass in seinem Fall die Stärke des betrachteten, technologisch zu verwertenden Zusammenhangs irgendwo zwischen den Werten der beiden zitierten Studien oder sogar außerhalb dieser Werte liegt. Wo genau, kann ihm niemand sagen, weil „die" Realität (in der Gestalt von Einschätzungen von Beobachtern erster Ordnung) hier offenkundig mit den Forschern gespielt und ihnen dabei die Möglichkeit aus der Hand geschlagen hat, im Rahmen ihres Forschungsansatzes Wahrheit als Übereinstimmung von theoretischen Behauptungen mit Beobachtungen zu begreifen und als solche klar und unmissverständlich feststellen zu können. Ich wiederhole mein Erstaunen darüber, dass das hier niemanden interessiert.

Da Untersuchungen von Abweichungen, in denen ja immer Lernchancen stecken, hier ebenso wenig vorgenommen werden wie weitere, unabhängige Tests, an denen eine Hypothese scheitern könnte, kann man nach der Bestimmung eines Korrelationskoeffizienten im Grunde nur belastbar sagen, dass es vermutlich einen Zusammenhang zwischen zwei Testvariablen gibt, muss aber das Ausmaß bzw. die Stärke dieses Zusammenhangs dann unerkannt jeweils den Konstellationen der nächsten Situation überlassen. Praktiker, die mit Hilfe eine solchen „theoretischen" Wissens ihre jeweiligen Probleme lösen wollen, können diese Lücke nicht für sich situationsbezogen schließen. Sie sind schließlich keine Wissenschaftler und machen vor ihren Entscheidungen keine Hypothesentests.

Dass damit das Vorbild der Naturwissenschaft dramatisch verfehlt wird, bedarf wohl keiner näheren Begründung. Ins Wanken gerät an dieser Stelle vor allem auch die Annahme, man könne von einfachen Hypothese in einer methodisch abgesicherten Weise zu gehaltvolleren allgemeinen Theorien aufsteigen, was die Trivialität der Ausgangsvermutungen dann ja gegebenenfalls heilen könnte. Damit wird das Problem der Verallgemeinerung von empirischen Befunden und ihrer Loslösung vom Kontext ihrer Erhebung angesprochen, mit dem wir uns im nächsten Kapitel im Detail auseinandersetzen müssen.

„To know „why" is to go beyond the present situation to a larger world", bemerkte schon 1964 der sich vom Operations-Research-Pionier zum Wissenschaftsphilosophen entwickelnde C. West Churchman. Er hat sich dabei primär auf die allzu enge Methodik des OR-Ansatzes bezogen, auf die ich in Kap. 3 ausführlicher eingehe. Das Problem betrifft jedoch alle drei hier behandelten Forschungsansätze. Sie unterscheiden sich allerdings dadurch, wie sie davon betroffen sind und wie sie mit dieser Problematik umgehen.

2.6   Induktion als Weg zur Bildung von Theorien

„Gewonnene Ergebnisse werden oftmals verallgemeinert, ohne darauf einzugehen, ob und inwieweit dies möglich ist". Mit dieser Kritik an anderen Arbeiten von Empiristen definiert Wallenburg (2004, S. 37) zugleich eine Anforderung an seinen Forschungsansatz, ohne diese später selbst immer einzuhalten. Zugegebenermaßen ist das auch nicht immer ganz einfach. Denn dafür muss jenseits der eigenen Forschung schon vorab eine mächtige, *ontologische* Voraussetzung erfüllt sein: Verallgemeinern setzt Verallgemeinerbarkeit voraus. Hier ist Verallgemeinern aber noch konkreter zu fassen. Im Folgenden wird unterstellt, dass Empiristen selbst nicht auf dem Niveau inhaltlich unverbundener Ad-Hoc-Hypothesen verharren wollen, sondern auf dieser Basis den Aufstieg zu gehaltvollen Theorien anstreben.

Damit ist nicht nur das Problem der Repräsentativität von Stichproben bei Managerbefragungen angesprochen. Grundlegender geht es wiederum um das Problem der Kontingenz. Wenn Manager mit ihrem Verhalten oder auch nur mit ihren Antworten auf Fragebögen „empirisch" erfassbare Korrelationen erzeugen und diese sich unter den spezifischen Bedingungen einer Befragungssituation gezeigt haben, muss unterstellt werden, dass diese Korrelationen auch unter anderen (im Grunde: unter beliebigen und damit unter allen zukünftigen) Bedingungen gelten. Bildlich gesprochen geht es um den Aufstieg von der Situationsgebundenheit einzelner Erhebungen in die Situationslosigkeit allgemeiner Theorien.

Dabei geht es nicht nur um die oben schon behandelte, statistische Frage, ob eine Stichprobe eine dahinter liegende Grundgesamtheit im Erhebungszeitpunkt angemessen repräsentiert, sondern fundamentaler auch um die Frage, ob und in welchem Maße diese Grundgesamtheit selbst (konkreter: die Antwortbedingungen während der jeweiligen Stichprobenziehung) im Zeitablauf erhalten bleibt. Auch dann also, wenn dem Empirismus anhängende Forscher ihre eigenen, methodologischen Grundlagen gar nicht bewusst reflektieren, müssen sie zwei Arten von induktiven Schlüssen vollziehen – im ersten Schritt, um ihren zunächst nur lokalen Beobachtungen von Beobachtern erster Ordnung das Attribut der Allgemeingültigkeit zuzuschreiben (sonst wäre daran nichts Wissenschaftliches), und im zweiten Schritt, um von ihren bodennahen Hypothesen zu allgemeinen Theorien aufzusteigen.

Es ist unbestreitbar, dass Menschen im Alltag ständig induktive Schlüsse ziehen (beispielsweise indem sie vom heutigen Wetter auf das Wetter von Morgen schließen). Nur Verrückte und Narren tun das nicht. Hier geht es aber um die fundamentalere Frage, ob man in einem wissenschaftlichen Kontext als Beobachter zweiter Ordnung aus einzelnen, zu Korrelationen verdichteten Beobachtungen so auf allgemeine Theorien schließen kann, dass die Richtigkeit der Basisdaten die Richtigkeit dieser Theorien abschließend sicherstellen kann. Mit dieser Frage rückt ein weiterer Schwachpunkt des empiristischen Forschungsansatzes in das Zentrum unserer Analyse.

Wie gleich noch näher auszuführen sein wird, ist der Schluss vom Besonderen (hier: den zunächst situationsgebundenen Antworten auf Fragebögen) auf das Allgemeine (eine Theorie, die das Wort verdient) nicht nur logisch unmöglich. Er ist auf Grund ungeklärter Kontingenzen im Grunde sogar als Versuch praktisch unzulässig. Verallgemeinern, also Behauptungen über die Beschaffenheit realer Sachverhalte ungeprüft auf andere Situationen übertragen, darf ein redlicher Wissenschaftler nur, wenn diese nicht nebelhaft kontingent sind. Genau das ist aber hier immer wieder der Fall. Man weiß eben nicht, warum eine festgestellte Korrelation nicht stärker ausgefallen ist, weil man nicht weiß, was neben den erfassten unabhängigen Variablen sonst noch auf die abhängigen Variablen eingewirkt hat, und man kann darüber hinaus nur hoffen, dass deren Einfluss sich nicht ändert. Und man weiß dann auch nicht mehr, ob und wann man mit einer Hypothese im Zuge einer Theoriebildung weiterhin arbeiten kann (was innerhalb des Empirismus allerdings kaum weiter auffällt, weil mit den meisten Hypothesen offenkundig ja gar nicht weitergearbeitet wird).

Paradoxerweise muss die empiristische Forschung der hier geschilderten Art in ihrem Nachahmen der Naturwissenschaften das als gegeben voraussetzen, wonach sie forscht: zeitstabile, lineare, unidirektionale (von Rückkopplungseffekten freie), einstufige, schadlos isolierbare Kausalitäten und insoweit letztlich eine zumindest ausschnittweise deterministisch interpretierbare Welt. Wie in Abschn. 1.1.1 ausführlich dargelegt, hat sich die wirkliche Welt der Wirtschaft von dieser Basisannahme durch eine ausufernde Komplexität und (Eigen-)Dynamik inzwischen sehr weit entfernt, und es ist in der außerwissenschaftlichen Diskussion schon ein Gemeinplatz festzustellen, dass die Halbwertzeit unseres Wissens permanent sinkt. „It is the nature of knowledge that it changes fast and that today's certainties become tomorrow's absurdities" (Peter Drucker, zit. nach Prockl (2001, S. 37)). Für die Wissenschaft wie für die Praxis präsentiert sich die Realität (im Sinne der beiden unteren Ebenen aus Abb. 1.5) als eine Art „Moving Target". Man erinnert sich an Heraklits berühmte Einsicht, dass man nie zweimal in denselben Fluss steigt. Über welche, selbst erdachte Welt informiert uns diese Forschung dann?

Nun könnte man diesem Wissenschaftsprogramm zugute halten, dass es in seinen Anfängen ja gar nicht anders kann, als zunächst mal eine empirische Basis zu schaffen, von der aus man dann verallgemeinernd zu gehaltvolleren Theorien aufsteigen kann. Es ist jedoch ein nach wie vor verbreitetes Missverständnis zu glauben: „Theories are derived from observation of the real world" (so Mentzer und Flint 1997, S. 206), hierin mit Francis Bacon einem zwar berühmten, aber schon wenig später von David Hume und dann durch Immanuel Kant widerlegten Vorbild aus dem 17. Jahrhundert folgend). Wäre es so, dann könnte man umgekehrt jederzeit Theorien oder allgemeine Gesetzeshypothesen auf einfache, theoriefreie Beobachtungssätze zurückführen, da die Theorie hier ja keine spekulativen, über das jeweils beobachtete hinausgreifenden Elemente enthält, die das Risiko des Scheiterns implizieren.

Wäre die Induktion ein logisch zulässiges Schlussverfahren, dann bräuchte man keine Hypothesentests mehr, und der eingangs beschriebene Falsifikationismus Popper'scher Prägung würde ebenso bedeutungslos wie die Unterscheidung zwischen der *Entstehung* bzw. Erzeugung einer Hypothese und ihrer *Begründung* bzw. Bewährung. Wie oben schon einmal angedeutet, wäre das mit einer Selbsttrivialisierung der Arbeit des Forschers verbunden. Es funktioniert aber schon innerhalb der zum Vorbild erwählten Naturwissenschaften nicht, wie jeder weiß, der im Physikunterricht aufgepasst hat, als Einsteins Relativitätstheorie behandelt wurde. „Galileo tat einen großen Schritt, indem er wagte, die Welt so zu beschreiben, wie wir sie nicht erfahren" (von Weizsäcker (1966), zitiert nach Spinner (1974, S. 102)).

Selbst wenn man an dieser Stelle einmal die in Abschn. 2.4 behandelte Problematik des Weltzugangs durch Befragungen weglässt bzw. durch die Annahme einer unmittelbaren

Messbarkeit empirischer Sachverhalte ersetzt, fällt die Vorstellung, dass voraussetzungslos denkenden, weitgehend passiv-rezeptiv arbeitenden Wissenschaftlern ihr Wissen durch
unverfälschte Wahrnehmungen einer sich in ihren Kausalitäten offenbarenden Wirklichkeit
zufließt, deutlich hinter den Stand der Wissenschaftstheorie zurück. Logische Schlüsse, so
schon Kants frühes Fazit, können nicht gehaltvermehrend sein. Popper fasste seinen
Kommentar zur „Methodik" der Induktion in den lapidaren Satz: „Man kann nicht mehr
wissen, als man weiß" – zum Beispiel, dass alle bislang beobachteten Schwäne weiß
waren.

„Es führt kein Weg von irgendwelchen Tatsachen zu irgendwelchen Gesetzen" bemerkt
Popper an andere Stelle (1974, S. 389), und der aus einer ganz anderen wissenschaftsthe-
oretischen „Ecke" heraus argumentierende Konstruktivist Ernst von Glasersfeld bemerkt
hierzu, dass auch wiederholte Tests mit positiven Befunden an dieser grundlegenden
Problematik nichts ändern können: „Dass eine Theorie allen bisherigen Erfahrungen und
Experimenten standgehalten hat, kann nie mehr beweisen als eben dies, dass sie standge-
halten hat" (von Glasersfeld 2009, S. 17); zu einer ausführlichen Begründung der Nicht-
Begründbarkeit des Induktionsprinzips s. auch H. Albert (1975, S. 26 f.).

Selbst wenn Induktion ein logisch zulässiges Schlussverfahren wäre, würde sie im hier
gegebenen Fall aber schon deshalb nicht weiter helfen, weil eine verbreitete Anwendbarkeit
nicht gleichzusetzen ist mit einer höheren Eindringtiefe. Banale Hypothesen bleiben auch
dann noch banal, wenn man sie für allgemeingültig erklärt, und sie erhalten auf diesen
Weg auch nicht den Status von wirklichen Theorien. Brauchbare Theorien sind keine einfachen, empirischen *Entdeckungen*, sondern, wie etwa die oben schon mehrfach angesprochene Transaktionskostentheorie, immer gewagte, auf die Wirklichkeit hinter den
Erscheinungen gerichtete *Konstruktionen* („Einfälle"). Hinzu kommt, wie ebenfalls oben
schon angemerkt, dass „die Beobachtung nach der Erwartung oder Hypothese kommt"
(Popper 1974, S. 287) und dabei zwangsläufig von diesen geprägt wird.

Selbst die flachen, theoriefreien Hypothesen, mit denen die Empiristen immer wieder
aufwarten, musste sich jemand vorab einfallen lassen, um sie dann testen zu können, wobei die Notwendigkeit des Tests allein schon verrät, dass die Hypothese im Ursprung
spekulativ (also eine Art Prognose) war und sich bewähren musste. Anders als im Prinzip
der Induktion gedacht, fallen die Entdeckung/Entwicklung und die Rechtfertigung/
Begründung einer Theorie eben nicht zusammen. Ohne eine vorherige Hypothese weiß
man nicht einmal, wo man hinschauen soll. Deshalb kann man auch nicht über induktive
Schlüsse Erkenntnissicherheit schaffen, etwa nach dem Motto: was vorher der Realität
entnommen wurde, kann nachträglich nicht mehr mit ihr zusammenstoßen. Würden empirische Aussagen durch dasselbe Verfahren validiert, das wir benutzen, um sie zu erzeugen,
würden wir uns nur noch im Kreis drehen und nach oben keinen Raum gewinnen.

Theorien sind eher Voraussetzungen der Gewinnung von Erkenntnissen als deren
Ergebnis. Vom bloßen Beobachten eines fallenden Apfels (ein Ereignis, das einer Anekdote
zur Folge Newton zur Entwicklung der Gravitationstheorie inspiriert hat) kommt man jedenfalls nicht qua Verallgemeinerung zu der Theorie sich gegenseitig anziehender Massen.
Insoweit, wie Naturwissenschaftler selbst der Idee anhingen, der Weg zu Theorien ginge

über die Verallgemeinerung von Beobachtungen, unterlagen sie dabei nur einem Selbst-Missverständnis, das schließlich in dem Maße begraben werden musste, wie die Wissenschaft „zunehmend auf die Aufdeckung von Prozessen jenseits des Beobachtbaren (zielte)" und, wie an prominentester Stelle Albert Einstein, „nach der Wirklichkeit hinter den Erscheinungen" suchte (Carrier 2006, S. 36).

Die Maßgabe, auf dem Weg eines verallgemeinernden Aufsteigens von einzelnen Beobachtungen zu abstrakteren, generellen Gesetzmäßigkeiten am Ende *Theorien* zu finden, verweist nicht nur auf eine logische Unmöglichkeit. Sie beschränkt durch diese Bindung an Fakten auch die Kreativität von Forschern bei einem freien und zunächst einmal spekulativen Räsonieren über mögliche Erklärungsansätze für die jeweils betrachteten Phänomene. Die Idee der Induktion, in der die Genese einer Theorie und ihre Geltung nicht klar voneinander getrennt werden, propagiert die Idee von Wissenschaftlern, die buchstäblich einfallslos sind. Das, was Popper einmal die „kühnen Gedanken" des wahren Theoretikers genannt hat, wird hier scheinbar nicht gebraucht (zit. nach Carrier (2006), S. 42)). Vor diesem Hintergrund verwundert es nicht, dass aus der (insbesondere in der US-amerikanischen Literatur) großen Vielzahl veröffentlichter „Survey Studies" auch noch nicht ansatzweise so etwas wie eine gehaltvolle Theorie der Logistik hervorgegangen ist. Diese Forschungsarbeiten sind als Wissensbausteine offenkundig weder komplementär noch kumulativ noch im Sinne der Terminologie Luhmanns „anschlussfähig" (also weiterführend). Eher erinnern die jeweils getesteten Ad-hoc-Hypothesen an Teile aus unterschiedlichen Puzzles.

Infolgedessen sind sie in ihrer Gesamtheit auch nicht fruchtbar, aber das Ausbleiben entsprechender Erfolge wird als Feedback schon auf der Wissenschaftsebene nicht ernst genommen. Stattdessen werden wir mit nicht mehr überschaubaren Tabellenfriedhöfen konfrontiert, in denen Teils-Teils-Aussagen mit statistischen Korrelationsmaßen belegt werden, die sich niemand merken kann (und sollte) und die nicht viel mehr demonstrieren als einen unproduktiven Tüchtigkeitswettbewerb an der falschen Stelle (Rechnen statt Denken). Die Unverhältnismäßigkeit zwischen dem in Stellung gebrachten, hochdifferenzierten statistischen Testapparat und dem mageren Gehalt der getesteten Hypothesen erscheint einem Beobachter dritter Ordnung immer wieder als bedrückend. Man gewinnt beim Lesen der entsprechenden Publikationen zudem den Eindruck einer Wissenschaft, die sehr viele unkoordinierte Seitwärtsbewegungen macht und den entscheidenden Schritt zu einer übergreifenden Theorie gar nicht erst versucht.

Dabei ist das Erlernen der dort verwendeten Techniken, um mit den Worten eines Nobelpreisträgers zu sprechen, leichter „als das Nachdenken darüber, worin der Kern der Probleme liegt und wie wir sie anpacken sollten" (s. von Hayek 1989, S. 393). „I am fond of thinking about a problem over and over", sagt der Erfinder des Just-in-Time Konzeptes Ohno (1988, S. 4 f.) bei der Beschreibung seiner Vorgehensweise. Wenn sich Wissenschaftler dieser „Methode" verweigern, dürfen sie sich nicht wundern, wenn ihnen die Praxis als Objekt ihrer Forschung ständig vorauseilt und wenn sie deren Ergebnisse dann auch deshalb nicht richtig ernst nimmt, weil sie in ihren eigenen Antworten schon enthalten waren. „Die äußeren Bedingungen, die (dem Wissenschaftler) … gesetzt sind", sagte kein geringerer als Albert Einstein (1951, S. 683) „erlauben es ihm nicht, sich bei der Konstruktion seiner Begriffswelt zu sehr von seiner Loyalität zu einem erkenntnistheoretischen System einschränken zu lassen" (Zitiert nach Feyerabend (1979, S. 242). Dem ist nichts hinzu zu fügen außer dem Hinweis darauf, dass in dieser Einsicht eine Legitimation des später analysierten Forschungsansatzes (F3) gesehen werden kann.

Die Feststellung, dass induktive Schlüsse nicht gehalterweiternd sein können, führt noch einmal zurück zur Frage, was denn den *Gehalt einer Hypothese* ausmacht. Bei der vertiefenden Klärung dieser Frage beginne ich mit einer trivialen, aber folgenreichen Feststellung: Bei jeder Art von Wissenschaft geht es letztlich um *Informationsgewinnung*. In einer praxisorientierten Wissenschaft ist Information *entscheidungsrelevantes* Wissen. Informiert werden kann man nur durch eine Nachricht, die Unsicherheit beseitigt, also Möglichkeiten ausschließt. Ein solcher Ausschluss betrifft nicht nur die Dann-Komponente einer Hypothese, also das, was nach ihrer Behauptung nicht mehr eintreten darf, er kann auch die Wenn-Komponente betreffen. Ein klassisches Beispiel hierfür wurde oben schon angeführt, nämlich die Ceteris-Paribus-Klausel. Mit ihr wird so viel ausgeschlossen, dass die so ausgestattete Theorie oder Hypothese an der Wirklichkeit nicht mehr scheitern kann – auch weil die Theorie dann in einer dynamischen Welt letztlich unerkannt nur noch einen unwahrscheinlichen, singulären Fall beschreibt.

Dabei steigt der Informationsgehalt einer Behauptung nicht nur mit dem Umfang der ausgeschlossenen Möglichkeiten. Vielmehr hängt er gleichzeitig auch von unseren Erwartungen ab: er ist um so geringer, je mehr die betreffende Nachricht unsere Erwartungen bestätigt, wir also unser „Weltbild" und unsere bisherigen Annahmen in der betrachteten Frage nach Erhalt der Information nicht anpassen müssen. Die Nachricht, dass in einer Fußballliga der Tabellenerste den Tabellenletzten geschlagen hat, ist in diesem Sinne weniger informativ als es die umgekehrte Nachricht wäre.

Es mag auf den ersten Blick etwas widersprüchlich klingen, wenn uns Kybernetiker und Informationstheoretiker sozusagen qua definitione sagen, das Unwahrscheinliche sei besonders informativ. Doch bedeutet das nicht mehr als dass es eben die Funktion von Informationen ist, Unsicherheiten zu beseitigen. Erwartungskonforme Informationen erleben wir als redundant. Darauf basieren beispielsweise moderne Event-Management-Systeme, die ihre Nutzer proaktiv nur dann informieren, wenn etwas schief gelaufen ist, und auch das oben betrachtete Bayes'sche Theorem spiegelt diese elementare Logik. Die Informationen über planmäßig ablaufende, eventfreie Prozesse wären nicht nur wertlos (weil ohnehin erwartet), sie würden obendrein auch noch stören, weil sie die Empfänger von der Arbeit abhalten.

Was heißt das nun in Bezug auf den hier betrachteten Forschungsansatz? Kann er, wenn dort schon nicht in jedem Einzelfall der gerade beschriebene, zweite Induktionsschritt vollzogen wird, wenigstens insgesamt eine empirisch gehaltvolle Grundlage für ein darauf aufsetzendes und diese Grundlage transzendierendes, theoretisches Räsonieren liefern? Auch diese Frage lässt sich am besten beispielhaft klären.

Mit der Kommunikations-Hypothese von Zentes et al. haben wir im Sinne der gerade hergeleiteten Definition einen Fall *doppelter Informationsarmut*: nämlich eine Nachricht, die

1. uns nicht überrascht („Mit Kunden reden bringt Erfolg") und bei der wir insofern keine Mehrung unseres Wissens spüren, und die

2. nur wenig ausschließt. Es kann zwar auch anders kommen, aber wenn es anders kommt, die unternehmensübergreifende Kommunikation also wider Erwarten einmal nicht gelingt, hat das für die Wahrheit der getesteten Hypothese oder deren Wahrscheinlichkeit keinerlei Bedeutung. Schließlich hat man ja nie behauptet, dass es nicht auch anders kommen könnte. Der sich in schwachen Korrelationen zeigende Nebel der Kontingenz schluckt als „unmarked Space" widersprechende Erfahrungen, und die Hypothesen sichern mit ihren blinden Flecken ihren eigenen Fortbestand. Der hierfür zu zahlende Preis ist allerdings, wie oben bereits dargelegt, beachtlich. Nicht zufällig hat ja Popper, wie in Abschn. 2.1 ausgeführt, den Gehalt von Hypothesen an deren Widerlegbarkeit gekoppelt.

„Das System des Wissens", sagt Carrier (2006, S. 130), der in seinen vielen Beispielen nur Fälle aus den Naturwissenschaften nimmt, „nimmt fortwährend neue Erkenntnisse auf und scheidet alte Irrtümer aus". Wie soll aber eine Forschung in dieser Weise lernend fortschreiten, wenn sie sich in ihren gehaltsarmen Hypothesen inhaltlich nie wirklich festlegt und wenn sie darüber hinaus an Vergleichsstudien selbst im Falle abweichender Ergebnisse kein Interesse zeigt? Wer die singulären Bedingungen, unter denen seine jeweilige Befragung stattgefunden hat, kommentarlos für allgemeingültig hält und sich dann anderen Themen zuwendet, kann danach nur noch auf der Stelle treten.

Das Lernen aus widerstreitenden Erfahrungen kann verschiedene Formen annehmen. Weiter oben habe ich am Beispiel der soziologischen Rollentheorie aufgezeigt, wie man eine Theorie durch inhaltliche Anpassungen und Erweiterungen nachträglich mit zwischenzeitlich aufgetretenen Anomalien kompatibel machen kann. Für die Anhänger rigoroserer Methoden, für die ein solches, auf *Verstehen* gegründetes Vorgehen im vorwissenschaftlich Raum angesiedelt ist, bietet sich aber auch ein formalerer Weg des Umgangs mit Anomalien, das an den oben eingeführten Begriff der „Hypothesen-wahrscheinlichkeit" anknüpft. Wie ebenfalls oben schon angedeutet, wird ein solcher Weg der Adaption formal durch das Bayes'sche Theorem beschrieben, das einen Weg beschreibt, wie man nach unerwarteten Ereignissen nicht gleich eine Hypothese verwirft, sondern nur regelbasiert deren Apriori-Wahrscheinlichkeit in eine neue Ex-post-Wahrscheinlichkeit transformiert. Man könnte auch sagen: die Bayes'sche Formel kann Wissenschaftlern helfen, eine Hypothese in einem strukturierten Prozess des Lernens aus Erfahrung „realistischer" zu machen. Einen wirklichen Ersatz für ein inhaltliches Lernen aus Erfahrung liefert dieses Theorem zwar nicht, aber gerade das könnte die Formel ja für Forscher interessant machen, die es aus methodischen Gründen vorziehen, von außen um ein Problem herum zu forschen.

Letztlich passt dieser im Niemandsland zwischen Wahrheit und Unwahrheit angesiedelte, graduierbare Begriff von Realismus, der im Bayes'schen Theorem mitschwingt, aber nicht zu einer Wissenschaft, die glaubt, Theorien unvermittelt an Fakten festmachen zu können und danach nicht mehr lernen zu müssen (auch das Lernen selbst ist ja immer mehr bzw. etwas anderes als induktives Schließen). Allerdings ist es insofern nicht ganz fair, den Empiristen die Nichtbeachtung des Bayes'schen Theorems vorzuwerfen, als dieses Konstrukt auch von der Wissenschaftstheorie selbst kaum aufgegriffen worden ist – eine bemerkenswerte Ausnahme ist Carrier (2006), der in seiner lehrbuchhaften Einführung in die Wissenschaftstheorie diesem Theorem ein ganzes Kapitel widmet (ebenda, S. 104 ff.).

Die Nichtbeachtung der Bayes'schen Logik folgt auch daraus, dass die Empiristen – im Übrigen ganz im Gegensatz zu den grundlegenden Gedanken von Rudolph Carnap als einem führenden Begründer des Empirismus als Wissenschaftsphilosophie – den Begriff der Wahrscheinlichkeit einer Hypothese nicht kennen bzw. ersatzweise nur von einer durch Korrelationskoeffizienten erfassten und damit graduierbaren „Bestätigungsstärke" von Hypothesen sprechen (auf die Schwierigkeiten, in die man gerät, wenn man in Korrelationskoeffizienten gleichzeitig ein Maß für die Stärke eines Zusammenhangs und für die Bestätigung der jeweiligen Hypothese sieht, habe ich in Abschn. 2.3 schon hingewiesen). „Alles induktive Folgern", sagt Carnap (1962, S. V) „...ist Folgern in Begriffen von Wahrscheinlichkeit" (zit. nach von Weizsäcker (1992, S. 62). Allerdings hat er es versäumt, dem von ihm benutzten Wahrscheinlichkeitsbegriff die für ein stringentes logisches Schließen notwendige klare Fassung zu geben.

Festzuhalten bleibt: Überraschungen wie etwa der Fall, in dem eine unternehmensübergreifende Kommunikation nicht zu einer verstärkten Kundenbindung geführt hat, werden von Empiristen nicht interpretiert und durch eine Neubewertung in die eigenen Forschungsergebnis integriert, sondern schlicht ignoriert und damit für bedeutungslos erklärt. Man publiziert die Ergebnisse seiner Studie, und damit muss es gut sein. Schließlich signalisieren ja Korrelationskoeffizienten dadurch, dass sie nach unten deutlich von 1 abweichen, dass in abweichenden Beobachtungen auch die Auswirkungen nicht mitbedachter Bedingungen und Einflussfaktoren zum Ausdruck kommen. Hier wird aus der eigenen Methodik allerdings eine Falle.

Wenn man solche Faktoren mit der Konzentration auf bestimmte Ursachen schon vorab in den Nebenraum des Unerheblichen abgeschoben hat, muss man sich nachher nicht mehr darum kümmern, wenn sie aus diesem Nebenraum heraus stören. Damit wird die mögliche theoretische Tragweite abweichender Befunde schlicht gleich Null gesetzt und die liebe Seele (des Forschers) hat Ruh, obwohl sich womöglich die Induktionsbasis ihrer jeweiligen Studie verändert und damit Lernchancen produziert hat. Das erscheint auch deshalb nicht als Problem, weil ja kaum je der Versuch unternommen wird, in Anlehnung an Mentzer und Flint (1997) von den empirischen Beobachtungen ausgehend zu allgemeinen Theorien aufzusteigen. Möglicherweise streben viele Anhänger des Forschungsansatzes (F3) ja auch gar nicht danach, gehaltvolle Theorien zu entwickeln oder wenigstens die Grundlagen dafür zu schaffen. Das wäre allerdings ein Fall von Selbstgenügsamkeit, der angesichts der bislang gelieferten Forschungsresultate betroffen machen muss.

Nun aber zurück zum Verhältnis zwischen Induktion und Lernen. Während Induktion eine Form des logischen Schlussfolgerns ist, ist Lernen ein empirischer Prozess, und zwar ein Vorgang, der im Falle eines Lernens durch Wissenschaftler geeignet ist, die Basis für Verallgemeinerungen zu verbessern. Schon mehrfach wurde in dieser Arbeit darauf hingewiesen, wie paradox es ist, dass ausgerechnet eine empirische Forschung in einer von einer zunehmenden Veränderungsdynamik erfassten Welt ihre Erhebungsresultate als in Stein gemeißelt betrachtet. Das ist eine zweite, seltsam anmutende Form von Selbstgenügsamkeit. Die von den Empiristen erforschte Managementpraxis ist da mental weiter als die sie beobachtende Theorie. Hier werden z. B. im Kontext eines Qualitätsmanagements Fehler gezielt als Lernchancen betrachtet, gelegentlich wird sogar eine Kultur der Fehlerfreundlichkeit gefordert (Beispielhaft erwähnt seien hier nur die „Fehlermöglichkeits- und Einflussanalyse" (FMEA) und das mit dieser verwandte Poka-Joke-Verfahren; vgl. ausführlicher die entsprechenden Ausführungen bei Bruhn (2004)).

Das Ausklammern von nicht betrachteten anderen Einflussgrößen, ermöglichenden oder erschwerenden Bedingungen, Pfadabhängigkeiten und Kontextvariablen, ist eine Form von Komplexitätsreduktion, die stark an einige, auf Zeitreihenanalysen basierende statistische Prognoseverfahren erinnert. Statistiker neigen in diesem Kontext dazu, innerhalb ihrer spezifischen Art des induktiven Schließens Abweichungen von Mittelwerten und Korrelationen als „zufällig" zu erklären. Keine musterbildenden Signale, sondern lediglich „Geräusch", also nichts, was dem (in jeder Prognose steckenden) Schluss von der Vergangenheit auf die Zukunft im Wege stehen könnte. Das ist im Falle von zeitreihenanalytisch begründeten Prognosen insofern besonders abenteuerlich, als in diesen überhaupt keine Kausalitäten vorkommen (die Zeit selbst bewirkt nichts, beobachtet wird hier nur ein Geschehen *in* der Zeit). Dort kann man es aber noch pragmatisch begründen, weil Prognosen, wie oben schon gezeigt, ohne jede Extrapolation logisch nicht möglich, induktive Schljüsse also unumgänglich sind.

Auf die unterschiedliche Logik von Prognosen und Erklärungen, von denen nur erstere auf der „Methode" der Induktion basieren, wurde schon in Abschn. 2.3 aufmerksam gemacht. Gemeinsam ist ihnen, dass die jeweils ausgeblendete Kontingenz immer wieder zurück schlägt, bei den Empiristen gelegentlich auch ohne Wiederholungstests. Selbst bei der Überprüfung der nicht sonderlich aufregenden Hypothese eines positiven Zusammenhangs zwischen Kundenzufriedenheit und Kundenbindung müssen Herrmann und Johnson (1999, S. 580) feststellen, „dass die beiden Größen in einem vielschichtigen Wirkungsverbund stehen, der sich wohl kaum durch einen linearen Funktionsverlauf darstellen lässt". Vielleicht haben sie einfach die im Hintergrund wirkende Bedeutung der Kommunikation für oder den Einfluss der Verbundenheit auf die Kundenbindung übersehen? Dann wären Abweichungen in jedem Fall nicht zufallsbedingt.

Die bisherigen Ausführungen zur Induktion haben gezeigt,

1. dass es sich hier schon auf der Ebene der Logik um ein unzulässiges Schlussverfahren handelt,
2. dass auch die ontologischen Voraussetzungen (zeitstabile Kontexte) für induktive Schlüsse in der Realität kaum noch vorzufinden sind, und

3. dass man überinduktive, nicht gehaltserweiternde Schlüsse selbst im Falle ihres Funktionierens nicht zu gehaltvolleren Theorien aufsteigen kann.

Erschwerend kommt noch hinzu, dass sich Kausalzusammenhänge auf der Zeitachse selbst verstärken oder widerlegen können (Komplexitätsmerkmal 8 aus Abschn. 1.1.1). Das sprengt vollends den Rahmen dessen, was sich innerhalb der Methodik der Empiristen noch erfassen lässt. Wenn etwa Weber und Wallenburg (2004) ihre Leser mit der Überraschung konfrontieren, dass die Wahrscheinlichkeit einer Zusatzbeauftragung von Logistikdienstleistern positiv mit ihrem vorhergehenden Streben nach Verbesserungen korreliert ist, ist es ja durchaus möglich, dass die Angehörigen dieser Branche lernen (vielleicht auch aus diesem Hinweis) und sich noch mehr anstrengen. Dann könnte das entwickelte Erklärungsmodell in einer neuen Studie vielleicht sogar mehr als nur 30 % einer Zusatzbeauftragung erklären. Das wäre dann ein schöner Beratungserfolg, der mit seiner Eigendynamik in Gestalt der Rückwirkung einer „Theorie" auf sich selbst allerdings ein weiteres Mal bestätigen würde, dass es unzulässig ist, das in einer singulären Erhebungssituation jeweils Vorgefundenen einfach fortzuschreiben.

Herrmann und Johnson haben solche Grenzen in ihrer eben zitierten Aussage (ebenda) freimütig eingeräumt, aber selbst wenn sie diese Grenzen nicht als endgültig einstufen, klang das doch sehr wie eine Kapitulation der empiristischen Forschung vor der übergroßen Komplexität der Welt, in der man nicht wirklich weiter kommen kann, wenn man nur einzelne empirische Befunde für allgemeingültig erklärt und selbst nach abweichenden Befunden keine weiteren, geistigen Anstrengungen unternimmt.

2.7   Ein Zwischenfazit

Man mag mir vorwerfen, dem Empirismus mit einer zu harten und gelegentlich vielleicht auch etwas einseitigen Kritik zu begegnen. Aber schon Einstein sagte, dass es gut ist, „eine These stark und nackt hinzustellen, wenn man über ihr Wesen ins Klare kommen will". (Einstein (1939), wieder abgedruckt in: Dürr HP (2012), dort S. 60). Das scheint mir in diesem Fall besonders geboten.

„Die schlichte…Entscheidung, Wirtschaftswissenschaften wie Physik zu betreiben, reicht offenbar nicht aus, um ein entsprechendes Tun…auch zu ermöglichen" (Kambartel 1978, S. 59). Nur das Mögliche lässt sich aber wirklich tun. Ob und inwieweit die Vorgehensweise des Empirismus tatsächlich der von Naturwissenschaftlern entspricht, ist höchst zweifelhaft. Schon für die problematische Methode, die Realität durch Befragungen einzufangen, gibt es dort ja keine Parallelen, jedenfalls ist die dort vorherrschende Mess- und Experimentierpraxis ganz vollkommen anderer Natur. Abgesehen davon, dass die Naturwissenschaften oft ganz anders vorgehen als die Forscher, die sich auf diese als Vorbild berufen, ist der Preis für die „methodisch abgesicherte" Kritikfestigkeit dieses Forschungsansatzes aber entscheidend zu hoch. Der Ansatz ist im Einzelnen

a) mit seinem mehr oder weniger versteckten Determinismus in seinem Verhältnis zu der untersuchten Wirklichkeit (den im Verhalten von Managern identifizierten und zum Teil auch erzeugten „Gesetzmäßigkeiten") affirmativ und damit als „After-the-Fact-Science" im Kern *strukturkonservativ,*

b) *theoretisch unbefriedigend,* weil

– dem rigorosen und (gemessen an seinen kargen Resultaten) sehr aufwendigen Methodenapparat keine klaren Akzeptanz- und Verwerfungskriterien für Hypothesen gegenüberstehen. Das Anbringen eines situationsgebundenen Korrelationskoeffizienten an einer Hypothese hingegen ist schon deshalb kein „Test" im engeren Sinne, weil diese Kennzahlen ja in dem als Test bezeichneten Verfahren selbst erst entstehen, und weil auch ein niedriger Kennwert immer noch eine in den gerade vorgefundenen Daten vorhandene Korrelation anzeigt und damit suggeriert, in der Hypothese stecke doch ein bisschen Wahrheit,

– innerhalb der so organisierten Wissenschaft jede „Erkenntnis" gebunden bleibt an die Datenlage der jeweiligen Erhebungssituation, die wiederum selbst nicht aus direkten Beobachtungen der realen Realität durch Wissenschaftler besteht, sondern aus abgefragten Einschätzungen von Managern. Die Beobachter zweiter Ordnung machen sich damit abhängig von der kaum je überprüften Prämisse, dass Frager und Befragte komplexe, begriffliche Konstrukte in exakt derselben Weise verstehen. Außerdem fehlt den hier überprüften Hypothesen die durchdringende Kraft, die wirkliche Theorien auszeichnet. Schon Einstein hat sich als vermutlich prominentester Vertreter der hier zum Vorbild genommenen Naturwissenschaften gegen das „Kleben am Beobachtbaren" gewandt und in einem Brief an Popper seine Überzeugung ausgedrückt, „dass eine Theorie nicht aus Beobachtungsresultaten fabriziert, sondern nur erfunden werden kann" (wiederabgedruckt im Anhang von Popper (1969)),

– die „getesteten" Hypothesen und die resultierenden Befunde verschiedener Studien und Forscher ohne die Klammer einer übergreifenden Theorie und ohne jedes übergreifende Denkmuster in einer Art „Patchwork Science" weitgehend zusammenhangslos nebeneinander stehen, und weil mit dieser offensichtlichen Beliebigkeit in der Frage, was frag-würdig ist, gerade das verhindert wird, was eigentlich angestrebt wird: das Aufsteigen zu allgemeinen (nicht kontingenten), die vorgefundenen Beobachtungsbefunde zugleich integrierenden und transzendierenden Theorien durch Induktion. Mit anderen Worten: man bräuchte die Theorie, die so generiert werden soll, schon vorher, um einen Wildwuchs in der Forschung zu verhindern. Theorien sollten das Netz sein, mit dem wir als Wissenschaftler die Welt einfangen. Das Netz der Empiristen besticht infolge ihrer eher theoriefeindlichen Beobachtbarkeitsideologie mehr durch seine vielen, großen Löcher. Das Ganze ähnelt, um es bildhaft zu sagen, dem Versuch, an beiden Seiten eines Flusses zunächst einmal an verschiedenen Stellen unkoordiniert Sockel aufzubauen in der Hoffnung, darauf später eine verbindende Brücke aufzusetzen zu können. „Empirische Forschung hat ihren logischen Ort nur als

Kontrollinstanz der aus Theorien abgeleiteten Hypothesen", bemerkte schon Darendorf (1974, S. 35) mit Blick auf die Soziologie, über umgekehrte Versuche, aus empirischen Erhebungen Erkenntnisse theoretischer Natur zu gewinnen, hätte er wohl nur den Kopf geschüttelt,

– die Antwort auf Komplexität und Kontingenz fast zwangsläufig in Fluchten in inhaltsarme Banalitäten und/oder in unausgesprochene Ceteris-paribus-Klauseln besteht, beispielsweise in die nunmehr durch Korrelationskoeffizienten veredelte, oben schon zitierte und nicht zufällig nach einem Mechanismus klingende Überzeugung, dass das Lernen von Organisationen die Servicequalität der Logistik verbessert (Payanides 2007). Verbesserungen bedingen generell ein vorhergehendes Lernen, sonst hätten die Unternehmen sie ja schon vorher vorgenommen. Insofern kommt diese an Oberflächlichkeit kaum zu überbietende Hypothese einer Tautologie nahe, die die befragten Manager auch deshalb nicht überraschen kann, weil sie diesen Zusammenhang vor ihrer Befragung selbst hergestellt haben mussten, damit Wissenschaftler sie dann entdecken konnten,

– es – anders als in den nachgeahmten Naturwissenschaften – keinen Streit mehr über die Qualität von Aussagensystemen und kein Lernen aus Erfahrung durch die Korrektur von Irrtümern gibt, weil Teils-Teils-Aussagen nie empirisch widerlegt, sondern nur durch eine Anpassung von Korrelationskoeffizienten empirisch-statistisch korrigiert werden können, was aber so gut wie nie passiert. Forschungsmethoden unterliegen nach Kotzab (2007, S. 73) „dem Primat des wissenschaftlichen Fortschritts". Im Zusammenhang mit erklärenden Theorien bedingt ein substanzieller wissenschaftlicher Fortschritt nach dem Auftreten von Anomalien mindestens deren Ergänzung, oft aber deren Korrektur oder sogar deren Substitution, weshalb Chalmers (1999, S. 15) bündig erklärt: „Die Geschichte der Wissenschaft kann sinnvoll verstanden werden als das Überleben derjenigen Theorie, die sich angesichts einer strengen Prüfung als die überlegendste erweist". All das geschieht hier aber nicht, weil es keine Replikationsstudien gibt, und es ist hier im Übrigen schon deshalb nicht möglich, weil diese Forschung bislang entgegen ihren eigenen Ansprüchen noch keine wirkliche Theorie hervorgebracht hat. (Ich will an dieser Stelle nicht der Frage nachgehen, was genau eine „Theorie" ist, mindestens aber festhalten, dass eine solche mehr als eine Gesetzeshypothese enthalten muss, und dass diese Hypothesen zueinander inhaltlich in Beziehung stehen, sich also beispielsweise ergänzen oder unterstützen. Echte Theorien sind mehr als Ansammlungen von Hypothesen, nämlich kohärente und konsistente, reichhaltige Gedanken*gebäude*),

c) *perspektivenverengend*, weil

– hier die Forschungsmethodik schon die zulässigen Fragen auf das einengt, was als gesetzmäßig gesehen und später statistischen Korrelationsanalysen unterworfen werden kann (dahinter steckt die mächtige Annahme, dass das, was durch diese verengte Perspektive ausgeblendet wird, auch vernachlässigbar ist),

- die Forscher qua Forschungsansatz zu häufig daran gehindert werden, den empirischen Entstehungszusammenhang ihrer hypothetisch behaupteten Kausalitäten und damit das Hervorgehen von Korrelationen aus den Handlungen von Managern in der Tiefe zu *verstehen* und auf diese Weise sehr viel mehr über ihren Gegenstand, die Logistik, zu erfahren, als sie es nach der Forderung einer quasi-naturwissenschaftlichen Behandlung ihrer Beobachtungen zweiter Ordnung noch können (der Empirismus erzeugt hier jenen Obskurantismus, den er inhaltlich arbeitenden Forschern vorwirft), und
- dieser Ansatz schon im Bereich der Hypothesenbildung damit uneingestanden das präjudiziert, was die Forscher zu sehen erwarten: rückkopplungsfreie, unidirektionale, überwiegend einstufige, eindimensionale und schon damit chronisch unterkomplexe, zeit- und ortsunabhängig gültige, lineare Kausalbeziehungen (wer suchet, der findet),

d) *praktisch unfruchtbar*, weil
- er selbstreferenziell ist und die eigenen Forschungsfragen überwiegend nicht praktisch drängenden Problemen entnimmt, also es nicht schafft, sich mit Problemen zu befassen, die – mit Luhmann (2003, S. 219) gesprochen – „einer organisierten Aufmerksamkeit entstammen, die nicht ihre eigene ist" (was sich dann in einer Distanz zwischen Wissen und Wissenswertem äußert),
- hier Managern nur das als Empfehlung zurückgegeben werden kann, was zuvor mittels statistischer Methoden aus ihren eigenen Antworten herausgefiltert worden ist und dann nach einem „Re-Entry" in Korrelationstabellen erneut aufscheint,
- hier ein verstehendes, inhaltliches Nachvollziehen von Entscheidungen ebenso als unwissenschaftlich abgetan wird wie das darauf aufbauende, konzeptionelle Arbeiten an Werkzeugen und Modellen zu deren Verbesserung (das eigentlich Interessante wird hier mangels methodisch abgesicherter Zugänglichkeit zur Black Box erklärt, in der Manager aber als Beobachter erster Ordnung mit ihren mentalen Modellen der Realität weiterhin denken und – dabei gelegentlich Korrelationskoeffizienten produzierend – handeln),
- er sich mit der Prämisse, das Verhalten von Managern führe zu zeitstabilen Gesetzmäßigkeiten, aus der Dynamik des Weltgeschehens ausklinkt, für Innovationen, die solchen empirischen Invarianzen den Boden entziehen können, keinen eigenen Blick hat und schon deshalb zur gesellschaftlichen Wohlstandsförderung nur wenig beitragen kann. Mangels theoretischer Fruchtbarkeit kann diese Diskrepanz auch nicht durch die Trennung zwischen Grundlagen- und Anwendungsforschung legitimiert werden.

„Es ist…berechtigt, Erkenntnisfortschritt …als wesentliches Merkmal aller wissenschaftlichen Erkenntnis anzusehen, das infolgedessen der Wissenschaft fast per definitionem zukommt" (Spinner 1974, S. 57). „Da es keinerlei Wahrheitsgarantie gibt, ist die wichtigste *methodische* Frage die, wie wir aus unseren Irrtümern lernen und unsere Problemlösungen vergleichen, beurteilen und verbessern können" ((Albert 1972, S. 1998), Hervorhebung von mir). Davon ist hier nicht viel zu sehen. Schlimmer noch ist aber, dass man mit guten Gründen die Fortschritts*fähigkeit* dieser Programmatik in Zweifel ziehen kann. Wissenschaft und Praxis (Beobachter erster und zweiter Ordnung) bleiben hier zwei zu ihrem eigenen Schaden parallel und weitgehend berührungslos betriebene Formen des Gewinnens und Systematisierens von Erfahrungen, wobei die Wissenschaft mehr oder weniger nur ihre eigenen Fragestellungen im Blick hat und der über sich selbst Auskunft gebenden Praxis dabei als der bewusst nicht schöpferische, sondern nur reproduzierende Teil der Wissensgenese gegenübertritt. Wenn aber die jeweiligen Forschungsergebnisse schon innerhalb der Forschung selbst weitgehend folgenlos bleiben, wie kann man dann erwarten, sie würden Spuren in der Praxis hinterlassen?

Hier ist nicht nur das Verhältnis zwischen Wissenschaft und Praxis paradox, sondern auch die Vorgehensweise selbst. Einerseits sind Manager als Sprachrohre der Realität unverzichtbar und mit ihren Einschätzungen der wirklichen Wirklichkeit nicht hintergehbar, andererseits glaubt man aber, sich nach der statistischen Auswertung ihrer Antworten, die ja aus logischen Gründen nicht mehr hervorbringen können, als in diesen schon enthalten war, mittels der so hervorgezauberten, gesetzesartigen Zusammenhänge als Wissenschaftler über die Befragten erheben zu können, denen allein man sein Wissen verdankt. Es erstaunt dann nicht, dass diese Forscher mit ihren Befunden aus vereinzelten Probebohrungen überwiegend nur ihre Kollegen in der Wissenschaft beeindrucken können, kaum aber je die Praktiker selbst, die als Beobachter erster Ordnung gleichsam in einer anderen Welt (der wirklichen Wirklichkeit) leben und die vermutlich in vielen Fällen anders geantwortet hätten, wenn man sie nach einem ausführlichen, inhaltlichen Dialog über die Natur des jeweils betrachteten Problems sachkundiger befragt hätte.

Die von Wallenburg (2007, S. 394) untersuchte Frage, ob ein Logistikdienstleister größere Kundenbindungspotenziale erschließen kann, wenn er den Outsourcing-Zielen seines Vertragspartners besser gerecht wird, würde jedenfalls kein Praktiker so stellen, weil das, was da untersucht werden soll, seiner Erfahrung und seiner Lebenspraxis entspricht und deshalb gar nicht mehr als unsicherheitsbehaftete, empirisch zu testende Hypothese erscheint. In Arbeiten wie der von Wallenburg werden solche Gewissheiten aber getestet und dann mit einem statistischen Zusammenhangsmaß ausgestattet, das kaum je über die Grenze von 0,65 hinausgeht. Damit schafft es diese Art von Forschern, bei Praktikern Gewissheiten in Unsicherheiten umzuwandeln (falls diese überhaupt noch der Wissenschaft zuhören).

Dass eine unternehmensübergreifende Kommunikation eine verstärkte Kundenbindung schaffen kann, wussten Praktiker schon vorher (im Gegensatz zu den sie befragenden Wissenschaftlern wussten sie auch schon *wie*). Was sie nicht wussten ist, dass das, was sie irrtümlich als belastbares Wissen eingestuft hatten, aus der Sicht der Wissenschaft nur auf der Ebene standardisierter Pfadkoeffizienten mit einem Wert von 0,456 gilt. In einer bestimmten Hinsicht wissen Praktiker immer mehr als Wissenschaftler, insbesondere all das, was die Wissenschaftler nicht gefragt haben (etwa wie und über was man mit Kunden reden sollte, damit sich der Kundenbindungserfolg einstellt). Demgegenüber ist die Forderung mehr als berechtigt, von einer Wissenschaft mehr zu erfahren als das, was sie selbst aus der Praxis unmittelbar erfragt (den Unterschied an dieser Stelle kann bei empirischen Forschungen nur eine echte Theorie liefern, die dann auch dabei helfen könnte, die Praxis über sich selbst aufzuklären).

Für den Wissenschaftshistoriker Thomas Kuhn (1962) stellt sich die wissenschaftliche Forschung als eine Form des Rätsellösens dar. Hier hat man immer wieder den Eindruck, dass das, was dieser Empirismus erforscht, nur für diese Forscher selbst ein Rätsel ist, und dass diese Forschung aus Sicht der wirklichen Probleminhaber mit ihren oft eher mageren Korrelationskoeffizienten eher neue Rätsel schafft als alte löst. Sie leuchtet, wiederum bildlich gesprochen, mit einem Scheinwerfer in eine (für sie) dunkle Scheune, erblickt dort einen Hund, übersieht aber gleichzeitig zehn Katzen und fühlt sich in der Hypothese bestätigt, dass Bauern Hundeliebhaber sind.

Wenn man Fragen, die durch die Nicht-Beachtung des jeweiligen Erhebungskontextes weitgehend bedeutungslos werden, weil man sie nach dessen gedanklicher Durchdringung so gar nicht gestellt hätte, statistisch exakt beantwortet, wird „Exaktheit" als Merkmal von Wissenschaftlichkeit selbst bedeutungslos. Das ist auch deshalb besonders beklagenswert, weil im Nachahmen der Naturwissenschaft mit der Vorstellung von einer ungestörten Objektivität ein Autoritätsanspruch der Forschung auf die allgemeine menschliche Vernunft mitschwingt, der die Beziehung zwischen Beobachtern erster und zweiter Ordnung als ein hierarchisches Verhältnis erscheinen lässt, bei dem die Praxis der Theorie chronisch unterlegen ist. Dass diese dann der Theorie hinterher ruft, sie sei grau, kann dann nicht mehr überraschen.

Dieses Ergebnis ist insbesondere mit Blick auf Punkt d) der Zusammenfassung paradox. Einerseits werden die Manager mit ihren Einsichten und reichhaltigen Erfahrungen, aber auch mit ihren Wissenseinschränkungen, Wertungen und Vor-Urteilen, über die Methode der Befragung zum Ausgangspunkt und zur ungefragt akzeptierten Letztinstanz für das zu gewinnende, „objektive" empirische Wissen, und andererseits wird gerade deren reichhaltiges Erfahrungswissen als unwissenschaftlich diskreditiert und bleibt damit in der Tiefe weitgehend ungenutzt. Der Manager dient dieser Forschung von ihrem quasi-naturwissenschaftlichen Grundansatz her eher als Objekt wie die Fruchtfliege dem Gen-Forscher – gefangen in von ihm selbst nicht durchschauten Kausalitäten, die ihm der Wissenschaftler dann offenbart (und aus denen er nicht ausbrechen kann, ohne die Grundannahmen dieser Forschung in Frage zu stellen).

Wie oben schon herausgearbeitet, hat das gravierende Folgen für das, was Wissenschaft für die Gesellschaft leisten kann. Die legitime Erwartung an jede Art von Wissenschaft, *neues* Wissen zu generieren oder zumindest dabei *konstruktiv* mitzuwirken, lässt sich jedenfalls durch eine Forschung, die bei der Wahrheitssuche keinerlei Risiken eingehen möchte, grundsätzlich nicht erfüllen. Eher tritt das Gegenteil ein: je schneller sich die Welt dreht, je rasanter sich die Innovationsdynamik entwickelt und je tief greifender die Innovationen sind, desto weniger schaffen es die Empiristen, in ihrem eigenen Fach auf der Höhe ihrer Zeit zu bleiben.

Unglücklicherweise vernehmen wir von Vertretern dieses Forschungsansatzes, die über die Besetzung der eingangs schon angesprochenen „A-Journals" auch massiven Einfluss auf die wissenschaftliche Ausrichtung junger Forscher nehmen, gelegentlich die

Einschätzung, dass eine auf inhaltliche Argumentation konzentrierte Auseinandersetzung mit logistischen Fragestellungen und Modellen (F3) nicht das Prädikat der „Wissenschaftlichkeit" verdient. Vorgetragen aus einem Forschungsprogramm heraus, das bislang noch nicht gegen den eigenen Anspruch der Bildung einer gehaltvollen Theorie der Logistik geliefert hat, erscheint das als ziemlich arrogant.

Wahrscheinlich wäre die grundlegende Arbeit des Nobelpreisträgers R. H. Coase über „The Nature of the firm" (1937), aus der sich mit der von einem zweiten Nobelpreisträger (O. E. Williamson) entworfenen, oben erwähnten Transaktionskostentheorie, dem „Principal-Agent"-Ansatz und der „Property-Rigths"-Theorie gleich drei fruchtbare Aussagensysteme entwickelt haben, von einem solchen A-Journal nicht einmal zur Veröffentlichung angenommen worden. Schon die Ausgangsfrage von Coase, warum es in einem Meer von marktlich koordinierten Leistungen überhaupt Inseln hierarchischer Koordination – also Unternehmen – gibt, lässt sich ja nicht mit Hilfe empirischer Hypothesentests, sondern nur unter Einsatz einer realitätsbezogenen, denkenden Vernunft beantworten, die weit hinter das unmittelbar Beobachtbare greift. Ebenso wahrscheinlich ist aber auch, dass diese beiden Nobelpreisträger über eine derartige, positivistische Bagatellisierung der Forschung nur den Kopf geschüttelt hätten. (Zu einer Übersicht über die gerade angesprochenen Theorien, die oft unter der Überschrift „Neue Institutionen Ökonomie" zusammengefasst werden, verweise ich noch einmal auf den sehr informativen Reader von Brousseau und Glachant (2008)).

Im Jahr 2012 haben P. Klaus und S. Müller einen verdienstvollen Reader über „The Roots of Logistics" herausgegeben, der die wichtigsten Beiträge zur geistigen Geschichte, zur Entwicklung und zur konzeptionellen Grundlegung der Wissenschaft der Logistik zusammenfasst. Von den 32 ausgewählten, internationalen Autoren befassen sich 3 mit mathematisch-quantitativen Modellen, alle anderen, in ihrer Kategorie jeweils herausragenden Beiträge sind konzeptioneller Natur. Ein Beitrag, der mit statistisch überprüften, empirischen Hypothesen hervorsticht, findet sich ebenso wenig darunter wie ein Beitrag, der die zugrunde liegende Forschungsprogrammatik mit methodologischen Argumenten begründet. Auch wenn man die Selektion der Beiträge durch die Herausgeber in einigen Fällen in Frage stellen mag, ist das doch ein starker Indikator dafür, dass dieser Forschungsansatz zur Entwicklung der Logistik als eigenständiger, wissenschaftlicher Disziplin bislang noch nicht viel Bedeutendes beigetragen hat.

Man kann nur hoffen, dass diese Wissenschaftler, wenn sie als akademische Lehrer von ihre Studenten treten, den Blick auf das Ganze zurück gewinnen, sich an das erinnern, was sie von Vertretern des Forschungsansatzes (F3) über die Logistik gelernt haben und ihren Zuhörern dann mehr vermitteln als die bahnbrechende Erkenntnis, dass sich Logistikdienstleister besonders anstrengen müssen, um von ihren Kunden einen Zusatzauftrag zu erhalten und dass diese Kunden „in der Geschäftsbeziehung zu ihrem LDL (verbleiben), weil sie es wollen und nicht weil sie es müssten oder sollten" (Wallenburg 2004, S. 261). Lehren kann in weiten Teilen mit „verständlich machen" übersetzt werden, also einer Förderung dessen, was eingangs als ein eigenständiger Weltzugang mit dem Namen „Verstehen" beschrieben worden ist. Mit anderen Worten: Spätestens in ihrer Rolle als akademische Lehrer müssten sich Empiristen inhaltlich tiefer auf die jeweilige Sache einlassen, um die sie bis dahin überwiegend von außen herum (oder oben drüber hinweg) geforscht haben.

Auch aus Sicht der Praxis, die die Arbeit von Forschern letzten Endes bezahlt, ist zu fordern, dass nicht die Methodik die Forschungsfragen so bestimmt, dass Wissenschaft nur noch einen Teil des Erfahrbaren systematisieren und organisieren kann. Auch Wissenschaftler, die sich aus übergeordneten, methodologischen Gründen heraus auf ein kausales „Erklären" der Welt ihrer Forschungsobjekte beschränken, darf man fragen, inwieweit sie diese Welt, deren (menschengemachte) Kausalitäten sie offen legen wollen, denn auch verstehen. Dass sie darüber hinaus auch verstehen, dass es in der Logistik Kausalitäten gibt, die nicht empirisch getestet werden müssen, weil sie sich logisch erschließen lassen und weil sie an der Wirklichkeit nicht scheitern können, möchte man ihnen gar nicht zumuten. Weil es nicht zu ihrem Weltbild passt (obwohl sehr viele Modelle in der Logistik gerade auf solchen Kausalitäten beruhen), würden sie es vermutlich sogar bestreiten.

Nicht nur aus wissenschaftstheoretischer Sicht wäre es für den Empirismus an der Zeit, nach vielen Jahren einer so betriebenen Forschung eine *selbstkritische Zwischenbilanz* zu ziehen. Dabei wären insbesondere die folgenden Leitfragen zu beantworten:

1. Konnte man sich aus einer Anhäufung unverbundener, inhaltlich oft dürftiger, in jedem Fall aber kontingenter Mutmaßungen über Kausalitäten und Korrelationen zwischen meist nur unscharf definierten „Ursachen" und „Wirkungen" tatsächlich auf die abstrakteren Höhen einer gehaltvolleren Theorie schwingen, die diese Hypothesen zugleich integriert und transzendiert?
2. Was sind die zentralen, das bisherige wissenschaftliche und praktische Wissen übersteigenden (oder korrigierenden) Thesen dieser Theorie?
3. Welche weiterführenden Forschungen wurden durch die bisherigen Befunde angeregt?
4. Welche praktischen Probleme sind mit Hilfe der hier erarbeiteten Ergebnisse auf der Managementebene schon besser gelöst worden?
5. Inwieweit sind die bisherigen Befunde geeignet, in ihrer Gesamtheit den Gegenstand der Forschung (die Logistik) neu zu systematisieren und damit bessere Grundlagen für ein Curriculum zu liefern, das dabei hilft, junge Menschen in ihrem Studium auf eine erfolgreiche Tätigkeit als Führungskraft vorzubereiten?

Eine solche Zwischenbilanz würde vermutlich ziemlich ernüchternd ausfallen – was erklären kann, warum man einen entsprechenden Versuch bislang noch nicht unternommen hat. Wer schon so viel investiert hat, wird vor der gefahrvollen Einsicht zurückschrecken, in einer Sackgasse gelandet zu sein – too much invested to quit. (Das englische Wort „Dead End Street" ist hier noch anschaulicher).

Literatur

Albert H (1972) Konstruktion und Kritik. Hamburg

Albert H (1975) Traktat über kritische Vernunft, 3. Aufl. Tübingen

Albert H (1978) Die Möglichkeiten der Wissenschaft und das Elend der Prophetie. In: Acham K (Hrsg) Methodologische Probleme der Sozialwissenschaften. Darmstadt, S 304 ff

Alicke K (2003) Planung und Betrieb von Logistiknetzwerken, 3. Aufl. Tübingen

Bechtel C, Jayaram J (1997) Supply chain management: a strategic perspective. Int J Logistics Manag 8(1):15 ff

Blask T (2014) Investigating the promotional effect of green signals in sponsored search advertising using Bayesian parameter estimation. In: Funk B, Miemeyer P, Gomez JM (Hrsg) Information technology in environmental engineering. Heidelberg/New York/Dordrecht/London, S 25 ff

Bretzke W-R (2007a) „Available to Promise": Der schwierige Weg zu einem berechenbaren Lieferservice. Logistik Manag (2):8 ff

Bretzke WR (2007b) Bindung an Logistikdienstleister – Chance oder Gefahr durch Abhängigkeit? In: Stölzle et al (Hrsg) Handbuch Kontraktlogistik. Weinheim, S 167 ff

Bretzke WR (2014) Nachhaltige Logistik. Zukunftsfähige Netzwerk- und Prozessmodelle, 3. Aufl. Berlin/Heidelberg

Bretzke W-R (2015) Logistische Netzwerke, 3. Aufl. Berlin/Heidelberg

Briggs J, Peat FD (1990) Die Entdeckung des Chaos. München/Wien

Brousseau E, Glachant, J-M (2008) New institutional economics. A guide book. Cambridge

Brühl R (2015) Wie Wissenschaft Wissen schafft. Wissenschaftstheorie für die Sozial- und Wirtschaftswissenschaften. Konstanz München

Bruhn M (2004) Qualitätsmanagement für Dienstleistungen. Gundlagen – Konzepte – Methoden. Berlin/Heidelberg/New York

Carrier M (2006) Wissenschaftstheorie. Hamburg

Chalmers AF (1999) Grenzen der Wissenschaft. Berlin/Heidelberg/New York

Chiou JS, Wu LY, Hsu JC (2002) The adoption of form postponement strategy in a global logistics system: the case of Taiwanese information technology industry. J Bus Logistics 23(1):107 ff

Christopher M (2005) Logistics and supply chain management. Creating value-adding networks, 3. Aufl. Harlow

Coase RH (1937) The nature of the firm. Economica 4(16):386 ff

Cohen S, Roussel J (2006) Strategisches Supply Chain Management. Berlin/Heidelberg/New York

Craighead CW, Hanna JB, Gibson BJ, Meredith JR (2007) Research approaches in logistics: trends and alternative future directions. Int J Logistics Manag 18(2):22 ff

Darendorf R (1974) Pfade aus Utopia. Zur Theorie und Methodologie der Soziologie. München

Daugherty PJ, Myers MB, Richey RG (2002) Information support for reverse logistics: the influence of relationship commitment. J Bus Logistics 23(1):85 ff

Detel W (2007) Grundkurs Philosophie. Band 4: Erkenntnis- und Wissenschaftstheorie. Stuttgart

Dürr HP (2012) Physik und Transparenz. Die großen Physiker unserer Zeit über ihre Begegnung mit dem Wunderbaren, 2. Aufl. München

Eagleton T (2003) After theory. London

Einstein A (1939) Naturwissenschaft und Religion. In: The Albert Einstein Archives. Israel, wieder abgedruckt. In: Dürr HP (Hrsg) (2012) Physik und Transparenz. Die großen Physiker unserer Zeit über ihre Begegnung mit dem Wunderbaren. München, S 60 ff

Feyerabend PK (1979) Erkenntnis für freie Menschen. Frankfurt am Main

Frankel R, Yemisi A, Reham A, Paulraj A, Gundlach G (2008) The domain and scope of SCM's foundational disciplines – insights and issues to advance research. J Bus Logistics 29(1):1

Gabriel M (2015) Ich ist nicht Gehirn. Philosophie des Geistes für das 21. Jahrhundert. Berlin

Gäfgen G (1974) Theorie der wirtschaftlichen Entscheidung. Untersuchungen zur Logik und Bedeutung des rationalen Handelns, 3. Aufl. Tübingen

Garud R, Kumaraswamy A, Langlois RN (Hrsg) (2003) Managing in the modular age. Malden/Oxford/Melbourne/Berlin

Graf H, Putzlocher S (2004) DaimlerChrysler: Integrierte Beschaffungsnetzwerke. In: Corsten D, Gabriel C (Hrsg) Supply Chain Management erfolgreich umsetzen, 2. Aufl. Berlin et al., S 55 ff

Gross D, Harris CM (1994) Fundamentals of queuing theory. New York

Haughton MA (2002) Measuring and managing the learning requirements of route reoptimization of delivery vehicle drivers. J Bus Logistics 23(2):45 ff

Heisenberg W (1979) Quantentheorie und Philosophie. Stuttgart

Hempel CG (1965) Aspects of scientific explanation. New York

Herrmann A, Johnson MD (1999) Die Kundenzufriedenheit als Bestimmungsfaktor der Kundenbindung. ZfbF 69:579 ff

Jordan P (2012) Die weltanschauliche Bedeutung der modernen Physik. In: Dürr HP (Hrsg) Physik und Transparenz. Die großen Physiker unserer Zeit über ihre Begegnung mit dem Wunderbaren. München, S 167 ff

Kambartel F (1978) Ist rationale Ökonomie als empirisch-quantitative Wissenschaft möglich? In: Steinmann H (1978) Betriebswirtschaftslehre als normative Handlungswissenschaft. Zur Bedeutung der Konstruktiven Wissenschaftstheorie für die Betriebswirtschaftslehre (Sammelband). Wiesbaden, S 57 ff

Kampstra RP, Ashayeri J, Gattorna JL (2006) Realities of supply chain collaboration. Int J Logistics Manag 17(3):312 ff

Köcher MM (2006) Fulfillment im Electronic Commerce. Wiesbaden

Körner S (1977) Erfahrung und Theorie. Ein wissenschaftstheoretischer Versuch. Frankfurt am Main

Kotzab H (2007) Kontraktlogistik als Forschungsgegenstand – eine methodologische Betrachtung. In: Stölzle W, Weber J, Hofmann E, Wallenburg CM (Hrsg) Handbuch Kontraktlogistik. Weinheim, S 71 ff

Kuhn T (1962) Die Struktur wissenschaftlicher Revolutionen, Chicago. (Hier zitiert wird die zweite Auflage der deutschen Ausgabe mit dem Titel „Die Struktur wissenschaftlicher Revolutionen", Frankfurt am Main 1976)

Lakatos I (1977) The Methopdology of Scientific Research Programmes: Philosophical Papers, Bd 1. Cambridge

Lenk H (1975) Pragmatische Philosophie. Hamburg

Luhmann N (1968) Zweckbegriff und Systemrationalität. Tübingen

Luhmann N (2003) Soziologie des Risikos. Berlin/New York

Luhmann N (2006) Organisation und Entscheidung, 2. Aufl. Wiesbaden

Markovic M (1978) Sozialer Determinismus und Freiheit. In: Acham K (Hrsg) Methodologische Probleme der Sozialwissenschaften. Darmstadt, S 470 ff

McGinnis MA, Kohn JW (2002) Logistics strategy – revised. J Bus Logistics 23(2):1 ff

Mentzer JT, Flint DJ (1997) Validity in logistics research. J Bus Logistics 18(1):179 ff

Mentzer JT, DeWitt W, Keebler JS, Min S, Nix NW, Smith CD, Zacharia ZG (2001) Defining supply chain management. J Bus Logistics 22(2):1

Neumann M (1980) Nutzen. In: Handwörterbuch der Wirtschaftswissenschaft, Bd 5. Stuttgart/New York/Tübingen/Göttingen/Zürich, S 349 ff

Ohno T (1988) Toyota production system. Beyond large-scale production. Cambridge, MA

Payanides PM (2007) Effects of organizational learning in third party logistics. J Bus Logistics 28(2):133

Popper KR (1969) Logik der Forschung, 3. Aufl. Tübingen

Popper KR (1974) Objektive Erkenntnis. Ein evolutionärer Entwurf, 2. Aufl. Hamburg

Popper KR (1975) Die offene Gesellschaft und ihre Feinde II. Falsche Propheten, 4. Aufl. München

Popper KR (2010) Alles Leben ist Problemlösen. Über Erkenntnis, Geschichte und Politik, 14. Aufl. München/Zürich

Prim R, Tilmann H (1975) Grundlagen einer kritisch-rationalen Sozialwissenschaft. Studienbuch zur Wissenschaftstheorie, 2. Aufl. Heidelberg

Prockl G (2001) Supply Chain Management als Gestaltung überbetrieblicher Versorgungsnetzwerke. Hamburg

Reichenbach H (1938) Experience and prediction. An analysis of the foundations and the structure of knowledge. Chicago

Rescher N (1977) Die Kriterien der Wahrheit (1973), wiederabgedruckt. In: Skirbekk G (Hrsg) Wahrheitstheorien, S 337 ff

Sanders N, Premus R (2002) IT Applications in supply chain organizations: a link between competitive priorities and organizational benefits. J Bus Logistics 23(1):65 ff

Sanders N, Premus R (2005) Modeling the relationship between firm IT capability, collaboration and performance. J Bus Logistics 26(1):1

Schanz G (1975) Einführung in die Methodologie der Betriebswirtschaftslehre. Köln

Seiffert H (1971) Einführung in die Wissenschaftstheorie 1. Sprachanalyse – Deduktion – Induktion, 3. Aufl. München

Silver N (2012) The signal and the noise. Why so many predictions fail – but some don't. New York

Simchi-Levy D, Kaminsky P, Simchi-Levy E (2004) Managing the supply chain. The definitive guide for the business professional. New York et al.

Simon HA (2012) The Architecture of Complexity. Proc Am Philos Soc (1962) 106:62 ff., wieder abgedruckt in: Klaus P, Müller S (2012) The roots of logistics. A reader of classical contributions and conceptual foundations of the science of logistics. Berlin/Heidelberg, S 335 ff

Spinner H (1974) Pluralismus als Erkenntnismodell. Frankfurt am Main

Stadtler H (2005) Conclusion and outlook. In: Stadtler H, Kilger C (Hrsg) Supply chain management and advanced planning. Concepts, models, software and case studies. Berlin/Heidelberg/New York, S 455 ff

Staff LT (2005) Supply chain collaboration is needed, but not happening, article based on a joint study by Capgemini, Georgia Southern University and the University of Tennessee, published in www.logisticstoday.com

Stegmüller W (1974) Probleme und Resultate der Wissenschaftstheorie und Analytischen Philosophie, Bd 1, Wissenschaftliche Erklärung und Begründung, Verbesserter Nachdruck. Berlin/Heidelberg/New York

Stölzle W (1999) Industrial Relationships. München/Wien

Tarski A (1977) Die semantische Konzeption der Wahrheit und die Grundlagen der Semantik (1944), wiederabgedruckt in: Skirbekk G (Hrsg) Wahrheitstheorien. Frankfurt am Main, S 140 ff

Tohamy N (2005) Supply chain collaboration checkup, Forrester report, published by Forrester Research Inc.

Vereecke A, Muylle S (2005) Performance improvement through supply chain collaboration: conventional wisdom versus empirical findings. Paper provided by Gent University, Faculty of Economics and Business Administration (Feb 2005), Nr. 05/291

Von Glasersfeld E (2009) Konstruktion der Wirklichkeit und des Begriffs der Objektivität, in: Ohne Herausgeber: Einführung in den Konstruktivismus, 11. Aufl. München, S 9 ff

Von Hayek FA (1959) Missbrauch und Verfall der Vernunft. Ein Fragment. Frankfurt am Main

Von Hayek FA (1971) Die Verfassung der Freiheit. Tübingen (Original 1960)

Von Hayek FA (1989) Die Vortäuschung von Wissen. Nobel-Lesung vom 11. Dezember 1974, Wiederabgedruckt. In: Recktenwald HC (Hrsg) Die Nobelpreisträger der ökonomischen Wissenschaft 1969–1988, S 384 ff von Hayek FA (1996) Die Anmaßung von Wissen. Tübingen

Von Weizsäcker CF (1992) Zeit und Wissen. München/Wien

Wallenburg CM (2004) Kundenbindung in der Logistik. Eine empirische Untersuchung zu ihren Einflussfaktoren. Bern/Stuttgart/Wien

Wallenburg CM (2007) Beziehungs- und Kundenbindungsmanagement. In: Stölzle W, Weber J, Hofmann E, Wallenburg CM (Hrsg) Handbuch Kontraktlogistik. Weinheim, S 387 ff

Weber J (1999) Ursprünge, praktische Entwicklung und theoretische Bedeutung der Logistik. In: Weber J, Baumgarten H (Hrsg) Handbuch der Logistik. Management von Material- und Warenflüssen. Stuttgart, S 3 ff

Weber J, Wallenburg CM (2004) Zusatzbeauftragung von Logistikdienstleistern – Empirische Ergebnisse und konzeptionelle Überlegungen zu entsprechenden Defiziten. Logistik Manag 6(5):34 ff

Wecker G, Wecker R (2007) Erfolgswirkung des internetbasierten Supply Chain Management. Supply Chain Manag III:13 ff

Weick KE (1976) Educational Organizations as Loosely Coupled Systems. Admin Sci Q 21:1 ff, wiederabgedruckt in: Logistikmanagement, 7. Jg, Ausgabe 3, S 71 ff

Wildemann H (2002) Das Just-in-Time Konzept: Produktion und Zulieferung auf Abruf, 5. Aufl. München

Williamson OE (1975) Markets and hierarchies: analysis and antitrust implications. New York

Zentes J, Schramm-Klein H, Neidhart M (2004) Logistikerfolg im Kontext des Gesamtunternehmenserfolgs. Logistik Manag 3:48 ff

Quantitative Entscheidungslogik: Der Operations-Research-Ansatz

3.1 Eine erste Einordnung

In den siebziger Jahren des vorigen Jahrhunderts forschte die Betriebswirtschaftslehre weitgehend einheitlich unter einem prägenden Paradigma und bezeichnete sich selbst dabei als *entscheidungsorientierte* Disziplin. Stellvertretend seien hier Bamberg und Coenenberg (1974, S. 10) zitiert, die sich ihrerseits auf Heinen als führenden Vertreter dieser Weltsicht berufen: „Als angewandte Entscheidungslehre ist die Betriebswirtschaftslehre von heute … eine praktisch-normative Wissenschaft, die Aussagen darüber abzuleiten hat, „wie das Entscheidungsverhalten der Menschen in der Betriebswirtschaft sein soll, wenn diese bestimmte Ziele bestmöglich erreichen will" (zit. nach Heinen (1969, S. 209)). Diese Programmatik lässt an Klarheit nichts zu wünschen übrig, und es erstaunt nicht, dass der OR-Ansatz in diesem Kontext in Deutschland seine erste, große Blüte erlebt hat. Gleichzeitig hat er dabei aber auch kritische Blicke seitens der Wissenschaftstheorie auf sich gezogen.

Nach Brühl (2015, S. 155) ist es „zentrales Anliegen von Wissenschaften …, Theorien aufzustellen, zu überprüfen und weiterzuentwickeln". Insoweit, wie die Vertreter des Operations Research dieses Ziel definitiv nicht verfolgen, stellt sich schon hier die Frage, ob hier das Prädikat der Wissenschaftlichkeit vergeben werden darf (tatsächlich reklamiert wird es hier aus einem anderen Grund, nämlich wegen der durchgängigen Nutzung der Mathematik als Sprache). Gravierender als solche Definitionsfragen, auf die ich in Abschn. 4.3 noch näher eingehen werde, ist jedoch eine Paradoxie, die dem Selbstverständnis der hier agierenden Forscher innewohnt. Insoweit, wie hier Schlussfolgerungen gezogen werden, die in den jeweils gesetzten Prämissen logisch bereits enthalten sind, ist dieses Vorgehen durchgängig deduktiv (und seine „Erkenntnisse" sind tautologischer Natur).

© Springer-Verlag Berlin Heidelberg 2016
W. Bretzke, *Die Logik der Forschung in der Wissenschaft der Logistik*,
DOI 10.1007/978-3-662-53267-6_3

Probleme, die ihre Lösung bereits enthalten, verdienen diese Bezeichnung aber nicht. Man kann nicht die tatsächliche und die im Vergleich zu ihr bessere Welt in einem einzigen Modell gleichzeitig erfassen. Aus erkenntnistheoretischer Sicht wird damit die Frage nach dem Wirklichkeitsbezug „prototypisch" vorgedachter, mathematischer Optimierungsmodelle aufgeworfen, in denen praxisrelevant erscheinende Fragestellungen im Modellierungsprozess (in der Regel schon vor dem Auftreten eines realen Problems) qua Prämissenbildung so zurecht geschnitten und kleingearbeitet werden, dass sie zwecks Lösung einem Algorithmus zugeführt werden können.

Wie auch die Konzipierung der gesamten Betriebswirtschaftslehre als Lehre vom vernünftigen Entscheiden steht dieser Forschungsansatz aus wissenschaftshistorischer Sicht noch in der Tradition des „Homo Oeconomicus" und der mit dieser Denkfigur verbundenen Vorstellung von unbegrenzter und unbestreitbarer „Rationalität", die im Rahmen einer empirischen Forschung naturgemäß keinen Platz hat (dort wird immer wieder das Gegenteil behautet, nämlich dass Menschen im Allgemeinen und Manager im Besonderen gar nicht uneingeschränkt rational handeln können – selbst wenn sie es wollten). Das eigentliche Kernproblem des OR-Ansatzes sitzt aber an einer anderen Stelle. Obwohl dieser Forschungsansatz, gemessen an einem an empirischen Kausalgesetzen festgemachten Theoriebegriff, vollkommen theoriefrei ist, teilt er mit ihr ein Dilemma, das Lenk (1975, S. 227) so beschreibt: „Je wirklichkeitsnäher eine ökonomische Theorie ist, desto weniger lässt sie sich praktisch anwenden". Weltverdopplung nutzt niemandem. Umgekehrt bedeutet das, dass eine Wissenschaft, die zu einer positiven Veränderung der von ihr untersuchten Praxis beitragen will, diese in irgendeiner Form transzendieren muss. Daraus kann man aber natürlich keine Generalexkulpation für jede Art von Praxisferne ableiten. Die Kunst, um die es hier wiederum geht, besteht im Finden eines angemessenen Verhältnisses zwischen Brauchbarkeit und Abstraktion, also einer vernünftigen Reduktion von Komplexität.

Die entscheidungsorientierte Betriebswirtschaftslehre hat versucht, diesen Widerspruch durch eine Selbstaufspaltung in einen *präskriptiven* und eine *deskriptiven* Teil aufzufangen. Während der erste Teil, in den dann methodologisch auch der OR-Ansatz einzuordnen wäre, auf die Entwicklung von Handlungsempfehlungen bzw. von solche erschließenden Modellen konzentriert ist, wird im zweiten Teil, hierin dem Empirismus ähnlich (aber ohne dessen oben beschriebene, statistische Methodik), die Welt erfasst und erklärt, wie sie ist. Die betriebswirtschaftliche Entscheidungslehre hat diese beiden Ansätze jedoch aus oben bereits dargelegten Gründen nie überzeugend integrieren können. Der OR-Ansatz war in diesem Punkt immer klarer und hat sich um die zu dieser Zeit insbesondere von Kirsch (1970) aus den USA in die deutschsprachige Betriebswirtschaftslehre importierten Forschungsergebnisse verhaltenswissenschaftlicher Natur nie ernsthaft gekümmert. (Angesprochen sind hier insbesondere die grundlegenden, später noch einmal aufgegriffenen Arbeiten von Simon (1957) sowie von Cyert und March (1963)). Der OR-Ansatz (F2) ist im Sinne dieser begrifflichen Unterscheidung auch von seinem Selbstverständnis her präskriptiv und will eher zur Verbesserung der Welt beitragen als diese nur zu erklären.

Gelegentlich lassen sich auch Empiristen zu Aussagen präskriptiver Natur hinreißen. Beispielhaft erinnert sei nur an die Feststellung von Wallenburg (2004, S. 27), dass „eine Erhöhung der Kundenbindung ...bis zu dem Punkt sinnvoll ist, an dem die Grenzkosten einer höheren Bindung ihre Grenzkosten übersteigen". Diese Aussage macht ja nur Sinn, wenn sich nicht alle Manager immer schon so verhalten. Tatsächlich sind solche Gedankenspiele jedoch für Empiristen eher untypisch, jedenfalls spielen sie sich außerhalb des Kerns ihres Forschungsansatzes ab. Grundsätzlich steht der auf Welt*verbesserung* zielende OR-Ansatz dem in Kap. 3 diskutierten, auf Welt*erklärung* gerichteten Konzept einer empirischen Forschung so weit entgegen, dass zwischen beiden Denkschulen trotz scheinbar identischen Forschungsgegenstandes und eines gemeinsamen Titels (Logistik) kein Austausch stattfindet. Man tauscht sich nicht aus, man kritisiert sich nicht, man lässt sich einfach innerhalb der jeweils abgesteckten Domänen gegenseitig in Ruhe.

Gleichwohl ähneln sie sich in einem Punkt, der diese Sprachlosigkeit zum Teil erklären kann: beiden fehlt es an konzeptioneller Offenheit und, als Folge der jeweiligen methodologischen Rigorosität, an lebensweltlicher Einbettung. Daraus folgt wiederum: beide können nicht anders als solche Probleme zu ignorieren, die zwar von großer praktischer Relevanz sind, sich aber mit ihren jeweiligen Methoden nicht fassen (geschweige denn lösen) lassen. Beim OR-Ansatz besteht der Methodenzwang in der Beschränkung auf mathematisch erfassbare Sachverhalte. Als ein erstes Beispiel für eine daraus resultierende, perspektivische Verengung auf dem Gebiet der Logistik mögen hier alle Fragen einer vernünftigen Gestaltung von Organisations- und Prozessstrukturen gelten, wie sie etwa unter der Überschrift „Lean Management" behandelt und vorangetrieben wurden.

Nicht selten reichen die Verbesserungspotenziale solcher, einer mathematischen Erfassung unzugänglichen Fragen und darauf aufbauender Konzepte in ihrer Auswirkung auf den Unternehmenserfolg weit über das hinaus, was man mit Optimierungsmodellen etwa im Bereich der Tourenplanung erreichen kann. Damit korrespondiert die Erkenntnis, dass die potenziellen Einsatzbereiche für solche Modelle in logistischen Dienstleistungsunternehmen wie etwa der deutschen Post/DHL eher auf den unteren Etagen der Führungshierarchie zu finden sind, also dort, wo Lösungsräume durch Weichenstellungen auf höheren Hierarchieebenen schon vorher weitgehend geschlossen worden sind. Operations-Research-Modelle behandeln schwerpunktmäßig Probleme operativer Natur, was im Übrigen in ihren Namen („Operations") schon anklingt. (Eine Ausnahme bilden hier Fragen der Netzwerkkonfiguration, die allerdings mit ihrer weitreichenden Festlegung von Strukturen im Voraus innerhalb von Unternehmen in der Regel nur im Abstand von mehreren Jahren thematisiert werden).

Anders ausgedrückt und mit Hilfe eines weiteren Beispiels formuliert: Mit der in der Logistik viel diskutierten Fragestellung „Was sind die Erfolgsvoraussetzungen und worin bestehen die Chancen und Risiken einer Multi-Channel-Distribution im eCommerce?" können die im Operations-Research-Bereich tätigen Wissenschaftler schon deshalb nichts anfangen, weil weder diese Frage noch ihre Beantwortung in die Form eines mathematischen Modells gebracht werden kann. (Erschwerend kommt hier noch hinzu, dass diese Frage logistische und absatzwirtschaftliche Aspekte zugleich umfasst). Empiristen könnten hier bestenfalls *nach* der Implementierung Manager danach fragen, ob sie denn mit der Multi-Channel-Distribution erfolgreich waren, was aber schon deshalb kaum zu greifbaren Ergebnissen führen kann, weil es so viele Varianten gibt, in denen man dieses Modell praktizieren kann, und weil es nicht nur deshalb kaum möglich sein dürfte sicherzustellen, dass alle Befragten aus einer identischen Ausgangskonstellation heraus antworten. Mit der in Abschn. 2.5 zitierten und kommentierten Studie von Köcher (2006) zur Frage, ob und inwieweit das Order Fulfillment die Rentabilität von eCommerce-Anbietern berührt, haben wir hierfür ja schon ein anschauliches Beispiel dafür kennen gelernt, was passieren kann, wenn man über eine solche Komplexität einfach hinweg zu forschen versucht. Statt klarer Lösungen von Rätseln erzeugen Befragungen dann nur neue Rätsel.

Aus Sicht eines strikt erfahrungswissenschaftlichen Forschungsansatzes konstituieren OR-Modelle eine Art „Raritätenkabinett", das dem ganzen Ansatz in den Augen seiner Kritiker einen „L'Art-pour-l'Art"-Charakter verliehen hat. Der Wissenschaftstheoretiker Hans Albert hat hierfür den vielfach aufgegriffenen Begriff „Modell-Platonismus" geprägt (s. Albert 1967, S. 331 ff.). Schon eingangs wurde angedeutet, dass diese harsche Kritik aus der Perspektive des Popper'schen Fallibilismus dem OR-Ansatz insofern nicht gerecht werden kann, als er ihm ein Erkenntnisziel unterstellen muss, das dort gar nicht verfolgt wird. Auf der anderen Seite aber signalisiert der große Modellfriedhof, der von Vertretern dieser „Management Science" angelegt worden ist, dass hier etwas mit dem Realitätsbezug einer Forschung nicht stimmt, die sich selbst gerne als „angewandte" Wissenschaft einstuft und der man bestenfalls attestieren könnte, dass sie (darin zu oft vergeblich) anwendungs*orientiert* arbeitet, also angewandt werden möchte.

Diese Lücke muss man untersuchen, um zu einer begründeten Einschätzung der Potenziale und Grenzen dieser Forschungsprogrammatik zu gelangen. Dabei muss vorab eine grundlegende Unterteilung vorgenommen werden, nämlich zwischen solchen Modellen, die ohne konkreten Anwendungsbezug entwickelt worden sind und solchen, deren Entwicklung an einem praktischen Fall erfolgte. Diese Grenze ist insofern nicht immer leicht zu ziehen, weil im letzteren Fall die unmittelbare Anwendungsorientierung auch durch die situationsbezogene Anpassung eines Modells erfolgen kann, das zunächst mit einem übersituativen Geltungsanspruch entwickelt worden ist. Einige Modelle, unter ihnen etwa solche der Warteschlangentheorie, sind auch als inhaltlich weitgehend hohle Vorstrukturierungen in der Lage, die jeweiligen Daten eines praktischen Einzelfalles aufzunehmen und darauf aufbauend tiefere Einsichten zu generieren. Auch Simulationsmodelle, denen ich später ein eigenes Kapitel widme, können hier einsortiert werden.

Bei Modellen, die ausschließlich fallorientiert konstruiert wurden, entsteht der Realitätsbezug im Zuge der Konstruktion und ist dann oft eher unproblematisch. Hier besteht allerdings die Gefahr, dass sie aus wissenschaftlicher Sicht nicht über den Charakter von Fallstudien hinaus kommen. Bei den folgenden Ausführungen konzentriere ich mich vordringlich auf allgemeine Modelle, die in der Hoffnung konstruiert worden sind, man könne *nachträglich* für sie passende Anwendungssituationen finden. Schließlich sind sie es, die in ihrer Mehrzahl die Lehrbücher und eben immer wieder auch Modellfriedhöfe bevölkern.

Vergleicht man den OR-Ansatz mit der zuvor analysierten Variante von empirischer Forschung, so fällt zunächst auf, dass

a) wissenschaftliche Erhebungs- und Auswertungsmethoden, die bei den Empiristen einen großen Raum einnehmen, hier praktisch keine Rolle spielen. (Man sucht hier einen anderen, in sich aber kaum weniger problematischen Weltzugang),

b) zwar beide einem jeweils eigenen, methodischen Rigorismus folgen, der bestimmte Erkenntnismöglichkeiten von vorneherein ausschließt, dass sich dabei aber die mit mathematischen Optimierungsmodellen beschäftigten Forscher kaum je mit den wissenschaftstheoretischen Grundlagen und Grundfragen ihrer eigenen Arbeit beschäftigt haben (eine frühe, aber wenig beachtete Ausnahme ist Churchman (1973)),

c) in dieser sich selbst als Management Science einordnenden Disziplin Manager als Objekt einer wissenschaftlichen Erforschung gar nicht vorkommen. Sie sind designierte Nutzer der Ergebnisse dieser Forschung, die man aber zur Sicherung der Realitätsnähe und des Erfolges der eigenen Arbeit bezeichnenderweise vorher nicht umständlich befragen muss. Anders als beim Empirismus, muss man sich deshalb unter „Management Science" nicht eine Wissenschaft *vom*, sondern eine Wissenschaft *für* das Management vorstellen – was natürlich zulässig ist, aber an anderer Stelle wiederum den Unterschied zwischen (F1) und (F2) markiert).

Die Empiristen sind mit ihrem nicht zu Ende gedachten Induktivismus offensichtlich nicht auf einen Königsweg der Forschung gelangt. Trotzdem muss der Mangel an methodologischer Selbstreflexion nicht zwangsläufig zu unbrauchbaren Ergebnissen führen. Er führt aber dazu, dass die Forschung ohne jede methodische Selbstreflexion und ohne geklärten Realitätsbezug gewissermaßen frei in der Luft schwebt und dass sie dann, wenn sie in Ermangelung praktischer Erfolge in eine Sinnkrise gerät, dieser Situation weitgehend sprachlos ausgeliefert ist.

„Operations Research is dead, but not yet burried", stellte der posthum auch als „Einstein of Problem Solving" titulierte Russel Ackoff schon in den 70er-Jahren fest (zit. nach Müller-Merbach (1977, S. 12), und sein kaum weniger einflussreicher Kollege John D. C. Little, seines Zeichens Erfinder des „Decision Calculus-Ansatzes", merkte damals an: „The big problem with management science models is that managers practically never use them" (Little (1970, S. B 466). Eine der Hauptgründe für dieses Akzeptanzproblem lag und liegt teilweise noch in der ungeklärten Beziehung zwischen Modellen und den realen Entscheidungsproblemen, zu deren Lösung sie beitragen sollen. Dieses Akzeptanzproblem hat auch zu tun mit der gleich noch anzusprechenden Selbstreferenzialität dieses Forschungsansatzes (Wissenschaftler schreiben für Wissenschaftler über etwas, was andere Wissenschaftler geschrieben haben…). Die Beobachter zweiter Ordnung sind zu viel damit beschäftigt, sich selbst zu beobachten, und sie sind damit nicht unschuldig daran, dass man ihren Beobachtungsposten häufiger als Elfenbeinturm einstuft. Auch an dieser Stelle passt die Bemerkung von Nassim Taleb (2008, S. 349), „dass man sich nicht von Büchern zu Problemen bewegen kann, sondern nur in der umgekehrten Richtung von Problemen zu Büchern".

3.2   Der Realitätsbezug der quantitativen Entscheidungslogik

Der Klarheit halber sei am Anfang dieses Kapitels darauf hingewiesen, dass sich die folgenden Ausführungen nicht auf Modelle beliebiger Art beziehen, sondern nur auf quantitative *Entscheidungs*modelle. Andere wissenschaftliche Modelle wie etwa das Regelkreismodell der Kybernetik können als eine Art „Theorie" verstanden werden, die etwas erklären kann (hier die Selbststabilisierung von Systemen in einem dynamischen Umfeld). Das Regelkreismodell kann auch als ein generelles *Vor*bild dafür genutzt werden, wie ein Controlling in einem Unternehmen funktionieren sollte. Entscheidungsmodelle sind dazu nicht bestimmt, was bedingt, dass man zu ihrer Bewertung einen anderen Maßstab als den der Erklärungskraft, möglicherweise sogar einen anderen Maßstab als den der empirischen Wahrheit entwickeln muss. Dabei ist aber im Auge zu behalten, dass sich auch Entscheidungsmodelle an und in der Realität bewähren müssen.

Alternative Formen des Umgangs mit Komplexität und Kontingenz

Beide bislang analysierten bzw. angesprochenen Forschungsansätze (F1) und (F2) zeichnen sich durch eine je spezifische Form der Komplexitätsreduktion aus, denen gemeinsam ist, dass sie die für wissenschaftlichen Fortschritt an sich grundlegende Möglichkeit des Sich-Irrens ausschließen, und beide finden ihre Gewissheit in der Vorstellung, auf realen Gegebenheiten aufbauen zu können, die sich jedem vorurteilsfreien Forscher ungefiltert in gleicher Weise erschließt. Beide können so aber nur eine scheinbare Erkenntnissicherheit schaffen.

Wie in Kap. 2 gezeigt, lassen die Empiristen, nachdem sie sich ihre eigene Referenz-Realität durch Befragungen geschaffen haben, bei der Auswertung der jeweiligen Antworten das für sie besonders störenden Komplexitätsmerkmal „Kontingenz" im „unmarked Space" auf der anderen Seite der ermittelten Korrelationen als unerklärte statistische Restgröße verschwinden. Der Anschein von Erkenntnissicherheit entsteht durch den Umstand, dass „Wahrheit" hier auf die jeweiligen Bedingungen einer Erhebungssituation begrenzt bleibt und dann natürlich nicht mehr widerlegt werden bzw. angesichts widerstreitender Erfahrungen in Falschheit umschlagen kann. Wie oben schon ausgeführt, ruht diese kontingente Wahrheit allerdings auch deshalb auf einem wackeligen Fundament, weil der Kontext, aus dem heraus Manager Fragen beantworten, nie vollständig erfasst werden kann. (Er besteht oft auch aus dem, wonach die Forscher nicht gefragt haben, ist aber natürlich auch den Managern selbst nie vollständig bekannt). Die Art, wie Anhänger des OR-Ansatzes sich selbst den Eindruck von Erkenntnissicherheit verschaffen, ist vollkommen anderer Natur.

Wissenschaftler, die sich dem Gebiet der mathematischen Optimierungsforschung verschrieben haben, versuchen, Komplexität dadurch zu reduzieren, dass sie die *Kontingenz* ihrer Modelle *selbst bestimmen*. Das hat zur Folge, dass derart in die Welt gebrachte Modelle nie an einer Konfrontation mit der Realität scheitern können. Schließlich kann ja bei einer Autodetermination des Anwendungsbezuges von Modellen selbst auch nach mehreren, gescheiterten Anwendungsversuchen niemand ausschließen, dass es nicht doch einmal zu einer Situation kommt, in der das betrachtete Modell passt. Anstatt von einer Falsifikation zu sprechen, müsste man hier mit der schwächeren Feststellung aufwarten, dass die Klasse der zulässigen Anwendungssituationen eines Modells offensichtlich nur schwach besetzt (möglicherweise sogar leer) ist. Man kann allerdings nicht das ganze Universum absuchen, um für ein Modell einen passenden Fall zu finden, und man kann diese Suche schon vorher abbrechen, wenn sich hierfür gute Gründe ins Feld führen las sen.

Auch wenn das ein weniger scharfes Kriterium ist als das der Falsifizierbarkeit, bleiben dann pragmatische Urteile hinsichtlich der Frage, ob ein Modell „realistisch" ist (sprich: eine Chance hat, jemals angewendet zu werden). Gemessen an diesem Maßstab sind zu viele Operations Research Modelle unrealistisch, wobei man mit diesem Attribut die Vorstellung von einer übertriebenen und damit misslungenen Reduktion von Komplexität verbinden kann. Das hat die Vertreter dieser Forschungsrichtung allerdings kaum je davon abgehalten, weiter derartige Modelle in die Welt zu setzen und Probleme für gelöst zu halten, wenn sich für sie ein Algorithmus findet oder entwickeln lässt. Die oben zitierte Krise der 70-er Jahre des vorigen Jahrhunderts wurde mehr oder weniger ausgesessen.

Vielleicht wohnt diesem Forschungsansatz ja auch eine grundsätzliche Überschätzung der Verfügbarkeit der Umstände inne. Jedenfalls schafft er sich so die komfortable Position, dass nach einem entsprechenden „taking for granted" nur noch *deduktive* Folgerungen folgen, d. h. man bewegt sich auf dem gesicherten Feld der Logik – oft ohne das Bewusstsein dafür, dass deduktive Folgerungen nie gehaltsvermehrend sind, also nie über den Gehalt der getroffenen Annahmen hinausgehen können, und man sich deshalb mit der Vorstellung, Entscheidungsmodelle seien Abbilder der Realität, im Grunde eine Welt vorzustellen hat, in der es keine wirklichen Probleme gibt, sondern nur vorläufig unentdeckte, in sich dann aber optimale Problemlösungen. Von reinen Abbildungen kann man ja voraussetzen, dass sie als Vorgang vollkommen voraussetzungslos und vollkommen entscheidungsfrei ablaufen. Aus der Paradoxie dieses Offenbarungsmodells der Erkenntnis kommt man nur heraus, wenn man die Genese von Entscheidungsmodellen als Komplexitätsreduktion begreift, also als die Umwandlung von etwas *Unbestimmtem* (Unlösbarem) in etwas *Bestimmtes* (Lösbares), was die schmerzliche Konsequenz hat, dass man vom Unbestimmten her jede Bestimmtheit relativieren kann (s. hierzu auch Luhmann (1968, S. 221 ff.)). Erst nach einer so verstandenen Modellbildung, die ohne einen archimedischen Punkt auskommen muss, können Algorithmen greifen. (Subjektiv beruhigend mag an dieser Stelle nur erscheinen, dass dieser Art von Forschung nie die Arbeit ausgehen wird, da die Menge der denkbaren Annahmekonstellationen immer unendlich ist. Auch hier begegnen wir wieder der Eigenschaft einer kaum eingehegten Beliebigkeit, die wir ja schon als Schwäche des Empirismus diagnostizieren konnten).

Deduktion statt Induktion

Die Gleichsetzung der Aussage, dass deduktive Schlussfolgerungen aus Prämissenkonstellationen nie gehalterweiternd sein können, mit der Aussage, entsprechende Ableitungen seien nie wirklich „informativ", ist in gewisser Weise zu eng, weil sie nur die Perspektive einer objektiven Logik einnimmt und dabei nicht in Rechnung stellt, dass derart hergestellte Ergebnisse im Einzelfall subjektiv durchaus überraschend sein können. So informiert etwa die Formel zur Bestimmung der optimalen Losgröße als „Jahrhundertformel" der Logistik darüber, dass Lagerbestände in ihrer Höhe mit zunehmenden Bestellmengen nur degressiv wachsen. Diese Einsicht ist zwar in den Prämissen dieser Formel logisch schon enthalten, und ihre durch Rechenoperationen ans Tageslicht gebrachten „Erkenntnis" generieren insofern kein absolut neues Wissen (man kann sie ja auch nicht empirisch wiederlegen). Aber diese deduktiv erschlossene Einsicht sieht man der Formel selbst ebenso wenig an wie dass es unter ihren eigenen Bedingungen eine U-förmige Gesamtkostenfunktion und damit eine kostenminimale Lösung gibt – was bedeutet, dass sie im Sinne der in Kap. 2 hergeleiteten Definition des Informationsgehaltes einer Nachricht überraschen und insoweit informieren kann. (Die Formel ist im Übrigen von Harris (1913) mit expliziter Bezugnahme auf ein praktisches Problem entwickelt worden. Die Ausgangsfrage steht bei dem Beitrag von Harris schon im Titel: „How many parts to make at once").

Die Einsicht in das Potenzial mathematischer Optimierungsmodelle, mit Hilfe von Algorithmen versteckte Implikationen von Annahmekonstellationen zu Tage zu befördern, ist aber zunächst nur mehr oder weniger didaktischer Natur und betrifft nicht die Frage, *wann* man mit entsprechenden Formeln in der Praxis *was* anfangen kann. Schließlich bewegt man sich ja hier immer noch in einer selbst konstruierten Welt, die die Rückübertragung der hier abgeleiteten Problemlösungen in die wirkliche Welt auch dann mit einem selbst nicht quantifizierbaren Risiko ausstattet, wenn man die den Lösungsraum konstituierenden und abschließenden Restriktionen eines Modells pragmatisch als noch hinnehmbar einstuft. (Man kann das Eingehen dieses Risikos gelegentlich pragmatisch begründen, indem man etwa mit Blick auf die unterschiedlichen Ausprägungen, mit denen die Bestellmengenformel Eingang in viele Softwarelösungen gefunden hat, die Frage der empirischen und logischen Vertretbarkeit vorgenommener „Abstraktionen" ersetzt durch die Frage, ob ein entsprechendes Modell nicht immer noch bessere Lösungen produziert als ein sich selbst überlassener menschliche Disponent mit seinen eigenen, impliziten und in jedem Fall unklaren Annahmen).

Selbst wenn Letzteres in einer bestimmten Situation der Fall ist, wird man es im vorhinein nie genau wissen, und es ist schwierig, entsprechende Effekte nachträglich aus den Ergebnisrechnungen von Unternehmen herauszufiltern. An dieser Stelle taucht aber zum ersten Mal ein grundlegender Aspekt auf, dem in Kap. 4 bei der Beschreibung des Forschungsansatzes (F3) ein eigenes Kapitel gewidmet wird. Auch wenn „Realitätsnähe" immer ein Gebot ist, kann man den Forschungsergebnissen des OR-Ansatzes offensichtlich aus mehreren Gründen mit dem binär codierten Kriterium der empirischen Wahrheit nicht richtig beikommen. In Ermangelung eines eindeutig bestimmbaren Referenzobjektes ist keine zur Bestimmung eines Entscheidungsmodells vorgenommene Komplexitätsreduktion jemals wahr, sie ist aus demselben Grund aber auch nie falsch, sondern höchstens in einer Weise unzweckmäßig, die die praktische Einsetzbarkeit solcher Modelle gefährdet bzw. ausschließt. Gleichzeitig zeichnet es sich ab, dass anstelle des Wahrheitskriteriums

Fragen der Machbarkeit und der Nützlichkeit an Relevanz gewinnen und dass das unschärfere Kriterium der „Realitäts*nähe*" hier auf den in Abschn. 2.5 schon erstmals ausgeleuchteten *Problem*bezug von Modellen bezogen werden muss. In diesem Spannungsfeld werden wir uns im Folgenden bewegen müssen.

Wenn man den OR-Ansatz (F2) gegen den Empirismus abgrenzt, indem man feststellt, dass hier der Methode der Deduktion gegenüber dem induktiven Schließen der Vorrang eingeräumt wird, sollte man noch einen kurzen Blick auf die Frage werfen, wie denn hier *konkret* deduktiv gefolgt bzw. abgeleitet wird. Diese Frage führt zu der Unterscheidung von Modellen und Algorithmen bzw. Heuristiken. Auch mit Blick auf diese Frage ist noch Klarheit herzustellen.

Algorithmen und Heuristiken sind die komplementäre Größe zu Entscheidungsmodellen, die aus diesen dann in formaler Betrachtung Lösungsverfahren machen. Sie können selbst nicht wie Hypothesen über die Wirklichkeit informieren, sondern dienen mit ihrer rein mathematischen Logik nur dazu, „eine bestimmte Aussagenmenge zu melken" (Albert 1975, S. 12). Deshalb fallen sie der Wittgenstein'schen Einsicht anheim: „Alle Sätze der Logik sagen aber dasselbe. Nämlich: Nichts" (Wittgenstein 1963, S. 43). Ein nicht unbeträchtlicher Teil der OR-Forschung ist der Entwicklung verbesserter („mächtigerer") Algorithmen und Heuristiken gewidmet und hat damit nur einen indirekten, nämlich durch die zugehörigen Modelle vermittelten Problembezug.

Bei Bretzke (1980, S. 239) findet sich hierzu das folgende, sehr anschauliche Beispiel: „Glurtz and Smortzcrump have shown that, by treating certain simplex multipliers as imaginary numbers, the revised simplex method can be adapted to the cubic programming problem in the frequency plane. This paper shows that an algorithm using group theory insights can yield efficiency increases of up to 8 % for problems of this class" (Sprague und Sprague (1976), zit. nach Bretzke a.a.O.). Das Beispiel ist zugegebenermaßen nicht ganz neu, aber es zeigt besonders anschaulich, dass unter der Überschrift „Management Science" gelegentlich pure Mathematik betrieben wurde. Bei den „problems of this class" handelte es sich jedenfalls nicht um praktische Managementprobleme.

Algorithmen bergen insofern ein Problem in sich, als sie die Suche nach Anwendungsmöglichkeiten für Modelle leiten und dabei verengen können. Man sucht dann nach Problemstellungen, die zu dem verfügbaren Vorrat an Algorithmen passen. Ähnelt diese Aufgabe nicht dem Travelling Salesman Problem? Dann könnten wir ihr mit der Minimum-Spanning-Tree-Heuristik zu Leibe rücken! In diesem Beispiel taucht im Übrigen wieder die in Abschn. 1.1.3.2 herausgearbeitete Rolle von Deutungsmustern im Erkenntnisprozess auf: man sieht auf die Welt aus der Perspektive der verfügbaren Lösungsansätze. Das ist offenbar ein Vorgehen, das seinen Ausgangspunkt nicht unmittelbar bei der Frage nach der praktischen Relevanz von Modellen sucht.

Bezeichnenderweise war das Bewusstsein für diese Problematik schon bei den Gründungsvätern des OR-Ansatzes sehr ausgeprägt. So lesen wir beispielsweise bei Churchman, Ackoff und Arnoff (1961, S. 71): „Ein altes Sprichwort sagt, dass eine richtig gestellte Frage eine halbe Antwort ist. Weniger einleuchtend ist jedoch, wie man eine Frage richtig stellt. Man wird sich immer mehr darüber klar, dass die ergiebigste

Formulierung eines Problems selbst wieder ein komplexes und fachliches Problem dar-stellt". Man hat den Eindruck, dass die Forderung, die Formulierung eines Problems möge „ergiebig" sein, inzwischen wieder vergessen worden ist. Sie verträgt sich ja auch nicht mit der Idee, Entscheidungsmodelle seien einfach nur Abbilder der Wirklichkeit.

Wenn sich die Annahmekonstellationen von Modellen nach dem Fassungsvermögen von Algorithmen richten – also etwa mit nicht linearen Beziehungen, Rückkopplungsef-fekten oder Unsicherheiten, die keiner bekannten Wahrscheinlichkeitsverteilung genügen, nicht umgehen können –, und wenn sie sich deshalb auf das Rechenbare beschränken, dann kann das vollends nicht mehr als „Abstraktion" durchgehen, sondern nimmt dezi-diert den Charakter einer Verzerrung an. Mehr noch als eine Abstraktion im Sinne einer Vereinfachung durch Weglassen führen Verzerrungen in das Risiko, das falsche Problem richtig zu lösen. „In operations management traditionally risk neutral decision makers are considered optimizing the expected value of the cost function or the profit function", stel-len Jammerneg und Kischka (2005, S. 215) fest. Das widerspricht der immer wieder (auch in spieltheoretischen Experimenten) festgestellten Erkenntnis, dass die meisten Menschen risikoscheu sind (die gesamte Versicherungsbranche lebt von der Bereitschaft von Men-schen, sich von Risiken freizukaufen), und es markiert insoweit definitiv einen Fall von Verzerrung zugunsten der mathematischen Handhabbarkeit.

Die quantitative Modellierung eines risikoaversen Verhaltens ist naturgemäß schwieri-ger als der Umgang mit Erwartungswerten. Die Autoren präsentieren hierfür ein hoch-komplexes mathematisches Modell, das sie an einem Problemtyp namens „Newsvendor Model" exemplifizieren (das hier adressierte Problem tritt zum Beispiel dann auf, wenn Produktlebenszyklen kürzer sind als die Wiederbeschaffungszeiten eines Lieferanten). Auch sie sehen sich aber gezwungen, mit der Annahme zu operieren, die Bedarfsschwan-kungen während der begrenzten Absatzperiode genügten einer definierten Wahrschein-lichkeitsverteilung und der Absatzpreis würde während dieser Periode konstant gehalten.

Auf die nicht ganz einfache Unterscheidung zwischen Abstraktion und Verzerrung ist deshalb später noch näher einzugehen. (In Anlehnung an die beiden grundlegenden Feh-ler, die man bei einem Test von Hypothesen machen kann – nämlich eine richtige Hypo-these als falsch zu verwerfen und eine falsche Hypothese als richtig zu akzeptieren – ist die korrekte Lösung des falschen Problems in der methodologischen Diskussion auch als „Fehler dritter Art" bezeichnet worden; vgl. auch Bretzke (1980, S. 55 ff.)).

Abbildung vs. Konstruktion
Die Erörterung der Brauchbarkeit der Bestellmengenformel führt natürlich zurück zu der Kernfrage, ob und gegebenenfalls in welchem Umfang sich in der Realität Ent-scheidungssituationen finden lassen, die den Bedingungen dieses Modells entsprechen bzw. (etwas weniger fordernd formuliert) bei denen diese Prämissen pragmatisch noch als vertretbare Annäherungen akzeptiert werden können. Da sitzt der Haken. Deduktionen können als Methode des Schließens nur dann ein gesichertes Wissen hervorbringen, wenn ihre jeweilige Ausgangsposition als gesichert gelten kann. Nicht zufällig beginnen diese Forscher ihre Arbeiten deshalb sehr häufig mit der einleitenden Formulierung „Gegeben

sei..." (was so ziemlich das Gegenteil von *Abbildung* ist, nämlich: *Bildung*). Sie durchschauen mit diesem Mythos des Gegebenen übrigens auch nicht die Pfadabhängigkeit ihres Lösungsansatzes.

Dieser Mythos resultiert eben oft daraus, dass übersehen wird, dass das Vorgefundene häufig selbst ein durch vormalige Entscheidungen Geschaffenes ist und damit etwas Revidierbares. Er kann damit unerkannt zu einer vorzeitigen Einschränkung oder gar Schließung von Lösungsräumen führen. Natürlich gibt es auch externe Bedingungen, die tatsächlich als unverrückbar betrachtet werden müssen, weil sie nicht der eigenen Entscheidungsgewalt unterliegen. Wenn ich mich entscheide, bei einem Spaziergang vorsorglich einen Regenschirm mitzunehmen, dann stelle ich damit einen möglichen Naturzustand in Rechnung, der sich meinem Einfluss grundsätzlich entzieht. Aber die meisten der hier relevanten Bedingungen – wie etwa die Annahmen gegebene Kapazitäten, gegebener Produktivitäten oder eines gegebenen Finanzbudgets – sind eben ein Ausfluss vorheriger Entscheidungen innerhalb einer Organisation, mit deren Hinnahme ein Tor zu weiteren Lösungsräumen geschlossen wird.

Bei hingenommen Pfadabhängigkeiten und bei fraglos akzeptierten Festlegungen durch andere Funktionsbereiche eines Unternehmens handelt es sich im Kern um Begründungsabbrüche. Sie können die Arbeit von OR-Anhängern insoweit erleichtern, als sie oft auf Strukturen verweisen, die in der Vergangenheit eines Unternehmens geschaffen wurden und die tatsächlich schwer reversibel sind. Dafür kann es mehrere Gründe geben. Manchmal möchte sich das Management nicht eingestehen, dass vergangene Investitionen veränderten Anforderungen nicht mehr gerecht werden, und es scheut deshalb Sonderanschreibungen („too much invested to quit"), anstatt hierin richtigerweise einfach nicht mehr zukunftsrelevante, versunkene Kosten zu sehen. Gelegentlich sind vergangene Investitionen auch einfach nur durch die Macht der Gewohnheit geschützt. Außerdem werden durch radikalere Veränderungen an bzw. in einer Organisation so gut wie immer Gewinner und Verlierer produziert (was der oft schönfärbenden Propaganda von „Win-Win-Situationen" zu einer gesteigerten Popularität verholfen hat). Solche heißen Eisen fassen viele Manager nicht gerne an.

Im Ergebnis scheint es dann oft so, dass die im Prozess der Problemdefinition notwendige Komplexitätsreduktion zu einem Teil schon durch die Organisation eines Unternehmens geleistet worden ist, bevor man sich ans Werk macht. Einer solchen Bequemlichkeit steht jedoch die umfangreiche Literatur zum Change Management gegenüber, die gerade darauf abzielt, auf dem Weg zu einer besseren Unternehmensperformance verkrustete Strukturen aufzubrechen und dabei nichts für sakrosankt zu erklären (vgl. hierzu den Überblick bei Klaus (2015)). Mit entsprechenden „Durchbrüchen" kann der OR-Ansatz methodenbedingt ebenso wenig anfangen wie es die Empiristen können, die aus Prinzip voraussetzen müssen, dass die von ihnen auf zeitlos gültige Kausalzusammenhange abgetastete Welt sich nicht dauernd ändert.

Die Motivation dafür, Bedingungen einfach als gegeben zu betrachten, ist leicht zu durchschauen. Man schafft sich so die logische Voraussetzung dafür, aus geschlossenen Lösungsräumen mit Hilfe von Algorithmen beweisbar beste Lösungen herauszudestillieren.

So geht etwa Dinkelbach (1974, S. 1292 ff.) davon aus, „dass die Alternativenmenge X als vom Entscheidungsträger vorgegeben betrachtet wird", was ihn dann zu der erleichternden Feststellung führt, „die Definition der Menge X bereitet kaum grundsätzliche Schwierigkeiten". In diesem Wegdenken von Problemen steckt auch ein Stück Bequemlichkeit, die sich nicht nur in einer stark asymmetrischen Behandlung der Teiloperationen von Problemlösungsprozessen namens „Problemdefinition" und „Problemlösung" widerspiegelt, sondern auch in einer deutlichen Begrenzung des Bedarfes an zu beschaffenden Informationen. Man kann dann als Mathematiker schneller und scheinbar unbesorgt losle gen.

Wie immer haben wir es auch an dieser Stelle mit dem grundlegenden Problem der Komplexitätsreduktion zu tun, das geeignet ist, einer allzu harschen Kritik etwas die Schärfe zu nehmen. Ein Produktionsplaner kann im Grunde kaum anders als die Maschinenkapazität seines Unternehmens als Restriktion zu behandeln. Er ist in diesem Punkt gewissermaßen ein Opfer der Arbeitsteilung in seiner Organisation, die im Übrigen wie jede Organisation gerade den Zweck verfolgt, ihre Mitarbeiter zu lösbaren Problemen mit einer begrenzten Komplexität zu verhelfen. Das Unternehmen als Ganzes ist dagegen an derartige Bedingungen nicht gebunden. Es verliert nur gerade dadurch, dass es sich eine bestimmte Organisationsstruktur gegeben hat, immer wieder den Blick dafür, welchen Preis es dafür zahlt. Tiefgreifende und entsprechend hochwirksame Problemlösungen beruhen oft darauf, dass man sich diesen weiten Blick wieder verschafft. Das muss dann aber außerhalb der Beschränkungen des OR-Ansatzes erfolgen.

Tatsächlich lassen sich längst nicht alle Annahmen, mit denen Operations Researcher arbeiten, in dieser Weise als organisatorische Zwänge legitimieren. Man könnte sogar im Gegenteil einen Vorteil darin sehen, dass Wissenschaftler im Gegensatz zu Managern frei von solchen Zwängen über Schnittstellen hinweg denken und damit zu Lösungen vorstoßen könnten, auf die die Praxis aus den genannten Gründen keinen Zugriff hat. In der Forschungspraxis dieser Teildisziplin leider ist oft eher das Gegenteil zu beobachten. Bei einer vorzeitigen Schließung von Lösungsräumen ist das Ergebnis einer solchen „Gegebensei-Forschung" dann häufig nicht nur eine versuchte Vereinfachung (um solche vornehmen zu können, muss man den zu vereinfachenden Sachverhalt kennen), sondern ein ausgedachtes Problemsurrogat, das mit seinem begrenzten Verweisungsreichtum auch im Falle von Glückstreffern in aller Regel nur über gewisse Teilähnlichkeiten mit der eigentlich zu lösenden Fragestellungen aufweist.

Der eigentliche Grund dafür, dass sich Entscheidungsmodelle nicht wie etwa Landkarten als passiv reproduzierend erzeugte und dabei vereinfachte Abbilder realer Vorbilder denken lassen, sitzt aber noch tiefer und betrifft vor allem zwei Aspekte:

1) Man könnte auf die Idee kommen, dass sich die Problematik der Realitätserfassung gegenüber dem in Kap. 2 geschilderten, empiristischen Vorgehen dadurch entschärft, dass hier dem Anschein nach nicht der Umweg über eine Befragung von Managern gegangen werden muss. Selbst wenn das so möglich wäre, führt dieser Gedanke jedoch

am eigentlichen Problem vorbei. Dieses Problem gäbe es selbst dann, wenn Entscheidungsmodelle nicht, wie bislang mehrfach hervorgehoben, Formen einer „geronnenen" Komplexitätsreduktion wären, sondern tatsächlich nur Nachbildungen von etwas fest Vorgegebenem. Präziser formuliert: Man kann Abbildungsbeziehungen nur zwischen verschiedenen Modellen konstruieren und nie zwischen Modellen und der überkomplexen und in Teilen diffusen, sich schon unseren begrifflichen Kategorisierungsversuchen oft nicht eindeutig unterordnenden Realität. (Die Vorstellung einer unvermittelten Beziehung zwischen Beobachtungsaussagen und der beobachteten Realität wird in der Wissenschaftstheorie als „naiver Realismus" bezeichnet). Im Übrigen wäre eine Weltverdopplung durch Abbildung selbst dann unnütz, wenn sie möglich wäre. Die Modelle wären dann einerseits überkomplex und andererseits schlichtweg redundant.

Bei dieser Gelegenheit stößt man auf die Problematik eines unendlichen Regresses, die wiederum das Zerschlagen eines „gordischen Knotens" durch Komplexitätsreduktion bedingt. „Da jede Argumentation von Annahmen ausgehen muss, so kann man offensichtlich nicht verlangen, dass sich alle Annahmen auf eine Argumentation stützen" (Popper 1975, S. 283). Das gilt natürlich analog für die unvermeidlich auf Annahmen gestützte Konstruktion von Entscheidungsmodellen, was wiederum – wenn auch diesmal anders – belegt, dass es sich bei diesen Konstrukten nicht um Abbilder der Realität handeln kann. Hier müsste es man nur anders formulieren, etwa in Gestalt der Feststellung, dass man nur dann zu begründeten Entscheidungen kommen kann, wenn man nicht gleichzeitig alle Entscheidungsbedingungen mit problematisiert.

Es ist ein Zeichen von Klugheit, diese fundamentale Bedingtheit in modellgestützten Problemlösungsprozessen wach zu halten. „Abbilden" taugt weder als Methodik der Welterfassung (und wird so ja tatsächlich auch nicht praktiziert), noch lassen sich Entscheidungsmodelle als Ergebnis der Anwendung einer solchen Repräsentationsmethode verstehen. Natürlich unterliegen Manager in ihrem nicht-modellgestützten Problemlösungsverhalten bei der Reduktion von Komplexität denselben Zwängen, so dass hieraus kein absolutes K.O.-Kriterium für den OR-Ansatz abgeleitet werden kann. Manager unterliegen dabei aber nicht dem Zwang der Quantifizierbarkeit und Berechenbarkeit und sind damit freier in der Problemdefinition. Dass sie dabei im ersten Schritt oft selbst keine besonders geglückten Definitionen ihrer eigenen Probleme liefern und dass deshalb eine kluge Beratung zunächst (oft auch während des gesamten Beratungsprozesses) über bessere Problembeschreibungen nachdenken muss, macht die trivialisierende Vorstellung von Modellen als Abbildung der Realität noch problematischer.

2) Wie eingangs schon angesprochen, gibt es in der Realität keine Situationen, die aus sich heraus ein bestimmtes menschliches Handeln (im Sinne eines zunächst noch verborgenen Optimums) vorschreiben. Dieser Aspekt wurde eingangs schon mit der Anmerkung versehen, der OR-Ansatz habe hier seine eigene, versteckte Variante des Determinismus entwickelt. Optima kann es aus logischen Gründen nur innerhalb geschlossener Lösungsräume geben, und die kann man in der Realität nicht in der gleichen Weise vorfinden, wie Naturwissenschaftler ihre Erfahrungsobjekte vorfinden.

Vielmehr ist das Schließen von Lösungsräumen immer ein konstruktiver Akt einer lösungsvorbereitenden Problemdefinition. Die Rede von der Abbildung negiert den gestalterischen Aspekt die Modellierung, der allein den OR-Ansatz von dem Vorwurf eines quasi-mechanistischen Vorgehens befreien kann, bei dem professionell vorgehende Wissenschaft bei der Lösungssuche im Grunde keinen Fehler mehr machen können.

Das fällt bei Problemen auf der operativen Ebene nur nicht immer gleich auf, weil hier über die Rahmenbedingungen schon vorher durch andere entschieden wurde. Anstatt für die Fahrzeuge des eigenen Fuhrparks die Routenpläne zu optimieren, wäre es ja vielleicht besser, die Verkehre von der Straße auf die Schiene zu verlagern oder den gesamten Fuhrpark im Wege eines Outsourcings an einen spezialisierten Dienstleister abzugeben und damit eine vergangene Entscheidung zu korrigieren. Erfolgreiche Problemlöser gehen oft eben nicht auf die Situation so ein, wie sie diese vorfinden oder wie man sie ihnen beschreibt (An dieser Stelle taucht das Problem der *Pfadabhängigkeit* wieder auf und es verschränken sich die Sichten von Entscheidungs- und Transaktionskostentheorie). Praktische Probleme sind, wie in Abschn. 2.5 schon ausgeführt, „Realitäten sui generis". Sie kommen in der Welt anders vor bzw. in die Welt anders hinein als gewöhnliche Objekte unserer unmittelbaren Erfahrung wie etwa Technologien, Güter, Kosten und Preise. Vereinfachend und unter Vorgriff auf spätere Ausführungen kann man auch formulieren: Probleme sind nicht einfach da, sondern werden gemacht (und in ihrer Machart liegt die Kunst).

Hierin der Natur ähnlich, ist auch die menschengemachte Welt an sich vollkommen problemfrei. Das bedeutet, dass sich „realistische" Problemdefinitionen für Wissenschaftler als Beobachter zweiter Ordnung grundsätzlich nur erfassen lassen unter Bezugnahme auf Manager als die relevanten „Probleminhaber", die der beobachteten Welt mit ihren jeweiligen Zielen, Präferenzen und Erwartungen begegnen. Ein Umsatzrückgang ist an sich kein Problem. Für einen Manager kann er aber schon dadurch zu einem Problem werden, dass er seinem Vorgesetzten oder externen Finanzanalysten die Gründe für das Unterschreiten seiner vereinbarten Ziele darlegen und Maßnahmen zur Behebung der Lücke vorstellen muss, wobei ihm mathematische Optimierungsmodelle nicht viel helfen können. (Die jährlichen Budgetplanungs- und Revisionsrituale von Konzernunternehmen neigen hier übrigens oft dazu, ihre eigenen Probleme selbst zu produzieren, insbesondere auch dadurch, dass sie mit ihrem bürokratischen Aufwand sehr viel Zeit absorbieren, die den Managern dann anderer Stelle für produktivere Tätigkeiten fehlt).

Abbildungsversuche in mathematischen Modellen, so kann jedenfalls hier ergänzend gefolgert werden, können Beobachtern zweiter Ordnung überhaupt nur dann gelingen, wenn sich das jeweilige Problem von Anfang an als ein *Entscheidungs*problem präsentiert, und dass tun reale Problem meist nicht „von alleine". Vielmehr resultieren komplexe Problemlösungsprozesse meist erst nach längeren Suchvorgängen *an ihrem Ende* in einer Entscheidungssituation, also erst dann, wenn die zu vergleichenden Handlungsoptionen mit ihren spezifischen Vor- und Nachteile schon erkannt bzw. erfunden und belastbar beschrieben und wenn Lösungsräume durch das Setzen von

Annahmen schon weitgehend geschlossen worden sind. Auch eine solche, prozessbe-zogene Betrachtung bestätigt wiederum die Einsicht, dass oft schon sehr viel Komple-xität reduziert worden sein muss, damit man mit mathematischen Optimierungsmodellen zum Zuge kommen kann – und selbst dann ist es nicht immer möglich.

Auf die spezifischen Schwierigkeiten, die mit einer wissenschaftlich adäquaten Erfassung von Problemen verbunden sind und die, wie oben schon mehrfach erwähnt, auf der Ebene der Erkenntnisobjekte einen der markanten Unterschiede zwischen Natur- und Wirt-schaftswissenschaften ausmachen, wurde im dritten Kapitel schon hingewiesen. Diese Problematik ist allen drei hier verglichenen Forschungsansätzen gemeinsam, aber metho-denbedingt haben nicht all den gleichen Zugang zu ihr. Der Zugang bedingt ein *Verstehen*, und das wird als Weltzugang nur in dem zuletzt behandelten Forschungsansatz (F3) ge-zielt genutzt und dabei ausdrücklich als wissenschaftlich zugelassen.

Gelegentlich kann man auch den Eindruck gewinnen, dass Forscher, die qua eigener Biografie mit lebenswirklichen Problemen nie in Berührung gekommen sind, annehmen, der Praxisbezug lasse sich schon dadurch herstellen, dass man die in Funktionen benutzen algebraischen Symbole (Variable und Parameter) mit gängigen Begriffen und Namen aus der Praxis belegt – wie „Deckungsbeitrag", „Umsatz" oder „Kapazität". Wenn Entschei-dungsmodelle nicht mehr oder gar etwas Anderes wären als Abbildungen der Realität, könnte man das ja getrost der Praxis überlassen. Modelle wären dann eine Art von flexibel nutzbaren Hüllen, die zu ihrer praktischen Nutzung nur noch mit situationsspezifischen Daten gefüllt und damit gewissermaßen „zum Leben erweckt" werden müssen.

Das ist zwar immer ein notwendiger, aus den genannten Gründen aber kaum je selten ein hinreichender und vor allem immer ein sehr viel präjudizierender Akt. Schließlich geht es ja mit Ausnahme von operativen Problemen wie der optimalen Tourenplanung, die täglich neu und wechselnde Auftragslagen angepasst werden muss, nicht primär um ein-zelne Daten, sondern um die *Struktur* des Problems, die dann schon vor dem Modell da sein muss. Mit Blick auf eine solche Form der Arbeitsteilung zwischen Wissenschaft und Praxis kann verallgemeinernd festgestellt werden: Der OR-Ansatz kann sich nur dann er-folgreich in eine anwendungsorientierte Betriebswirtschaftslehre einordnen, wenn er mehr liefert als etwa die Geometrie als in Vermessungsoperationen anwendbare Mathematik.

Eine solche Vorgehensweise pervertiert außerdem die in Abschn. 1.1.3.1 beschriebene Rolle von Wissenschaftlern als Beobachtern zweiter Ordnung, die hier nicht den Weg von der realen Realität zu Modellen nehmen wollen, sondern ihn ersetzen durch den Weg von angenommenen Realitäten zu Modellen, sich um entsprechende „Fitness"-Fragen dann nachträglich nicht mehr kümmern und ihren eigenen Job damit schon vorzeitig für erledigt halten. Wie eingangs schon angemerkt, ist Modellen, die auf eine konkrete, tatsächlich vorgefundene Entscheidungssituation hin entwickelt bzw. auf diese hin angepasst werden, dabei naturgemäß eine erheblich höhere Einsatz- und Erfolgswahrscheinlichkeit zu attes-tieren als Modellen, die innerhalb der Wissenschaft losgelöst von konkreten prakti-schen Anforderungen erdacht worden sind. Aber die Mehrzahl der Modelle, die die Fachzeitschriften und Lehrbücher bevölkern, betreffen eben *prädefinierte* Problemtypen

(z. B. in Gestalt eines „zweistufigen, kapazitierten Warehouse-Location Problems") und sind dabei eben nicht aus Beobachtungen zweiter Ordnung hervorgegangen.

Implizit mag vielleicht bei der Konstruktion solcher Modelle gelegentlich die Forderung oder Erwartung mitschwingen, die Modellbenutzer mögen sich zwecks Ermöglichung eines rationalen Handelns in umgekehrter Richtung an das jeweilige Modell anpassen, etwa indem sie von ihren subjektiven Einstellungen, Präferenzen und Motiven Abstand nehmen und diese durch das klare und vergleichsweise einfache Ziel der Gewinnmaximierung ersetzen. Wenn man die Idee von einer Abbildung der Wirklichkeit in Modellen zugunsten der Idee aufgibt, die eigentliche Leistung eines Modelles bestehe in der Herstellung von Entscheidbarkeit durch eine Reduktion von Komplexität, und wenn man solchen Modellen zusätzlich eine Art Vorbildcharakter zuweist, mag dieser Gedanke nicht mehr ganz so abwegig erscheinen. Es verbleibt jedoch die Frage, ob es zielführend ist, Komplexität schon zu reduzieren, bevor man ein reales Problem vor Augen hat. Wenn man dann zugunsten der Handhabbarkeit von Modellen „Abstraktionen" oder „Idealisierungen" vornimmt, weiß man ja noch nicht einmal ansatzweise, von was man da abstrahiert.

Die Schwierigkeiten, in die die Vorstellung von Entscheidungsmodellen als „Abbildern der Wirklichkeit" führt, treten besonders deutlich hervor, wenn man wie Teichmann (1972) und Zentes (1976) den Versuch unternimmt, den Modellbildungsprozess selbst als einen Meta-Optimierungsprozess zu begreifen, bei dem der „optimale(n) Komplexionsgrad von Entscheidungsmodellen" (Zentes 1976, S. 45) zu bestimmen ist. In der Praxis hätte man dann immer zwei Probleme zu lösen, die in einer hierarchischen Beziehung zueinander stehen. Nur leider gilt für beide, dass Struktur*gebung* immer ein *konstruktiver* Akt ist, der einen Verzicht auf alternative Strukturierungsmöglichkeiten beinhaltet, für den sich keine Opportunitätskosten errechnen lassen. Man kann eben, wie oben schon angemerkt, nicht das Unbestimmte zum Maß des Bestimmten machen.

Der Aufstieg zu Optimierungsproblemen höherer Ordnung führt deshalb letztlich nicht in eine Ebene reichhaltigerer Strukturen, zu einem „Zuwachs an Isomorphie" (Teichmann, ebenda, S. 520) oder gar zu einem Optimum Optimorum, sondern er muss sich im offenen Horizont einer unendlichen Vielfalt von Strukturierungsmöglichkeiten verlieren. Es gibt keine unabhängig strukturierten Ur-Probleme als Anker bzw. Benchmark für ein solches Verfahren, das die Optimierung selbst noch einmal optimieren möchte. Vielmehr ist es schon schwierig, zwei parallel entwickelte Modellentwürfe miteinander zu vergleichen, weil beide Lösungen produzieren, die kontingent sind in Bezug auf die jeweils gesetzten Annahmen. Deshalb führt auch die scheinbar plausible Annahme „Je komplexer, desto besser" gedanklich in eine Sackgasse. „Wo Entscheidbarkeit durch Entscheidungsmodelle erst hergestellt wird, kann man zwischen…Modellen nicht eine Meta-Entscheidung treffen, die sich an den Konsequenzen der jeweiligen (modellspezifisch errechneten) Objektentscheidungen orientiert" (Bretzke 1980, S. 202). Was man anstelle eines Output-Vergleiches nur tun kann, ist eine im Vorfeld angesiedelte, „vernünftige" Bewertung der Problemangemessenheit von Annahmekonstellationen, die zwar eine Bewertung ihrer jeweiligen, vermutlichen Vor- und Nachteile umfassen, durch eine solche aber nicht eindeutig gelöst werden kann. „Es gibt keine nicht-kontingenten Urteile über nicht-kontingente Modelle" (Bretzke, ebenda, S. 226).

Hinzu kommt, dass in der Praxis zu dem jeweiligen „Abbildungsobjekt" auch Handlungsmöglichkeiten gezählt werden müssen, die man nicht *vor*finden kann, sondern *er*finden muss. Das ist, wie oben schon hervorgehoben, gerade bei Problemlösungen mit einem „Durchbruchscharakter" in der Praxis immer wieder der Fall. Damit stoßen wir auf eine weitere, elementare Grenze, die sich Entwickler von mathematischen Optimierungsmodellen mit ihrer Beschränkung auf das Rechenbare selbst gesteckt haben. Auch das sei kurz beispielhaft illustriert. Mit der Installation von Paketstationen und der dadurch ermöglichten Entkopplung von Zustellung und Warenannahme werden Möglichkeiten der Effizienzsteigerung auf der „letzten Meile" von Paketdienstoperationen erschlossen, die weit über das hinausgehen, was sich durch verbesserte Tourenpläne je erreichen lässt. Paketstationen können gebündelt versorgt werden, und es entfallen die Kosten wiederholter Zustellversuche.

Dass der OR-Ansatz passen muss, wenn innovative Lösungen gefragt werden, folgt schon aus dem zentralen Begriff der Optimierung, der sich konzeptionell auf eine Auswahl unter *gegebenen* Alternativen bezieht und mit dem darüber hinaus immer wieder unterstellt wird, diese lägen bereits auf dem Tisch oder könnten durch einfach Abbildungsakte dorthin befördert werden. Hinzu kommt, dass hierzu oft Handlungsalternativen zählen, deren Bewertung weder ausschließlich nach logistischen Kriterien erfolgen noch sich durchgängig auf quantifizierbare Größen stützen kann. Ein Beispiel hierfür kann die Idee liefern, innerhalb eines Distributionssystems in Ländern mit einer vergleichsweise unterentwickelten Marktpenetration für die lokale Warenverteilung selbstständige Großhandelsunternehmen einzusetzen (was zu der nachgelagerten, in sich komplexen Frage führt, ob diese exklusiv für das betrachtete Unternehmen arbeiten oder zwecks Erzielung von Skaleneffekten auch Produkte von Wettbewerbern anbieten sollten).

Die Unfähigkeit, zur Erfindung neuer Problemlösungen einen eigenen, wissenschaftlichen Beitrag zu leisten, teilt der OR-Ansatz mit der zuvor kritisierten, empiristischen Forschung, weil beide auf das bereits Vorfindbare fixiert sind. Man könnte dem entschuldigend entgegenhalten, dass der Vorgang des Kreierens sich schon fast qua definitione einer wissenschaftlichen Methodologie entzieht. Das ist dann freilich das Eingeständnis, dass die Wissenschaft für das bestmögliche Lösen praktischer Problemstellungen nur noch eingeschränkt zuständig ist und für das „wahre" Optimum jenseits der mathematischen Lösung keinen Blick mehr hat (es sei denn, eine schon erfundene kreative Variante ließe sich mit Hilfe von Simulationsmodellen nachträglich quantitativ bewerten). Wissenschaftler, die aus ihrem reichhaltigen Fachwissen heraus zur Entwicklung innovativer Lösungen beitragen (man denke hier etwa an das oben schon erwähnte „Internet der Dinge") würden dann zwar Großes leisten, das aber außerhalb der Wissenschaft tun.

Partial- vs. Totalmodelle

Eine gewisse Ähnlichkeit mit der Idee, über einen zweistufigen Modellbildungsprozess zu einer „optimalen Optimaliät" zu gelangen, weist die Hoffnung auf, man könne den Geltungsbereich von Modellen ohne Rückgriff auf praktische Erfahrungen immer weiter in Richtung auf Realisierbarkeit treiben, indem man in bestehenden Modellen, gleichsam im Wege der abnehmenden Abstraktion, sukzessive Restriktionen lockert oder ganz aufhebt. Innerhalb des OR-Ansatzes wird das gelegentlich als Erweiterung des Anwendungsbereiches von Modellen verstanden, was voraussetzen würde, dass man auch die Ausgangsmodelle schon anwenden konnte, wenngleich etwas seltener.

Schon vorab sei hier festgestellt, dass es bei wirklichen Totalmodellen nie nur um die Breite der Anwendung gehen kann. Vielmehr muss man hier immer auch die Eindringtiefe im Auge haben (dieser Begriff ist uns ja schon in der Auseinandersetzung mit dem Empirist begegnet). Oft verbergen sich unter der Oberfläche eines Optimierungsmodells interdependente Suboptimierungsprobleme, deren Lösung man voraussetzen muss, um „oben" weiterarbeiten zu können. Ein Beispiel hierfür wurde oben schon angeführt. Wenn man die Transportkostenvorteile eines dezentralen, zweistufigen Distributionssystems gegenüber einer vollständig zentralisierten Warenverteilung rechnerisch ermitteln will, muss man die Bündelungseffekte kalkulieren, die diese Netzwerkarchitektur erschließt. Bei den Primärtransporten zu den dezentralen Lägern hängen diese Effekte aber von der Nachbevorratungsfrequenz ab, deren Bestimmung wiederum erhebliche Ausmaße auf das Niveau der vor Ort vorzuhaltenden Sicherheitsbestände hat. Das angestrebte Serviceniveau kann dann über den notwendigen Umfang dieser Bestände auf die Transportkosten zurückwirken.

Mit der Idee eines Totalmodells geriete ein wissenschaftliches Ziel in Reichweite, das man hier offensichtlich schon einmal für realistisch gehalten hat. „Einigen Theoretikern des Operations Research", bemerkte der zu seiner Zeit in Deutschland führende Kopf des OR-Ansatzes H. Müller-Merbach (1969, S. 17), „schwebt als Ziel ihrer Arbeit ein geschlossenes Modell- und Methodensystem vor, welches automatisch für jede Entscheidungssituation das geeignete Modell und die entsprechende Lösungsmethode auswählt". Die Wirkung wäre mit der Bürokratisierung von Entscheidungsabläufen in Verwaltungssystemen vergleichbar, nur dass dort Komplexität nicht durch Modelle, sondern durch Verhaltensregeln reduziert wird und dass die „Benutzer" sich diesen Regeln anpassen müssen, wenn sie darauf hoffen, mit ihrem jeweiligen Anliegen durchzukommen. Jedenfalls wäre das eine deterministische Welt, in der man keine Manager mehr bräuchte. Die Welt, die ihnen ihre Probleme beschert, enthält immer schon deren Lösung, und der OR-Ansatz deckt auf, wie man zu ihnen gelangt. Dass das Ganze in sich paradox ist, fällt offenbar nicht allen Beteiligten auf.

Teilweise hat man sich sogar schon zu der Behauptung verstiegen, dieses Ziel in einigen Segmenten der Betriebswirtschaftslehre bereits erreicht zu haben. So hat etwa Köhler (1978, S. 641) mit Blick auf den damaligen Stand des Operations Research auf dem Gebiet der Lagerwirtschaft festgestellt: „Es ist sicherlich nicht übertrieben zu behaupten, dass die mit der Lagerwirtshaft verbundenen Probleme als von der Theorie weitgehend gelöst gelten können. Indiz dafür sind die in letzte Zeit eher spärlichen Veröffentlichungen zu diesem Problembereich." Die erheblich später einsetzende Lean-Management-Bewegung hat gerade im Bereich des Bestandsmanagements noch ein reiches Feld für Effizienzsteigerungen vorgefunden, die weit über das hinaus reichten, was mit einer wie immer ausgefeilten Bestellmengenoptimierung erreicht werden konnte. Bezeichnenderweise lief dessen Erschließung aber nicht über mathematische Optimierungsmodelle, sondern über ein radikales Redesign von Arbeitsabläufen. (Nachträglich ist auch das ein schönes Beispiel für die in Abschn. 1.1.3.2 herausgearbeitete, prägende Weltsicht von Deutungsmustern, die hier gelegentlich zu einer beträchtlichen Überschätzung der eigenen, praktischen Bedeutung geführt hat).

Deskriptive vs. normative Modelle
Manchmal macht es für ein vertieftes Verständnis von Sachverhalten Sinn, einen bestimmten Gedankengang zu wiederholen und ihn dabei aus unterschiedlichen Perspektiven bzw. mit Blick auf unterschiedliche Aspekte zu beleuchten. Kehren wir also noch einmal zurück zum erkenntnistheoretisch zentralen Problem des Wirklichkeitsbezuges von Entscheidungsmodellen, das hier noch einmal mit Blick auf die „Abbildung" von *Zielen* vertieft werden soll. Auch diese Problematik ist in Abschn. 2.5 schon einmal angeklungen. Zu diskutieren ist jetzt vor allem eine Frage, für die die betriebswirtschaftliche Entscheidungstheorie nie eine befriedigende Lösung gefunden hat: kann man (und wenn ja: wie und unter welchen Umständen) mit einem einzigen Modell gleichzeitig die Wirklichkeit abbilden und zu ihrer Veränderung beitragen?

Das Problem ist hier nicht so sehr, dass mathematische Entscheidungsmodelle nicht falsifiziert werden können (dass die harsche Kritik von Popper-Schülern wie Albert in diesem Punkt an der Sache vorbei ging, wurde oben schon ausgeführt). Modelle, die auf die Entwicklung von etwas *Sein-Sollendem* zielen, kann man nicht mit dem Hinweis beikommen, dass das Resultat nicht dem *Schon-Seienden* entspricht. Empirische Theorien müssen Beschränkungen der menschliche Rationalität als Faktum hinnehmen, eine „praktisch-normativ" gedachte Wissenschaft hingegen muss sich umgekehrt die Überwindung dieser Beschränkungen auf ihre Fahnen schreiben. Das darin allerdings keine General-Exkulpation für Realitätsferne liegt, dürfte inzwischen klar geworden sein. Unklar aber bleibt, wie modellgestützt eine geplante Realität aus einer abgebildeten Ist-Realität abgeleitet werden kann, in der sie noch nicht enthalten war. Schließlich führt „von der Erkenntnis dessen, was *ist*, kein Weg zu dem …, was sein *soll*" (Einstein (1939), wiederabgedruckt in Dürr (2012), dort S. 61).

Churchman ((1962, S. 73), zit. nach Bretzke (1980, S. 82)) ist als einer der Operations-Research-Pioniere diesem Problem schon sehr nahe gekommen, indem er mit Blick auf die Zielprämissen in Entscheidungsmodellen sagte: „The problem of rationality is not to define rules of behavior given the goals, but rather to define rational goals". Damit hat sich seine Profession aber aus nachvollziehbaren Gründen nie wirklich befasst. Ich möchte die Problematik der Zielfindung am Beispiel einer wegweisenden Arbeit des Nobelpreisträgers Herbert Simon vertiefend herausarbeiten, mit der Idee einer „bounded Rationality", nach der Menschen sich meist schon mit befriedigenden Lösungen zufrieden gaben, den Homo Oeconomicus als Leitfigur der Wirtschaftswissenschaften vom Thron gestoßen hat ((vgl. Simon (1978) und Simon (2012)). Dabei geht es weniger um die Rationalität von Zielinhalten als um die Frage, ob und inwieweit der Begriff der Rationalität, wie in quantitativen Entscheidungsmodellen üblich, vernünftigerweise mit der Idee eine Zielwertmaximierung gekoppelt werden sollte. Damit kommen wir der Idee des OR-Ansatzes entgegen, sich vordringlich um die Erhöhung von Zielerreichungsgraden *bei gegebenen Zielen* zu kümmern (dass schon darin eine erheblich Reduktion von Komplexität verborgen ist, braucht jetzt ebenso wenig betont zu werden wie der Umstand, dass eine solche Vereinfachung aus pragmatischen Gründen gelegentlich sinnvoll sein kann).

Würde man mit Simon etwa einem Konstrukteur von Optimierungsmodellen entgegenhalten, dass Menschen in der Praxis als „Satisficer" nur zu einer eingeschränkten Rationalität fähig sind, könnte man dem entgegenhalten, dass ja gerade diese Beschränkung durch OR-Modelle überwunden werden soll. Man müsste dann eher fragen, ob sich Manager „rational verhalten würden, wenn man ihnen das dazu erforderliche Instrumentarium an die Hand gibt" (Bretzke 1980, S.19). Die Paradoxie dieses Befundes wurde oben schon einmal angesprochen: Nach dieser Logik müssen Modelle bis zu einem gewissen Grad wirklichkeitsfremd sein, damit sie als Entscheidungshilfen einen praktischen Nutzen stiften können. „Der sich selbst überlassene, naturwüchsig sich entwickelnde Entscheidungsprozess kann jedenfalls nicht einfach zum Maßstab für die Realitätsnähe von Modellen gemacht werden, die diesen Prozess rationalisieren wollen und deshalb verändern müssen" (Bretzke, ebenda, S.93).

Auch dieser Gedanke widerspricht natürlich diametral der Vorstellung von Modellen als Abbildern von Problemen. Im Übrigen macht es aber innerhalb eines geschlossenen Modells, bei dem Ziele in Maximierungs- oder Minimierungsaufgaben transformiert werden müssen, damit sie Algorithmen als Steuergröße diesen können, keinen Sinn, Suchvorgänge frühzeitig abzubrechen. Wenn man sich einmal durch das Setzen einer Reihe von Annahmen einen geschlossenen Lösungsraum geschaffen hat, dann sollte man dort die Chance auch nutzen, die unter diesen Bedingungen bestmögliche Lösung zu identifizieren. Wer ist schon mit dem Guten oder Besseren zufrieden, wenn er problemlos das (unter den gesetzten Annahmen) Beste haben kann. Man darf dabei nur nicht übersehen, dass entscheidende Schritte auf dem Weg zu Lösung schon vorher vollzogen worden sind – nämlich durch das Setzen von Annahmen.

Im Übrigen würde dabei übersehen, dass

a) Simon als Beobachter zweiter Ordnung den *Prozess der Definition* einer Entscheidungssituation und hierin weniger das Setzen von Restriktionen als vielmehr die Suche nach Alternative im Blick hatte, einen Prozess, den OR-Anhänger in ihren Modellen, in denen die Zeit nicht vorkommt, ja vorschnell als bereits vollzogen betrachten, und dass

b) der „Satisficer" Simon'scher Prägung insofern eine eigene Art von „Optimierung" betreibt, als er zeitverbrauchende Suchvorgänge nach Erreichen einer befriedigenden Lösung abbricht, um die so freigesetzte Zeit in andere Entscheidungsprozesse investieren zu können (vgl. Simon 1978) – dabei nie wissend, ob er so günstige Gelegenheiten versäumt. Der Satisficer reduziert eine Komplexität, der sich die Anhänger des OR-Ansatzes nicht stellen möchten, und zwar eben dadurch, dass er seine knappe Problemlösungskapazität und Zeit auf verschiedene, gerade anstehende Probleme in einer Weise aufteilt, die selbst keinen Optimierungsregeln unterworfen werden kann.

Diese Interpretation kann einer solchen „Bounded Rationality" vollends den Geruch von Unvernünftigkeit nehmen. Man kann aus dieser Perspektive heraus nachträglich diese Überschrift als Fehletikettierung einstufen, die wissenschaftshistorisch nur durch die Fundamentalkritik an der Weltfremdheit des Homo Oeconomicus zu verstehen und zu rechtfertigen ist. Es gibt keine Rationalität, die nicht „bounded" ist in dem Sinne, dass sie unabhängig ist von einer Reihe bewusst oder unbewusst vorgenommener Reduktionen von Komplexität, unter ihnen Abbrüche von Suchprozessen („Ich habe jetzt für mein Empfinden genug Alternativen gesammelt"). Solche Abbrüche sind insbesondere dann unumgänglich, wenn Entscheidungsträger sich parallel mit mehreren Entscheidungsproblemen herumschlagen und deren Lösung jeweils einen teil ihrer knappen Zeit widmen müssen (also praktisch immer).

Aus entscheidungs*logischer* Sicht mag Simon damit so etwas wie die Opportunitätskosten des Modellierens im Auge gehabt haben (etwa in Gestalt überzogen langer Suchprozesse). Jedenfalls hat Simon das Phänomen der *Zeit* wieder ins Spiel gebracht, für das der Operations Research Ansatz mit seiner statischen Fokussierung auf den finalen Akt einer Wahl unter gegebenen Bedingungen keinen Blick hat (später behandelte Simulationsmodelle Forrester'scher Prägung einmal ausgenommen). Opportunitätskosten kann man freilich wegen der grundsätzlichen Offenheit des Entscheidungsfeldes nie exakt kalkulieren kann. Die Kalkulation dieser Kosten setzt eine Entscheidung schon voraus (sonst greift die Frage: „Opportunitätskosten von was?" ins Leere), und sie kann nur innerhalb geschlossener Lösungsräume gelingen – aber gerade dieses Schließen, das immer auch ein *Ver*schließen ist, ist ja das eigentliche Problem, das nur der Homo Oeconomicus nicht kennt (womit man dann doch wieder beim Ansatzpunkt der Simon'schen Kritik landet, die letztlich nicht zu einer beschränkten Rationalität führt, sondern diesem Begriff weitgehend den Boden entzieht).

Der Satisficer ist eben doch kein verkappter Optimierer, weil das Optimieren nicht funktioniert, wenn man es auf sich selbst (genauer: auf die Problemgenese und den Prozess der Modellbildung) anwendet. Für diese Prozesse gäbe es selbst dann kein natürliches Ende, wenn man unendlich lange Suchvorgänge zulassen würde, was aber Saticficer gerade nicht tun. Man sucht hier nicht die spitzeste Nadel, sondern nur eine Nadel, die spitz genug ist, um damit zu nähen. Wenn man Ent-Scheiden will, kommt man eben um das Ausschließen von Möglichkeiten nicht herum, und weil die immer grenzenlos, kann man nie wissen,was man eigentlich ausschließt. Deshalb bleibt immer „unsicher, ob man durch Opportunitätsverzicht etwas einbüßt oder nicht" (Luhmann 2003, S. 29). Insoweit hat Simon, vielleicht ohne das beabsichtigt zu haben, mit seinem Modell des Satisficers auch auf einer methodischen Ebene auf einen Ausweg aus dem Dilemma des unendlichen Regresses gewiesen, in den man sich zwangsläufig verstrickt, wenn man sich aufmacht, auch über alle Voraussetzungen einer Entscheidung rational zu entscheiden. Auf die eingangs gestellte Frage, ob und gegebenenfalls wie man mit einem Modell gleichzeitig den Istzustand der Welt erfassen und zu deren Verbesserung beitragen kann, hat er dabei keine Antwort gefunden (er hatte sie allerdings auch nicht gesucht).

Innerhalb des OR-Ansatzes kann man das Satisfizierungsmodell schon deshalb nicht einbauen, weil es innerhalb der hier produzierten Entscheidungsmodelle keinen Raum gibt für die Zeit, die in der Realität immer wieder auf dem Weg zur Problemlösung verstreicht und deren Verbrauch selbst Opportunitätskosten auslöst. Schon eingangs habe ich aber darauf hingewiesen, dass das zumindest in den Fällen auch nicht vernünftig wäre, in denen sich ein empirischer Sachverhalt von vorneherein als *Entscheidungs*problem präsentiert und man dessen Genese in einem Anwendungsfall nicht mehr hinterfragen zu müssen glaubt. Bei sehr „bodennahen", operativen Problemen wie der Optimierung von Auslieferungstouren mag das gelegentlich der Fall sein. Dann erscheint es im Rahmen der oben beschriebenen Einschränkungen tatsächlich logisch möglich, mit einem Modell deskriptive Ziele (Abbildung) und präskriptive Ziele gleichzeitig zu verfolgen, und der OR-Ansatz wäre aus diesem Spannungsfeld entlassen. Er müsste dann nur hinnehmen, dass die Rede von einer Optimierung immer relativ ist in Bezug auf Prämissenkonstellationen, deren Einführung oder Akzeptanz selbst keiner Optimierung unterliegen kann. Die Ausführungen in Abschn. 3.4 werden zeigen, dass sich diese verzwickte Frage viel leichter lösen lässt, wenn man von Optimierungsmodellen mit ihrem Charakteristikum der Geschlossenheit zu offeneren Simulationsmodellen wechselt.

Statik vs. Dynamik

In unseren Vorstellungen von der Welt erscheint diese meist nicht als ein *Zustand,* sondern vielmehr als ein *Geschehen.* Zustandsbeschreibungen ähneln dann dem vergeblichen Versuch, die Zeit anzuhalten. An dieser Stelle wird deutlich, dass das Selbstverständnis des Operations-Research-Ansatzes auch deshalb zu kurz greift, weil dem Verständnis von Modellen als Abbildern der Realität ein *statisches* Denken zugrunde liegt, in dem die Zeit nicht vorkommt und für das es unproblematisch ist, wenn Modelle den Charakter einer „Momentaufnahme" annehmen. Das ist nicht nur deshalb problematisch, weil damit die Konstanz der jeweils vorgefunden Randbedingungen unterstellt wird. Vielmehr wird damit auch die „Prozesshaftigkeit" realer Problemlösungsoperationen verkannt. „Problem Solving requires selective trial and error", sagt Simon an anderer Stelle (2012, S. 344) und weist damit noch deutlicher auf die Schwäche des OR-Ansatzes hin, keinen klaren Blick dafür zu haben, wie die realen Problemlösungsprozesse ablaufen, in die seine Modelle eingebettet werden sollen.

Gelegentlich wird hier anstelle eines Lernens aus Erfahrung auch von einem Lernen am Modell gesprochen. Ob sich eher weltfremde Modelle allerdings dadurch rechtfertigen lassen, dass man ihren originären, wissenschaftlichen Anspruch zurücknimmt und sie nur noch im Rahmen einer Ausbildung zu Schulungszwecken didaktisch nutzt, erscheint fraglich. Rechenaufgaben sind etwas anderes als Problemlösungsprozesse. „Exercises are usually formulated as to have only one correct answer and one way of reaching it. Problems have neither of these properties" (Ackoff (1974), zit. nach Bretzke (1980, S. 232)).

Wenn man einmal von täglich zu lösenden Entscheidungs- bzw. Planungsproblemen mit geringer Reichweite und Tragweite wie etwa der Zusammenstellung von Auslieferungstouren absieht, erschöpft sich das Lösen von Problemen nicht in einem Wahlakt, bestenfalls ist dieser der krönende Abschluss komplexer, vorlaufender Such- und Konstruktionsprozesse, die selbst vielfältig von Selektionen durchsetzt sind. Bezogen auf ein konkretes Projekt wie beispielsweise den Neuentwurf eines Distributionssystems hat das eine wichtige *zeitliche* Implikation für einen möglichen Modelleinsatz. Er kann erst dann erfolgen, wenn die entscheidenden Vorarbeiten bereits geleistet sind, und er darf diese in keinem Fall präjudizieren.

Damit erweist sich auch das implizite Zwei-Stufen-Modell das OR-Ansatzes (Bilde ein Modell und leite dann die Lösung ab) als nicht realitätsgerechte Simplifizierung. In realen Problemsituationen wie der Aufgabe der best-möglichen Konfiguration eines neuen Netzwerkdesigns wächst im Verlauf eines entsprechenden Projektes das Problemverständnis unter den Mitgliedern des eingesetzten Teams, und es erscheinen immer weitere, entscheidungsrelevanten Sachverhalte (einschließlich neuer Handlungsoptionen) sowie damit verbunden neue Datenbedarfe auf der Agenda. Modellierung macht dann immer erst in einer späten Phase des Lösungsprozesses Sinn, und man sollte unter keinen Umständen zulassen, dass sie schon am Anfang beschränkend auf den Prozess der Problem*definition* einwirkt. Man gelangt sonst auf dem Weg zur Lösung in eine „vorzeitige Geschlossenheit" (Mintzberg 1991, S. 83). Dann gilt: „über das Ende wird am Anfang entschieden" (Ehrlenspiel, zit. nach Feige und Klaus (2007, S. 109)) – etwa nach dem Motto „Wer als Werkzeug nur einen Hammer hat, für den sind alle Probleme Nägel".

So ähnlich wie das Stellen kluger Fragen oft wichtiger ist als das Liefern von Antworten, ist auch die Definition eine Problems oft wichtiger als seine Lösung. Man könnte an dieser Stelle sogar noch einen Schritt weiter gehen und sagen, dass die Unterscheidung zwischen der Definition eines Problems und seiner Lösung keinen Sinn mehr macht, weil es keinen definierbaren Punkt gibt, bei dem das Eine das Andere ablöst bzw. zu dessen unverrückbarer Voraussetzung wird. Letztlich wird nach einer solchen Dynamisierung dann in einem fortschreitenden Prozess erst mit einer finalen Entscheidung die letzte Problemdefinition besiegelt, und auch das gelingt nie mit letzter Sicherheit. (Schon oben habe ich angemerkt, dass nur deshalb der Begriff des Entscheidens wirklich Sinn macht).

Das Bild von einer Statik implizierenden Momentaufnahme führt zurück zur eingangs angesprochenen Problematik der *Kontingenz* (Komplexitätsmerkmal 12). Insbesondere bei Entscheidungen mit längeren Bindungsfristen wird der Anspruch auf eine Ableitung unübertrefflicher Problemlösungen durch die zunehmend instabilen Rahmenbedingungen des Managementhandelns in Frage gestellt. „Optimal" kann eine Entscheidung immer nur in Bezug auf eine bestimmte Situation sein. Wenn diese sich ändert, kann das z.B. zur Folge haben, dass sich die ehemals zweitbeste Lösung nach vorne schiebt, weil sie flexibler ist. Ein anschauliches Beispiel liefern hier oft High-Tech-Lösungen im Bereich der Lagertechnologie, die sich nach einer Änderung wesentlicher Eingangsdaten – wenn überhaupt – nur sehr schwer umrüsten lassen (Nach Furmanns et al. (2010, S. 307) planen viele Nutzer von automatisierten Materialflusssystemen aus den genannten Gründen schon wieder, diese zu de-automatisieren). Optima sind notwendigerweise relativ in Bezug auf einen Mix aus vorgefundenen und angenommenen Bedingungskonstellationen, sie sind deshalb in ihrer Gültigkeit immer *zeitgebunden* und damit, je nach Reichweite der zu treffenden Entscheidung, von Entwertung bedroht.

Das ist kein größeres Problem bei Modellen, die wie Tourenplanungsmodelle nur einen kurzen Planungshorizont abdecken und bei denen Festlegungen im Voraus nicht schmerzen. Bei der Neugestaltung der Struktur eines Distributionssystems sieht die Sache aber ganz anders aus. Hier kann man das Risiko einer frühen Festlegung im Voraus methodisch nur berücksichtigen, indem man (gegebenenfalls neben dem jeweiligen Modell) die oben schon angesprochenen Kriterien der *Robustheit*, der *Flexibilität* und der *Wandelbarkeit* als zusätzliche Bewertungsmaßstäbe einführt und im Lösungsprozess mitlaufen lässt. Diese Kriterien beziehen sich auf nicht quantifizierbare, gegebenenfalls zukünftig wirksam werdende Systemeigenschaften, die eng mit dem zusammenhängen, was oben unter Bezugnahme auf Ashby schon einmal als „Requisite Variety" beschrieben worden ist: durch Redundanz ermöglichte, potenzielle Reaktionen auf potenzielle neue Probleme. Insbesondere Flexibilität und Wandelbarkeit können als eine Form des Vorbereitetseins auf unerwartete Entwicklungen verstanden werden.

Die Vorteile solcher Anpassungspotenziale müssen aus logischen Gründen gegen die Mehrkosten eines Abweichens vom jeweiligen statischen Optimum abgewogen werden. Das ist keine einfache Operation, aber sie ist unabdingbar, wenn sich die Welt immer schneller ändert und wenn sich damit die Anforderungen an ein System schon während der Abschreibungsdauer der Investition zu ändern drohen. Das fördert wiederum eine grundsätzliche Einsicht, die man auch im Hinterkopf haben sollte, wenn es um die Frage der Wissenschaftlichkeit einer Forschungsprogrammatik geht: In aller Regel können auch „an sich" praktikable Entscheidungsmodelle wegen ihrer unausweichlichen Unvollständigkeit und wegen ihres statischen Situationsbezuges nur Nutzen stiften in den Händen von Experten, deren praxisbezogenes Wissen deutlich über das im Modell selbst eingefangene Wissen übersteigt und die damit in der Lage sind, ein nur ausschnittweise gültiges, rechnerisches Optimum unter Berücksichtigung zusätzlicher Aspekte und Einflussgrößen zu einer belastbaren Gesamtlösung zu verdichten.

Mit anderen Worten: der OR-Ansatz verfügt insoweit in sich über keine angemessen Methode des Umgangs mit veränderlichen Kontingenzen, wie er stillschweigend voraussetzt, dass sich die vom ihm behandelten Probleme wie etwa das Travelling-Salesman-Problem ihrer Natur nach nie verändern und dass man es insoweit mit einem bestimmten, im Prinzip begrenzten Problemvorrat zu tun habe, dem man nur mit immer ausgefeilteren Methoden zu Leibe rücken müsse. Im Gegensatz zum Empirismus kann dieser Mangel bei grundsätzlich anwendbaren Modellen aber im Prinzip geheilt werden. Auch hindert niemand die hier forschenden Wissenschaftler daran, sich neuen Problemen zuzuwenden. Die grundsätzliche Beschränkung dieses Forschungsansatzes ist an einer anderen Stelle zu verorden.

Grundsätzliche Einschränkungen der Forschung innerhalb des OR-Ansatzes
Unter anderem mit ihrem Verzicht auf die Untersuchung der Verbesserungsmöglichkeiten, die Eingriffe in Organisationsstrukturen und Arbeitsabläufe bedingen und die unter der Überschrift „Process-Reengineering" insbesondere von Hammer und Champy (1994) in die Diskussion eingeführt worden sind, geben die OR-Forscher zu erkennen, dass sie für

einen wesentlichen Teil der Verbesserungspotenziale auf dem Feld ihrer Disziplin, der Logistik, nicht zuständig sind. Darunter befinden sich oft Anpassungsnotwendigkeiten an ein stark verändertes Wettbewerbs-Umfeld, die für ein Unternehmen überlebenskritisch sein können und die darüberhinaus oft zeitkritisch sind, weil die bessere eigene Zukunft in anderen Unternehmen schon Gegenwart ist.

Trotz einer ganz unterschiedlichen Forschungsprogrammatik wird hier eine bemerkenswerte Parallele zum Empirismus offenkundig: beide schließen mit einer methodischen Vorentscheidung (hier: der Beschränkung auf quantifizierbare, mathematisch behandelbare Sachverhalte) bestimmte, betriebswirtschaftlich relevante Frage- und Problemstellungen aus, bedauerlicherweise darunter allzu häufig solche, die innerhalb des Faches Logistik von besonderer Bedeutung sind. Diese werden damit anderen Forschern überlassen, denen man dann noch gelegentlich hinterherruft, ihr Vorgehen sei nicht „wissenschaftlich".

Schon oben wurde herausgearbeitet, dass viele der „Gegebenheiten", die einer vorgefundenen Entscheidungssituation ihre Struktur geben, Ausfluss von früheren Entscheidungen (Pfadabhängigkeiten) oder das Ergebnis von Entscheidungen anderer Subsysteme einer Organisation oder anderen Hierarchieebenen sind, also von ebenfalls fälligen Entscheidungen oder schon getroffenen Festlegungen, für die man aber als Probleminhaber nicht zuständig ist. Während Pfadabhängigkeiten mit Blick auf die Zeitachse *vertikaler* Natur sind, also auf einem Nacheinander von einander bedingenden Festlegungen basieren, sind die logischen Interdependenzen zwischen einander gegenseitig beeinflussenden Entscheidungen (Komplexitätsmerkmal 11 im Abschn. 1.1.1) in diesem Punkt als *horizontal* zu begreifen.

Insbesondere in der Logistik hat man die Sicht auf solche, vielfach durch die Schnittstellen einer Organisation unterbrochenen Interdependenzen schon sehr früh zum Anlass genommen, zwecks Überwindung der von funktionalen Organisationen zwangsläufig produzierten Suboptima eine prozessorientierte Organisation zu fordern, in der die Logistik als „Querschnittsfunktion" ihren Platz findet. Oft sollte das noch durch funktionenübergreifende Performance-Indikatoren unterstützt werden wie die Kennzahl „Total Cost of Ownership", bei der der Einkauf schon qua Zielvorgabe angehalten wird, auch die Nebenwirkungen zu berücksichtigen, die seine vormals nur am Preis ausgerichteten Beschaffungsstrategie in der Logistik auslösen. Auf diese Weise, dachte man, könnte man schon qua Aufbauorganisation umfassendere Problemdefinitionen ermöglichen und fördern, vielleicht auch in der Absicht, mit Hilfe einer mehr flussorientierten Aufbauorganisation dem OR-Ansatz ein weiteres Anwendungsfeld zu erschließen (jedenfalls legte die permanente Rede von organisationsbedingten „Suboptima" einen solchen Gedanken nahe).

Aber auch die Idee, dann in einer Art vorentscheidungsfreiem Supermodell alle *horizontalen* Interdependenzen zu berücksichtigen und das auch noch simultan, führt nicht zur Perfektion, sondern in die völlige Überforderung, und zwar auf der Ebene der Organisation wie auf der Ebene der Entscheidungslogik, auf der man sich ja im Prinzip von Schnittstellen frei machen und über sie hinaus denken könnte – wenn es da nicht immer wieder Zielkonflikte zwischen Organisationsbereichen gäbe (Komplexitätsmerkmal 10), die sich in mathematischen Modellen nicht aufheben lassen (auch nicht mit dem an dieser Stelle etwas naiv anmutenden Ansatz einer Gewichtung verschiedener Ziele, schließlich handelt sich hier um Ziele unterschiedlicher Entscheidungsträger, und es gibt damit zumindest auf der betrachteten Führungsebene niemanden, der für eine entsprechende Gewichtung legitimiert ist).

Eher vorstellbar ist, dass man aus Gründen der Komplexitätsreduktion innerhalb einer betriebswirtschaftlichen Funktion wie der Produktion bleibt und dort in *vertikaler* Richtung im Wege der Subsystembildung und der abnehmenden Aggregation eine Hierarchisierung der Planung entwickelt, an deren Ende dann fabrikweise granulare Entscheidungen über produktbezogene Losgrößen und Reihenfolgen stehen. Einen solchen (an einem konkreten Objekt entwickelten) Ansatz haben H. C. Hax und A. C. Meal (1973) schon sehr früh vorgestellt und damit ein Vorbild für spätere ERP-Systeme geliefert (in denen dann aber wegen übergroßer Komplexität keine echte Optimierung stattfand).

Der spätere Versuch, diesen Ansatz über die oben schon erwähnten „Advanced Planning Systems" zu einer echten Optimierung zu befähigen und – jetzt wiederum in horizontaler Richtung – auf ganze „Supply Chains" auszuweiten, ist vordergründig schon an ungelösten Führungsproblemen gescheitert. Das zeigt, dass Vertreter des OR-Ansatzes oft einfach nicht darum herum kommen, über die Grenzen ihrer Disziplin hinaus zu denken, um diese Grenzen dann gleichsam „von außen" selbst zu erkennen. Wie schwierig das sein kann, haben Goetschalckx und Fleischmann (2005) noch vor 10 Jahren mit ihrer optimistischen Annahme gezeigt, derzufolge „the research trend is towards an integration and combination of the features of domestic and global models, which will allow the simultaneous optimization of facilities and production-distribution-inventory-flows in a global logistics system" (ebenda, S. 135). Auch das war offensichtlich noch eine Inside-Out-Perspektive, die eine nur durch ein unzureichendes Praxiswissen und durch eine mangelnde Einsicht in die dort obwaltende Komplexität erklärbare, erhebliche Selbst-Überschätzung spiegelte.

3.3   Schädliche und hinnehmbare Formen der Abstraktion

Das oben erwähnte Beispiel des Homo Oeconomicus, der als Denkfigur die Wirtschaftswissenschaften weit über deren Anfänge hinaus jahrelang geprägt hat, zeigt, dass Wissenschaftler auf ihrer Ebene fähig sind, im Rahmen eines sogenannten Abstraktionsprozesses Erfahrungen auf einen Kern zu reduzieren, für den es in der Wirklichkeit gar kein Korrelat gibt. Man hat dann immer wieder von einem „Idealtypus" gesprochen und sich so davon abgelenkt, dass dieses Modell nicht dadurch entstanden ist, dass man vereinfachend von bestimmtem Eigenschaften wirtschaftlicher Entscheidungsträger abgesehen hat, sondern diesen Akteuren Eigenschaften und Fähigkeiten zugewiesen hat, über die sie nicht verfügten. Offensichtlich geht es am Kern dieses Problems vorbei, wenn man an dieser Stelle von Abstraktion spricht (das Wort kommt vom lateinischen „abtrahere", das soviel bedeutet wie abziehen, trennen). Hier geht es aber nicht um wissenschaftsinterne Fragen der Theoriebildung, sondern spezifischer um den Problembezug von Entscheidungsmodellen.

Aus dem Umstand, dass jede Art von Problemlösung auf einem Akt der Komplexitätsreduktion basiert, folgt, dass Wissenschaftler und Praktiker sich in diesem Vorgang der
Problemdefinition, der keiner strikten, methodischen Unterstützung zugänglich ist, nicht
grundsätzlich unterscheiden. *Vereinfachung* z. B. in Form eines Weglassens an sich denkbarer Handlungsoptionen ist dabei für beide unvermeidlich. Der Unterschied zwischen
Theorie und Praxis ist dann nur noch gradueller Natur und kann in systematischer Betrachtung nur noch darin bestehen, dass Wissenschaftler sich dessen bewusst sind und ihre
Beobachtungen ersetzenden, vereinfachenden Annahmen aus diesem Bewusstsein heraus
reflektierend setzen und/oder probeweise Szenarien durchspielen, die auf anderen Annahmen beruhen. Ihre Hauptleistung sollte aber schon vorher ansetzen und darin bestehen,
dass sie bestimmte Modelle und Konzepte auf einer analytischen Ebene mit Machbarkeits-
voraussetzungen bzw. förderlichen und hinderlichen Randbedingungen für eine Implementierung in Verbindung bringen.

Vereinfachung und/oder Verzerrung

Mit der Vorstellung von Modellen als vereinfachten Abbildern eines im Prinzip erfassbaren, aber komplexeren Ur-Problems korrespondiert der Gedanke, es handele sich hier lediglich um unterschiedliche *Grade der Mächtigkeit* eines Modells. Im Verhältnis zum
jeweils erfassten Original erscheinen die Modelle dann nicht mehr als „isomorph", sondern nur noch als „homomorph". Mit dieser Vorstellung wird aber der zwangsläufig *konstruktive* Charakter der Modellbildung unterschlagen, der uns gerade erst beim Leitbild des
Homo Oeconomicus begegnet ist. Größer erscheint in jedem Fall das Risiko der *Verzerrung*,
weil man dann definitiv ein anderes Problem löst als das, welches man ursprünglich vorgefunden hatte (bzw. vernünftigerweise hätte definieren sollen). Das Modell ist dann nicht
nur strukturärmer als sein Urbild, sondern *anders* strukturiert.

Komplexitätsreduktion heißt mit Blick auf die Modellierung von Entscheidungssituationen immer: aus etwas Unbestimmtem etwas Bestimmtes machen und damit Entscheidbarkeit herstellen. Vor diesem Hintergrund ist schon die Vorstellung von Vereinfachung
problematisch, weil sie voraussetzt, dass man das Objekt der Vereinfachung hinreichend
genau kennt. Sonst kann man beispielsweise nicht wissen, von welchen Aspekten eines
Ur-Problems man absehen darf und welche seiner Bestandteile man zugunsten seiner Lös-
barkeit weglassen kann oder sollte, ohne dadurch auf einem ganz anderen Lösungspfad zu
landen. Man muss, einfach gesagt, beim Vereinfachen etwas weglassen von einem Objekt,
das man nicht kennt, weil es zu kompliziert ist. Die Forderung, nur das zu vernachlässigen,
was mit guten Gründen vernachlässigt werden kann, führt in die Leere einer endlosen
Komplexität. „Letztlich", sagt Luhmann (1991, S. 368), „führt jede Reduktion der Komplexität ins Unvergleichbare". Da es auf diese Grund-Problematik der Modellbildung keine abgesicherten, methodischen oder gar wissenschaftstheoretisch fundierten Antworten
gibt, ist hier ein Pragmatismus gefordert, der Wissenschaftler in ihrem Forschungshandeln
dem näher bringt, was Manager auch tun (müssen). In der Kurzform heißt das wiederum:
Bilden statt *Abbilden*.

Wenn durch Modelle Entscheidbarkeit erst hergestellt werden soll, und wenn man
dabei, wie oben am Beispiel der Bestellmengenformel illustriert, gelegentlich an

kontrafaktischen Vereinfachungen nicht vorbeikommt, dann hat das eine wissenschafts-theoretische Irritation zur Folge. Im Prinzip können Modelle dann nämlich gleichzeitig falsch und brauchbar sein (weil „richtige" Modelle an einer übergroßen Komplexität scheitern müssten). In der Praxis ist es vor dem Hintergrund dieser Einsicht oft nicht ein-fach, eine *Vereinfachung* von einer *Verzerrung* zu unterschieden. Schließlich ändert jedes Weglassen von möglichen Lösungsdeterminanten und Handlungsalternativen, das sich im ersten Schritt als bloße Vereinfachung präsentiert, nahezu zwangsläufig auch die „Natur" eines Problems, so dass für den Begriff der „Verzerrung" nur das bewusste, kontrafakti-sche Setzen von Entscheidungsprämissen verbleibt – etwa, wenn man bei der Dimensio-nierung von Sicherheitsbeständen von normalverteilten Prognosefehlern ausgeht, obwohl man weiß, dass die gemessenen Abweichungen von einem Trend nicht durchgängig als zufallsbestimmt („stochastisch") interpretiert werden können und dass die Welt gemeinhin nicht funktioniert wie ein einarmiger Bandit in Las Vegas.

Das Fatale an kontrafaktischen Annahmen, die mit einem solchen Vorgehen nahezu zwangsläufig verbunden sind, ist nicht nur, dass man den mit ihrer Unterstellung verbun-denen Grad der Verzerrung von Problemlösungen nie genau abschätzen kann, will man nicht weiß, wo man gelandet wäre, wenn man an entsprechenden Weggabelungen einen anderen Pfad genommen hätte. Fatal kann im Anwendungsvollzug auch sein, dass viele solcher Formeln formal betrachtet immer „funktionieren". Wenn man sie mit Daten füt-tert, dann spucken sie – hierin den statistischen Methoden der Empiristen ähnlich – immer ein Ergebnis aus. Ein besonders anschauliches Beispiel hierfür liefert die in Lehrbücher sehr populäre, gerade schon aufgegriffene Annahme, die Abweichungen von einem ermit-telten Trendmuster seien lediglich stochastischer Natur und man könne deshalb bei der Beschreibung zukünftiger Produktbedarfe schadlos mit einer Normalverteilung operieren. Standardabweichungen kann man bei Verfügbarkeit einer mengenmäßig ausreichenden Datenbasis immer ausrechnen. Nur besagen die auf gemessenen Daten basierenden Re-chenergebnisse nichts, wenn die Realität dem Forscher unerkannt nicht den Gefallen tut, Ergebnisse wie die Periodenbedarfe eines Artikels so zu produzieren, dass man in den Abweichungen frei nach Silver (2012) genau zwischen Signalen und Geräusch unterschei-den kann.

Eingezwängt in solche Modelle hat die Realität „da draußen" bei Vorhersagen ex ante keine Chance mehr, sich außerhalb des Musters eines in einer Wahrscheinlichkeitsvertei-lung „kartographierten Zufalls" (Taleb (2013, S. 232)) zu bewegen, uns mit etwas gänzlich Unerwartetem zu konfrontieren oder auch nur bestimmte Bedarfswerte mit einer abwei-chenden relativen Häufigkeit hervorzubringen. Man räumt zwar ein, dass man nicht weiß, was zukünftig passieren wird, tut aber gleichzeitig so, als könne man den Bereich des zu-künftig Möglichen klar abgrenzen. Wenn eine bestimmte Verteilung gültig wäre, wäre damit zugleich garantiert, „dass man es auch dann, wenn es schief geht, richtig gemacht haben kann" (Luhmann 2003, S. 21). Annahmen solche Art können sehr verführerisch sein. Dass die hier beschriebenen Lehrbuchbedingungen in der Praxis jedoch kaum noch jemals erfüllt sind, muss hier nicht noch einmal erörtert werden. In einem Vorhersagekon-text werden dann mit hoher mathematischer Präzision falsche Prognosen erzeugt.

Auch an dieser Stelle kommt im Übrigen wieder die Bedeutung eines ergänzenden Expertenwissens ins Spiel. Es kann Sinn machen, in einem arbeitsteiligen Prognoseprozess die Vorteile mathematischer Verfahren mit den Vorteilen von „weicheren" Experteneinschätzungen zu kombinieren, wobei zu Letzteren insbesondere die Fähigkeit zählt, aus einer breiteren (wenn auch qualitativen) Erfassung der jeweiligen Kontingenz heraus Trendbrüche zu antizipieren. Man kann dann etwa so vorgehen, dass man mit Hilfe eines elaborierten, statistischen Methodenapparates Basisprognosen erstellt, die dann fallweise durch Experten auf der Basis ihres breiteren Wissens übersteuert werden.

Die Ambivalenz von Mathematik als Sprache

Über die Vorzüge, die die Mathematik als Sprache bietet, muss hier nicht viel geredet werden, sie sind zu offenkundig. Sie ist die Sprache der Präzision, die dazu zwingt, Redundanzen jedweder Art zu vermeiden und damit den Kern von beleuchteten Sachverhalten freizulegen, und sie ermöglicht stringente Folgerungen aus Annahmekonstellationen, die rein verbal so oft gar nicht möglich wären. In den Naturwissenschaften hat sie eindrückliche Nachweise dafür erbracht, dass sich in ihr auch ganze, hoch-komplexe Theorien fassen lassen. Bei ihrem Einsatz als Management-Tool im Rahmen der Lösung wirtschaftlicher Probleme stößt sie mit ihrem Fassungsvermögen für Komplexität aber an Grenzen, die es in den Naturwissenschaften so nicht gibt.

Als Ausprägungsform der Logik ist Mathematik innen hohl, d. h. sie bedarf der Ausfüllung mit präzisen Begriffen („Prädikatoren"), wenn die mit ihrer Hilfe gebildeten Modelle praktisch werden sollen. Gegebenenfalls müssen sich mit ihrer Hilfe auch kausale Gesetzmäßigkeiten erfassen lassen, die den Weg von Ursachen (Handlungsalternativen) zu Wirkungen beschreiben. Deren Ermittlung kann in die in Kap. 2 beschriebenen Probleme führen und liegt dann oft außerhalb der Kompetenz des OR-Ansatzes. Das ist aber nicht das Hauptproblem.

Die spezifische Problematik mathematischer Optimierungsmodelle liegt vielmehr darin, dass die Forscher sich mit ihrer Konzentration auf das mathematisch Erfassbare als Beobachter zweiter Ordnung selbst eine erhebliche Beschränkung auferlegen. Sie *müssen* alles weglassen, was sich in der von ihnen gewählten Sprache nicht erfassen lässt, und ein solches Weglassen, das nicht dem Erfordernis der Komplexitätsreduktion folgt, sondern dem Kriterium der Erfassbarkeit von Daten und Informationen, führt eben, wie gerade gezeigt, nicht einfach nur in die Unvollständigkeit. Wenn etwa im Rahmen einer Standortplanung für einen ausländischen Produktionsbetrieb Wechselkursrisiken oder das Qualifikationsniveau der lokal verfügbaren Arbeitskräfte und Lieferanten außer Acht gelassen werden, entsteht durch das Weglassen von Lösungsdeterminanten immer eine Verzerrung, deren Ausmaß durch das Verschwinden des „Benchmarks" ebenfalls vom Radar verschwindet. Man sieht nicht mehr, wohin man hätte kommen können, wenn man von einer anderen Problemdefinition aus gestartet wäre.

Besonders bizarr wird es, wenn versucht wird, ein hoch-komplexes, multidimensionales Entscheidungsproblem wie etwa die Fremdvergabe logistischer Dienstleistungen gleichsam mit Gewalt in die Form eines mathematischen Kalküls zu zwingen. Da fehlt schon im Ansatz jedes Verständnis dafür, dass bei derartigen Entscheidungen immer eine Reihe von Kriterien eine Rolle spielen, die sich nicht quantifizieren lassen und die trotzdem von ausschlaggebender Bedeutung sein können. Dass sich der von Sucky (2005) entwickelte, stochastisch-dynamische Planungsansatz zur Auswahl von Logistikdienstleistern jemals in der Praxis wird einsetzen lassen, ist nach den Erfahrungen des Verfassers in der beratenden Begleitung von Make or Buy Entscheidungen nicht nur zweifelhaft, sondern praktisch ausgeschlossen, und zwar nicht nur, weil sich die Datenanforderungen dieses Modells nicht erfüllen lassen (einige der Datenanforderungen sind bei den meisten Outsourcing-Projekten nicht einmal relevant), sondern weil dieses Tool, mit dem der Autor nicht die Realität, seine eigene Vorstellungswelt modelliert hat, trotz des komplexen Formelapparates vollständig unterkomplex ist. Es fehlt zum Beispiel jedes Verständnis dafür, dass beim einem Outsourcing immer ein Spannungsverhältnis zwischen Opportunismusgefahr und Vertrauen austariert werden muss, wofür ein geeignetes institutionelles Arrangement wie beispielsweise ein Joint Venture zu finden ist. Der Autor benennt vorab einige dieser „weichen" Kriterien, zu denen dann neben der IT-Kompetenz, der Kapitalkraft und der Branchenkenntnis eben auch die Reputation und die Vertrauenswürdigkeit der Anbieter gezählt werden müssen (ersatzweise abzulesen an der Anzahl und an der Qualität von Referenzen), nur tauchen sie mangels Mathematisierbarkeit in seinem Modell dann nicht mehr auf. Mit derartigen Arbeiten wird die Grenze zur Sinnlosigkeit überschritten.

Die Bedeutung eines spezifischen, nicht-mathematischen Expertenwissens

Andererseits muss aber hervorgehoben werden, dass die Unmöglichkeit, die Qualität einer Problemdefinition an deren Abweichungen von einem schon strukturierten Ur-Problem festzumachen, nicht in die Beliebigkeit führen muss. Erfahrene Experten sind zu solchen Urteilen durchaus in der Lage, insbesondere dann, wenn sie, wie oben schon angemerkt, als Beobachter erster Ordnung innerhalb eines Teams operieren, dessen Mitglieder ein Problem aus unterschiedlichen Perspektiven sehen und damit allzu frühe Einengungen verhindern. Die Idee, dass heterogen zusammengesetzte Teams durch die unterschiedlichen Sichtweisen auf ein Problem besser geeignet sind, zu „klugen" Problemdefinitionen zu gelangen als in ihrer eigenen Sichtweise gefangene Einzelpersonen (auch Wissenschaftler), führt übrigens zurück auf die in Abschn. 1.1.3.2 erörterte Frage des „Verstehens" und auf die Rolle von Deutungsmustern. Wenn man aus verschiedenen Blickwinkeln heraus fragt, worin denn der Kern eines Problems „eigentlich" besteht, entsteht fast automatisch ein größerer Freiraum des Denkens und damit gelegentlich auch ein Spielraum für innovative Lösungen, die außerhalb des bislang Gedachten und Bekannten liegen. Verstehen kann eben auch die Vorrausetzung dafür schaffen, etwas Vertrautes fremd zu machen und damit neue, vorher nicht gesehene Lösungsräume zu erschließen. Natürlich muss die Fantasie dann auch wieder eingehegt werden. Zu solchen Teams sollten deshalb unbedingt diejenigen zählen, die das betrachtete Problem als „Problem-Owner" wirklich „haben", d. h. die über ein Situationswissen verfügen, das Wissenschaftlern als Beobachtern zweiter Ordnung nicht direkt zugänglich ist, und die dann für die

Umsetzung einer Lösung persönlich gerade stehen müssen. Nur helfen ihnen allen dabei keine strengen, standardisierten wissenschaftlichen Methoden, und auch ihre Arbeit kann keine letzten Gewissheiten verschaffen, sondern nur beruhigen mit dem Gedanken, das gerade zur Verfügung stehende Wissen für die Problemlösung weitgehend aktiviert zu haben.

Manchmal kann man mathematische Optimierungsprobleme trotz der hier herausgearbeiteten Problematik ihres Realitätsbezuges in konkreten Anwendungssituationen dadurch retten, dass man ihnen bewusst eine *beschränkte Rolle* zuweist, also beispielswiese von ihnen nicht mehr verlangt, als dass sie einen bestimmten Aspekt eines Problems ausleuchten. Das könnte im Kontext der Suche nach einer „optimalen" Struktur für ein Distributionssystem etwa die Frage sein, wie sich in alternative Designvarianten (Netzdichten) die Transportkosten verändern. Schon bei der Anforderung einer integrierten Behandlung der Auswirkungen einer Variation der Netzdichte auf die systemweit vorzuhaltenden Lagerbestände würde der Modellierungsversuch aber an seine Grenzen stoßen, weil Bestände ganz anderen Treiberkonstellationen unterliegen als die Kosten von Transporten. Außerdem „zieht" hier das oben genannte Beispiel für die an sich gebotene, aufgrund einer übergroßen Komplexität (hier insbesondere des Komplexitätsmerkmals 11) aber kaum einlösbare Eindringtiefe von Modellen. Die logisch sinnvolle Integration interdependenter Sachverhalte innerhalb eines Modells erweist sich schnell als überkomplex, weil sie zu Gleichungen mit zu vielen Unbekannten führt. Hier stößt auch die Verwendung der Mathematik an Grenzen.

Wohl-strukturierte vs. schlecht-strukturierte Probleme

Es bietet sich an, an dieser Stelle noch kurz auf ein weiteres Selbst-Missverständnis aufmerksam zu machen, dem die mathematische Optimierungsforschung mit ihrer Abbild-Theorie gelegentlich aufsitzt, und zwar in Gestalt der populären Unterscheidung zwischen *wohl strukturierten* und *schlecht strukturierten* Problemen. Diese Differenzierung wird immer wieder so vorgetragen, als handele es sich bei dem Strukturierungsgrad von Problemen um eine unverrückbare Eigenschaft, die diesen so anhaftet wie der Schildkröte ihr Panzer. Inzwischen dürfte aber klar geworden sein, dass der Unterschied tatsächlich lediglich in dem jeweiligen Umfang besteht, indem die Resultate von früheren Entscheidungen (Pfadabhängigkeiten) oder von Festlegungen aus anderen Organisationseinheiten nicht mehr zur Disposition gestellt werden.

Wie das oben angeführte Fuhrparkbeispiel zeigt, lässt sich jedes Problem jederzeit durch eine Re-Problematisierung einiger seiner im ersten Schritt als gegeben wahrgenommenen Voraussetzungen in ein komplexeres Vor-Problem zurückverwandeln, für das wiederum das Gleiche gilt usw.. Natürlich sind solche lösungsraumerweiternden Komplexitätssteigerungen nicht immer vernünftig – aber das weiß man eben vorher nicht, weil vorab nicht klar gesehen werden kann, welche zusätzlichen Handlungsoptionen so ins Blickfeld geraten würden und wo man dann hingelangen könnte. (Auch hier könnte man wieder von versteckten Opportunitätskosten reden, wenn nicht auch dieser Begriff, wie oben gezeigt, derselben Problematik unterliegen würde).

Als Zwischenfazit kann festgehalten werden, dass die Definition eines Problems wichtiger ist als seine Lösung durch Applikation eines Algorithmus, dass es sich hierbei aber eher um eine Kunst als um eine Wissenschaft handelt. Im Just-in-Time-Konzept hat man nicht gefragt, wie man die Rüstkosten von Produktionsmaschinen optimal auf die Produkte eines Loses verteilen kann, sondern wie man Maschinen so konstruieren kann, dass sie kleine Lose wirtschaftlich fertigen können. Das ist dann aber kein logistisches Problem mehr. In jedem Fall dürfte nunmehr klar geworden sein, warum sich der OR-Ansatz oft mit dem Vorwurf konfrontiert sah, er beschäftige sich nur mit „Toy Problems" und er würde seine Modelle nach dem antiken Vorbild des Prokrustes bauen, der die Länge seiner Gäste gewaltsam an die Größe seiner Betten anzupassen pflegte. Als Bett fungiert hier oft der Algorithmus, der nur unter eingeschränkten Bedingungen funktioniert und der damit bei der Problemdefinition einen Anpassungszwang in der falschen Richtung auslösen kann.

Der Mythos von Rationalität, der leicht entsteht, wenn man das alles nicht durchschaut, ist jedoch kein Grund, den ganzen Ansatz pauschal als untauglich zu verwerfen. Man muss die Anwendung mathematischer Optimierungsmodelle nur sehr viel pragmatischer begründen, als es ihre Protagonisten oft selbst tun. Insbesondere muss man dabei ihren Werkzeugcharakter in Rechnung stellen, d. h. man darf sie nicht primär daran messen, ob sie unser kausales Wissen über die Welt mehren. Und man muss mit Blick auf einen überzogenen Begriff von „Rationalität" zugestehen, dass mathematische Modellierer mit der Einführung von Prämissen im Prinzip dieselbe Art von Komplexitätsreduktion betreiben (müssen!), wie Manager in der Praxis, die ebenfalls nicht ohne permanente Vereinfachungen durchs Leben kommen (diesen Vorgang dann aber noch seltener durchschauen). Sie stellen für ausschnittweise erfasste Probleme mit der Mathematik eine besonders klare Sprache zur Verfügung und müssen paradoxerweise hinnehmen, dass genau das, was nach ihrem Selbstverständnis ihren eigenen Ansatz wissenschaftlich macht, ihnen in Beratungsverhältnissen zum Verhängnis werden kann.

Wie oben schon erwähnt, kann man versuchen, sich von dem entsprechenden Vorwurf einer Verengung mit dem Hinweis zu befreien, dass man sich als Erforscher der Logistik eben nur mit den Problemen befasst, die zum eigenen Forschungsansatz passen. Das ist dann freilich erheblich weniger, als unter der Überschrift „Management Science" einmal angedacht war, und es reicht bei weitem nicht aus, um an Universitäten ein ganzes Curriculum zum Fach Logistik zu füllen. Im Gegenteil: bei einer solchen Selbstbescheidung auf quantitativ darstellbare Optimierungsprobleme, die sich (mit Ausnahme etwa der Netzwerkoptimierung) überwiegend nur auf der operativen Ebene der Logistik finden lassen, müssen nahezu alle wichtigen, hierarchisch höher angesiedelten Führungsprobleme in logistischen Organisationen anderen Forschern überantwortet werden.

Voß (2005, S. 467 ff.) beschreibt den Inhalt eines an der Universität Hamburg entwickelten Ausbildungsprogramms, dem das Ziel voran gestellt wurde, „to achieve abilities in problem solving", damit, dass „a large portion of the course may be described as „teaching production and logistics principles to mathematicians and teaching mathematical models in production to non-mathematicians"" (ebenda, S. 470). Man kann nur hoffen, dass in dieser Ausbildung nicht nur prädefinierte Problemtypen wie das

Treavelling-Salesman-Problem oder das Chinese-Postman-Problem behandelt werden (beide werden vom Autor beispielhaft erwähnt). Jedenfalls ist es irreführend, wenn der Begriff Management Science als Synonym für wissenschaftliche Unternehmensführung betrachtet wird und man dann unter der Überschrift „Unternehmensforschung" eine Einführung in die lineare Programmierung lehrt.

Man kann jedenfalls verlangen, dass sich eine der Praxis verpflichtete Wissenschaft lebensweltlichen Problemen zuwendet, die *außerhalb der Wissenschaft* entstanden und dort erst einmal schlecht strukturiert in Erscheinung getreten sind. Umgekehrt kann auch verlangt werden, dass Wissenschaftler von der Vorstellung Abstand nehmen, man könne zur Lösung von Problemen der Praxis beitragen, indem man dieser ihre Modelle einfach überstülpt. Wer sich als Wissenschaftler der wissenschaftlichen Lösung realer Probleme verschreibt und dabei den Prozess der Problemdefinition und der darauf aufbauenden Modellbildung schon vor Beginn seiner Arbeit als bereits vollzogen betrachtet, darf sich nicht wundern, wenn die Ergebnisse seiner Arbeit nur vergleichsweise selten den Eingang in die Praxis finden.

3.4   Simulation statt Optimierung

Ein Hauptproblem quantitativer Entscheidungsmodelle ist ihre sachliche und zeitliche Geschlossenheit (genauer: der Umstand, dass ihre Schließung zu oft schon vollzogen wird, bevor ein potenzieller Anwendungsfall auftritt). Eine bemerkenswerte Ausnahme – auch in anderer Hinsicht – sind hier Simulationsmodelle, mit denen die Vorstellung aufgegeben wird, Entscheidungsmodelle könnten ihre Nutzer dort, wo sie einsetzbar sind, im Prinzip vollständig ersetzen. Als offene Modelle beruhen sie eher auf dem Gegenteil, und genau das macht sie attraktiv.

Simulation ist ein Weg der mathematischen Modellierung, der durch Preisgabe des Anspruchs auf Optimierung zu mehr Flexibilität und damit zu mehr Brauchbarkeit führt. Sie ist nach Shannon (1975, S. 1) definiert als „the process of designing a model of a real system and conducting experiments with this model for the purpose either of understanding the behaviour of the system or of evaluating various strategies within the limits imposed by a criterion or a set of criteria for the operation of the system". Vester (1992, S. 6) spricht hier anschaulich von einem „spielerischen Erfassen der Wirklichkeit" (ungeachtet der gerade diskutierten Abbildungsproblematik könnte man auch von einem Spielen mit zukünftig möglichen Wirklichkeiten sprechen). An einem lebenden Objekt wie einem im Markt operierenden Unternehmen kann man keine alternativen Szenarien durchspielen oder den Einfluss unterschiedlicher Strategien (etwa auf die Robustheit gegenüber unerwarteten „Events") testen. Jedenfalls wäre ein bewusstes Vorgehen nach dem Trial-and-Error-Prinzip limitiert, riskant und kostspielig. Gerade das, nämlich eine Art geistiges Probehandeln, wird aber durch Simulationen ermöglicht.

Man erhält so vor der Implementierung Bewertungen für Handlungsalternativen, deren Kenntnis in einem „klassischen" Optimierungsmodell vorausgesetzt werden muss, damit sie als Rechenbasis dienen kann. Allerdings hilft das nur wirklich weiter, wenn man es nicht dabei belässt, das Verhalten von „Agenten" innerhalb gegebener Supply-Chain-Strukturen zu modellieren, um es im selben Kontext dann zu „optimieren". Wenn etwa Quijano (2015, S. 419 ff.) bei der Entwicklung eines Modells für die Citylogistik als Anforderung definiert, dass a) „the organizational boundaries that define the fundamental components of the real system correspond to the boundaries of the model agents" ...und dass b) „interactions that take place among the fundamental components of the real system correspond to the interactions that take place between the agents of the model", dann wird damit der mögliche Durchbruch zu der geforderten Innovation schon im Ansatz durch ein Kleben an der Realität ausgeschlossen. Der besteht nämlich hier konkret darin, dass die Zustellverkehre innerhalb der betroffenen Städte zwecks maximaler Konsolidierung unternehmensübergreifend gebündelt werden und dass sich die beteiligten Spieler (z. B. Paketdienste) im Modell eben nicht so verhalten, wie sie das in der Realität bis dato getan haben. Hierin liegt der Unterschied zwischen einer verbesserten *Logistik in der City* und einer innovativen *Citylogistik*, die diesen Namen verdient.

Um das wiederzugeben, müsste man die Beziehung zwischen Netzkonfigurationen (auf der letzten Meile) und Netz-„Performance" in einer Weise modellieren, die es erlaubt, auch unterschiedliche institutionelle Arrangements für eine solche Kooperation durchzuspielen (vgl. hierzu ausführlich das entsprechende Kapitel über Citylogistik bei Bretzke (2014, S. 375 ff.)). Im Prinzip ist aber auch das mit Hilfe von Simulationsmodellen möglich, etwa wenn man mit ihrer Hilfe die Effekte unterschiedlicher Standorte für lokale Konsolidierungszentren („City-Terminals") durchspielt. Die gerade beschriebene Vorgehensweise von Quijano reflektiert insofern nur das traditionelle OR-Denken, die „boundaries of the model agents" vorzeitig als gegeben zu akzeptieren, Lösungsräume zu früh zu schließen und damit den Blick auf Lösungsalternativen zu verstellen, die jenseits dieser Grenzen liegen.

Wenn man mathematisch-formale Systemrepräsentationen dazu nutzt, in einem Wechselspiel zwischen vorstrukturierendem Kalkül und fragendem Nutzer mögliche Welten durchzuspielen, ist damit impliziert, dass die Lösung nicht allein aus dem Modell kommen muss, und es gibt ein Einfallstor für die Ausschöpfung eines breiteren, nicht modellierten Expertenwissens und für Kreativität. Die größere Offenheit impliziert auch, dass die Wissenschaft zum Teil von der Last der vollständigen Problemlösung befreit wird: diese hängt jetzt in hohem Maße auch von der Intelligenz, der Erfahrung und der Kreativität des Fragenstellers ab, und diese können die Ceteris-Paribus-Klausel durchbrechen, sich von den „usual if's" (Forrester) lösen und die Implikationen alternativer Annahmekonstellationen offenlegen.

Man kann diesem Bedeutungswechsel sprachlich auch dadurch Rechnung tragen, dass man nicht mehr von Entscheidungsmodellen, sondern von „Erkundungsmodellen" spricht (so Bretzke (1980, S. 14)). Insofern, wie Forrester (1958) seine Forschung selbst als Teil der *Systemtheorie* einstuft, scheint hier auch die Grenze zwischen Modellen und Theorien ins Wanken zu geraten. Darauf, dass es unter dieser Überschrift allerdings bis heute nicht zur Bildung einer einheitlichen, gehaltvollen Theorie gekommen ist und dass auch der

Theoriebegriff „der" Systemtheorie selbst deren Anspruch auf Universalität zum Opfer gefallen bzw. immer ambivalent geblieben ist, kann hier nicht näher eingegangen werden. Wenn man einmal von der für die Logistik bedeutsamen Entdeckung des Bullwhip-Effektes absieht, liefert ja auch Forrester mit „System Dynamics" eher Darstellungs- und Behandlungstechniken als Inhalte. Immerhin aber war dieser Ansatz wissenschaftsintern insofern außerordentlich fruchtbar, als Forrester mit der Entdeckung des Peitscheneffektes eine Fülle anschließender Forschungsaktivitäten angestoßen hat, die die Ursachen für diesen Effekt tiefer herausgearbeitet und damit den Bestand des Wissens im Fachgebiet der Logistik gemehrt haben (s. auch Herlyn 2014).

Da dieses Wissen nicht empirische-theoretischer Natur im Sinne des Forschungsansatz (F1) ist (auch Forrester hat mit Annahmen gearbeitet, über der Realitätsnähe man sich aber gut verständigen konnte), verliert die oben eingeführte Unterscheidung zwischen dem *Entstehungs*zusammenhang und dem *Begründungs*zusammenhang von Hypothesen und Theorien in derartigen „Erkundungsmodellen" an Bedeutung. Schließlich dient die Systemtheorie hier ja als eine Art Heuristik dem Zweck, Interaktionen zwischen Agenten in komplexen Systemen auf Regelmäßigkeiten hin zu erforschen und dabei auch die Wirkungen gedachter, alternativer Prozessmodelle und neuer institutioneller Arrangements aufzudecken. Von der Welt der wissenschaftlichen Erkenntnisobjekte wird mit Simulationsmodellen dabei zunächst nicht viel mehr erwartet, als dass diese einer angemessenen Erfassung durch ihre mathematischen Handhabungstechniken zugänglich ist. Dabei sei nicht nur am Rande ergänzend darauf hingewiesen, dass man mit dieser Technik auch dem oben aufgezeigten Dilemma der normativ-explikativen Doppelfunktion von Modellen entkommen kann. Das normative Element kann hier dadurch zu Zuge kommen, dass die jeweiligen Modellbenutzer der Simulation eigene Zielvariable vorgeben oder entsprechende Mindesterreichbarkeitsgrade als Restriktionen einpflegen.

Der von Forrester (1958) entdeckte „Bullwhip-Effekt" ist nach seiner Entdeckung durch empirische Untersuchungen noch vielfach bestätigt worden. Einem breiteren Publikum bekannt wurden die Methode und ihr Entwickler durch ihre Nutzung in der 1972 publizierten Studie des Klub of Rome über „Die Grenzen des Wachstums" (Vgl. hierzu auch Meadows et al. (2004), die mit ihrem Update dem gegenüber der ursprünglich Version zu Recht erhobenen Vorwurf einer allzu groben Vereinfachung entgegentreten wollten). Und wenn wir heute den Aussagen von Klimaforschern über die zu erwartende globale Erwärmung (und natürlich den dort zugrunde gelegten Hypothesen) glauben, dann glauben wir damit indirekt auch an diese Methodik. Man kann sie mit guten Gründen kritisieren, wird aber dann wohl feststellen müssen, dass sie mit ihrer Fähigkeit zum Durchspielen alternativer „Wenn-dann-Szenarien" als supradisziplinäres Instrument der Erfassung von Komplexität im Grunde alternativlos ist.

Zurück zum hier gegebenen, kleineren Kontext: Simulation kann auch bei einer Konfiguration logistischer Prozesse und Netzwerk sehr wertvoll sein. In den von Forrester zur Nachbildung der Wechselwirkungen zwischen Verhaltensmustern und Prozessabläufen eingesetzten Modellen wird Optimierung im ersten Schritt durch *Imitation* ersetzt. Das impliziert „Ähnlichkeit" und scheint damit der gerade kritisierten Vorstellung zu entsprechen, Modelle seien Abbilder der Realität. Insbesondere in Bezug auf Prozesse gibt es hier jedoch einen relativ einfachen Test auf Konformität: im Erstentwurf des Modells, also vor jedem erkundenden Eingriff, muss es im Wesentlichen Ergebnisse hervorbringen, die der realen „Performance" des modellierten Systems entsprechen. Im Gegensatz zu Optimierungsmodellen, die aus logischen Gründen nur unter der Prämisse der Geschlossenheit von Lösungsräumen funktionieren können, bleibt das Tor zur Evaluation von alternativen, darunter auch innovativen Problemlösungskonzepten hier aber weiterhin offen. Man kann es als entscheidende Besonderheit von Simulationsmodellen betrachten, die „Gegebenheiten" der Realität, die bei einer solchen Validierung zunächst einmal zwangsläufig hinzunehmen sind, bei den darauf aufsetzenden Gedankenexperimenten aufzuheben bzw. durch Variable zu ersetzen und/oder andere, weniger enge Restriktionen einzuführen.

Die Imitation von Abläufen markiert nicht den einzigen Anwendungsbereich von Simulationsmodellen. Bei einem Design logistischer Netzwerkarchitektur beispielsweise steht sie nicht im Fokus. Hier geht es weniger um die Gestaltung von Prozessen als vielmehr um die Festlegung von Strukturen (wobei allerdings oft bestimmte Prozessvarianten wie etwa Bestellpolitiken vorausgesetzt werden müssen). Deshalb sind die eingesetzten Simulationsmodelle hier Optimierungsmodellen formal oft relativ ähnlich. Sie sind aber mächtiger, denn sie können

a) im Prinzip eine Komplexität erfassen, die aufgrund eines Übermaßes an wechselseitigen Interdependenzen in einem Optimierungsmodell nicht mehr nachgebildet werden kann (ein Beispiel ist die gleichzeitige, tourenplanabhängige Bestimmung von Lagerstandorten und Gebietsgrenzen in einem zweistufigen Distributionssystem, hinter der sich auch noch ein Lagergrößen- und Technologieproblem verbergen kann). Hier kann man zwar auch nicht alle Interdependenzen gleichzeitig in einer bestmöglichen Lösung auflösen, aber man kann in einem flexiblen Wechselspiel einmal bestimmte Einflussgrößen als Variable behandeln und andere als Gegebenheiten behandeln und das Gleiche dann in der umgekehrten Anordnung tun),

b) über die Identifikation der Engpässe eines Systems zu größeren Lösungsräumen führen und die Entstehung kreativer Lösungen unterstützen, auf die ein Optimierungskalkül schon konstruktionsbedingt nicht kommen kann (da kein System mehr leisten kann als sein Engpass, ist dessen Identifikation besonders wichtig), und

c) eine Sensitivitätsanalyse unterstützen, bei der Lösungsalternativen auf der Basis variierter Parameter- und Bedingungskonstellationen wie beispielsweise zukünftig erhöhter Ölpreise und Transportkosten auf ihre Robustheit gegenüber Veränderungen geprüft werden. Dabei zeigt sich dann z. B1, dass die Gesamtkosten eines Distributionssystems in der Umgebung der rechnerisch besten (kostenminimalen) Lösung nur schwach auf Standortverschiebungen reagieren, die Systeme insoweit also ziemlich fehlertolerant sind.

Simulationsmodelle können so auch innerhalb eines „Optimierungs"-Projektes zu „Lernvehikeln" werden (Diruf 1984). Schon 1960 ist für die logistische Systemplanung eines amerikanischen Markenartikelherstellers die Technik der Simulation erfolgreich angewendet worden (Shycon und Maffei 1960).

3.5   Ein Zwischenfazit

Die in großen Teilen im vergangenen Jahrhundert entwickelte Wissenschaftstheorie hat zu ihrer Hoch-Zeit zu sehr intensiv geführten Debatten geführt, die auch zu einem besseren Verständnis etwa für die methodologischen Unterschiede zwischen Natur- und Sozialwissenschaften geführt haben. Ein angemessenes Verständnis für die Besonderheiten des OR-Ansatz ist dabei nicht herausgekommen, was zur Folge hatte, dass sich dieser Forschungsansatz gelegentlich einer Kritik ausgesetzt sah, die den durch ihn selbst verfolgten Zielen nicht gerecht werden konnte. Das Problem ist aber eher, dass dieser Ansatz bislang seinen eigenen Zielen nur in einem enttäuschenden Maße gerecht geworden ist.

Um den Ursachen hierfür auf die Spur zu kommen, hätte man innerhalb dieses Forschungsansatzes eine eigenständige methodologische Grundsatzdebatte führen müssen, die aber weitgehend ausgeblieben ist. Hier hätte man über den eigenen Tellerrand hinausblicken und zunächst einmal ein angemessenes Verständnis davon gewinnen müssen, wie denn nicht modellgestützte Problemlösungsprozesse sozusagen im Urzustand in der Praxis ablaufen. Das hätte die vielleicht etwas ernüchternde Erkenntnis gebracht, dass das *Lösen* von Problemen deutlich *mehr* und in wesentlich Teilen etwas ganz *anderes* ist als bloßes *Entscheiden*, und dass der ursprünglich einmal in die Welt gesetzte Anspruch, so etwas wie eine umfassende Management Science zu liefern, vor diesem Hintergrund reichlich überzogen war und dann zu häufig nicht nur zu Enttäuschungen, sondern zu oft auch in die praktische Bedeutungslosigkeit führen musste.

Wenn man dem die erleichternde Erkenntnis entgegensetzt, dass der OR-Ansatz nicht dazu beitragen muss, eine irrationale Praxis mit den eigenen Modellen auf das Niveau einer theoretisch begründeten und gegen alle Formen des Irrtums abgesicherten Vernunft zu heben, relativiert sich manche Kritik. Gleichzeitig wird so auch dem Vorwurf eines versteckten Determinismus, der mit der „Abbild-Theorie" verbunden ist, der Boden entzogen. Für Wissenschaftler mit dem Gefühl der Angewiesenheit auf letzte, unwandelbare Grundlagen des Denkens und Handelns im Sein mag ein solcher Perspektivenwechsel schwierig sein. Pragmatikern dagegen dürfte er nicht schwer fallen, zumal es für sie ja ebenfalls eine

die erleichternde Erfahrung sein kann, dass auch Praktiker in einem wichtigen Punkt gar nicht anders können, als wie sie selbst Probleme durch Komplexitätsreduktion, insbesondere durch das Abkürzen von Suchprozessen und das Einführen von Annahmen, handhabbar bzw. entscheidbar zu machen. In diesem Punkt ist der OR-Ansatz potenziell und gelegentlich auch tatsächlich deutlich näher an der Praxis als der eingangs kritisierte Empirismus.

Allerdings liegt hierin keine Generalexkulpation für das bemerkenswert häufige Verfehlen des Ziels, mit den eigenen Modellen einen wesentlich Beitrag zur besseren Lösung konkreter, praktischer Problemstellungen zu leisten. Dieser Forschungsansatz ist zu stark von Selbstbezüglichkeit geprägt und bedürfte nicht nur einer realistischeren Selbsteinschätzung hinsichtlich seiner Möglichkeiten und Grenzen, sondern auch einer erheblich verstärkten Bodenhaftung. Grundsätzliche Voraussetzung hierfür ist eine Verabschiedung von der Vorstellung, Modelle seien Abbilder der Realität – soweit diese Vorstellung in der gegenwärtigen Forschungspraxis noch besteht. Denn nach diesem Selbst-Missverständnis besteht für eine methodologische Selbstreflexion ja kein Handlungsbedarf.

Literatur

Churchman CW (1962) On Rational Decision Making. In: Management Technology, Bd 2, S 71 ff
Churchman CW (1973) Philosophie des Managements. Ethik von Gesamtsystemen und gesell
    schaftliche Planung. Freiburg
Diruf G (1984) Modell- und Computergestützte Gestaltung physischer Distributionssysteme. In:
    Unternehmensführung und Logistik, Ergänzungsheft 2 der ZfB, S 114 ff
Harris F W (1913) How many parts to make at once. In : Factory: The Magazine of Management,
    10(2), S 135 ff., Reprint: Operations Research, 38(6), 1990, S 947 ff
Sprague LG, Sprague CR (1976) Management Science? In: Interfaces, Bd 7, S 52 ff

Das inhaltliche Arbeiten mit logistischen „Bauplänen" als alternativer Forschungsansatz

4.1 Einige Vorbemerkungen

„Es ist aber eben nicht etwas Unerhörtes, dass nach langer Bearbeitung einer Wissenschaft, wenn man Wunder denkt, wieweit man darin schon gekommen sei, endlich jemand sich die Frage einfallen lässt, ob und wie überhaupt eine solche Wissenschaft möglich sei. Denn die menschliche Vernunft ist so baulustig, dass sie mehrmals schon den Turm aufgeführt, hernach aber wieder abgetragen hat, um zu sehen, wie das Fundament desselben wohl beschaffen sein möchte" (Immanuel Kant, zit. nach Kade (1958, S. 7)).

Die Kritik fehlgeleiteter Forschungsansätze ist eine notwendige Angelegenheit. Nur macht es keinen Sinn, Forschungsansätze zu kritisieren, ohne ein Gegenkonzept anzubieten. Gibt es aus dem hier geschilderten Dilemma ein Entrinnen? Ja – jedenfalls wenn man a) den Anspruch der bisher beleuchteten Forschungsprogramme, praktisch bedeutsam zu werden, ernst nimmt, dabei b) in methodologischen Fragen eine eher pragmatische, undogmatische, weniger restriktive Grundhaltung einnimmt und c) eine strikte, methodologische Orientierung an den Naturwissenschaften als dem Forschungsgegenstand unangemessen ablehnt.

Die Entwicklung einer eigenständigen, auf die Förderung und Kritik des im Folgenden beschriebenen Konzeptes (F3) gerichteten Methodologie oder gar Wissenschaftstheorie ist bislang noch nicht angegangen worden, und es noch nicht einmal klar, ob man diese überhaupt braucht. Schließlich ist dieser Forschungsansatz ja in der Vergangenheit mit seinen eigenen, nicht der Wissenschaftstheorie entliehenen Regeln offensichtlich ziemlich erfolgreich gewesen und hat dabei den überwiegenden Teil dessen geschaffen, was die Logistik als wissenschaftliche Disziplin heute ausmacht. Auch die grundlegendere Frage, ob hier einer eigenständige Methodologie überhaupt möglich ist, erscheint offen, und zwar nicht nur wegen ihres bisherigen Fehlens, sondern auch, weil im Mittelpunkt hier die

© Springer-Verlag Berlin Heidelberg 2016
W. Bretzke, *Die Logik der Forschung in der Wissenschaft der Logistik*,
DOI 10.1007/978-3-662-53267-6_4

Aktivitäten des *Verstehens*, des *Konstruierens* und des *Erfindens* stehen. Ohne ein nach-vollziehendes Verstehen ist es einer Wissenschaft kaum möglich, ihren Ausgangspunkt von Anfang an in praktisch relevanten Frage- und Problemstellungen zu finden. Und ohne ein kreatives Erfinden ist es nur schwer möglich, vorgefundene Gegebenheiten in Richtung auf eine bessere Welt zu transzendieren. Für beides wird hier ausdrücklich Raum gegeben. Wie gleich noch im Detail herauszuarbeiten sein wird, geht es hier deshalb weniger um Regeln methodischer Art als vielmehr um Gütekriterien für die Beurteilung von Forschungsresultaten, also um eine „Methodologie", die nicht am Anfang der Forschung aufsetzt, sondern erst an deren Ende greift.

Dabei erscheint eine technologische Transformation von Gesetzeshypothesen nicht als der Königsweg zu realen Problemlösungen. Wo es sie gibt, sind sie natürlich willkommen, ganz überwiegend bilden sie jedoch nicht die jeweilige Lösungsbasis, was auch insofern sehr hilfreich ist, als, wie oben schon angemerkt, die Anzahl der zu lösenden Probleme bei weitem die Anzahl der Theorien und Gesetzeshypothesen übersteigt, die geeignet wären, erfolgreich in eine Mittel-Zweck-Beziehung eingesetzt zu werden. (Beispiele für Problemlösungen, die theoriefrei sind und sich nicht auf empirisch gehaltvolle, falsifizierbare Gesetzeshypothesen stützen, habe ich ja schon in Kap. 2 angeführt, und ich werde diesen gleich noch einige weitere, tiefere Einsichten vermittelnde Beispiele hinzufügen).

Auch wenn die Forscher innerhalb von (F3) großenteils Kriterien folgen, die sie für sich selbst entwickelt haben, kann man mit Hilfe des bislang entwickelten, begrifflichen Bezugsrahmens diesen Forschungsansatz sehr gut gegen die bislang diskutierten Programmatiken (F1) und (F2) abgrenzen und so im Wege des Vergleiches seinen gedanklichen Kern freilegen. Und natürlich lassen sich auch hier Qualitätsunterschiede bei den Forschungsresultaten feststellen, wofür man dann nicht unbedingt eine komplette, neue Methodologie braucht, aber Denkfiguren und Bewertungskriterien, die außerhalb dieser Forschung selbst liegen.

4.2 „Nützlichkeit" statt „Wahrheit": Ein alternatives Brauchbarkeitskriterium

Den hier verfolgten methodologischen Ansatz könnte man auch „Instrumentalismus", „Funktionalismus" oder „Konstruktivismus" nennen. Allerdings sind diese Begriffe innerhalb der Erkenntnistheorie schon von anderen und anders besetzt worden, so dass man sich hier von der Geschichte dieser Wortverwendungen frei machen und gegebenenfalls entsprechende Irritationen in Kauf nehmen müsste. Das möchte ich hier nicht. Ich will aber doch kurz darauf eingehen, was sich innerhalb der Wissenschaftsphilosophie hinter den gerade genannten Konzepten verbirgt, ob und gegebenenfalls inwieweit diese sich untereinander und mit dem Forschungsansatz (F3) überschneiden und inwieweit sie auch für eine Wissenschaft von der Logistik relevant sein können.

Der *Instrumentalismus*, der auch in Theorien nur Werkzeuge sieht, wurde in den Naturwissenschaften insbesondere von Ernst Mach entwickelt und vertreten. Ihm entspricht die im angelsächsischen Raum die von William James und Charles S. Peirce entwickelte und dort auch nach wie vor verbreitete Philosophie des *Pragmatismus*, der zufolge die Wahrheit einer Theorie nur an ihrem praktischen Erfolg gemessen werden kann. Damit fallen Wahrheit und Nützlichkeit zusammen. „The proof of the pudding is in the eating", sagt ein altes englisches Sprichwort. Das passt gut zu dem jetzt fokussierten Forschungsansatz (F3). Abgesehen davon, dass dem Empirismus etwas mehr Pragmatismus gut zu Gesicht stünde, würde dieser mit der Preisgabe des Wahrheitskriteriums aber all zu leicht aus der Verpflichtung entlassen, wahrheitsfähige Theorien zu entwickeln.

Der *Funktionalismus* hat insbesondere in der Soziologie seine Heimat, wo man unter dieser Überschrift untersucht, wie soziale Phänomene, die man hier nicht unbedingt „Ursachen" nennen muss, zur Stabilität bzw. zum Überleben sozialer Systeme beitragen. Diese fundamentale Aufgabe wird als grundlegende Funktion interpretiert, wobei der Modaloperator „beitragen zu" schwächer ausgeprägt ist als der Begriff der Kausalität. In diesen Denkansatz lässt sich auch der in diesem Buch viel zitierte deutsche Soziologe Niklas Luhmann einordnen (jedenfalls mit seinen früheren Werken). Ziel des Funktionalismus ist immer noch das Erklären sozialer Phänomene, was eine grundsätzliche Orientierung am Begriff der empirischen Wahrheit bedingt. Allerdings macht die oben eingeführte Unterscheidung zwischen Erklären und Verstehen hier wenig Sinn, weil diese Art von „Erklärung" im Kern eher teleologischer Natur ist. Deshalb sind Hypothesentests hier kaum zu finden. Die Systemtheorie ist mit ihren theoretischen Entwürfen davon auch zu weit weg. Auch mit dem Forschungsansatz (F3) werden „funktionale Erklärungen" in den Vorgang des verstehenden Nachvollziehens eingebunden. Allerdings geht es hier nicht generell um die Funktionsweise von sozialen Systemen, sondern konkreter um die von Mitteln zu deren Gestaltung, konkreter: um die Funktionstüchtigkeit von logistischen Organisationskonzepten, Netzwerkarchitekturen und Prozessmodellen.

Der Begriff des *Konstruktivismus* steht als Etikett dagegen für zwei verschiedene Wissenschaftsphilosophien. Innerhalb der ersten, insbesondere mit dem Namen Heinz von Foerster verbundenen Philosophie geht man grundsätzlich davon aus, dass die Gegenstände der Erkenntnis erst durch den Akt des Erkennens selbst konstituiert werden. Was sie „an sich selber" sind, darüber kann man nur spekulieren. Das hat vor allem zur Folge, dass hier Beobachter und Beobachtungsobjekt untrennbar miteinander verknüpft sind und die Forderung nach Objektivität insoweit keinen Sinn mehr macht (vgl. zu diesem Ansatz den Sammelband von von Foerster et al. (2009)).

Der zweite, unter dem Begriff des Konstruktivismus aufgetretene Forschungsansatz ist eng mit der Methode des Verstehens verbunden und sieht die wissenschaftliche Praxis nur als Weiterführung des praktischen Handelns. Dabei stellt er an die Auswahl der Probleme, für deren Lösung Handlungsempfehlungen zu entwickeln sind, auch die Anforderung, dass diese „gerechtfertigt" sind. Nach Ansicht des führenden Vertreters dieser Programmatik liegt die Aufgabe der Wissenschaft dann auch darin, „in transsubjektiver Weise Normen vor anderen auszuzeichnen, so dass Vorschläge zur Änderung von Normen formuliert werden können" (Lorenzen 1978, S. 27). Dieser Denkansatz, mit dem die eingangs schon ausgeklammerte Werturteilsfrage wieder in die Debatte hereingeholt wird, hatte zeitweilig auch in der Betriebswirtschaftslehre viele Anhänger (vgl. hierzu den von Steinmann (1978) herausgegebenen Sammelband). Das Thema hat sich dann aber erledigt, weniger aufgrund einer tief gehenden Kritik als vielmehr infolge eines generell nachlassenden Interesses an wissenschaftstheoretischen Fragen innerhalb dieser Disziplin. Im Gegensatz zu den beiden erstgenannten Begriffen gibt es hier auch keine Überlappungen mit dem Forschungsansatz (F3).

Im Kern konzentriert sich dieser Forschungsansatz auf das *inhaltliche* Erarbeiten von und das Arbeiten mit Modellen und im Ursprung hypothetischen Konstrukten, die man mit Blick auf ihren präskriptiven Charakter auch logistische „Bauplänen" nennen kann und die den *Charakter von Werkzeugen* haben. Diese müssen in erster Linie „funktionieren", d. h. die ihnen zugedachten Aufgaben erfüllen, und wenn sie etwas erklären, dann tun sie das in der Regel nicht durch einen Rückgriff aus kausale Gesetzmäßigkeiten. Die Frage nach der Objektivität von Beobachtern stellt sich hier schon deshalb nicht, weil diese Entwürfe nicht primär durch passiv-rezeptive Beobachtungen gewonnen, sondern eben zwecks Verbesserung eines Ist-Zustandes konstruiert werden.

Der Realitätsbezug wird dabei zunächst (wie im Übrigen auch bei der Entwicklung echter Theorien) im Kopf des jeweiligen Konstrukteurs hergestellt, der entweder als Beobachter erster Ordnung über ein hinreichendes Erfahrungswissen verfügen muss oder der sich als Beobachter zweiter Ordnung Zugang zu einem ausreichenden Praxiswissen verschaffen kann. Wenn hier von „Werten" die Rede ist, dann sind damit nur die einer Bewertung solcher Konstrukte zugrunde zu legenden Ziele von Entscheidungsträgern gemeint, die den Entwürfen eine Richtung geben und die als angenommene oder tatsächliche Fakten in der Regel nicht weiter legitimiert werden müssen.

Kleinere Ausnahmen können sich ergeben, wenn sich allgemein unterstellbare Ziele wie Gewinnmaximierung oder Gesamtkostenminimierung als unterkomplex erweisen. Ein Beispiel ist der Zwang, vor einem Netzwerkdesign die Serviceanforderungen an das Design zu spezifizieren und gegebenenfalls vorab festzulegen, wie viel ein bestimmtes Serviceniveau kosten darf. Hier kann die Forschung nur ein Denkraster zur Verfügung stellen, das die möglichen Aspekte, also beispielsweise die in Betracht zu ziehende Servicemerkmale, aufspannt. Konkrete Festlegungen sind auf der Ebene der Wissenschaft nicht möglich, weil die Balance zwischen Servicequalität und Prozesskosten von den individuellen Zielen und Strategien eines Unternehmens (Kostenführerschaft vs. Differenzierung) und dessen jeweiliger Position im Wettbewerb abhängt.

Nach den praktischen Erfahrungen des Verfassers muss man Manager gelegentlich davon abhalten, einen Problemlösungsprozess vorschnell auf das Thema Kostensenkung einzuengen, vielleicht auch deshalb, weil Servicevorteile von den Controllern eines Unternehmens wegen mangelnder Quantifizierbarkeit ihrer Wirkungen auf den Unternehmenserfolg als „weiche" Faktoren gesehen und dann in die Kategorie „nice to have" abgeschoben werden. Vermutlich wären einige Anhänger des OR-Ansatzes mit solchen vorschnellen Vereinfachungen ganz zufrieden, weil sie mit ihrem Modellvorrat umstandslos und schneller zum Zuge kämen. Ihrem Anspruch, das jeweils zu lösende Problem vollständig abzubilden, würden sie so aber nicht gerecht.

Entworfen werden hier, wie gerade schon erwähnt, vornehmlich logistische Netzwerkarchitekturen und Prozessflussmodelle, wobei der zweite Forschungsgegenstand hier weit gefasst wird und beispielsweise auch Bestellpolitiken sowie die überlagernden Informationsflüsse umfasst. Kennzeichnend für diesen Forschungsansatz ist weiterhin, dass er dabei durch einen verstehenden Nachvollzug der jeweiligen Funktionsweise von logistischen Bauplänen die Konsistenz der Begründung der mit ihnen verbundenen Erfolgsverheißungen und ihre Kontingenz, d. h. die Bedingungen ihrer Einsetzbarkeit untersucht. Wenn man, um ein oben schon einmal genutztes Beispiel noch einmal aufzugreifen, die Frage untersucht, welchen Nutzen man dadurch generieren kann, dass man als Lieferant dem eigenen Kunden für dessen Produktionsplanung Daten über die aktuelle Verfügbarkeit der zu liefernden Materialien oder der eigenen Produktionskapazitäten zur Verfügung stellt und dann im Gegenzug einen machbaren Produktionsplan des Kunden erhält, der die eigene Bedarfsplanung sicherer macht, dann kann man diese Frage gedanklich durchdringen, ohne auf kausale Gesetzmäßigkeiten zurückgreifen zu müssen. Hilfreich wäre für die Darstellung das Modell eines mehrfach zu durchlaufenden Regelkreises, aber das ist kein Optimierungsmodell.

Aus dem, was eingangs zum Thema Komplexität gesagt wurde, folgt natürlich, dass auch hier auf der Ebene von Beobachtern zweiter Ordnung nie die ganze Bedingtheit erfasst werden kann, der die jeweils betrachteten Modelle in der Realität ausgesetzt sind (im gerade genannten Beispiel stößt man sehr schnell auf die komplexe, aber lösbare Problematik der Softwareintegration). Aber allein der Umstand, dass diese Bedingungen der Machbarkeit und Vorteilhaftigkeit explizit in den Fokus der Untersuchung gerückt werden, führt schon dazu, dass diese Art der Forschung sehr viel mehr von der Komplexität in den Blick bekommt, die ihren Gegenstand (die Logistik) ausmacht (beispielhaft sei verwiesen auf die bei Bretzke (2015, S. 171 ff.) aufgeführte Checkliste von 65 Fragen zur Klärung des Datenbedarfes für den Neuaufwurf einer logistischen Netzwerkstruktur).

Die finale Bewährung kann immer nur durch eine praktische Implementierung erfolgen, die insoweit auch als eine Art Test verstanden werden kann. Mit Churchman (1973, S. 11) hatte das übrigens auch schon einer der Gründerväter des OR-Ansatzes so gesehen: „Acceptance is an ultimate test of the validity of a model". Solche Tests führen aber meist nicht zu der Verwerfung eines Modells als „unwahr". Schließlich kann es sich ja immer auch um einen Versuch an einem untauglichen Objekt gehandelt haben, d. h eine spätere, erfolgreiche Anwendung unter anderen Umständen kann ebenso wenig ausgeschlossen werden wie ein Lernen durch Erfahrung, bei dem das jeweilige Modell im Hinblick auf seine Machbarkeit verbessert wird.

Das Popper'sche Drama einer Falsifizierung findet hier nicht statt, wohl aber gelegentlich das unspektakulärere Verschwinden von schlagwortartigen, letztlich aber nicht brauchbaren Konzepten in der Versenkung der Geistesgeschichte einer Disziplin. Die Beharrlichkeit, mit der sich die Vorstellung von einer sämtliche Wertschöpfungsstufen übergreifenden, ganzheitlichen Optimierung von Supply Chains wider besseres Wissen in den Köpfen vieler Wissenschaftler gehalten hat, zeigt, wie lange das gelegentlich dauern kann.

Dem kann man aber bis zu einem gewissen Grad schon vorher begegnen, indem man Modelle bzw. deren Varianten gedanklich mit ihren Machbarkeits- und Erfolgsvoraussetzungen verknüpft. Man kann dann beispielsweise schon vorher (z. B. mithilfe der gerade zitierten Checkliste) grundsätzlich feststellen, wann bei einem Cross-Docking-Modell eher einer frühzeitigen End-Kommissionierung von Bestellungen bzw. Sendungen durch die Hersteller oder einer späteren Fein-Kommissionierung durch die Handelsorganisation der Vorzug gegeben werden sollte. Tatsächlich muss man das in einem praktischen Fall sogar vorab klären, weil die Modellimplementierung kein Experimentierfeld ist. Die Übernahme der filialbezogenen Endkommissionierung durch die Handelsorganisation bedingt größere Investitionen in ein anders konfiguriertes Umschlagszentrum. In jedem Falle weiß man vorher schon, welche Daten als „logistische Gene" eines Unternehmens dafür in einem konkreten Fall zu erheben sind. Diese Datenerhebungen haben dann einen völlig anderen Charakter als die Befragungen von Managern durch Empiristen, vor allem sind sie erheblich konkreter und wesentlich differenzierter.

Das gezielte Ausleuchten der Kontingenz von Konzepten und Modellen ist ein großer Vorteil gegenüber den ersten beiden Forschungsansätzen in der Logistik. Es reicht nicht aus, ein zur Verbesserung der Realität entwickeltes Modell in seiner Wirkungsweise zu beschreiben. Wenn man die Klärung der Einsetzbarkeit dadurch fördert, dass man ein Modell mit förderlichen und hinderlichen Randbedingungen in Verbindung bringt, kann man gelegentlich auch zu prognostischen, trendartigen Einschätzungen vordringen. Ein Beispiel hierfür wäre (im Vorgriff auf die Kommentare zu Abb. 4.1) die Aussage: Unternehmen mit einer hohen Diversität im Angebot ihrer Produkte (Komplexitätsmerkmal 6) und mit kurzen Produktlebenszyklen (Komplexitätsmerkmal 9) eigen sich besonders für stark zentralisierte Warenverteilsysteme. Wie oben schon im Grundsatz herausgearbeitet worden ist und gleich noch durch weitere Beispiele belegt wird, bedürfen solche Einsichten keiner Bestätigung durch empirische Test, weil sie auf einen *logisch begründeten* Zusammenhang verweisen, der empirisch nicht widerlegt werden, dessen Kenntnis in realen Problemlösungsprozessen aber gleichwohl außerordentlich nützlich sein kann.

Dieser Umgang mit Kontingenz, der mehr Komplexität erfassen kann als die beiden vorher beschriebenen Forschungsansätze, ohne sich dabei in einer vollständigen Situationsgebundenheit seiner Konstrukte zu verlieren, hat innerhalb der Betriebswirtschaftslehre im Allgemeinen und der Logistik im Besonderen eine lange Tradition und ist schon von (Harvey 1982) verallgemeinernd ausformuliert worden. Beispielhaft denke man nur an die bekannten Typisierungen unterschiedlicher Beschaffungsstrategien in Abhängigkeit von dem jeweiligen Versorgungsrisiko und der Produktwertigkeit (s. etwa die entsprechende Matrix bei Arnold (1995, S. 90)). Solche Typisierungen beinhalten den Versuch, durch eine nicht allzu weit vorangetrieben Komplexitätsreduktion das Erfordernis der Situationsbezogenheit mit dem Anspruch auf Allgemeingültigkeit zu verbinden und so die oben angesprochen Zwangsehe von Brauchbarkeit und Abstraktion gelingen zu lassen.

Das gilt auch für die allgemeinen Designprinzipien für die Konfiguration logistischer Netzwerke und Prozesse wie etwa das Push- und das Pull-Prinzip. Bezeichnenderweise kommt eine ausführliche Behandlung dieser Prinzipien bei den Empiristen ebenso wenig vor wie bei den Protagonisten des OR-Ansatzes. Sie vermeiden ein tieferes Nachdenken

Merkmal \ Ausprägung	Zentral	Dezentral
➢ Prognostizierbarkeit	• Relativ gut	• Deutlich erschwert
➢ Pooleffekte	• Maximal	• Limitiert
➢ Lieferbereitschaft ➢ (Poolingeffekte)	• Maximal	• Niedriger
➢ Lieferzeit	• Länger	• Kurz
➢ Cut-Off-Time	• Früh	• Spät
➢ Umschlagshäufigkeit	• Maximal	• Niedrig
➢ Transportkosten	• Hoch	• Mittel
➢ Handlingkosten	• Minimal	• Relativ hoch
➢ Lagerraumbedarf	• Minimal	• Relariv hoch
➢ Steuerung/Kontrolle	• Einfach/transparent	• Komplex/aufwändig

Abb. 4.1 Wirkungen einer Zentralisierung von Lagerbeständen

über solche Prinzipien und liefern sich, wie oben am Beispiel der Publikation von Chiou et al. (2002) demonstriert wurde, gerade dadurch der Kontingenz ihrer Hypothesen und Modelle schutzlos aus. (Zu einer ausführlichen Erörterung der wichtigsten Designprinzipien für logistische Baupläne vgl. Bretzke (2015, S. 113 ff.)).

Innerhalb der Betriebswirtschaftslehre und hier insbesondere innerhalb der Organisationstheorie hat es der „situative Ansatz" zeitweilig sogar zu einer Art eigenständiger Denkschule gebracht (s. stellvertretend Staehle (1977), der als primäres Forschungsziel die „Bildung von Problemklassen und Situationstypologien (sieht), um der unbegrenzten Variabilität von Handlungssituationen Herr zu werden" (ebenda, S. 112))). Dieser Forschungsansatz hat allerdings inzwischen wieder an Bedeutung verloren (vgl. etwa Kieser und Walgenbach (2003, S. 43 ff.)). Insbesondere ist ihm nicht zu Unrecht eine einseitige Denkrichtung vorgeworfen worden. Auch wenn kaum bestreitbar ist, dass Situationsmerkmale und unter ihnen insbesondere veränderliche, externe Rahmenbedingungen auf die Herausbildung von Organisationsmustern einwirken, haben Manager doch immer auch die Gelegenheit, umgekehrt auf ihre Situation einzuwirken. Das wird hier nicht bestritten, sondern ausdrücklich in Rechnung gestellt, und mit dieser innerhalb des Empirismus kaum fassbaren Horizonterweiterung erhöht auch sich das Fassungsvermögen für Komplexität. Manager können sich durch das Erzeugen von neuen Situationen auch untereinander überraschen, und sie unterliegen dabei keinen Gesetzmäßigkeiten wie der Wechsel von Ebbe und Flut.

Wenn hier also beispielsweise gefragt wird, unter welchen Bedingungen man bestimmten Modellen oder Modellvarianten den Vorzug geben sollte, dann wird immer gleich mit bedacht, was man bei einer grundsätzlichen Vorteilhaftigkeit tun kann, um gegebenenfalls noch bestehende Umsetzungsbarrieren zu überwinden. Bezogen auf die Vorbemerkungen über Komplexität und Kontingenz sowie über die Grenzen der „Optimierung" sollte dabei klar sein, dass es hier im ersten Schritt nur um hinreichend gut begründete Problemlösungen gehen kann, die man dann situationsbezogen noch in eine differenziertere oder in eine abgewandelte Form bringen kann. Mit anderen Worten: Die Wissenschaft selbst muss nicht die konkreten Einsatzbedingungen für ein Konzept schon vorab vollständig antizipieren, sondern kann ein solches „Customizing" in einem arbeitsteiligen Prozess den Nutzern in der Praxis oder kundigen Beratern überlassen. Es schadet aber auch hier nicht, wenn sich Wissenschaftler gelegentlich (z. B. in Beratungsprojekten) als Beobachter erster Ordnung betätigen – auch wenn Wissenschaftstheoretiker die Anforderung der Objektivität der Forschung gelegentlich mit der Voraussetzung einer strikten Trennung von Beobachtern erster und zweiter Ordnung verknüpfen. Tatsächlich tun sie das innerhalb des Forschungsansatzes (F3) auch, und zwar weitaus häufiger als Empiristen mit ihren von oben in die Realität eingelassenen Tauchsonden. Bei Operations Researchern kann man das in der jüngeren Vergangenheit häufiger beobachten, aber eben immer noch zu selten.

Man kann das in einem solchen Zusammenhang benötigte Wissen zur Unterscheidung vom Wissen über kausale Beziehungen auch „Gestaltungswissen" nennen. Es lässt sich sehr gut durch das englische Wort „Know How" beschreiben und damit gegen das „Know Why" des Empirismus abgrenzen. Im Unterschied zum Popper'schen Falsifikationismus ist dieses Wissen seinem Wesen nach nicht immer nur ein reines Vermutungswissen. Es kann als instrumentales Wissen vielmehr durch Umsetzung bestätigt werden bzw. sich bewähren (und sich damit auf eine triviale Art „wahr" machen). Das gilt sowohl für die technologische Transformation von empirischen Gesetzeshypothesen, die hier als mögliche Wissensbausteine nicht grundsätzlich ausgeschlossen werden, als auch für rein logisch begründete Zusammenhänge, wie sie etwa in der Losgrößenformel in Gestalt der „Hypothese" auftreten, bei gleichmäßigem Lagerabgang entspräche der durchschnittliche Bestand eines Artikels der Hälfte der Bestellmenge.

Der Gedanke, dass in praktischen Problemlösungsprozessen ein Wissen über Korrelationen und Kausalitäten eingesetzt werden kann, das nicht aus empirisch gehaltvollen (also falsifizierbaren) Gesetzeshypothesen besteht, mag gewöhnungsbedürftig erscheinen, insbesondere dann, wenn man ihn aus der Perspektive von Empiristen betrachtet. Dabei kommt einem oft die Einsicht in die Quere, dass man sich Handlungsergebnisse, die nicht kausal bewirkt worden sind, kaum vorstellen kann. Die entscheidende Frage ist aber die, ob der Zusammenhang zwischen Handlungen und Handlungsfolgen immer die Form einer empirisch widerlegbaren, kausalen *Gesetzmäßigkeit* annehmen muss. Das muss er nicht.

Um solche, in konkrete, praktische Problemstellungen und Lösungsprozesse einbeziehbare Wirkzusammenhänge noch klarer herauszustellen, führe ich hier beispielhaft die in Abb. 4.1 wiedergegebene, vergleichende Auflistung der Folgen zentraler und dezentraler Distributionssysteme anhand von zehn Variablen auf, wie sie bei Bretzke (2015, S. 301) dargestellt sind. Diese Beziehungen kann man im Rahmen einer „Um-zu-Logik" auch in Einflussfaktoren umdenken („um die Vorhersagegenauigkeit zu steigern, kann man die Netzstruktur zentralisieren"). Methodologisch könnte man darin aber ebenso so etwas wie Koexistenzgesetze der Logik mit der Aussagenstruktur „Alle A sind/haben B" sehen („Wenn ein Distributionssystem zentralisiert ist, kann es auch durch seine Poolingeffekte beschrieben werden").

Der Unterschied zwischen Kausalität und Koexistenz ist hier vor allem zeitlicher Natur. Wird ein Distributionssystem in Rahmen eines Veränderungsprozesses zentralisiert, so wird dieser Vorgang zur Ursache der Risikonivellierung. Danach treten „Zentralisiertheit" und „Pooling" als kovariante Eigenschaften einer bestimmten Variante der Architektur von logistischen Netzwerken gemeinsam auf, und zwar mit *logischer* Zwangsläufigkeit, so dass es sich erübrigt, hierüber noch Hypothesen zu formulieren und diese dann zu testen. Als testwürdig verbleibt hier nur die nach der Systemimplementierung zu stellende Frage, ob die Auswirkungen der Zentralisierung auf die Höhe der Bestände und auf das Ausmaß der Lieferbereitschaft im Rahmen der Alternativenbewertung zuvor gut geschätzt worden sind. Bezeichnend ist dabei, dass in der Beschreibung von faktischen Zusammenhängen („Sachverhalten") durch kundige Experten oder betroffene Manager meist gleich eine Bewertung mitschwingt, ohne dass hierfür vorab bestimmte Bewertungsmaßstäbe explizit eingeführt werden müssen. Dass durch die Zentralisierung von Warenverteilsystemen die Prognostizierbarkeit von Bedarfen steigt, erscheint eben ohne expliziten Rückgriff auf unterstellte Managementziele in einer evidenten Art immer auch als gut.

Um zu der bei der Erarbeitung einer zielführenden Struktur eines Distributionssystems hochgradig problemrelevanten Erkenntnis zu gelangen, dass eine Aggregation von Beständen über Poolingeffekte eine Absenkung von Sicherheitsbeständen ermöglicht und/ oder zu einer erhöhten Lieferbereitschaft führt, muss man also keine Manager befragen. Das könnte sogar schädlich sein, wenn einige der Befragten diesen Zusammenhang mit seiner statistischen Logik nicht durchschauen und so mit ihren Antworten unnötig schwache Korrelationskoeffizienten produzieren. Dem Verfasser sind in seiner Beraterlaufbahn mehrfach Logistikmanager begegnet, die die Auffassung vertraten, man müsse nach einer Zentralisierung die Bestände aus der Fläche vollständig in ein dann entsprechend großes Zentrallager zurückholen. Dieser Aggregationseffekt folgt einfach aus dem Umstand, dass mit der Zentralisierung das Risiko verringert (im Grenzfall sogar vollständig eliminiert) wird, die richtigen Produkte in der falschen Menge am falschen Ort eingelagert zu haben. Da diese Aussage „analytisch" gewonnen werden kann, ist sie in trivialer Weise wahr. Für den reinen Empiristen ist diese Vorstellung vermutlich abenteuerlich, weil er sich die Denkgewohnheit zugelegt hat, man dürfe an nichts glauben, was nicht empirisch geprüft und bestätigt ist. Abb. 4.1 enthält insofern zehn Gegenbeispiele zu diesem Vor-Urteil (Unter „Cut-Off-Time" ist hier die spätest-zulässige Zeit für die Annahme von Aufträgen zu verstehen, die noch innerhalb der Regel-Lieferzeit zugestellt werden sollen).

Wer sich näher mit diesen Beziehungen auseinandersetzt, wird schnell feststellen, dass sich hinter einigen dieser Relationen Zielkonflikte verbergen. So wird etwa im Falle einer vollständigen Netzzentralisierung eine sinkende Kapitalbindung in Beständen mit einer

Kombination aus steigenden Transportkosten und verlängerten Lieferzeiten erkauft. Während man die Existenz solcher Zielkonflikte auf einer allgemeinen Abstraktionsebene gut herausarbeiten und beschreiben kann, ist deren Ausmaß grundsätzlich nur situationsbezogen zu erfassen, d. h. man muss dann die Präferenzen der Betroffenen im Detail erkunden. Damit ist gleichzeitig wiederum schon angedeutet, wie man sich die Arbeitsteilung zwischen Wissenschaft und Praxis in einem konkreten Projekt vorstellen kann.

Wie vermutlich kaum eine andere Disziplin ist die Logistik als Querschnittsfunktion durch vielfältige Zielkonflikte geprägt. Die mit ihnen verbundenen Ambivalenzen habe ich deshalb in Abschn. 1.1.1 in den Katalog der wichtigen Erscheinungsformen von Komplexität aufgenommen (Komplexitätsmerkmal 10). Man kann deshalb mit Fug und Recht sagen, dass die Kunst eines wahren Experten in der Logistik (ob Wissenschaftler oder Praktiker) vornehmlich auch darin besteht, solche Konflikte aufzudecken und gegebenenfalls Vorschläge dafür zu entwickeln, wie sie über organisatorische Schnittstellen hinweg in eine vernünftige Balance gebracht werden können. Die an dieser Stelle in der Literatur häufiger anzutreffende Rede von einer „Optimierung" ist angesichts komplexer Ambivalenzen in aller Regel zu hochtrabend und kann auch dann letztlich nicht zum Ziel führen, wenn man mit einer Gewichtung von Zielen operiert. Wie oben schon angemerkt, greift diese Operation insbesondere dann ins Leere, wenn die Träger der konfliktären Ziele unterschiedliche Personen sind, die verschiedenen Organisationseinheiten eines Unternehmens oder gar unterschiedlichen Unternehmen angehören.

Schon oben ist herausgearbeitet worden, dass sich sowohl der Empirismus als auch der OR-Ansatz mit der Behandlung von Zielkonflikten schwer tun. Vielleicht tauchen Zielkonflikte als Gegenstand der Forschung innerhalb des Empirismus deshalb kaum auf, weil sie den Zusammenhang zwischen Ursachen (Maßnahmen) und Wirkungen als ziemlich komplex erscheinen lassen. Diese Art der Forschung liebt und braucht Eindeutigkeit und stellt sie dann gelegentlich durch das Stellen und das Auslassen von Fragen auch selbst her. Auch bei Erklärungsversuchen mit Hilfe einer Causa Finalis zeigen sich Zielkonflikte wegen solcher Ambivalenzen oft erst ex post, nämlich in Gestalt vorab nicht mitbedachter Nebenwirkungen eines Handelns. Man hat einseitig die Steigerung der Servicequalität vorangetrieben und merkt erst nachträglich, in welchem Umfang dadurch die Kosten gestiegen sind. Das Eintreten solcher Nebenwirkungen kann niemand vorab vollständig ausschließen, Wissenschaftler nicht und Praktiker ebenso wenig. Es würde ein vollständiges Durchdringen der in Abb. 1.4 dargestellten und auch dort nur unvollständig abgebildeten, einander überlappenden und bedingenden Kausalitäten voraussetzen.

Wie schon erwähnt, wäre hier die Befragung von Managern als Weltzugang schon deshalb fehl am Platz, weil diese solche Zusammenhänge oft selbst nicht klar genug durchschauen und/oder nicht wissen, wie man solche „Trade-Offs" in eine ausgewogene Balance bringen kann. Hier kann aber schon festgehalten werden, dass die Forschungsansätze F2 und F1 dem nunmehr beleuchteten Forschungsansatz F3 an dieser Stelle hoffnungslos unterlegen sind. Wissenschaftlich oder nicht: Die in Abb. 4.1 abgebildeten Zusammenhänge muss man sich -einschließlich der hinter ihnen oft verborgenen Zielkonflikte – durch tiefes, inhaltliches Nachdenken erschließen. Ihre Bestätigung durch

Hypothesentests wäre im besten Fall redundant, im schlimmsten Fall (dem Fall schwächerer Korrelationskoeffizienten, in denen sich Unsicherheiten und/oder Unkenntnisse der befragten Manager widerspiegeln) sogar irreführend.

Ein weiteres Beispiel, das in Kap. 2 schon einmal aufgetaucht und für die Logistik von zentraler Bedeutung ist, mag die Unterschiede in den Herangehensweisen zusätzlich veranschaulichen. Auf die abnehmende Vorhersehbarkeit von Bedarfen hat die Logistik mit dem Konzept der verzögerten Variantenbildung reagiert („Postponement"-Modell oder auch „Late-fit-Strategie"). Dessen Funktionsweise ist unter Zuhilfenahme des Push- und des Pull-Prinzips ist leicht erklärbar und läuft eine gesteigerte Flexibilität hinaus. Wenn man nicht mehr stabil planen kann, muss man die Fähigkeit erwerben, frühe Festlegungen zu vermeiden und damit so weit wie möglich Planung durch Reaktion zu ersetzen. Schon oben wurde herausgearbeitet, dass man dafür auch das benötigt, was der Kybernetik-Pionier R. Ashby (1952) „requisite Variety" genannt, also gleichsam einen Vorrat von Antworten auf noch nicht gestellte Fragen. Einen solchen Vorrat schaffen hier Lagerbestände auf der Ebene von Teilen und Modulen.

Auf eine Verzögerung von Aktivitäten bis zum Bedarfseintritt setzt man auch, wenn man logistische Netzwerke zentralisiert. Hinausgeschoben werden hier Transporte (allerdings um den Preis ihrer Entbündelung). Hier ist die Rede von einem „Geographic Postponement". Empiristen würden nun, ihrem Forschungsansatz folgend, dieser logischen Analyse nicht trauen und deshalb eine Hypothese formulieren, die etwa lauten könnte: „In einer von Bedarfsunsicherheit (alternativ und dabei tiefer bohrend: von einer hohen Variantenvielfalt) geprägten Umgebung tragen Postponement-Strategien zum Unternehmenserfolg bei".

Wann die Prämisse „von Unsicherheit geprägt" genau vorliegt, muss nicht bestimmt werden, es reicht ja, dass hierzu befragte Manager zu verstehen glauben, was der Fragesteller meint, und daraufhin subjektiv klare Antworten geben. Im Ergebnis erfährt man dann beispielsweise, dass diese Hypothese auf dem Niveau eines Korrelationskoeffizienten von 0,478 „bestätigt" worden ist. Warum dieser Wert nicht höher ausfällt, wird dann meist nicht mehr gefragt, obwohl Experten hier jederzeit sachkundige Hinweise geben könnten, z. B. den, dass „Late-fit-Strategien" zu vom Markt nicht tolerierten Lead-Time Verlängerungen führen können, dass sie außerhalb von Unternehmen mit einer diskreten, zusammenbauenden Fertigung technisch oft kaum realisierbar sind (man kann Nüsse einer Tafel Schokolade nicht bedarfsgetrieben hinzufügen) oder dass sie, wie oben schon besprochen, in ihrem Erfolg dort mit dem Grad der Modularisierung korrelieren. Wer immer nur fragt, ob und gegebenenfalls mit welcher Intensität bzw. Enge ein Zusammenhang besteht, ohne sich dafür zu interessieren, wie er zustande gekommen ist, hinterlässt im Erkenntnisprozess zwangsläufig ein Loch, dass durch den selbst gewählten, methodischen Ansatz nicht geschlossen werden kann.

Vertreter des Operations-Research-Ansatzes müssten demgegenüber ein mathematisches Modell formulieren, dass unter als gegeben angenommenen Bedingungen die optimale Lage des Entkopplungspunktes bestimmt (dieser Punkt bestimmt, wann in einer Abfolge von Aktivitäten wie etwa einem Produktionsprozess planbasierte Operationen durch auftragsgetriebene Operationen abgelöst werden). Sie würden dabei sehr schnell feststellen, dass sich dieses Problem, bei dem sich technische Machbarkeitsfragen mit Kostenschätzungen und Fragen der Servicequalität mischen, in seiner ganzen Komplexität nicht mathematisch erfassen lässt. Dann müssten sie entweder für sich selbst ein lösbares (zu verfügbaren Algorithmen passendes) Problemsurrogat entwickeln oder sich für nicht zuständig erklären (schließlich genießen sie ja die Freiheit, jeweils für sich selber auszusuchen, mit welchen Problemen sie sich befassen wollen).

Zurück zu der hier beleuchteten, dritten Art einer Wissenschaft von der Logistik, von der mit Blick auf das gerade erörterte Beispiel zu verlangen ist, dass sie die Einsatzvoraussetzungen, Funktionsweisen und Erfolgspotenziale einer „Late-fit-Strategie" so klar beschreibt, dass man in einer konkreten Gestaltungssituation auf dieser Basis eine Machbarkeitsprüfung und gegebenenfalls einen mit konkreten Erfolgsschätzungen verbunden Umsetzungsplan ableiten kann. Von den hier im Mittelpunkt stehenden Konzepten wird weder verlangt, dass sie isomorphe „Abbilder" der Wirklichkeit sind, noch, dass man sie falsifizieren kann. Sie sollen die Realität schließlich nicht erklären, sondern zu ihrer Verbesserung beitragen können, sprich: sie müssen nachvollziehbare *Vor*bilder liefern oder bei deren Erzeugung helfen können – Vorbilder, die dann nicht nur gedanklich, sondern auch real funktionieren. Damit wird der mehr oder weniger versteckte Determinismus der gerade kritisierten Forschungsansätze überwunden. Diese Forschung kann in offene Möglichkeitsräume vorstoßen und damit das affirmative Kleben am Beobachtbaren überwinden.

Die Welt muss also nicht mehr als „gegeben" angenommen werden, damit die eigene Forschung zum Zuge kommen kann. Ausgangspunkt ist vielmehr die grundsätzliche Möglichkeit gestaltender Eingriffe, die zur Folge hat, dass jeder Dogmatisierung von empirischen Befunden der Boden entzogen wird. Stattdessen öffnet sich ein Feld für *Kreativität und Innovation*. „Natura non facet saltum" lautete eine der apriorischen Annahmen der Newton'schen Mechanik. Schumpeter hat dagegen mit seiner prägnanten Rede von einer „schöpferischen Zerstörung" besonders pointiert darauf aufmerksam gemacht, dass sich eine durch Innovationen getriebene, dynamische Wirtschaft gerade dadurch auszeichnet, dass sie auf eine unvorhersehbare Weise Sprünge macht. Im Gegensatz zu den beiden zuerst diskutierten Forschungsansätzen steht der Forschungsansatz (F3) dabei nicht abseits. Vielmehr steht er bereit, der Managementpraxis, falls erforderlich, auf die Sprünge zu helfen.

Das, was Empiristen wie Operations Researcher an ihm am meisten bemängeln werden, erweist sich hier als ihr großer Vorteil: der große Freiheitsgewinn im Denken, der mit einem Verzicht auf die Anwendung einer allzu rigiden, statistischen oder mathematischen Methodik *in jedem Fall* erschlossen werden kann (fallweise, also da, wo es passt, werden diese Methoden natürlich nicht ausgeschlossen). Wie oben bereits demonstriert, zeigt sich dieser Freiheitsgewinn schon bei der Wahl der zu behandelnden Fragestellungen und Themen, also im Horizont der Forschung, die ihren Ausgangspunkt eben nicht bei selbst konstruierten Problemen nimmt. Man kann nicht oft genug betonen, und deshalb wiederhole ich das hier, dass es in Wissenschaft und Praxis oft wichtiger ist, die richtigen Fragen zu stellen, als sich vorschnell am richtigen Antworten zu versuchen.

Freiheit ist dabei keineswegs mit Beliebigkeit gleichzusetzen. An die Stelle des Wahrheitskriteriums treten jetzt die pragmatischen Kriterien der *Machbarkeit* und der *Nützlichkeit*, wobei „Machbarkeit" notwendig und „Nützlichkeit" hinreichend ist für praktischen Erfolg. Damit wandert die Beurteilung der „Güte" von Forschungsergebnissen von der Ebene der Methoden und Standards, die diese Güte herstellen und verbürgen sollen, auf die Ebene der Ergebnisse selbst. Sie werden also, wenn man so will, im Erkenntnisprozess weiter „nach hinten". verschoben. Das entspricht auf einer philosophischen Ebene dann in etwa dem, was eingangs als Pragmatismus beschrieben wurde (zur Erinnerung: die Anhänger dieser Philosophie ersetzten Wahrheit generell durch Zweckmäßigkeit, was ich hier aus mehreren Gründen nicht tue, nämlich, weil es a) keinen vernünftigen Grund dafür gibt, die Möglichkeit einer Nutzung von Gesetzeshypothesen grundsätzlich auszuschließen, weil b) die Erfolgschancen einer technologischen Transformation solcher Hypothesen letztlich doch davon abhängen, ob diese vernünftigerweise für wahr gehalten werden können, und weil man c) den Empirismus nicht vorschnell aus seiner Verpflichtung entlassen sollte, wahrheitsfähige Theorien zu entwickeln).

Der Begriff der Nützlichkeit wird hier an Implementierungserfolge im lebensweltlichen Vollzug geknüpft. Dieser eingrenzende Zusatz ist wichtig, weil ja auch eine Theorie, die hilft, ein reales Phänomen wie schwarze Löcher als Sonderfall eines allgemeingültigen Gesetzes zu erklären, auf ihre Weise nützlich ist. Nur ist in den Naturwissenschaften der Begriff der Nützlichkeit allen Feststellungsproblemen zum Trotz gedanklich doch an den Begriff der empirischen Wahrheit gekoppelt. Unwahre Theorien können nicht nur nicht nützlich, sondern sogar schädlich sein, nämlich indem sie uns in die Irre führen. Die Erde ist eben keine Scheibe, und das lässt sich belegen.

Diese beiden hier fokussierten Anforderungen an logistische Baupläne unterscheiden sich in formaler Betrachtung dadurch, dass die eine (Machbarkeit), hierin dem Wahrheitsbegriff ähnlich, prinzipiell die Struktur eines binären Codes aufweist (geht, oder geht nicht), während die andere (Nützlichkeit) als graduierbare Größe zu verstehen ist. Bei näheren Hinsehen zeigt sich allerdings, dass auch *Machbarkeit* in der Praxis oft schon deshalb keiner einfachen Ja/Nein-Entscheidung unterliegt, weil sie in einem Projekt von den verfügbaren Ressourcen (Zeit, finanzielle Mittel und Erwartungen an der en Verzinsung,…) abhängen kann. Wenn etwas vordergründig zunächst als nicht machbar erscheint, kann man es oft nachträglich dazu machen, und die Frage der Machbarkeit wird dann zur Frage des Aufwandes, der in Kauf zu nehmen ist, um bestimmte Barrieren zu überwinden. Insoweit, wie die jeweiligen Umsetzungskosten in die Bewertung von Handlungsalternativen eingehen, verschränken sich dann diese beiden Kriterien.

Anders als beim Kriterium der Falsifizierbarkeit, das endgültige Bewährungen von Hypothesen ausschließt und damit dem Wahrheitsbegriff die Eigenschaft der Vorläufigkeit hinzufügt, genügt bei diesen beiden Kriterien ein einziger Fall, um final zu belegen, dass „es funktioniert" (bzw. funktionieren kann). Vor dem Hintergrund der gleich noch ausführlicher erörterten Frage nach der „Wissenschaftlichkeit" ist nochmals zu betonen, dass auch diese beiden Kriterien, denen sich der Forschungsansatz (F3) unterwirft, der Willkür beliebiger Behauptungen entgegen stehen und den Raum zulässiger „wissenschaftlicher"

Lösungen wirksam einhegen. Die berühmte „Anything-goes-Formel", mit der einst Paul Feyerabend wider den Methodenzwang argumentiert und dabei seine Kollegen in der Wissenschaftstheorie mit Spott überzogen hat (s. Feyerabend (1976) und Feyerabend (1979)), greift schon deshalb nicht, weil die Güte der Forschung hier nicht durch Methoden vorab verbürgt wird, sondern sich „weiter hinten" an der Qualität der Forschungs*ergebnisse* orientiert. Dem ist noch hinzuzufügen, dass die Entwickler neuer Modelle und Baupläne und deren Interpreten und Weiterentwickler auf der Ebene der Wissenschaft, anders als die meisten Empiristen und Operations Researcher, in der Regel von sich aus darauf drängen, dass ihre Ideen angewandt und damit getestet werden. Hierin besteht letztlich das Ziel ihrer Arbeit.

Auch vor diesem Hintergrund erscheinen die Kriterien der Machbarkeit und Nützlichkeit sogar als restriktiver als die Gütekriterien des empiristischen Forschungsansatzes (F1), der ja, wie oben gezeigt, kein klares Wahrheitskriterium kennt bzw. fast beliebig graduierbare, jedenfalls situationsabhängige Korrelationsmaße an dessen Stelle setzt. Hier aber werden innovative Konzepte durch ihre erfolgreiche Implementierung im Nachhinein zu *neuen Fakten* und damit (wenn auch auf eine triviale Weise) *wahr gemacht*. Die Welt muss nicht mehr schon vor jeder Forschung als deterministisch gedacht werden, damit man ihr mit quasi-naturwissenschaftlichen Methoden zu Leibe rücken kann. Vielmehr ist die verbessernde Veränderung dieser Welt das ausdrückliche Ziel der Forschung, die sich damit auch als lebendiger erweist.

Wer auf einer klaren Trennung zwischen Wissenschaft und Praxis besteht, mag geneigt sein, Nützlichkeit als ein außerwissenschaftliches Kriterium einzustufen, das erst dann zum Zuge kommt, wenn wissenschaftliche Erkenntnisse in praktische Projekte einfließen, wie dies etwa in den Ingenieur-„Wissenschaften" regelmäßig der Fall ist. Dann dürfte man aber keinem Forscher, der ein neues Medikament gegen Malaria entwickelt hat, mehr einen Nobelpreis verleihen, schließlich ist diese Entdeckung ja nicht der Anwendung einer Theorie entsprungen. Tatsächlich zeigt eine solche Argumentation nur, welche Blüten der krampfhafte Versuch treiben kann, wissenschaftliches Arbeiten strikt von praktischem Problemlösungsverhalten zu unterscheiden und sie dabei auch noch als prinzipiell höherwertig auszuweisen. In einer praxisorientierten Wissenschaft ist das Kriterium der Nützlichkeit unabdingbar, und die Beweislast hierfür liegt immer auf der Seite der Wissenschaft.

Wenn man an der strikten Trennung von Entwurf und Bewährung festhält und damit auch Entscheidung und Implementierung klar trennt, muss es, wie gerade schon angedeutet, schon vor der Umsetzung eines Modells oder Bauplanes eine Art gedanklicher Probebewährung geben. Man weiß dann nach einem entsprechenden „Gedankenexperiment" schon vor einer Entscheidung, was man tut, muss aber natürlich immer mit dem Risiko leben, dass im Zuge der Implementierung noch Aspekte auftauchen, die zu einer Anpassung der ursprünglichen Schätzung von Machbarkeit und Nützlichkeit führen. Die strikte Trennung von Entscheidung und Umsetzung würde dann Lernfortschritte verhindern, weshalb sich Praktiker an sie auch nie gebunden fühlen.

Den archimedischen Punkt, dessen Erreichbarkeit die Idee einer *Abbildung der Realität in isomorphen Modellen* zu versprechen schien und bei dessen Suche die auf Befragungen setzende, empiristische Forschung eine frappierende Ähnlichkeit mit dem Operations-Research-Ansatz aufweist, gibt es jetzt definitiv nicht mehr. Dafür wird es jetzt schwieriger, klar zwischen einer auch „wissenschaftlichen" und einer nur praktischen Arbeit zu unterscheiden – zumal das Erfinden neuer Problemlösungen, wie oben schon mehrfach betont, nur sehr eingeschränkt einer methodischen Unterstützung zugänglich ist, an die gemeinhin das Kriterium der „Wissenschaftlichkeit" gekoppelt wird. Der Forschungsansatz (F3) ist gleichgültig gegenüber der Frage, ob entscheidende Innovationen in der Logistik wie die Erfindung des Containers oder des Just-in-Time-Prinzips außerhalb der Wissenschaft entwickelt und vorangetrieben worden sind, oder ob sich Wissenschaftler die Erfindungen auf ihre Fahnen schreiben können, wie das etwa bei dem Konzept der von Warnecke (1996) entwickelten fraktalen Fabrik oder beim oben schon erwähnten Internet der Dinge der Fall war.

Gleichwohl sind kreative Beobachter zweiter Ordnung, die sich jenseits geschlossener Modelle inhaltlich mit logistischen Konzepten beschäftigen, in einer vergleichsweise guten Ausgangsposition, um zur Entwicklung neuer Problemlösungen beizutragen. Sie machen dann aber oft Ähnliches wie die Beobachter erster Ordnung, was Luhmann (1971, S. 474) schon sehr früh zu der Feststellung veranlasst hat: „Management ist Research". Diese Offenheit und die mit ihr gelegentlich einhergehende, methodologische Unschärfe bilden den Preis, der für Relevanz zu zahlen ist.

Schon in der Einleitung habe ich Beispiele für die jetzt in den Mittelpunkt gestellten Konstrukte wie das (in der Praxis entwickelte) Cross Docking Modell genannt. Hierzu gehören auch – im Kontext eines Prozessdesigns – das Lean-Management-Konzept und der Six-Sigma-Ansatz. Auch das Rechnungswesen mit Ausprägungen wie der Deckungsbeitragsrechnung kann als Konstrukt mit Werkzeugcharakter in diesem Sinne verstanden werden. Es dient mit seinen Definitionen und Klassifizierungsregeln einer zielorientierten und strukturierten Datenerfassung und -aufbereitung.

Solche Konzepte transzendieren das zum Zeitpunkt ihrer Entwicklung in der Realität bereits Vorfindbare nicht nur im Falle von echten Innovationen, sondern schon dort, wo Beratung aufgrund von individueller, praktischer Rückständigkeit eine Chance hat, und die Rolle von Wissenschaftlern als Beobachtern zweiter Ordnung beschreibt das zwischen Wissenschaft und Praxis ablaufende Geschehen zumindest dann nicht mehr vollständig, wenn man sich Forscher nur noch als passive Erfasser vorgegebener Realitäten vorstellt. Diese Wissenschaft (F3) kann den Gegenstand beeinflussen, mit dem sie es zu tun hat (wirklich verändern können ihn natürlich nur die Manager selbst). Naturwissenschaftler konnten das bislang nicht, allerdings zeigen genveränderte Pflanzen, dass auch da etwas in Bewegung geraten ist.

Alte Tatsachen werden jetzt nicht mehr für sakrosankt erklärt, um sie als Grundlage einer Bildung von raum- und zeitunabhängigen Hypothesen, Theorien und Modellen verfügbar zu halten, sondern sie werden immer wieder im Sinne von Schumpeters „schöpferischer Zerstörung" durch die Schaffung einer neuen Tatsachenbasis ersetzt, die dann wieder neue, angepasste Entscheidungen erfordert usw. Die Frage nach der empirischen Wahrheit solcher Konzepte macht vor diesem Hintergrund ebenso wenig Sinn wie die Frage, ob der Plan eines Ingenieurs für den Bau einer Brücke wahr ist. Er kann im besten

Fall nur „wahr" gemacht werden, wobei in einer solchen Aussage ein anderer Wahrheits-begriff mitschwingt (wahr ist, was funktioniert). Logistische Baupläne müssen sich in bzw. an der Realität in einer Weise bewähren und damit „realistisch" sein, die vom Testen einer Theorie ziemlich verschieden ist.

Zwar haben auch die hier entwickelten Konzepte und Modelle zunächst den Charakter von Hypothesen, aber im Gegensatz zu Theorien kann ihr „Test" zu endgültigen Bewäh-rungen führen. Der erweiterte Bestand des Wissens hat dann nicht mehr den Charakter der Vorläufigkeit, der naturwissenschaftlichen Theorien nach Popper und auch nach Kuhn zwangsläufig zukommt. Dementsprechend ist dann auch der Erkenntnisbegriff neu zu fas-sen. Das wissenschaftliche Erkennen ist nicht mehr an die Einhaltung bestimmter Stan-dards gebunden, die den Erkenntnis*prozess* schon vorab in bestimmte Bahnen lenken. Auf der Ebene der Beobachter zweiter Ordnung wird zunächst nur die intersubjektive Nach-vollziehbarkeit der Forschungsresultate verlangt, und damit deren *Verstehen*. Damit ge-winnt auch der Diskurs unter Forschern für den Erkenntnisfortschritt eine herausgehobene Bedeutung. Schließlich macht ein solcher Diskurs nur dann Sinn, wenn Forscher die Er-gebnisse ihrer Tätigkeit nicht auf dem Feld der Erkenntnisse stehen lassen, als wären sie in Stein gemeißelt.

Wie die kritische Erörterung des Supply-Chain-Management-Konzeptes bei Bretzke (2015, S. 65 ff.) zeigt, führt eine rein argumentative Kritik allerdings oft nicht zu absolut eindeutigen, nicht mehr bezweifelbaren Einschätzungen, und sie ist insofern mit Risiken verbunden. Anders als bei den oben kritisierten empirischen Gesetzeshypothesen kann man hier aber bei der Kritik an der Schlüssigkeit der Begründung entsprechender Entwür-fe und bei begründeten Zweifeln an ihrer Machbarkeit und Nützlichkeit oft noch sehr viel über ein intelligentes logistisches Systemdesign lernen (und dann auch lehren). Man muss dann aber seinen Verstand konstruktiv-kritisch nutzen und darf ihn nicht im Instrumenten-keller der Statistik abliefern.

Den Beispielen von *Forschungsinhalten* sind noch Beispiele für *Forscher* hinzuzufü-gen, die diesem Ansatz folgen – oft ohne ihr eigenes Grundkonzept auf einer methodolo-gischen Ebene kritisch zu reflektieren und gegen anderen Forschungsansätze abzugrenzen (was nicht zu ihrem Schaden sein muss). Die Mehrzahl der renommierten Professoren für Logistik in Deutschland, die diesem Fach in der Vergangenheit innerhalb einer etablierten Forschungslandschaft zu Anerkennung und Geltung verholfen hat, dürfte in diese Katego-rie (F3) einzuordnen sein. Auf internationaler Ebene seien nur die weltweit renommierten Wissenschaftler Martin Christopher und David Simchi-Levy erwähnt, deren Arbeiten ein-drucksvoll Zeugnis ablegen davon, wie erhellend, im Ergebnis reichhaltig und zugleich praxisrelevant eine Forschung sein kann, die frei von einem beengenden methodologi-schen Rigorismus operiert. (Vgl. beispielhaft Christopher (2005) und Simchi-Levy (2010)). Ihnen das Prädikat der „Wissenschaftlichkeit" abzusprechen, weil sie mit ihrem inhaltli-chen Arbeiten an Systementwürfen nicht naturwissenschaftlichen Vorbildern folgen, ist gleichzeitig ziemlich arrogant und – insbesondere für eine praxisorientierte Disziplin – ziemlich neben der Sache.

Durchzuhalten wäre eine solche Selektion im Übrigen nur, wenn es ein allgemein ak-zeptiertes Kriterium der Wissenschaftlichkeit gäbe. Dieser Frage gehe ich im Folgenden noch einmal vertiefend nach, weil an ihr, wie eingangs schon angemerkt, der Zugang zu besonders wichtigen Fachzeitschriften hängt und weil es dadurch zu Fehlallokationen von wissenschaftlichen Ressourcen kommen kann.

4.3   Auch „Wissenschaft" oder nur „Kunstlehre"?

Die Wissenschaftstheorie hat in ihrer Geschichte Vieles geleistet – zum Beispiel eine klare Grenze zwischen Wissenschaft und Metaphysik gezogen und die Induktion als unzulässiges, zumindest aber unsicheres Schlussverfahren entlarvt. Eines aber scheint ihr dabei nicht gelungen zu sein: die Erarbeitung einer kritikfesten und allgemein akzeptierten Definition dessen, was „wissenschaftlich" genannt werden darf. Das konnten wir schon in Abschn. 1.1.3.2 über den Unterschied zwischen *Erklären* und *Verstehen* feststellen. Ergänzend ist hier zunächst darauf hinzuweisen, dass wir es in der betriebswirtschaftlichen Forschung anders als in den Naturwissenschaften mit einem *doppelten Abgrenzungsproblem* zu tun haben. Es geht hier nicht nur darum, wissenschaftsintern zulässige von unzulässigen Aussagensystemen abzugrenzen. Vielmehr muss sich „Wissenschaft" hier zusätzlich von „Praxis" (also ihrem Erkenntnisobjekt) unterscheiden und durch diese Differenzierung als eigenständiges Betätigungsfeld legitimieren.

Fangen wir mit dem ersten, wissenschaftsinternen Abgrenzungsproblem an. In seiner zweibändigen Einführung in die Wissenschaftstheorie knüpft Seiffert (1971) das Kriterium der Wissenschaftlichkeit an die Eigenschaft sogenannter „Prädikatoren", wobei er mit „Prädikation" den Vorgang bezeichnet, bei dem einem Gegenstand einer Forschung in einer möglichst klar umrissenen Weise ein Wort zugeordnet wird (ebenda, S. 23). Darauf aufbauend nennt er dann wissenschaftliche Fachwörter „normierte Prädikatoren" (auch: „Termini") und befindet: „in wissenschaftlichen Aussagen kommen normierte Prädikatoren …vor, in nichtwissenschaftlichen Aussagen dagegen nur nichtnormierte Prädikatoren in umgangssprachlicher Verwendung" (ebenda, S. 68). Mit anderen Worten: Wissenschaft ist in erster Linie eine Frage des Umgangs mit Sprache.

Nimmt man diesen auch von anderen Wissenschaftstheoretikern geteilten Vorschlag an, dann gerät die Wissenschaftlichkeit des Empirismus schnell ins Wanken, da hier immer wieder mit nicht oder unzureichend normierten Prädikatoren gearbeitet wird (wie den Begriffen „Organizational Learning", „Kundenbindungserfolg" oder „IT-Support", die man insofern, als sie auf komplexe Gegenstandskorrelate verweisen, eigentlich „Konstrukte" nennen müsste). Obwohl ich auf die an dieser Stelle auftretende Schwachstelle des Empirismus schon in Abschn. 2.4 ausdrücklich aufmerksam gemacht habe, muss ich hier aber betonen, dass man hieraus kein abschließendes K.O.-Kriterium ableiten kann. Wer sich länger und intensiver mit der Problematik von Sprachnormierungen befasst hat, der weiß, dass Definitionen als Gleichsetzungen eines „Definiendums" durch eine „Definiens" am Ende immer wieder auf nicht normierte Alltagsbegriffe als „Startposition" zurückgreifen müssen, denen eine selbstverständliche Evidenz und Autorität zugebilligt werden muss, um überhaupt starten zu können bzw. um für „wissenschaftliche" Prädikatoren einen stabilen Grund zu erreichen. Wer den Begriff des Supply Chain Managements über den Begriff der Integration definiert, muss den Begriff der Integration definieren, für dessen Definition dann wieder das Gleiche gilt usw..

Wir können in Definitionsketten am Ende nicht hinter die Alltagssprache zurück und gleichsam bei Null anfangen, weil wir die Alltagssprache seit unserer Kindheit sprechen und weil wir diese Sprache dadurch verstehen, dass wir in ihr leben. Mit dieser Einschränkung hat die Wissenschaft seit je her leben gelernt. Die hier gegenüber dem Empirismus erhobene Forderung nach klaren Begrifflichkeiten wird allerdings nicht dadurch überflüssig, dass man auf deren logische Grenzen verweist – zumal eine weitest-möglich normierte Kommunikation zwischen Wissenschaft und Praxis für einen klaren Realitätsbezug hier essentiell ist. Nur ist es offensichtlich nicht so leicht, an dieser Stelle den Begriff der „Wissenschaftlichkeit" eindeutig und kritikfest zu verankern.

Aus Sicht der in Abschn. 1.1.1 behandelten, in jeder Art von Forschung unumgänglichen Komplexitätsreduktion könnte man dem Operieren mit „weichen" Begriffen vielleicht sogar zugute halten, dass die Wissenschaftler mit ihnen Hypothesen formulieren können, die ziemlich viel Komplexität absorbieren können, um die man sich dann im Detail nicht mehr kümmern muss. Dem ist aber immer wieder entgegenzuhalten, dass

a) damit eine klare und unmissverständliche Kommunikation zwischen Forschung und durch sie befragter Praxis, also eine kritikfeste Verankerung der empirischen Forschung in der Realität, erschwert wird,

b) inhaltsarme und/oder begrifflich unscharfe Hypothesen ein Lernen aus Erfahrung behindern bzw. im Grenzfall unmöglich machen, und

c) man bei Hypothesen, in denen unklare Begriffe wie „Organizational Learning" benutzt werden, nie richtig weiß, wie man sie in praktische Problemlösungsprozesse einsetzen soll.

Wie im Zusammenhang mit der Erörterung des Bayes'schen Theorems schon hervorgehoben, erreicht man Empiristen man mit dieser Vorhaltung aber kaum, weil sie sich von der einmal erhobenen Realität nicht mehr nachträglich durch Vergleichstests und Replikationsstudien bzw. durch diese hervorgebrachte Anomalien irritieren lassen wollen.

In gewisser Weise ist der Forschungsansatz (F3) sogar mehr auf klare Begrifflichkeiten angewiesen als die beiden ersten, hier verglichenen Wissenschaftsprogramme. Wissenschaftler, die dem OR-Ansatz anhängen, machen sich hier oft das Leben leicht, indem sie, wie oben schon hervorgehoben, den einzelnen Parametern ihrer Modelle nach Praxis „riechende" Namen geben, deren Abgrenzung und Ausfüllung mit „normierten Prädikatoren" sie dann den Anwendern ihrer Modelle überlassen („Der Parameter „a" sei der Deckungsbeitrag eines Produktes"). Empiristen können, wie ebenfalls oben gezeigt, dadurch mit unscharfen Begriffen leben, dass sie einfach unterstellen, die von ihnen befragten Manager verstünden unter den von ihnen in Fragebögen benutzten Begriffen dasselbe wie sie. Dann kann man sie umstandslos danach fragen, ob in ihrem jeweiligen Unternehmen so etwas stattfindet wie ein „Organizational Learning". Machbarkeits- und Nützlichkeitsfragen kann man jedoch nicht durch unscharfe Begriffe umschiffen. Wenn man nicht genau sagen kann, wann eine Lieferung „Just-in-Time" ist oder was „Servicequalität" konkret bedeutet, ist jeder Versuch einer entsprechenden Reorganisation von Arbeitsabläufen schon im Ansatz zum Scheitern verurteilt. In diesem Sinne muss hier besonders „wissenschaftlich" gearbeitet werden, und zwar in der Wissenschaft und in der Praxis.

Erinnert sei hier nur noch einmal an die Befragungsstudie von Wecker u. Wecker über die Einflussfaktoren des Supply Chain Managements. Dieses wurde von den Fragestellern verstanden als wertschöpfungsstufen-übergreifende, holistische Optimierung ganzer Lieferketten und damit als etwas, dass es von Beobachtern welcher Ordnung auch immer noch gar nicht zu beobachten gab. Geantwortet haben die Manager trotzdem, und der Auswertung der Antworten wurde trotzdem eine statistische Signifikanz zugewiesen. So schafft es der Empirismus gelegentlich, seine eigenen Fakten selbst zu produzieren.

Bei dem jetzt fokussierten dritten Forschungsansatz (F3), der in die damit hinterlassene Lücke stößt, hängt die Frage der Definition zentraler Begriffe eng mit der entsprechenden Vorgehensweise in der Praxis zusammen. Dort gilt im Prinzip die einfache Regel: Was man nicht definieren kann, das kann man nicht managen. Man kann noch nicht einmal die Voraussetzung für ein Management schaffen in Gestalt eindeutig abgegrenzter Funktionszuweisungen und Stellenbeschreibungen in einem Organigramm. Um beispielsweise in einem Unternehmen ein neu geschaffenes Ressort für Qualitätsmanagement zu schaffen, muss man genau definieren, was dazu gehört und was nicht, und das setzt wiederum voraus, dass geklärt ist, was denn im eigenen Unternehmen genau unter „Qualität" verstanden werden soll. Im Gegensatz zu den sie beobachtenden Wissenschaftlern sind sie dabei allerdings nicht gehalten, einen verallgemeinerbaren Begriff zu finden, der das bezeichnete Phänomen in einer für alle Unternehmen gleichermaßen gültigen Weise abgrenzt.

Mit der von Seiffert vorgeschlagenen, am Umgang mit der Sprache ausgerichteten Bestimmung von „Wissenschaftlichkeit" ist dieser nicht allein. Vielfach werden entsprechende Forderungen aber nur als Mindestbedingungen für Wissenschaftlichkeit betrachtet. Man kann aus diesen Bedingungen aber schon deshalb kein K.O.-Kriterium ableiten, weil sprachliche Präzision generell eine Voraussetzung klaren Denkens und begründeten Handelns ist, und zwar in jeder Art von Wissenschaft *und* Praxis. Die Vorstellung, an dieser Stelle verlaufe eine klare Grenze zwischen Theorie und Praxis bzw. man könne eine solche Grenze hochziehen, um für die Wissenschaft ein eigenständiges, nur ihr zugängliches Gebiet abzustecken, trägt nicht. Man kann mit dieser Anforderung ebenso gute und schlechte Forschung wie ein gutes und ein weniger gutes Management unterscheiden, nur ist das eben zu wenig, um an dieser Stelle den Begriff der Wissenschaftlichkeit festzumachen.

Was bliebe, wäre der Versuch, das Kriterium der Wissenschaftlichkeit an den Einsatz bestimmter Methoden zu knüpfen. Wie oben ausführlich gezeigt, führt das aber bei den Forschungsansätzen F1 und F2 zu erheblichen Einschränkungen der jeweils zulässigen Forschungsfelder. Der Empirismus muss passen, wenn es nicht um die Erkundung kausal interpretierbarer, empirischer Regelmäßigkeiten geht, und der OR-Ansatz muss passen, wenn sich Sachverhalte nicht in der Sprache der Mathematik erfassen lassen. Und beide müssen passen, wenn es um Innovationen geht. Was übrig bliebe, wäre eine wissenschaftliche Merkwürdigkeit, für die es ebenfalls in den Naturwissenschaften keine Parallele gibt: Wissenschaftler, die über ein bestimmtes Erkenntnisobjekt (hier: die Logistik) forschen und dabei methodenbedingt weite Themenfelder aus diesem Bereich aus ihrer Forschung von vornherein als wissenschaftlich unzugänglich ausschließen.

Wenn die bisherigen Überlegungen zum „Wesen" der Wissenschaft den Leser eher ratlos gemacht haben, dann habe ich damit mein Ziel erreicht. Es gibt offenbar kein klares, allgemein akzeptiertes Kriterium für die Abgrenzung von „Wissenschaftlichkeit", und auch die hierfür eigentlich zuständige Wissenschaftstheorie hat an diesem Punkt bis heute keine restlose Klarheit schaffen können. Umso schlimmer ist es, dass dieser Begriff in der Wissenschaftspraxis an entscheidender Stelle als Keule für die Diskreditierung bestimmter Forschungsansätze benutzt wird, und zwar zugunsten von a-theoretischen Forschungsansätzen, deren Fortschrittsfähigkeit aus oben genannten Gründen eher fraglich ist (ich erinnere noch einmal an die eingangs geschilderte Problematik der Steuerung von Publikationen und damit von Forschungsressourcen durch so genannte „A-Journals"). Was als „wissenschaftlich" eingestuft werden kann, folgt jedenfalls keineswegs „aus der Sache", und schon gar nicht ist es zwingend, dieses Kriterium einseitig an Methoden der Naturwissenschaft festzumachen, um es dann unkritisch auf die Sozialwissenschaften zu übertragen.

Wer wie der Verfasser vor diesem Hintergrund den letztlich nur auf der Metaebene der Wissenschaftstheorie ausfechtbaren Streit um Kriterien für die Vergabe des Prädikates der „Wissenschaftlichkeit" für einen nicht sonderlich bedeutsamen Nebenkriegsschauplatz für Sprachspiele hält, wird akzeptieren, wenn man die Betriebswirtschaftslehre im Allgemeinen und die betriebswirtschaftliche Logistik im Besonderen als eine Art „Kunstlehre" einstuft. Mit der Einstufung als „Kunstlehre" ist man im Übrigen in guter Gesellschaft: schon Schmalenbach (1912, S. 304 ff.), allgemein als Gründer der Betriebswirtschaftslehre als eigenständiger Disziplin gesehen, hat ja die Betriebswirtschaftslehre wörtlich so eingestuft, ihr damit ausdrücklich einen instrumentalen Charakter zugewiesen und festgestellt, das Wissenschaftler, die diesen Begriff abwertend benutzen, „das Opfer einer ziemlich wertlosen Terminologie" sind (ebenda, S. 307). Letzterem ist insbesondere dann zustimmen, wenn sich solche Forscher in einem Selbst-Missverständnis als Vertreter einer „angewandten" Wissenschaft einstufen.

Von einer derart verstandenen, systematisch und kritikoffen betriebenen Kunst der Entwicklung von logistischen Bauplänen gleich welcher Herkunft (Wissenschaft oder Praxis) hat die Gesellschaft bislang jedenfalls mehr profitiert als von einer Wissenschaft, die a) in einer hochdynamischen Welt nach kontextunabhängigen, zeitstabilen Gesetzmäßigkeiten sucht oder die b) sich den Gegenstand der eigenen Forschung mit quantifizierbaren Annahmen allzu häufig weltabgewandt selbst fabriziert. Hinzuzufügen ist dem noch, dass der intellektuelle Anspruch, in der Entwicklung realisierbarer logistischer Baupläne den komplexen Bedingungen und Anforderungen sich dynamisch entwickelnder Märkte und Wettbewerbssituationen Rechnung zu tragen, bei Weitem höher ist als der geistige Anspruch, sich flache, theoriefreie Hypothesen auszudenken und diese dann in einer eher „mechanischen" Operation durch die Mühlen statistischer Korrelationsanalysen zu jagen. Ein schöpferischer Geist muss sich durch eine so betriebene Wissenschaft zwangsläufig unterfordert fühlen.

Vielleicht spielt es den Vertretern einer durch Quantifizierung gesicherten Exaktheit allerdings in die Hände, dass auch bei diesem Forschungsprogramm (F3) ein Preis zu zahlen ist, der nicht verschwiegen werden darf. Gegenüber dem empirischen Testen von Hypothesen und der vollständigen Beschränkung auf mathematisch modellierbare Sachverhalte hat dieser Ansatz den Nachteil, dass sich infolge der geringeren Rigorosität der verwendeten Kriterien und Methoden die Qualität von Forschungsresultaten final erst relativ spät im Forschungsprozess zeigt. Wie oben bereits angedeutet, kann der angesprochene Preis dieser Freiheit darin bestehen, dass sich so Spielräume für Arbeiten unterschiedlicher Qualität und Professionalität öffnen, deren Selektion dann im ersten Schritt oft nicht primär durch empirische Bewährungsversuche, sondern durch eine vernunftgeleitete, inhaltlich ansetzende Kritik und den darauf aufbauenden Konsens der beteiligten Forscher zu leisten ist. (Spätestens im zweiten Schritt sollten dann die Kriterien der Machbarkeit und Nützlichkeit greifen, was allerdings, wie oben auch schon demonstriert, gelegentlich etwas Zeit in Anspruch nehmen kann).

Ein besonders prägnantes Beispiele für diese Schwachstelle ist die beklagenswerte Anfälligkeit einer Disziplin wie der Logistik für Schlagworte, die – oft nicht durch Wissenschaftler, sondern durch Unternehmensberater – erst mit schillernden Erfolgsverheißungen in die Welt gesetzt werden, um dann später still beerdigt oder nur noch als wenig aussagende Sprachhülsen weiter mitgeschleppt zu werden. Wen hatte Bowersox (1998) im Blick, als er die empirisch klingende Behauptung aufstellte, dass „the logistical mission of yesterday is being replaced by a broader concept driven by social responsibility"? Wo genau der Unterschied zwischen einer intensiven Kundenbetreuung und einem Konzept mit dem hochgegriffenen Namen „Total Customer Care" liegt und ob es sich hier nicht nur um eine sprachlich herausgehobene Facette des Qualitätsmanagements handelt, kann offensichtlich niemand genau sagen. Und der von Hammer und Champy (1994) ausgelösten Hype um ein „Business Process Engineering" ist wenig später infolge von nicht eingelösten Versprechen einer großen Ernüchterung gewichen – nachdem Heerscharen von Beratern vorher versucht hatten, daraus ein großes Geschäft zu machen. (Was wiederum ein Indiz für das Risiko ist, die Antworten von Managern auf Fragebögen einfach für die Realität zu halten. Immerhin sind hier sehr viele Praktiker auf die Slogans von Beratern hereingefallen und haben das geglaubt, was zu der Zeit auch von einigen Wissenschaftlern für modern und fortschrittlich gehalten wurde. Niemand sieht sich gerne dem Vorwurf ausgesetzt, er bleibe mit seinem Denken hinter dem Mainstream der Zeit zurück, auch Wissenschaftler nicht. Letztere sollten allerdings gelegentlich vorsichtiger damit sein, sich an die Spitze einer Bewegung zu setzen, deren Tragfähigkeit noch nicht ernsthaft und gründlich geprüft wurde).

Zumindest im letztgenannten Beispiel kann man hier so etwas Ähnliches wie einen gescheiterten empirischen Test sehen. Dann wird ersichtlich, dass die Kriterien der Machbarkeit und Nützlichkeit kaum weniger hart sind als das jeder empirischen Forschung vorangestellte Kriterium der Wahrheit und dass sie gelegentlich nur etwas später greifen. Jedenfalls ist es, anders als bei den Forschungsergebnissen der Empiristen, innerhalb des Forschungsansatz F3 dauerhaft kaum möglich, sich einem entsprechenden Test zu entziehen. Die oben zitierte Idee einer „Produktionsdienstleistung per Mausklick" hat diesen Test offenkundig nicht bestanden. Dabei ist ergänzend hervorzuheben, dass man bei der Analyse des Scheiterns eines Konzeptes meist immer noch viel lernen kann und dass infolgedessen ein erstmaliges Scheitern nie endgültig sein muss. Der Weg zur Weiterentwicklung wird hier nie geschlossen. Sollten die Anhänger der beiden Forschungsansätze F1 und F2 der Befürchtung unterliegen, die Preisgabe oder Lockerung ihrer jeweiligen, methodischen Gebundenheit würde in die wissenschaftliche Haltlosigkeit führen, so ist also Entwarnung angesagt. Auch im Forschungsansatz F3 herrscht keine Beliebigkeit, und vor allem wir haben es hier nicht mit einer weitgehend orientierungslos von Tatsachen zu Tatsachen stolpernden oder sich ihre „Tatsachen" selbst schaffenden Wissenschaft zu tun.

Wenn man das Schaffen und Weiterentwickeln von Modellen und Konzepten mit Werkzeugcharakter und deren kritische Revision als Ziel einer praxisorientierten Wissenschaft ausgibt, verliert die Wissenschaft allerdings ihren Exklusivanspruch auf ein überlegenes Wissen, und die Frage, wer auf welcher Ebene innerhalb der Hierarchie aus Abb. 1.5 im Einzelfall schöpferisch tätig war, verliert an Bedeutung. In jedem Falle ist es unangemessen, zwischen Theorie und Praxis gedanklich ein hierarchisches Überlegenheits-Verhältnis zu etablieren, wie das manche selbstverliebte Wissenschaftler heute noch tun. (Man erkennt sie gelegentlich daran, dass sie von der „reinen" Wissenschaft träumen und das Bedürfnis verspüren, sich auch aus Imagegründen von den Niederungen der Praxis „nach oben" abzusetzen).

Man kann Argumente finden und diskutieren, dem hier zuletzt analysierten und zugleich propagierten Forschungsansatz seine *Wissenschaftlichkeit* zu bestreiten. Was man ganz offensichtlich nicht bestreiten kann ist, dass hier *Erkenntnisse* geschaffen werden können, die das vorher Gewusste transzendieren. Entscheidend ist aber, dass dieses Wissen von einer deutlich *größeren Breite*, vor allem aber von einer erheblich *stärkeren Eindringtiefe* geprägt ist. Eine Forschungsprogrammatik, die diese Erkenntnisse als nicht wissenschaftliches Wissen diskreditiert, stellt sich letztlich selbst ins Abseits.

Im Übrigen ist innerhalb des Forschungsansatzes F3 „ein Zusammenbruch von Doktrinen ist keine Katastrophe, sondern eine Gelegenheit" (Alfred North Whitehead in „Science and the Modern World", zit. nach Bretzke (2015, S. 98). So ist beispielsweise das Instrument der Planung in Unternehmen, das über viele Jahre hinweg das Denken in der Betriebswirtschaftslehre in paradigmatischer Weise beherrscht hat und das sich nicht nur in der Benennung von Lehrstühlen, sondern auch in den Organigrammen von Firmen entsprechend niedergeschlagen hat, durch veränderte Umstände in Gestalt einer abnehmenden Planbarkeit in die Defensive geraten. Die Komplexität und Dynamik des Wirtschaftsgeschehens, die sich vordringlich in einer Kombination aus ausufernder Variantenvielfalt und immer kürzer werdenden Produktlebenszyklen manifestiert, hat einen Wettbewerb um immer kürzere Reaktionszeiten befeuert (Komplexitätsmerkmal 9) und damit, wie oben schon hervorgehoben, Themen wie „Responsiveness", „Agility" und „Resilience" am alten Planungsparadigma vorbei auf die obersten Plätze der Agenda von Management und Managementwissenschaft befördert (man durchforste als Beispiel nur das Stichwortverzeichnis des einschlägigen Werkes von Christopher (2005)).

Hier wurde ganz offensichtlich nicht eine empirische Theorie widerlegt. Vielmehr ist hier ein betriebswirtschaftliches Konzept an einer geänderten Kontingenz (aus wissenschaftstheoretischer Sicht: an einer Veränderung des Erkenntnisobjektes) so weit gescheitert, dass man es immer weiter zurückziehen und dabei in logistischen Prozessen das Mischungsverhältnis zwischen Planung und Reaktion immer mehr zugunsten adaptiver Lösungen ändern musste. Das oben mehrfach bemühte Beispiel des Postponement-Konzeptes veranschaulicht das in besonders prägnanter Weise (wofür man es allerdings „verstehen" muss). Der Theaterdonner eines Scheiterns war da nicht zu vernehmen, und er passt auch in keiner Weise zu diesem pragmatischen Forschungsansatz. Umgekehrt aber zeigt sich hier, wie sich ohne die Beschränkungen einer rigiden Methodologie der Fortschritt der Erkenntnis mit der Entwicklung des Erkenntnisobjektes Hand in Hand entfalten kann.

Abschließend sei noch auf einen weiteren Vorteil des hier vertretenen, offenen methodologischen Ansatzes hingewiesen. Weil praktische Probleme der Wissenschaft nicht immer den Gefallen tun, sich in die „Kästchen" einsortieren zu lassen, in denen sie sich selbst organisiert, muss man sich in der Logistik häufig der Wissensbausteine aus mehreren Disziplinen bedienen. Neben der Betriebswirtschaftslehre sind dies hier insbesondere die Verkehrswissenschaft, die Ingenieurwissenschaften, die Informatik und die Mathematik. Allerdings ist für die so gesuchte Praxisnähe ein Preis zu zahlen: Die Wissensimporte aus den genannten Disziplinen erhöhen die Problemlösungskompetenz der Logistik als Kunstlehre, aber sie lassen sich aufgrund ihrer Heterogenität kaum zu einer einheitlichen, übergreifenden Theorie der Logistik verdichten. Allerdings sind die Arbeiten von Ingenieurwissenschaftlern dem hier verfolgten Forschungsansatz in ihrem Werkzeugansatz ähnlicher als alle Versuche, die komplexe Realität des Wirtschaftslebens in empirischen Theorien einzufangen. Das ist kein schlechtes Zeichen.

Zum Abschluss ist noch einmal auf die massiven, forschungspolitischen Implikationen zurückzukommen, die aus dem Umstand resultieren, dass ausgerechnet diejenigen Forschungsprogramme auf dem Gebiet der Logistik, die aufgrund ihres Denkansatzes am wenigsten zu einer erfolgreichen Praxisberatung taugen, die entscheidenden Publikationsmedien besetzt haben. Die Folge dieser aus den USA importierten Situation ist, dass Nachwuchswissenschaftler ihre Karriereziele nur erfolgreich verfolgen können, wenn sie Publikationen in diesen Zeitschriften nachweisen können. Junge Wissenschaftler können so zu unfruchtbaren Umwegen in ihrer Karriere gezwungen werden, und Hochschulen unterliegen in ihrer Nachwuchsauswahl Selektionskriterien, die eine praxisferne Wissenschaft (und dann auch Lehre) fördern. Die Folge ist eine zunehmende Vergeudung wertvoller, volkswirtschaftlicher Ressourcen. Paradoxerweise vollzieht sich diese Entwicklung im Namen einer falsch verstandenen Wissenschaftlichkeit. Die Wissenschaft droht, ihre Relevanz zu verlieren, und es wird angesichts ihrer Selbstbezüglichkeit vermutlich noch länger dauern, bis sie das überhaupt merkt.

Literatur

Churchman CW (1973) Philosophie des Managements. Ethik von Gesamtsystemen und gesellschaftliche Planung. Freiburg

Ein zusammenfassender Vergleich 5

Zusammenfassend gesagt, besteht der Unterschied der dritten Art einer Wissenschaft von der Logistik zu den beiden zuvor kritisierten Forschungsansätzen im Wesentlichen in den folgenden neun Punkten:

1. in einem anderen, offenen Umgang mit den Phänomenen der Komplexität und der Kontingenz, die nicht in einen vor- oder außertheoretischen Bereich verdrängt, sondern zwecks Förderung der „Treffsicherheit" als Machbarkeits- und Erfolgsvoraussetzungen von Konzepten und Modellen explizit zum Gegenstand der Betrachtung gemacht werden, wenn auch mit den schon in Abschn. 1.1.1 herausgearbeiteten, unaufhebbaren Einschränkungen (in Analogie zu der oben eingeführten Terminologie von Silver (2012) könnte man hier auch von einer „de-randomization of noise" sprechen),

2. in einem nicht-deterministischen Weltbild, in dem Managern ihre Entscheidungsfreiheit nicht dadurch genommen wird, dass

   a) man die Ergebnisse ihres Handelns in Korrelationen einfängt und damit letztlich dieses Handeln selbst als von quasi-naturwissenschaftlichen Kausalgesetzen determiniert betrachtet oder

   b) man in einem rationalen Management die bloße Exekution der algorithmisch hervorgebrachten Implikationen quantitativer Optimierungsmodelle sieht, die ihrerseits als Abbilder der Realität sicher in der Wirklichkeit verankert sind und damit jedes Abweichen mit dem Stempel der Unvernünftigkeit versehen.

   Hier werden umgekehrt Entscheidungssituationen als *grundsätzlich offen* angesehen. Damit zusammenhängend, werden Festlegungen auf eine bestimmte Handlungsvariante und mit ihnen die Schließung von Möglichkeitsräumen und Erwartungshorizonten, also das Ent-Scheiden, als grundsätzlich unsicherheitsbehaftet und als das Ende eines Prozesses betrachtet, der durch Modelle unterstützt, aber nicht ersetzt werden kann,

© Springer-Verlag Berlin Heidelberg 2016
W. Bretzke, *Die Logik der Forschung in der Wissenschaft der Logistik*,
DOI 10.1007/978-3-662-53267-6_5

3. in einer anderen, pragmatischen Gewichtung von Quantifizierbarkeit und Relevanz, die einer *argumentativen* Begründung und einer *inhaltlichen* Kritik von Konzepten das Tor öffnet und die damit einen innerdisziplinären Diskurs über Forschungsergebnisse ermöglicht, den man andernorts immer wieder vermisst und deren Fehlen einen Eindruck von Sterilität und Stagnation hinterlässt,

4. in einer anderen Gewichtung von Fragen und Antworten. Die richtige Fragestellung ist ...oft mehr als der halbe Weg zur Lösung des Problems", bemerkt mit Heisenberg (1979, S. 10) ausgerechnet ein prominenter Naturwissenschaftler. Hier wird das Fragestellen nicht durch methodologische Vorentscheidungen auf das eingeengt, was sich danach statistisch verarbeiten oder mathematisch „abbilden" lässt,

5. in einem Zugang zur Frage nach dem *Sinn* der Entscheidungen und Handlungen von Managern und nach der Funktionslogik von Modellen, und damit in einer anderen Gewichtung von „Erklären" und „Verstehen", die als komplementäre Erkenntnismethoden betrachtet werden und an deren Unterschied nicht das Kriterium der Wissenschaftlichkeit festgemacht wird,

6. in einem weiter gefassten Begriff von Erkenntnis, der nicht auf das Aufspüren von Korrelationen und Kausalitäten und/oder auf die Deduktion logischer Optima aus gesetzten Prämissen-Konstellationen beschränkt ist, sondern der auch ausdrücklich das Gestalterische und das Schöpferische mit einbezieht, das sich in Innovationen äußert. Hier darf wieder *gedacht* werden. (Vielleicht zeigt sich diese gemeinsame Schwäche des Empirismus und des OR-Ansatzes am deutlichsten bei der schicksalhaften Frage, was diese denn zur Entwicklung einer *nachhaltigen* Logistik beitragen können, die unter diesem Thema ja zwangsläufig über bereits bestehende Prozesskonfigurationen und Netzwerkarchitekturen hinaus entwickelt werden muss).

   Gedankenexperimente und Analogien sind als Methoden der Erkenntnisgewinnung zulässig und werden nur an ihrem Ergebnis gemessen (Taiichi Ohno hatte beispielsweise bei der Erfindung des KanBan-Modells die Funktionsweise von Supermärkten vor Augen), und wenn auch Fantasielosigkeit als Eigenschaft von (F1) und (F2) hier nicht in jedem Fall überwunden wird, so wird doch Fantasie grundsätzlich ein freier Raum gegeben,

7. in einer anderen Gewichtung der Kriterien der Wahrheit und der (Machbarkeit implizierenden) Nützlichkeit sowie in einer damit einhergehenden, anderen Gewichtung empirischer und logischer Gründe, verbunden mit der Möglichkeit der Erfindung einer neuen Praxis, die sich schon vor deren Implementierung argumentativ bewähren kann. Hierin enthalten ist die fallweise Loslösung von der in Abb. 1.5 beschriebenen Rolle der Wissenschaftler als reiner Beobachter zweiter Ordnung, verbunden mit der Erwartung, dass eine Teilnehme an Beratungsprozessen auf der Managementebene diesen fallweise ein sehr viel besseres und tiefergehendes Wissen über den Gegenstand ihrer Forschung vermitteln kann als etwa Antworten von Managern auf Fragebögen (das fängt schon auf der Ebene der Fragen an: man kann davon ausgehen, dass *Teilehmer*fragen im Allgemeinen klüger und tiefgreifender sind als *Beobachter*fragen),

8. in der Preisgabe des Anspruches auf unumstößliche Gewissheiten und damit in der Öffnung für Kritik, für das Verwerfen von bisherigen Ergebnissen und für ein Lernen

durch Erfahrung („Die Fehlerkorrektur ist die wichtigste Methode des Lernens", sagt Popper (2010, S. 256), und „in der biologischen Evolution scheint sie die einzige Methode des Fortschritts zu sein"),

9. in der uneingeschränkten Anerkennung der lebensweltlichen Praxis als *Erstinstanz* für die Lieferung von Forschungsfragen, als willkommener, unverzichtbarer *Wissensfundus* und als langfristige *Letztinstanz* der Bewährung wissenschaftlicher Arbeit. Für andere mag das irritierend sein, aber diese Art von Wissenschaft startet und endet im gesunden Menschenverstand, um so praktisch werden zu können. (Dass sie diesen dabei aber nicht kritiklos hinnimmt, zeigt sich schon daran, dass hier auch der Prozess der Definition von Problemen ausdrücklich thematisiert wird).

„Wissenschaft ist gekennzeichnet durch ein *systematisches und methodisches Fragen* und durch eine *argumentative Struktur der gegebenen Antworten* mit Erkenntnisanspruch" (Poser 2001, S. 292). Beide Kriterien werden durch den Empirismus offensichtlich nicht erfüllt. Gefragt wird hier weder systematisch und zusammenhängend noch methodisch, sondern in zu vielen Fällen nur ad hoc. Und die in Korrelationstabellen wiedergegebenen Antworten haben alles andere als ein „argumentative Struktur". Vielmehr werden den in die Form von Hypothesen gebrachten Fragen nur mittels einer handwerklichen Kunstfertigkeit (also ohne tieferes Nachdenken) statistische Zusammenhangsmaße hinzugefügt, als ob die Fingerfertigkeit in der Anwendung statistischer Methoden Antworten in einer argumentativen Struktur veredeln oder gar ersetzen könnte. (Die zu diesen Tabellen gelegentlich nachgelieferten Interpretationen gehen in ihrer Eindringtiefe oft nicht sonderlich weit über den Gehalt der getesteten Hypothesen hinaus und belegen dann nur, dass es für die so aufgestellte Forscher offenbar immer wieder schwierig ist, nach ihren Probebohrungen jenseits der Bohrlöcher noch verstehend weiter zu denken).

Statistische Methoden können nicht gehaltvermehrend sein, d. h. sie können nicht mehr hervorbringen als das, was in den Antworten von Managern schon enthalten war. Allerdings sieht man diesen Antworten die in ihnen verborgenen Zusammenhangsmaße nicht an, so dass diese (hierin ähnlich den Ergebnissen der Anwendung von Algorithmen auf Operations-Research-Modelle) subjektiv überraschende Informationen liefern können. Gleichwohl steht nach der Identifikation einer Korrelation (z. B. zwischen unternehmensübergreifender Kommunikation und Kundenbindungserfolg) die Warum-Frage meist noch unbeantwortet im Raum. Dabei verstellt die überzogene Bewertung der als Ausweis und Garant von Wissenschaftlichkeit dargestellten, hochgerüsteten statistischen Methoden den Blick für die vielfach vorzufindende Banalität der mit deren Hilfe generierten Erkenntnisse, die den Erfahrungshorizont der Befragten Manager oft kaum überschreiten, weil diese selbst den Input für die statistischen Auswertungen geliefert und die erfassten Korrelationen durch ihr Handeln hergestellt haben.

Eigentlich müsste man hier das Verhältnis von Theorie und Praxis umkehren und Manager auffordern, Wissenschaftlern bei der Frage Aufklärung zu bieten, warum selbst bei trivialen Hypothesen die Korrelationskoeffizienten so niedrig ausfallen. Schließlich ist ihr Wissen um die Kontingenzen, die eine Gesetzeshypothese umgeben, oft mehr als nur ein Einzelfallwissen. Auch wenn sie selbst in Problemlösungsprozessen auch immer mit Annahmen operieren müssen, um Entscheidbarkeit herzustellen, können es sich Manager nicht leisten, in ihrem Beruf in einem Umfang mit Ceteris-Paribus-Klauseln zu operieren, wie dies Wissenschaftler immer wieder implizit oder explizit tun.

Zum Verhältnis der hier vorgestellten drei Arten einer Wissenschaft von der Logistik ist abschließend festzustellen, dass der zuletzt beschriebene, dritte Forschungsansatz wegen seiner Offenheit und seines inhärenten Pragmatismus die Ergebnisse der beiden zuerst erörterten Forschungsprogrammen im Prinzip (also nicht alle) ohne weiteres in sich aufnehmen kann. Vorauszusetzen ist nur, dass diese einen *klaren Problembezug* haben, genauer: dass sie im Kontext einer Lösung von existierenden, drängenden Management-problemen zur einer besseren Begründung von Zielrealisationserwartungen beitragen und damit bei der schlüssigen Bewertung und Selektion von so beschriebenen Handlung-salternativen helfen können. Diese Integrationsfähigkeit gilt für die beiden ersten, hier beschriebenen Forschungsansätze nur sehr beschränkt. Allerdings kommt der OR-Ansatz mit dem Werkzeugcharakter seiner Forschungsergebnisse aus methodologischer Sicht dem hier propagierten Forschungsansatz erheblich näher. Einer Reihe von seinen Modellen wird man zumindest das Potenzial, zur Lösung praktischer Probleme beitragen zu können, nicht absprechen können, und manche haben sich schon in der Praxis bewährt. Das Problem besteht hier nicht in einer grundsätzlichen Unfähigkeit, sondern in einem Missverhältnis zwischen wissenschaftlichem Output und verwertbarem „Material".

In Abb. 5.1 werden die Stärken und Schwächen der hier diskutierten Forschungsprorramme in der Logistik noch einmal übersichtlich dargestellt. Dazu ist in einzelnen Punkten noch eine ergänzende Kommentierung erforderlich. Die diskutierten Ansätze sind, wiederum

Eigenschaften \ Ausprägung	F1	F2	F3
Fähigkeit zur Erfassung von Komplexität	–	-	+
Praxisnähe von Fragestellungen	–	0	+
Praxisnähe von Lösungen	–	0	+
Klare, verpflichtende Methodik	+	+	–
Fähigkeit zur Entwicklung von Theorien	–	-	+
Umgang mit Dynamik/Innovation	–	-	+
Beitrag zur Ausbildung von Führungskräften	–	0	+
Fähigkeit zur Multi-Disziplinarität	–	0	+

Abb. 5.1 Bewertungsmatrix für Forschungsprogramme

abkürzend, in der Reihenfolge ihrer Behandlung in diesem Beitrag mit F1 bis F3 einge-
tragen. Die besondere Fähigkeit von F3 zur Erfassung von Komplexität resultiert nicht nur
aus dem andersartigen Umgang mit dem Phänomen der Kontingenz, sondern auch aus
dem weitgehenden Fehlen einer restriktiven Methodologie. Hier gilt im Grundsatz: „Im
Dienst einer wissenschaftlichen Erkenntnis muss alles herangezogen werden, was uns als
Erkenntnisquelle zugänglich ist" (Seiffert 1971, S. 16).

Es werden hier keine empirischen Hypothesentests durchgeführt (obwohl das natürlich
nicht ausgeschlossen oder gar verboten ist), und es erfolgt keine Beschränkung auf quantifizierbare Sachverhalte. Zum Kriterium der Entwickelbarkeit von Theorien ist ergänzend
und teilweise wiederholend zu sagen, dass

1. das im OR-Ansatz ausdrücklich nicht angestrebt wird, so dass für dieses Forschung-
programm hieraus keine Schwäche abzuleiten ist. Wie eingangs gezeigt, greift hier
auch die Popper'sche Wissenschaftstheorie des Falsifikationismus nicht, weil es hier
weniger um Wahrheit als um Nützlichkeit geht und weil man in der Betriebswirtschaftslehre im Allgemeinen und in der Logistik im Besonderen auch ohne empirische
Theorien zum Erfolg kommen kann, und

2. der zuletzt betrachtete Forschungsansatz F3 mit seinen Forschungsergebnissen oft in
ähnlicher Weise a-theoretisch ist, aufgrund der Zulässigkeit von qualitativen Überlegungen und verbal beschreibbaren Konzepten aber grundsätzlich Aussagen mit
Theoriecharakter nicht ausschließt bzw. offen ist sowohl für die Entwicklung von echten Theorien (intensives Nachdenken und Gedankenexperimente gelten hier nicht als
außerwissenschaftliche Betätigungen) als auch für den Einsatz von andernorts entwickelten Gesetzeshypothesen, wenn diese etwa zur Abschätzung der Erfolgswahrscheinlichkeit angedachter Maßnahmen beitragen können. Die Integration der
Transaktionskostentheorie in den Bestand des praxisorientierten, betriebswirtschaftlichen Wissens ist hierfür auch deshalb ein besonders gutes Beispiel, weil es sich hier
tatsächlich um eine gehaltvolle Theorie handelt, die die Wirklichkeit hinter den
Erscheinungen ausleuchtet.

3. „die Idee einer elementaren, nicht hintergehbaren Angewiesenheit des handelnden
Menschen auf theoretisches Wissen ein Vorurteil (ist), das durch die alltägliche
Entscheidungspraxis ständig widerlegt wird" (Bretzke 1980, S. 111).

Eigentlich wäre der Empirismus (F1) der Kandidat für die Entwicklung von Theorien, da
er sich selbst diesem Ziel ausdrücklich verschreibt. Nur scheuen die Forscher hier die Mü-
hen großer Entwürfe und tauchen schon vorher ab in die Gedankenwelt von Managern, aus
deren Befragung zwar Korrelationen, aber kaum Theorien zu gewinnen sind. Auch haben
sie sich insoweit, wie sie ihren eigenen Forschungsansatz wie Mentzer et al. (2001) methodisch reflektieren, mit der Idee der Induktion auf eine Pfad begeben, von dem die Wissenschaftstheorie schon seit David Hume und Immanuel Kant, also seit dem 18. Jahrhundert,
weiß, dass er nicht funktionieren kann, weil es keine nicht-riskanten, gehaltserweiternden

Schlüsse gibt. Solange und soweit sie überfixiert sind auf statistische Auswertungen von Beobachtungen, können sie nie die Höhe gewinnen, die wahre Theorien auszeichnet.

Das achte Kriterium (Fähigkeit zur Multi-Disziplinarität) korrespondiert insofern mit der Fähigkeit zur Erfassung von Komplexität und Kontingenz, als beide Eigenschaften durch die prinzipielle Offenheit von F3 ermöglicht und gefördert wird. Zu dieser Offenheit zählt bei F3 auch der pragmatische Umgang mit mathematischen Optimierungsmodellen. Sie sind willkommen, wenn sie sich bei der Lösung praktischer Probleme bewähren, auch wenn sie diese in der Regel nicht vollständig erfassen können und deshalb in die Hände von Experten gehören, die aus einem umfangreicheren Hintergrundwissen heraus zu „post-optimality-analyses" fähig sind. Deshalb wurde die Praxisnähe von F2 als neutral eingestuft (würde man der Bewertung ausschließlich Simulationsmodelle zugrunde legen, so wäre wegen deren Offenheit und der Möglichkeit einer interaktiven Nutzen auch eine höherer Einstufung gerechtfertigt).

Über die Frage, ob sich nicht letztlich jede Art von Wissenschaft gegenüber der sie tragenden Gesellschaft über einen Nutzen legitimieren muss, den sie dieser stiftet, kann man vielleicht geteilter Meinung sein. Die Einstufung des Empirismus als Grundlagen-forschung, mit der man diesen Forschungsansatz vielleicht noch für eine begrenzten Zeitraum aus dem unmittelbaren Praxisbezug entlassen könnte, wäre hier wohl deutlich zu hoch gegriffen, insbesondere dann, wenn man sieht, was unter dieser Überschrift in den Naturwissenschaften geleistet wird. Für jede Forschung, die sich von Anfang an dem Ziel der Praxisorientierung verpflichtet, gilt aber, dass der ultimative „Güte-Test" einer so ausgerichteten „Wissenschaft" am Ende des Tages nicht wissenschaftsintern, sondern nur in der Lebenswirklichkeit eines praktischen Tests erfolgen kann, sei dieser Test eine Prüfung auf die Wahrheit von gestalterisch zu nutzendem, kausalen Wissen oder auf die Nützlichkeit eines reinen, „ingenieurhaften" Gestaltungswissens. Nur so kann verhindert werden, was man seit Jahren beobachten kann: die in weiten Teilen berührungslose Koexistenz zwischen einer praxislosen Theorie und einer theorielosen Praxis.

Dieser Angewiesenheit auf die Lebenspraxis als „Letztinstanz" sind sich offensichtlich nicht alle Vertreter der drei genannten Forschungsprogramme bewusst – jedenfalls nicht diejenigen, die „Wissen" mit der Vorstellung von Geschlossenheit und einer daraus resultierenden Gewissheit verbinden. In einer Zeit zunehmender Dynamik und Komplexität des Wirtschaftsgeschehens führt das Ziel der Schaffung unumstößlicher Gewissheiten nicht zu besseren Theorien, sondern geradewegs in die Abschottung und in die Sterilität. Wenn das Weltgeschehen offen ist, müssen wissenschaftliche Konstruktionen zu dessen Erfassung und Weiterentwicklung das auch sein. Die Welt kann sich in ihrer Dynamik sonst nur noch als Rauschen im großen, blinden Fleck eines außerwissenschaftlichen Hintergrundwissens zeigen, und die Forscher können nur hoffen, dass ihre von dieser Entwicklungsdynamik abgekoppelten Hypothesen und Modelle das aufgrund ihres Abstraktionsgrades (und gelegentlich aufgrund ihrer Belanglosigkeit) eine Zeit lang unbeschadet überleben und/oder dass es niemand merkt.

Für Goethe (Faust, 1. Teil) sind diese Wissenschaftler möglicherweise auch persönlich nicht auf dem Weg zu innerer Zufriedenheit: „Wer fertig ist, dem ist nichts recht zu machen; ein Werdender wird immer dankbar sein".

Literatur

Bretzke W-R (1980) Der Problembezug von Entscheidungsmodellen. Tübingen

Heisenberg W (1979) Quantentheorie und Philosophie. Stuttgart

Mentzer JT, DeWitt W, Keebler JS, Min S, Nix NW, Smith CD, Zacharia ZG (2001) Defining supply chain management. J Bus Logistics 22(2):1

Popper KR (2010) Alles Leben ist Problemlösen. Über Erkenntnis, Geschichte und Politik, 14. Aufl. München/Zürich

Poser H (2001) Wissenschaftstheorie. Eine philosophische Einführung. Stuttgart

Seiffert H (1971) Einführung in die Wissenschaftstheorie 2. Geisteswissenschaftliche Methoden, 2. Aufl. München

Silver N (2012) The signal and the noise. Why so many predictions fail – but some don't. New York

Sachwortverzeichnis

© Springer-Verlag Berlin Heidelberg 2016
W. Bretzke, *Die Logik der Forschung in der Wissenschaft der Logistik*,
DOI 10.1007/978-3-662-53267-6

Printed in the United States
By Bookmasters